Rjasanowa

Mathematatik im Bauingenieurwesen 1

AF707699

Lehrbücher des Bauingenieurwesens

Bletzinger/Dieringer/Fisch/Philipp • *Aufgabensammlung zur Baustatik*

Dallmann • *Baustatik*

Band 1: Berechnung statisch bestimmter Tragwerke

Band 2: Berechnung statisch unbestimmter Tragwerke

Band 3: Theorie II. Ordnung und computerorientierte Methoden der Stabtragwerke

Engel/Al-Akel • *Einführung in den Erd-, Grund- und Dammbau*

Engel/Lauer • *Einführung in die Boden- und Felsmechanik*

Fouad/Zapke • *Bauwesen Taschenbuch*

Freimann • *Hydraulik in der Wasserwirtschaft*

Göttsche/Petersen • *Festigkeitslehre – klipp und klar*

Jochim/Lademann • *Planung von Bahnanlagen*

Krawietz/Heimke • *Physik im Bauwesen*

Malpricht/Rupp • *Schalungsplanung im Baubetrieb*

Pfeiffer/Bethe/Pfeiffer • *Nachhaltiges Bauen*

Pfeiffer/Bethe/Pfeiffer • *Nachhaltige Bauwerks-Lebenszyklen*

Prüser • *Konstruieren im Stahlbetonbau*

Rjasanowa • *Mathematik im Bauingenieurwesen 1*

Rjasanowa • *Mathematik im Bauingenieurwesen 2*

Rjasanowa • *Mathematik im Bauingenieurwesen - Aufgaben und Lösungswege*

Zapke • *Fachwerkgebäude*

Kerstin Rjasanowa

Mathematik im Bauingenieurwesen 1

Grundlagen für das Bachelor-Studium

2., aktualisierte und erweiterte Auflage

HANSER

Die Autorin:
Prof. Dr. rer. nat. Kerstin Rjasanowa, Studiengang Bauingenieurwesen, Fachhochschule Kaiserslautern

MIX
Papier | Fördert gute Waldnutzung
FSC® C089473

Bibliografische Information der Deutschen Nationalbibliothek:
Die Deutsche Nationalbibliothek verzeichnet diese Publikation in der Deutschen Nationalbibliografie; detaillierte bibliografische Daten sind im Internet über http://dnb.d-nb.de abrufbar.

Internet: www.hanser-fachbuch.de

Lektorat: Frank Katzenmayer
Herstellung: Frauke Schafft
Covergestaltung: Max Kostopoulos
Titelmotiv: © stock.adobe.com/Javier Garcia
Coverkonzept: Marc Müller-Bremer, www.rebranding.de, München
Satz: Kerstin Rjasanowa
Druck und Bindung: Beltz Grafische Betriebe GmbH, Bad Langensalza
Printed in Germany

Print-ISBN 978-3-446-47770-4
E-Book-ISBN 978-3-446-47816-9

Vorwort

„Auch in Wissenschaften kann man eigentlich nichts wissen, es will immer getan sein.“

Johann Wolfgang von Goethe

Das vorliegende Buch hat die Vermittlung mathematischen Grundwissens für Studierende des Bauingenieurwesens zum Ziel. Es entstand auf der Grundlage der Vorlesungen und Übungen in Ingenieurmathematik am Fachbereich Bauingenieurwesen der Fachhochschule Kaiserslautern, die ich seit langem dort halte. Es ist sowohl zur Begleitung der Vorlesungen als auch zum Selbststudium vorgesehen. Im Vergleich zu den Vorlesungen sind einige Stellen vertieft dargestellt und durch Beispiele ergänzt worden.

Das Buch beinhaltet mathematische Grundlagen (Arithmetik reeller Zahlen, Funktionen einer Veränderlichen) und darauf aufbauend für das Studium wichtige Kapitel der Höheren Mathematik (Lineare Algebra, Vektorrechnung und Analytische Geometrie, Zahlenfolgen, Grenzwerte und Stetigkeit, Differenzialrechnung, Integralrechnung, Funktionen mehrerer Veränderlicher, Gewöhnliche Differenzialgleichungen), Anwendungsbeispiele und zahlreiche Übungsaufgaben mit Lösungen. Die Auswahl des mathematischen Stoffes wurde so getroffen, dass er den veränderten Zulassungsvoraussetzungen an Fachhochschulen Rechnung trägt, im Bauingenieurwesen Anwendung findet und im Grundstudium tatsächlich vermittelbar ist. Dieser Aspekt ist insbesondere bei der derzeitigen Einführung der Bachelor-Studiengänge von Bedeutung. Die Darstellung erfolgt aufbauend, mit motivierender Begründung und mitunter, wo angebracht, mit Herleitungen. Damit soll auch der Leser mit durchschnittlichen schulischen Mathematikkenntnissen zum Studium und Selbststudium der Ingenieurmathematik in diesem Bereich angeregt werden. Trotz knapper und auf das Wesentliche beschränkter Vorstellung von Gebieten der Höheren Mathematik wird nicht auf Exaktheit verzichtet, um die logische Nachvollziehbarkeit zu gewährleisten und sichere Grundkenntnisse zu festigen. Wichtige Erkenntnisse, Formeln und Eigenschaften sind im Druck hervorgehoben, damit das Buch auch als Nachschlagewerk verwendet werden kann.

Besonderer Wert wird auf die Anwendung der vorgestellten mathematischen Werkzeuge in verschiedenen Gebieten des Bauingenieurwesens gelegt. Die Wahl der Beispiele ist oft unmittelbar diesen Disziplinen entnommen: der Statik und Festigkeitslehre, dem Vermessungswesen, dem Wasserbau, dem Straßenbau und dem Baubetrieb. Am Ende jedes Kapitels erfolgt für typische praktische Probleme die Ableitung mathematischer Aufgabenstellungen und deren vollständig durchgerechnete Lösung. Damit soll ermöglicht werden, dass der Leser auch bei neuen Problemen in der Lage ist, zunächst ein mathematisches Modell abzuleiten, um danach zu seiner Bearbeitung bekannte Methoden und Verfahren einzusetzen. Es zeigt sich, dass die Lösung praktischer Aufgaben eigenständige Ideen erfordert und oft nicht unmittelbar mit „Rezepten“ erreicht werden kann.

Zahlreiche Übungsaufgaben, die zum Teil auch aus Klausuren entnommen wurden, sind zum Training dieser Herangehensweise gedacht. Die angegebenen Lösungen dienen der Selbstkontrolle. Damit sind die Aufgaben zum Selbststudium und als Klausurvorbereitung geeignet. Sie dokumentieren gleichzeitig, dass mathematische Lösungsmethoden in vielen Gebieten des Bauingenieurwesens Anwendung finden.

Auf diesem Wege möchte ich allen herzlich danken, die mich bei dem Buchvorhaben unterstützten. Besonders bedanke ich mich bei meinem Kollegen und ehemaligen langjährigen Dekan des Fachbereiches Bauingenieurwesen der Fachhochschule Kaiserslautern, Prof. Dr. D. Ott, der eine gründliche Durchsicht des Manuskriptes vornahm und fast alle Beispiele und Aufgaben nachgerechnet hat. In vielen Gesprächen über Inhalte und Darstellung der Höheren Mathematik für Bauingenieure trug er zum Entstehen dieses Buches bei. Mein Dank gilt ebenfalls den Kollegen meines Fachbereiches, denen ich manche inhaltliche Anregung verdanke, und nicht zuletzt den Studierenden, die mich durch ihr Interesse und ihre Fragen in den Vorlesungen zu dieser geschlossenen Darstellung motivierten. Bei Frau Fritzsch und Frau Kaufmann vom Carl Hanser Verlag möchte ich mich ebenfalls für die angenehme Zusammenarbeit und die zahlreichen Anregungen, Vorschläge und geduldigen Diskussionen zur Gestaltung des Buches bedanken.

Kaiserslautern, im Sommer 2006 Kerstin Rjasanowa

Die 2., aktualisierte und erweiterte Auflage des vorliegenden Buches soll den Anforderungen des Bachelor-Studiums, insbesondere im Bauingenieurwesen, noch besser gerecht werden. In erster Linie sind deshalb zahlreiche neue Beispiele, meistens mit direktem Bezug zum Bauingenieurwesen, in fast allen Kapiteln integriert. Dadurch soll die Anwendung der ausgeführten Theorie durchgehend gezeigt werden. Außerdem dienen Beispielrechnungen immer auch der Selbstkontrolle und Bestätigung eigener selbstständiger Überlegungen. Viele neue Abbildungen zur Illustration der Inhalte oder zur Kontrolle von Zahlenbeispielen wurden angefertigt.

Das Kapitel 3 „Lineare Algebra“ wurde um den Abschnitt „Eigenwerte und Eigenvektoren“ erweitert, das Kapitel 4 „Vektorrechnung und Analytische Geometrie“ um den Abschnitt „Koordinatensysteme und Koordinatentransformationen“ und das Kapitel 6 „Differenzialrechnungen für Funktionen einer Veränderlichen“ um den Abschnitt „Kurve, Tangente, Normale, Krümmung“. Die Notwendigkeit der Behandlung von Grundbegriffen dieser Themen hat sich während der Vorlesungen in Mathematik im Bachelorstudium in den vergangenen Jahren gezeigt, da sie unmittelbare Anwendungen im Fächerkatalog des Bauingenieurstudiums haben. Sowohl Beispiele und neue Übungsaufgaben zu diesen Themen demonstrieren dies.

Die Kapitel „Funktionen mehrerer Veränderlicher“ sowie „Differenzialgleichungen“ sind nicht mehr im vorliegenden Buch enthalten. Diese Themen können im Masterstudium behandelt werden und sind daher für ein separates Buch („Mathematik für Bauingenieure/ Masterstudium“) vorgesehen. Ebenso wurden alle Übungsaufgaben und Lösungen aus dem Buch ausgegliedert. In einer separaten Aufgabensammlung ist geplant, Übungsaufgaben mit Lösungswegen und Lösungen für das Bachelor- und Masterstudium zusammen zu stellen.

Im Vergleich zur Fassung des Buches von 2006 ist in einigen Kapiteln eine Neugestaltung bzw. gründliche Bearbeitung des Layouts vorgenommen worden, um Inhalte zu straffen und die Übersicht zu verbessern. Die Zusammenfassung der Inhalte auf der Marginalienspalte ist erweitert worden und soll die Arbeit mit dem Buch erleichtern. Auch das Sachwortverzeichnis wurde aus diesem Grund erweitert.

Für die gewissenhafte Durchsicht des Buches danke ich sehr meinem Kollegen des Studienganges Bauingenieurwesen, Prof. Dr. Schanzenbach, und dem Studenten des Bauingenieurwesens an der HS Kaiserslautern, Herrn P. Holschuh. Ein Dankeschön gilt ebenfalls vielen Studierenden des Studienganges Bauingenieurwesen der Hochschule Kaiserslautern, die Kontrollrechnungen der Übungsaufgaben vornahmen und so mithalfen, die angegebenen Lösungen zu verifizieren. Bei Herrn Ph. Thorwirth vom Fachbuchverlag Leipzig im Carl Hanser Verlag bedanke ich mich herzlich für die Unterstützung beim Entstehen des vorliegenden Buches und die gute Zusammenarbeit mit dem Verlag.

Kaiserslautern, im Sommer 2015 Kerstin Rjasanowa

Die vorliegende überarbeitete und aktualisierte Auflage des Buches enthält außer den erforderlichen Berichtigungen Vereinheitlichungen, Ergänzungen eine Umgestaltung insbesondere in Kapitel 4 „Vektorrechnung und Analytische Geometrie“, sowie einige neue Abbildungen zum besseren Verständnis.

Kaiserslautern, im Sommer 2023 Kerstin Rjasanowa

Inhaltsverzeichnis

1 Arithmetik reeller Zahlen **11**
1.1 Die Addition 11
1.2 Die Multiplikation 12
1.3 Anwendungen der Rechenoperationen 14
1.4 Der Wurzelbegriff 18
1.5 Anordnung reeller Zahlen, Ungleichungen 20

2 Funktionen einer Veränderlichen **23**
2.1 Der Funktionsbegriff 23
2.1.1 Zuordnungen zwischen Mengen 23
2.1.2 Analytische und graphische Darstellung von Funktionen 24
2.1.3 Monotonie und Beschränktheit 25
2.1.4 Die Umkehrfunktion 27
2.1.5 Verkettung von Funktionen 28
2.2 Klassen von Funktionen 29
2.2.1 Die konstante Funktion 29
2.2.2 Die Signumfunktion 29
2.2.3 Die lineare Funktion 30
2.2.4 Die Betragsfunktion 31
2.2.5 Die Potenzfunktion 33
2.2.6 Die Reziprokfunktion 34
2.2.7 Polynome 35
2.2.8 Rationale Funktionen 40
2.2.9 Die Exponential- und Logarithmusfunktion 41
2.2.10 Trigonometrische Funktionen 44
2.3 Anwendungen an Beispielen 51
2.3.1 Polynome bei der Balkenbiegung 51
2.3.2 Darlehen und Zinsen 52
2.3.3 Vorwärts- und Rückwärtseinschneiden 55
2.3.4 Polygonzugberechnung 56

3 Lineare Algebra **58**
3.1 Der Vektorraum $\mathbb{R}^n$ 58
3.1.1 Definitionen, Beispiele 58
3.1.2 Geometrische Darstellung im $\mathbb{R}^2$ und $\mathbb{R}^3$ 61

3.1.3 Lineare Abhängigkeit von Vektoren 62
3.1.4 Lineare Unterräume des $\mathbb{R}^n$ 67
3.2 Matrizen 70
3.2.1 Definitionen, Beispiele 70
3.2.2 Rechenoperationen mit Matrizen 72
3.2.3 Der Rang einer Matrix 77
3.2.4 Die Inverse einer Matrix 79
3.3 Determinanten 79
3.3.1 Definition, Eigenschaften 80
3.3.2 Berechnung von Determinanten 81
3.3.3 Berechnung der Inversen 83
3.4 Lineare Gleichungssysteme 84
3.4.1 Definition 84
3.4.2 Lösbarkeit linearer Gleichungssysteme 85
3.4.3 Der Gauß-Algorithmus 87
3.4.4 Die Regel von Cramer 92
3.4.5 Berechnung der Inversen 92
3.5 Eigenwerte und Eigenvektoren 93
3.5.1 Definition 94
3.5.2 Eigenwerte und Eigenvektoren reeller symmetrischer Matrizen 95
3.6 Anwendungen an Beispielen 97
3.6.1 Professor B. Tonstein und die Werkstoffe 97
3.6.2 Produktion von Einzelteilen 98
3.6.3 Berechnung von Stabkräften 99
3.6.4 Zerlegung einer Kraft 101
3.6.5 Schwerpunkt eines Punkt-Massen-Systems 101
3.6.6 Schwingungssystem 102

4 Vektorrechnung und Analytische Geometrie 104
4.1 Betrag eines Vektors, Projektion, Skalarprodukt 104
4.1.1 Der Betrag eines Vektors 104
4.1.2 Die Projektion 106
4.1.3 Das Skalarprodukt 107
4.1.4 Orthogonalität 108
4.1.5 Koordinatendarstellung des Skalarproduktes 109
4.1.6 Winkelmessung im $\mathbb{R}^n$ 110
4.1.7 Das Vektorprodukt 112
4.1.8 Das Spatprodukt 115

4.2 Analytische Geometrie der Ebene . . . 116
4.2.1 Die Gerade . . . 117
4.2.2 Kurven zweiter Ordnung . . . 124
4.3 Analytische Geometrie des Raumes . . . 132
4.3.1 Die Gerade . . . 132
4.3.2 Die Ebene . . . 140
4.4 Koordinatensysteme und Koordinatentransformationen . . . 149
4.4.1 Ebene Koordinatensysteme . . . 150
4.4.2 Räumliche Koordinatensysteme . . . 151
4.4.3 Koordinatentransformationen . . . 153
4.5 Anwendungen an Beispielen . . . 157
4.5.1 Tangentenschnittpunkt . . . 157
4.5.2 Kleinpunktberechnung . . . 157
4.5.3 Schnittpunkt zweier Strecken . . . 159
4.5.4 Absteckungsberechnungen . . . 161
4.5.5 Mengenermittlung . . . 162

5 Zahlenfolgen, Grenzwerte, Stetigkeit . . . 164
5.1 Einführung, Definition . . . 164
5.2 Monotonie und Beschränktheit von Zahlenfolgen . . . 165
5.3 Konvergenz und Divergenz von Zahlenfolgen . . . 169
5.4 Grenzwerte von Funktionen . . . 174
5.5 Stetigkeit . . . 176
5.6 Anwendungen an Beispielen . . . 181
5.6.1 Noch einmal Zinsen . . . 181
5.6.2 Stabilität eines Ziegelstapels und Zahlenfolgen . . . 183

6 Differenzialrechnung für Funktionen einer Veränderlichen . . . 186
6.1 Einführung . . . 186
6.2 Ableitungsregeln . . . 189
6.3 Höhere Ableitungen . . . 192
6.4 Das Differenzial und Fehlerrechnung . . . 193
6.5 Die Regel von l'Hospital . . . 195
6.6 Kurvendiskussionen . . . 198
6.6.1 Extremstellen . . . 199
6.6.2 Monotonie . . . 200
6.6.3 Krümmungsverhalten und Wendepunkte . . . 201
6.7 Der Mittelwertsatz der Differenzialrechnung . . . 204

6.8 Taylor-Polynome und Funktionsapproximation . . . 205
6.9 Kurve, Tangente, Normale, Krümmung . . . 209
6.10 Anwendungen an Beispielen . . . 214
6.10.1 Berechnung der Biegelinie eines Balkens . . . 214
6.10.2 Fahrbahnverziehung im Straßenbau . . . 215
6.10.3 Kuppen- und Wannenausrundung im Straßenbau . . . 217
6.10.4 Übergangsbogen und Überhöhungsrampen im Schienenbau . . . 219
6.10.5 Berechnung von Punkten einer Klothoide . . . 220

7 Integralrechnung für Funktionen einer Veränderlichen . . . 223
7.1 Einführung . . . 223
7.2 Obersumme, Untersumme, Zwischensumme . . . 224
7.3 Das bestimmte Integral . . . 225
7.4 Eigenschaften des bestimmten Integrals . . . 227
7.5 Die Stammfunktion . . . 230
7.6 Der Hauptsatz der Differenzial- und Integralrechnung . . . 232
7.7 Das unbestimmte Integral . . . 233
7.8 Integrationsmethoden . . . 235
7.8.1 Integranden der Form f'/f . . . 235
7.8.2 Partielle Integration . . . 236
7.8.3 Substitutionsregel . . . 237
7.9 Anwendungen der Integralrechnung . . . 238
7.9.1 Berechnung der Bogenlänge . . . 238
7.9.2 Flächenberechnung . . . 241
7.9.3 Volumina und Mantelflächen von Rotationskörpern . . . 243
7.9.4 Momente und Schwerpunkte . . . 246
7.9.5 Berechnung von Schnittkräften am Balken . . . 254
7.9.6 Überfälle im Wasserbau . . . 256

Literaturverzeichnis . . . 259

Sachwortverzeichnis . . . 263

1 Arithmetik reeller Zahlen

In der Menge der reellen Zahlen sind die Addition und die Multiplikation zwei Rechenoperationen, die durch festgelegte Eigenschaften erklärt sind. Daraus ergeben sich verschiedene Schlussfolgerungen für das Rechnen mit reellen Zahlen. Außerdem gibt es in der Menge der reellen Zahlen einen Ordnungsbegriff, der z. B. dem Lösen von Ungleichungen zugrunde liegt.

Bezeichnungen

Die Menge der reellen Zahlen wird mit $\mathbb{R}$ bezeichnet. Die Zugehörigkeit einer Zahl a zur Menge $\mathbb{R}$ wird mit $a \in \mathbb{R}$ gekennzeichnet.

1.1 Die Addition

In diesem Abschnitt werden die vier Axiome der Addition angegeben. Die Subtraktion wird mithilfe der Addition erklärt. Rechenregeln für die Addition und die Subtraktion werden genannt

Definition 1.1

Zu zwei beliebigen reellen Zahlen a und b gibt es eine reelle Zahl $a+b$, die **Summe** von a und b genannt wird. Die Zahlen a und b heißen **Summanden**.

Axiome der Addition

Für beliebige Zahlen $a, b, c \in \mathbb{R}$ gelten folgende Axiome (Festlegungen):

1. $a+b=b+a$. — **Kommutativgesetz**
2. $(a+b)+c=a+(b+c)$. — **Assoziativgesetz**
3. Es gibt eine reelle Zahl 0 so, dass für alle $a \in \mathbb{R}$ gilt: — **Neutrales Element**
   $a+0=0+a=a$.
   Diese Zahl wird **Null** genannt.
4. Zu jeder Zahl $a \in \mathbb{R}$ gibt es eine Zahl $b \in \mathbb{R}$ so, dass gilt: — **Inverses Element**
   $a+b=b+a=0$.
   Die Zahl b wird die zu a **entgegengesetzte Zahl** genannt.

Bemerkung 1.2

Eine Menge mit einer Operation, die diese vier Eigenschaften Kommutativität, Assoziativität, Existenz des neutralen Elementes und des zu einem beliebigen Element inversen erfüllt, wird in der Mathematik nach dem Mathematiker **Abel** kommutative oder **Abel-Gruppe** genannt. So besitzt die Menge der reellen Zahlen $\mathbb{R}$ bezüglich der Addition die algebraische Struktur einer kommutativen Gruppe. Das neutrale Element ist die Zahl 0 (Axiom 3), und das zu einem Element inverse ist die entgegengesetzte Zahl (Axiom 4).

Niels Henrik Abel (* 5. August 1802 in der Nähe von Stavanger, † 6. April 1829 in Froland, Norwegen)
norwegischer Mathematiker
hier: Abel-Gruppen

Aus den vier Axiomen ergeben sich einige Folgerungen, die für das Rechnen mit reellen Zahlen von Bedeutung sind:

Differenz

1. Zu zwei Zahlen $a, b \in \mathbb{R}$ gibt es genau eine Zahl $x \in \mathbb{R}$, für die gilt
   $a + x = b$.
   x heißt **Differenz von b und a**. Man schreibt
   $x = b - a$
   und sagt: „a wird von b **subtrahiert**".
   Für $0 - a$ wird kurz $-a$ geschrieben (siehe Axiom 3).

Entgegengesetzte Zahl

2. Für jede Zahl $a \in \mathbb{R}$ gilt $a = -(-a)$, d. h., die zu $-a$ entgegengesetzte Zahl ist a. Insbesondere ist die zu 0 entgegengesetzte Zahl 0: $-0 = 0$.

3. Für beliebige Zahlen $a, b, c, d \in \mathbb{R}$ gilt

Gleichheit von Differenzen $b - a = d - c$ genau dann, wenn $b + c = a + d$,

Summe von Differenzen $(b - a) + (d - c) = (b + d) - (a + c)$,

Differenz von Differenzen $(b - a) - (d - c) = (b + c) - (a + d)$.

Kopfrechnen

Beispiel 1.3

Die Axiome der Addition und ihre Folgerungen werden z. B. beim „Kopfrechnen" angewendet. So ist

$$23 + 56 = (20 + 3) + (50 + 6) = (20 + 50) + (3 + 6) = 79,$$
$$68 + (45 + 32) = 68 + (32 + 45) = (68 + 32) + 45 = 145,$$
$$(145 - 56) + (37 - 44) = (145 + 37) - (56 + 44) = 182 - 100 = 82.$$

1.2 Die Multiplikation

In diesem Abschnitt werden die vier Axiome der Multiplikation angegeben. Die Division wird mithilfe der Multiplikation erklärt. Rechenregeln für die Multiplikation und die Division werden genannt.

Definition 1.4

Zu zwei beliebigen reellen Zahlen a und b gibt es stets eine reelle Zahl $a \cdot b$, die **Produkt von a und b** genannt wird. Die Zahlen a und b heißen **Faktoren**.

Axiome der Multiplikation

Für beliebige Zahlen $a, b, c \in \mathbb{R}$ gelten folgende Axiome (Festlegungen):

Kommutativgesetz

1. $a \cdot b = b \cdot a$.

Assoziativgesetz

2. $(a \cdot b) \cdot c = a \cdot (b \cdot c)$.

Neutrales Element

3. Es gibt eine reelle Zahl 1 so, dass für alle $a \in \mathbb{R}$, $a \neq 0$ gilt: $a \cdot 1 = 1 \cdot a = a$.
   Diese Zahl wird **Eins** genannt.

Inverses Element

4. Zu jeder Zahl $a \in \mathbb{R}$, $a \neq 0$ gibt es eine Zahl $b \in \mathbb{R}$ so, dass gilt: $a \cdot b = b \cdot a = 1$.
   Die Zahl b wird die zu a **reziproke Zahl** genannt.

Bemerkung 1.5

Die Menge der von null verschiedenen reellen Zahlen $\mathbb{R}\backslash\{0\}$ hat bezüglich der Multiplikation ebenfalls die algebraische Struktur einer kommutativen Gruppe. Das neutrale Element ist hierbei die Zahl 1 (Axiom 3), und das zu einem Element inverse ist die reziproke Zahl (Axiom 4).

Zwischen Addition und Multiplikation gibt es ein Verknüpfungsgesetz. Für beliebige Zahlen $a, b, c \in \mathbb{R}$ gilt

Distributivgesetz

$$a \cdot (b + c) = a \cdot b + a \cdot c.$$

Aus den Axiomen der Multiplikation und dem Distributivgesetz ergeben sich einige Folgerungen für das Rechnen mit reellen Zahlen:

Produkt gleich null

1. **Ein Produkt ist genau dann gleich null, wenn mindestens einer seiner Faktoren gleich null ist**, d. h., aus $a \cdot b = 0$ folgt $a = 0$ oder $b = 0$ und umgekehrt.

Quotient, Bruch

2. Zu zwei Zahlen $a, b \in \mathbb{R}$ mit $a \neq 0$ gibt es genau eine Zahl $x \in \mathbb{R}$, für die gilt $a \cdot x = b$.
   x heißt **Quotient aus b und a** oder **Bruch** mit dem **Zähler** b und dem **Nenner** a. Man schreibt
   $$x = b : a = \frac{b}{a} = b/a$$
   und sagt: „b wird durch a **dividiert**“.

Reziproke Zahl

3. Für jede Zahl $a \in \mathbb{R}, a \neq 0$ ist die zu a reziproke Zahl $1/a$. Insbesondere ist die zu 1 reziproke Zahl 1. Die zu $1/a$ reziproke Zahl ist a, sodass gilt
   $$\frac{1}{1/a} = a.$$

Gleichheit von Brüchen

4. Für beliebige Zahlen $a, b, c, d \in \mathbb{R}$ mit $a, c \neq 0$ ist
   $$\frac{b}{a} = \frac{d}{c} \quad \text{genau dann, wenn} \quad b \cdot c = a \cdot d,$$
   d. h., **zwei Brüche sind genau dann gleich**, wenn die Produkte aus Zähler des einen und Nenner des anderen Bruches gleich sind.

Produkt von Brüchen

5. Für beliebige Zahlen $a, b, c, d \in \mathbb{R}$ ist
   $$\frac{b}{a} \cdot \frac{d}{c} = \frac{b \cdot d}{a \cdot c}, \; a, c \neq 0 \quad \text{und} \quad \frac{b}{a} : \frac{d}{c} = \frac{b \cdot c}{a \cdot d}, \; a, c, d \neq 0,$$

Quotient von Brüchen

   d. h., **das Produkt zweier Brüche** ist ein Bruch, dessen Zähler das Produkt der Zähler der Faktoren und dessen Nenner das Produkt der Nenner der Faktoren ist, und **zwei Brüche werden dividiert**, indem der erste Bruch mit dem Reziproken des zweiten Bruches multipliziert wird.

6. Für jede Zahl $a \in \mathbb{R}$ gilt $-a = (-1) \cdot a$, d. h., die zu a entgegengesetzte Zahl $-a$ ist das Produkt der Zahlen -1 und a.

7. Für beliebige Zahlen $a, b \in \mathbb{R}$ gilt $-(a \cdot b) = (-a) \cdot b$, d. h., die zum Produkt $a \cdot b$ entgegengesetzte Zahl $-(a \cdot b)$ ist das Produkt der zu a entgegengesetzten Zahl $-a$ und der Zahl b.

8. Es gilt $(-1) \cdot (-1) = 1$, d. h., das Produkt der zu 1 entgegengesetzten Zahl -1 mit sich selbst ergibt wieder 1.

Bemerkung 1.6 Die Menge $\mathbb{R}$ der reellen Zahlen mit den in **Definition 1.1** und **Definition 1.4** erklärten Rechenoperationen Addition und Multiplikation hat mit den jeweils vier Axiomen und dem Verknüpfungsgesetz (Distributivgesetz) die algebraische Struktur eines **Körpers**.

Malzeichen Sind ein oder beide Faktoren eines Produktes Variablen, so kann beim Schreiben des Produktes das Malzeichen weggelassen werden. Z. B. wird geschrieben

$$a \cdot b = ab, \qquad 8 \cdot b = 8b.$$

Fakultät Das Produkt der ersten n natürlichen Zahlen wird kürzer geschrieben

$$1 \cdot 2 \cdot 3 \cdot \ldots \cdot n = n!\ .$$

Es heißt **Fakultät** von n. Vereinbarungsgemäß ist außerdem

$$0! = 1.$$

1.3 Anwendungen der Rechenoperationen

Die Rechenoperationen werden beim Umformen und Auswerten von Termen angewendet. Dabei haben Klammern Vorrang vor den „Punktrechenarten“ Multiplikation und Division und diese wiederum vor den „Strichrechenarten“ Addition und Subtraktion. Das Erweitern und Kürzen von Brüchen wird bei ihrer Addition und Subtraktion bzw. bei ihrer Vereinfachung benutzt. Das ganzzahlige Potenzieren einer reellen Zahl wird mit der Multiplikation erklärt. Der binomische Lehrsatz zum Potenzieren von Summen mit zwei Summanden wird angegeben.

Das Auflösen von Klammern

Steht ein Pluszeichen vor einem Summanden in Klammern, so bleibt die Klammer einfach weg. Steht ein Minuszeichen vor einem Summanden in Klammern, so sind beim Weglassen der Klammer alle in ihr vorkommenden Vorzeichen bzw. Rechenzeichen umzukehren.

Beim Auftreten von Mehrfachklammern können z. B. die Klammern von innen nach außen aufgelöst werden.

Beispiel 1.7

Auflösen von Klammern

Es ist

$$\begin{aligned}
&8p - (15r - 7q + 6p) + (8q - p + 7r)\\
&\quad = \quad 8p - 15r + 7q - 6p + 8q - p + 7r\\
&\quad = \quad p + 15q - 8r,\\
&17m + (6n - (3m + 4n)) - ((8m - n) - (5m + (3n - 6m)))\\
&\quad = \quad 17m + (6n - 3m - 4n) - (8m - n - (5m + 3n - 6m))\\
&\quad = \quad 17m + (2n - 3m) - (8m - n - (-m + 3n))\\
&\quad = \quad 17m + 2n - 3m - (8m - n + m - 3n)\\
&\quad = \quad 14m + 2n - (9m - 4n)\\
&\quad = \quad 14m + 2n - 9m + 4n \;=\; 5m + 6n.
\end{aligned}$$

Das Ausmultiplizieren und das Ausklammern

Das Ausmultiplizieren von Klammern erfolgt nach dem Distributivgesetz. So ist z. B.

$$\begin{aligned}
(a+b)c &= ac + bc, \qquad a(b-c) = ab - ac,\\
(a+b)(c+d) &= a(c+d) + b(c+d) = ac + ad + bc + bd.
\end{aligned}$$

Umgekehrt gelesen, ergeben sich daraus Regeln zum Ausklammern von gleichen Faktoren in Summanden:

$$\begin{aligned}
ac + bc &= (a+b)c, \qquad ab + ac = a(b+c),\\
ac - bc &= (a-b)c, \qquad ab - ac = a(b-c).
\end{aligned}$$

Beispiel 1.8

Ausmultiplizieren, Ausklammern

Im ersten Beispiel wird zuerst jeder Summand der ersten Klammer mit der zweiten Klammer multipliziert und danach diese ausmultipliziert. Im zweiten Beispiel wird der Faktor $x - y$ ausgeklammert.

$$\begin{aligned}
(a + 4b - 7c)(x - y) &= a(x - y) + 4b(x - y) - 7c(x - y)\\
&= ax - ay + 4bx - 4by - 7cx + 7cy,\\
n(x - y) - x + y &= n(x - y) - (x - y) = (n - 1)(x - y).
\end{aligned}$$

Addition und Subtraktion von Brüchen

Erweitern und Kürzen

Das **Erweitern** eines Bruches ist das Multiplizieren seines Zählers und Nenners mit *derselben* Zahl, das **Kürzen** entsprechend das Dividieren durch *dieselbe* Zahl. Erweitern und Kürzen verändern den Wert eines Bruches nicht:

$$\frac{a}{c} = \frac{ad}{cd}, \qquad \frac{ad}{cd} = \frac{a}{c}.$$

Gleichnamige Brüche

Gleichnamige Brüche (d. h., Brüche, deren Nenner gleich sind,) werden addiert bzw. subtrahiert, indem ihre Zähler addiert bzw. subtrahiert werden und der Nenner beibehalten wird:

$$\frac{a}{c} \pm \frac{b}{c} = \frac{a \pm b}{c}.$$

Ungleichnamige Brüche

Ungleichnamige Brüche werden addiert bzw. subtrahiert, indem sie durch Erweitern gleichnamig gemacht und dann addiert bzw. subtrahiert werden:

$$\frac{a}{b} \pm \frac{c}{d} = \frac{ad}{bd} \pm \frac{bc}{bd} = \frac{ad \pm bc}{bd}.$$

Hauptnenner

Beispiel 1.9

Der Hauptnenner der zu subtrahierenden Brüche ist $(x-1)(x-2)$. Der erste Bruch wird mit $(x-2)$, der zweite mit $(x-1)$ erweitert:

$$\frac{4}{x-1} - \frac{3}{x-2} = \frac{4(x-2) - 3(x-1)}{(x-1)(x-2)} = \frac{x-5}{(x-1)(x-2)}.$$

Das Potenzieren

Die **n-ten Potenz einer reellen Zahl** a ist das Produkt aus n Faktoren, die alle gleich a sind:

$$a^n = a \cdot a \cdot \ldots \cdot a, \qquad n \in \mathbb{N}.$$

Dabei wird die reelle Zahl a **Basis** und die natürliche Zahl n **Exponent** der Potenz a^n genannt.

Insbesondere ist $a^1 = a$.
Vereinbarungsgemäß ist für eine belebige reelle Zahl $a \neq 0$ stets $a^0 = 1$.

Potenzgesetze

Es gelten folgende **Potenzgesetze** für das Multiplizieren und Dividieren von Potenzen:

Potenz von Produkt, Quotient

Produkt, Quotient von Potenzen

Potenz, negativer Exponent

Potenz einer Potenz

$$\begin{aligned}
(a \cdot b)^n &= a^n \cdot b^n, \quad (a/b)^n = a^n/b^n,\\
a^m \cdot a^n &= a^{m+n}, \quad a^m/a^n = a^{m-n},\\
a^{-n} &= 1/a^n = (1/a)^n,\\
(a^m)^n &= (a^n)^m = a^{mn}.
\end{aligned}$$

Zusammenfassen von Potenzen

Beispiel 1.10

Potenzen werden nach gleichen Basen zusammengefasst:

$$\begin{aligned}
(xy)^{m+n}(yz)^{2m-n}(xz)^{m-2n} &= x^{m+n}y^{m+n}y^{2m-n}z^{2m-n}x^{m-2n}z^{m-2n}\\
&= x^{m+n+m-2n}y^{m+n+2m-n}z^{2m-n+m-2n}\\
&= x^{2m-n}y^{3m}z^{3m-3n},\\
\frac{a^{1-m}}{a^{n+1}} &= a^{(1-m)-(n+1)} = a^{-(m+n)} = \frac{1}{a^{m+n}}.
\end{aligned}$$

Die binomischen Formeln und der binomische Lehrsatz

Die binomischen Formeln ergeben sich, wenn folgende Klammern nach dem Distributivgesetz ausmultipliziert werden:

$$\begin{aligned}(a+b)^2 &= a^2+2ab+b^2,\\ (a-b)^2 &= a^2-2ab+b^2,\\ (a+b)(a-b) &= a^2-b^2.\end{aligned}$$

1. Binomische Formel
2. Binomische Formel
3. Binomische Formel

Bei steigenden Potenzen ergibt sich durch fortgesetztes Ausmultiplizieren der Klammern

$$\begin{aligned}(a+b)^3 &= a^3+3a^2b+3ab^2+b^3,\\ (a+b)^4 &= a^4+4a^3b+6a^2b^2+4ab^3+b^4,\\ (a+b)^5 &= a^5+5a^4b+10a^3b^2+10a^2b^3+5ab^4+b^5 \text{ usw.}\end{aligned}$$

Für die n-te Potenz der Summe $a+b$ gilt der **binomische Lehrsatz** als Regel zum Ausmultiplizieren:

$$\begin{aligned}(a+b)^n &= \binom{n}{0}a^nb^0+\binom{n}{1}a^{n-1}b^1+\binom{n}{2}a^{n-2}b^2+\ldots\\ &\quad+\binom{n}{n-1}a^1b^{n-1}+\binom{n}{n}a^0b^n\\ &= \sum_{k=0}^{n}\binom{n}{k}a^{n-k}b^k.\end{aligned}$$

Binomischer Lehrsatz

Dabei sind die Ausdrücke $\binom{n}{k}$ die **Binomialkoeffizienten**. Für ihre Berechnung gilt

$$\binom{n}{k}=\frac{n\cdot(n-1)\cdots(n-k+1)}{1\cdot 2\cdots k}=\frac{n!}{k!\,(n-k)!},\qquad \binom{n}{0}=1.$$

Beispiel 1.11

Berechnung von Binomialkoeffizienten

Die Binomialkoeffizienten für die Potenz $(a+b)^5$ berechnen sich z. B. wie folgt:

$$\binom{5}{0}=1,\quad \binom{5}{1}=\frac{5}{1}=5,\quad \binom{5}{2}=\frac{5\cdot 4}{1\cdot 2}=10,\quad \binom{5}{3}=\frac{5\cdot 4\cdot 3}{1\cdot 2\cdot 3}=10$$

$$\binom{5}{4}=\frac{5\cdot 4\cdot 3\cdot 2}{1\cdot 2\cdot 3\cdot 4}=5,\qquad \binom{5}{5}=\frac{5\cdot 4\cdot 3\cdot 2\cdot 1}{1\cdot 2\cdot 3\cdot 4\cdot 5}=1.$$

Folgende **Eigenschaften der Binomialkoeffizienten** lassen sich leicht nachweisen:

$$\binom{n}{n}=1,\quad \binom{n}{k}=\binom{n}{n-k},\quad \binom{n}{k}+\binom{n}{k+1}=\binom{n+1}{k+1}.$$

Eigenschaften der Binomialkoeffizienten

Dreieck von Pascal

Aufgrund dieser Eigenschaften können die Binomialkoeffizienten auch rekursiv aus dem **Dreieck von Pascal** ermittelt werden:

$$
\begin{array}{ccccccccccc}
 & & & & & 1 & & & & & \\
 & & & & 1 & & 1 & & & & \\
 & & & 1 & & 2 & & 1 & & & \\
 & & 1 & & 3 & & 3 & & 1 & & \\
 & 1 & & 4 & & 6 & & 4 & & 1 & \\
1 & & 5 & & 10 & & 10 & & 5 & & 1 \\
 & & & & & \dots & & & & &
\end{array}
$$

Dabei stellt jede Zeile die Binomialkoeffizienten der entsprechenden Potenz von $a+b$ dar, angefangen mit der 0-ten. Die Binomialkoeffizienten der Folgezeile ergeben sich aus denen der vorherigen, indem die beiden unmittelbar darüber stehenden addiert werden. Außen werden jeweils Einsen ergänzt.

Binomischer Lehrsatz

Beispiel 1.12

1. Aus dem binomischen Lehrsatz ergibt sich unmittelbar nach Ersetzen von b durch $-b$

$$
\begin{aligned}
(a-b)^n &= \binom{n}{0} a^n - \binom{n}{1} a^{n-1} b + \binom{n}{2} a^{n-2} b^2 - \dots \\
&\quad + (-1)^{n-1} \binom{n}{n-1} a b^{n-1} + (-1)^n \binom{n}{n} b^n \\
&= \sum_{k=0}^{n} (-1)^k \binom{n}{k} a^{n-k} b^k .
\end{aligned}
$$

2. Für die Quadrate von Summen mit mehr als zwei Summanden folgt sukzessive

$$
\begin{aligned}
(a_1 + a_2 + a_3 + \dots + a_n)^2 &= a_1^2 + a_2^2 + a_3^2 + \dots + a_n^2 \\
&\quad + 2a_1a_2 + 2a_1a_3 + \dots + 2a_1a_n + 2a_2a_3 + \dots + 2a_{n-1}a_n .
\end{aligned}
$$

3. Nach dem binomischen Lehrsatz ergibt sich unmittelbar

$$(1-2z)^4 = 1 - 8z + 24z^2 - 32z^3 + 16z^4 .$$

1.4 Der Wurzelbegriff

Die Wurzel aus einer nicht negativen reellen Zahl wird mithilfe der Multiplikation und des Potenzbegriffes erklärt. Gesetze für das Rechnen mit Wurzeln bzw. Potenzen mit rationalen Exponenten werden angegeben.

Definition 1.13

Die **Quadratwurzel** $a = \sqrt{b}$ aus einer *nicht negativen* reellen Zahl b ist die *nicht negative* reelle Zahl a, die mit sich selbst multipliziert b ergibt: $a^2 = b$.

Quadratwurzel

Beispiel 1.14

Es ist z. B. $\sqrt{9} = 3$, $\sqrt{0.0144} = 0.12$, $\sqrt{0} = 0$.

Definition 1.15

Sei n eine natürliche Zahl. Die **n-te Wurzel** $a = \sqrt[n]{b}$ aus einer *nicht negativen* reellen Zahl b ist die *nicht negative* reelle Zahl a, deren n-te Potenz a^n den Wert b hat: $a^n = b$. Das Ermitteln der Wurzel aus einer reellen Zahl heißt **Radizieren**.

Radizieren

Beispiel 1.16

Es ist z. B. $\sqrt[3]{8} = 2$, $\sqrt[3]{0.125} = 0.5$, $\sqrt[5]{0} = 0$.

Für das Rechnen mit Wurzeln ergeben sich einige Folgerungen:

1. Es gilt $\sqrt[n]{1} = 1$, da $1^n = 1$ ist.
   Es gilt $\sqrt[n]{0} = 0$, da $0^n = 0$ ist.
   Es gilt $\sqrt[1]{b} = b$, da $b^1 = b$ ist.
2. Aus $a^n = b$ folgt dann $a = \sqrt[n]{b}$, wenn a und b *nicht negativ* sind. Radizieren und Potenzieren sind im Bereich *nicht negativer* reeller Zahlen Umkehrungen voneinander.

Beispiel 1.17

Quadratwurzel ist nicht negativ

1. Aus der Gleichung $9 = 3^2$ folgt $\sqrt{9} = 3$.
2. Aus der Gleichung $9 = (-3)^2$ folgt *nicht* $\sqrt{9} = -3$, sondern $\sqrt{9} = |-3| = 3$.

3. Die Gleichung $x^2 = b$ mit der gegebenen *nicht negativen* reellen Zahl b hat die Lösungen $x = \sqrt{b}$ und $x = -\sqrt{b}$. Wird die Quadratwurzel auf beiden Seiten der Gleichung gebildet, so ergibt sich links für $x \geq 0$ die *nicht negative* Zahl x und für $x < 0$ die *nicht negative* Zahl $-x$. Rechts ergibt sich $\sqrt{b}$.
4. Ist n eine *ungerade natürliche Zahl*, so ist die n-te Wurzel aus der *negativen* reellen Zahl b diejenige *negative* Zahl a, für die $a^n = b$ gilt.

Beispiel 1.18

Wurzel aus negativer Zahl

Z. B. gilt $\sqrt[3]{-27} = -3$, $\sqrt[5]{-32} = -2$, $\sqrt[n]{-1} = -1$ für *ungerade* natürliche Zahlen n.

5. Die Gleichung $x^n = b$ mit $b < 0$ hat nur dann eine reelle Lösung x, wenn n ungerade ist. Dann ist $x < 0$.

   Die Gleichung $x^n = b$ mit $b > 0$ hat genau die positive reelle Lösung $x = \sqrt[n]{b}$, wenn n ungerade ist. Wenn n gerade ist, existieren genau zwei Lösungen: $x = \sqrt[n]{b}$ (positiv) und $x = -\sqrt[n]{b}$ (negativ). Die Probe zeigt jeweils, dass die angegebenen Zahlen x auch wirklich Lösung der Ausgangsgleichung sind.

Potenzgleichungen

Beispiel 1.19

1. Die Gleichung $x^5 = -243$ hat die (negative) Lösung $x = \sqrt[5]{-243} = -3$.
2. Die Gleichung $x^5 = 243$ hat die (positive) Lösung $x = \sqrt[5]{243} = 3$.
3. Die Gleichung $x^4 = 81$ hat die (positive) Lösung $x = \sqrt[4]{81} = 3$ und die (negative) Lösung $x = -\sqrt[4]{81} = -3$.

Wurzelgesetze

Für das Rechnen mit Wurzeln und das Radizieren arithmetischer Ausdrücke gibt es folgende **Wurzelgesetze**:

Wurzel aus Produkt

Wurzel aus Quotienten

Wurzel aus Wurzel

Wurzel aus Potenz

Rationale Exponenten

$$\begin{aligned}
\sqrt[n]{a^n} &= a,\ (\sqrt[n]{a})^n = a,\ \sqrt[n]{a^{mn}} = a^m,\\
\sqrt[n]{ab} &= \sqrt[n]{a}\sqrt[n]{b},\\
\sqrt[n]{a/b} &= \sqrt[n]{a}/\sqrt[n]{b},\\
\sqrt[m]{\sqrt[n]{a}} &= \sqrt[n]{\sqrt[m]{a}} = \sqrt[mn]{a} = a^{\frac{1}{mn}},\\
\sqrt[n]{a^m} &= a^{\frac{m}{n}},\\
a^{\frac{m}{n}} \cdot a^{\frac{p}{q}} &= a^{\frac{m}{n}+\frac{p}{q}}, \quad a^{\frac{m}{n}}/a^{\frac{p}{q}} = a^{\frac{m}{n}-\frac{p}{q}},\\
(ab)^{\frac{m}{n}} &= a^{\frac{m}{n}}b^{\frac{m}{n}}, \quad (a/b)^{\frac{m}{n}} = a^{\frac{m}{n}}/b^{\frac{m}{n}}.
\end{aligned}$$

Anwendung der Wurzelgesetze

Beispiel 1.20

Mit den Wurzelgesetzen ergibt sich

1. $\sqrt[x]{b^{2x}} = b^2$,
2. $\sqrt[3]{12x^6y^9} = \sqrt[3]{12}\sqrt[3]{(x^2)^3}\sqrt[3]{(y^3)^3} = \sqrt[3]{12}x^2y^3$ (Wurzel aus Produkt),
3. $\sqrt{\frac{5}{9}} = \frac{\sqrt{5}}{3}$ (Wurzel aus Quotienten),
4. $\sqrt[4]{\sqrt{256}} = 2$ (Wurzel aus Wurzel),
5. $\sqrt[nx]{a^{mx}} = \sqrt[n]{a^m}$ (Wurzel aus Potenz).

Treten im Nenner von arithmetischen Ausdrücken Wurzeln auf, so können sie durch äquivalente Umformungen beseitigt werden.

Wurzelfreier Nenner

Beispiel 1.21

Es ist $\frac{1}{\sqrt{a}-\sqrt{b}} = \frac{1\cdot(\sqrt{a}+\sqrt{b})}{(\sqrt{a}-\sqrt{b})(\sqrt{a}+\sqrt{b})} = \frac{\sqrt{a}+\sqrt{b}}{a-b}$.

Hier wurde der Bruch mit $\sqrt{a}+\sqrt{b}$ erweitert, sodass der Nenner nach der dritten binomischen Formel dadurch wurzelfrei ist.

1.5 Anordnung reeller Zahlen, Ungleichungen

Mithilfe von vier Axiomen (Festlegungen) wird ermöglicht, dass reelle Zahlen miteinander verglichen werden können. Daraus ergeben sich

Regeln für das Rechnen mit Ungleichungen. Die Zahlengerade zur grafischen Veranschaulichung der Menge der reellen Zahlen wird erklärt.

Für beliebige $a, b, c \in \mathbb{R}$ gelten die Axiome (**Ordnungsrelationen**):

Axiome der Ordnung

1. Zwischen zwei Zahlen $a, b \in \mathbb{R}$ besteht genau eine der Beziehungen $a < b$, $a > b$, $a = b$. **Konnexität**
2. Aus $a < b$ und $b < c$ folgt $a < c$. **Transitivität**
3. Aus $a < b$ folgt $a + c < b + c$. **Monotonie der Addition**
4. Aus $a < b$ und $c > 0$ folgt $ac < bc$. **Monotonie der Multiplikation**

Aus diesen Axiomen können unmittelbar Folgerungen für das Rechnen mit Ungleichungen abgeleitet werden. Für beliebige $a, b, c, d \in \mathbb{R}$ gilt:

1. Aus $a < b$ folgt $-a > -b$, d. h., wird eine Ungleichung mit -1 multipliziert, so kehrt sich ihr Relationszeichen um.
2. Aus $a < b$ und $c < d$ folgt $a + c < b + d$, d. h., Ungleichungen mit demselben Relationszeichen dürfen addiert werden.
3. Aus $a < b$ und $c < d$ sowie $a > 0$ und $d > 0$ folgt $ac < bd$, d. h., Ungleichungen mit demselben Relationszeichen dürfen multipliziert werden, wenn in einer Ungleichung beide Seiten positiv sind und in der anderen die größere.
4. Aus $a > 0$ folgt $1/a > 0$.

Beispiel 1.22

Ungleichungen

Für welche reellen x gilt

1. $\frac{x-4}{3} > 2$?
   Wird die Ungleichung mit 3 multipliziert und danach auf beiden Seiten 4 addiert, so folgt $x > 10$.
2. $x - 1 \geq \frac{x+8}{5}$?
   Wird die Ungleichung mit 5 multipliziert, danach auf beiden Seiten 5 addiert und x subtrahiert, so folgt $4x \geq 13$, und nach Division durch 4 folgt $x \geq 13/4$.
3. $\frac{8}{x+1} < 2$?
   Ist der Nenner auf der linken Seite der Ungleichung positiv, gilt also $x + 1 > 0$ bzw. $x > -1$, so darf die Ungleichung damit bei Beibehaltung des Relationszeichens multipliziert werden. Es folgt

   $8 \; < \; 2(x+1)$, d. h., $3 \; < \; x$.

   Beide Forderungen an x sind gleichzeitig für $x > 3$ erfüllt.

Ist der Nenner auf der linken Seite der Ungleichung negativ, gilt also $x+1<0$ bzw. $x<-1$, so darf die Ungleichung damit bei Umkehrung des Relationszeichens multipliziert werden. Es folgt

$8 \;>\; 2(x+1)$, d. h., $3 \;>\; x$.

Beide Forderungen an x sind gleichzeitig für reelle $x<-1$ erfüllt.
Die Ungleichung ist daher für alle reellen $x>3$ und $x<-1$ erfüllt.

Die Menge der reellen Zahlen $\mathbb{R}$ kann geometrisch durch eine **Zahlengerade** veranschaulicht werden. Man erhält sie durch Vorgabe einer Gerade g, eines Punktes O auf ihr, der der Zahl 0 entspricht (Koordinatenursprung), und eines Punktes rechts davon, der der Zahl 1 entspricht (siehe **Bild 1.1**). Jeder Punkt P der Gerade g wird durch seine Koordinate x (vorzeichenbehafteter Abstand vom Punkt O) charakterisiert. Auf diese Weise wird jedem Punkt der Gerade genau eine reelle Zahl x und umgekehrt zugeordnet.

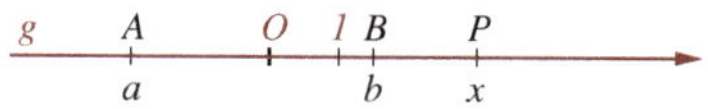

Bild 1.1 Zahlengerade

Diese Möglichkeit der eindeutigen Zuordnung einer reellen Zahl zu einem Punkt der Zahlengerade und umgekehrt geht zurück auf **Cantor**, der als Begründer der Mengenlehre gilt.

Georg Cantor (* 3. März 1845 in St. Petersburg, † 6. Januar 1918 in Halle (Saale))

deutscher Mathematiker

Begründer der axiomatischen Mengenlehre, Betrachtung der eineindeutigen Zuordnung der Elemente von unendlichen Mengen

hier: Abbildung der Menge der reellen Zahlen auf der Zahlengeraden

Liegt ein Punkt A links von einem anderen Punkt B, so gilt für die entsprechenden Koordinaten (reellen Zahlen) $a<b$. Liegt der Punkt A rechts vom Koordinatenursprung O, so ist $a>0$, liegt er links vom Koordinatenursprung O, so ist $a<0$.

Für eine reelle Zahl x, die die Ungleichungen in der linken Spalte der Tabelle erfüllt, können gleichbedeutend die Zugehörigkeiten zu den Intervallen in den rechten Spalten der Tabelle geschrieben werden:

Ungleichung	Intervallzugehörigkeit
$x<a$	$x\in(-\infty,a)$
$a<x$	$x\in(a,\infty)$
$a<x<b$	$x\in(a,b)$
$a\leq x<b$	$x\in[a,b)$
$a<x\leq b$	$x\in(a,b]$
$a\leq x\leq b$	$x\in[a,b]$

2 Funktionen einer Veränderlichen

Funktionen einer Veränderlichen spielen eine zentrale Rolle bei der Beschreibung der Zusammenhänge von Größen in Natur und Technik. In diesem Kapitel wird der Funktionsbegriff erklärt. Wesentliche Eigenschaften von Funktionen werden genannt und am Beispiel wichtiger Klassen von Funktionen erläutert. Einige Beispiele zeigen die Anwendung von Funktionen im Bauingenieurwesen.

Bezeichnungen

Die Menge der natürlichen Zahlen $\{1, 2, 3, \ldots\}$ wird mit $\mathbb{N}$ bezeichnet.
Die Menge der reellen Zahlen $\mathbb{R}$ wird mitunter mit $(-\infty, \infty)$ bezeichnet (lies: von minus Unendlich bis plus Unendlich). Dabei sind $-\infty$ und ∞ Symbole, die verdeutlichen, dass die Menge der reellen Zahlen unbeschränkt ist.
Die Zugehörigkeit einer Zahl x zur Menge der reellen Zahlen $\mathbb{R}$ wird mit $x \in \mathbb{R}$ oder $x \in (-\infty, \infty)$ ausgedrückt.
Mit $\mathbb{R}^+$ oder $(0, \infty)$ wird die Menge der positiven reellen Zahlen und mit $\mathbb{R}^-$ oder $(-\infty, 0)$ die Menge der negativen reellen Zahlen bezeichnet.

2.1 Der Funktionsbegriff

Der Begriff der Funktion einer Veränderlichen wird mithilfe von Zuordnungen zwischen Mengen erklärt. Möglichkeiten ihrer analytischen und graphischen Darstellung werden erläutert. Monotonie, Beschränktheit und Umkehrbarkeit sind wesentliche Eigenschaften von Funktionen einer Veränderlichen.

2.1.1 Zuordnungen zwischen Mengen

Definition 2.1

Eine Zuordnung f zwischen zwei Mengen X und Y heißt **eindeutig**, wenn durch f jedem Element $x \in X$ *höchstens ein* Element $y \in Y$ zugeordnet wird, d. h., wenn aus $x_1 = x_2$ folgt $f(x_1) = f(x_2)$ bzw. $y_1 = y_2$. Eine solche eindeutige Zuordnung f heißt **Abbildung** oder **Funktion aus X in Y**. Man schreibt $f : X \to Y$.

Beispiel 2.2

Zuordnungen

Welche der folgenden Zuordnungen in **Bild 2.1** sind Funktionen?

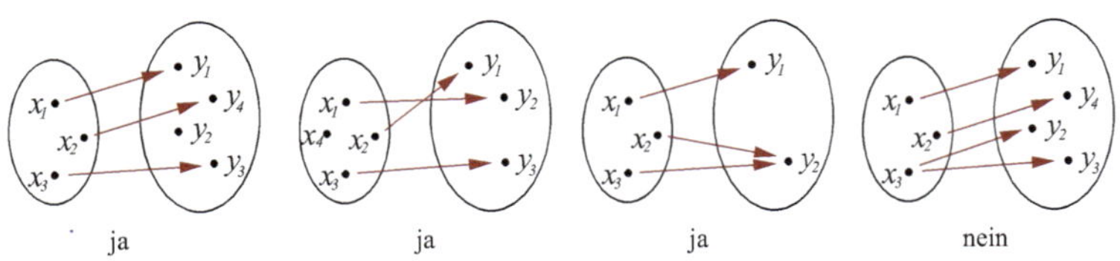

Bild 2.1 Zuordnung von Mengen

Definition 2.3

Die Menge aller $x \in X$, denen durch die Funktion f ein $y \in Y$ zugeordnet wird, heißt **Definitionsbereich** D_f von f. Die Elemente von D_f heißen **Argumente**.
Alle $y \in Y$, die mindestens ein Argument bezüglich f besitzen, heißen **Funktionswerte**. Die Menge der Funktionswerte heißt **Wertebereich** W_f von f.

2.1.2 Analytische und graphische Darstellung von Funktionen

Eine Funktion, die aus der Menge der reellen Zahlen $\mathbb{R}$ in die Menge der reellen Zahlen $\mathbb{R}$ abbildet, heißt **reelle** Funktion. Eine Zuordnungsvorschrift für eine reelle Funktion kann z. B. durch eine **Funktionsgleichung** beschrieben werden.

Argument und Funktionswert

Beispiel 2.4

1. Die Funktionsgleichung $f(x) = 3x + 5$, $f : \mathbb{R} \to \mathbb{R}$ gibt an, wie der Funktionswert zu einem beliebigen reellen Argument x zu berechnen ist: $3x + 5$. So entspricht dem Argument 1 der Funktionswert 8, dem Argument -0.5 der Funktionswert 3.5, dem Argument 0 der Funktionswert 5 usw.
2. Auch die Funktionsgleichung $g(x) = 1/(x + 3)$, $g : \mathbb{R} \to \mathbb{R}$ beschreibt einen solchen Zusammenhang. Hier wird z. B. dem Argument 1 der Funktionswert $1/4$, dem Argument -2 der Funktionswert 1, dem Argument 0 der Funktionswert $1/3$ usw. zugeordnet. Der reellen Zahl -3 kann durch diese Vorschrift kein Funktionswert zugeordnet werden, da die Division durch 0 nicht erklärt ist. Der Definitionsbereich der Funktion $g(x)$ ist daher die Menge der reellen Zahlen ohne -3: $D_g = \mathbb{R}\backslash\{-3\}$.

Definition 2.5

Argumente x einer reellen Funktion $f : \mathbb{R} \to \mathbb{R}$, denen der Funktionswert 0 zugeordnet ist, heißen **Nullstellen** der Funktion f. Sie erfüllen die Gleichung $f(x) = 0$.

Nullstellen

Beispiel 2.6

1. Die Funktion $f(x) = 3x + 5$ hat die Nullstelle $-5/3$, da die entsprechende Gleichung $f(x) = 3x + 5 = 0$ genau für $x = -5/3$ erfüllt ist.
2. Die Funktion $g(x) = 1/(x + 3)$ hat keine Nullstelle, da es kein reelles x gibt, für das $g(x) = 1/(x + 3)$ gleich null wäre (ein Bruch ist nur dann gleich null, wenn sein Zähler gleich null ist).

Graphische Darstellung

Werden Argument und zugehöriger Funktionswert einer Funktion jeweils als Koordinaten eines Punktes in einem kartesischen Koordinatensystem $(0, x, y)$ mit dem Ursprung 0 und den Koordinatenachsen x und y aufgefasst, so ergibt sich durch Eintragen der auf diese Weise entstandenen Punkte eine graphische Veranschaulichung der Funktion, die als **Graph der Funktion** bezeichnet wird. Die Menge $X = \mathbb{R}$, *aus* der zugeordnet wird, wird hierbei durch die x-Achse veranschaulicht, und die Menge $Y = \mathbb{R}$, *in* die zugeordnet wird, durch die y-Achse.

An den Nullstellen der Funktion schneidet der Graph der Funktion die x-Achse, da Punkte auf der x-Achse die y-Koordinate 0 haben. Der Graph der Funktion schneidet die y-Achse in den Punkten, für die $x = 0$ gilt, da Punkte auf der y-Achse die x-Koordinate 0 haben.

Beispiel 2.7

Funktionsgraphen

Die graphische Darstellung der Funktionen f und g aus **Beispiel 2.4** ergibt die Funktionsgraphen in **Bild 2.2** und **Bild 2.3**.

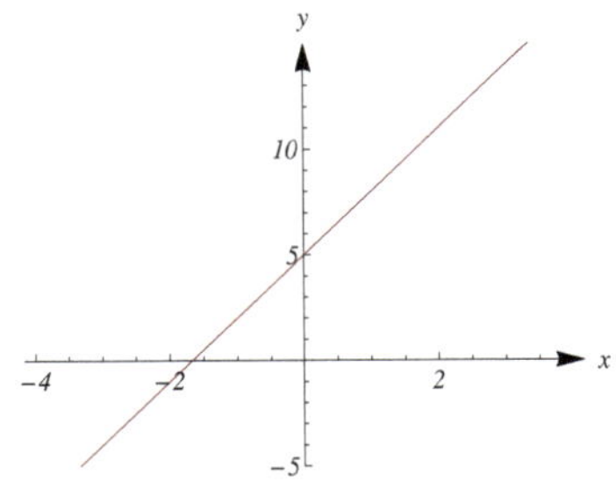

Bild 2.2 Graph von $f(x) = 3x + 5$

2.1.3 Monotonie und Beschränktheit

Am Graph der Funktion f (siehe **Bild 2.2**) ist ein *Ansteigen* der Funktionswerte mit *wachsendem* x im Intervall $x \in (-\infty, \infty)$ erkennbar. Am Graph der Funktion g (siehe **Bild 2.3**) ist ein *Abfallen* der Funktionswerte mit *wachsendem* x in den Intervallen $x \in (-\infty, -3)$ bzw. $x \in (-3, \infty)$ erkennbar.

Definition 2.8

Eine Funktion $f : D_f \to \mathbb{R}$ heißt auf dem Intervall $I \subseteq D_f$

1. **monoton steigend (fallend)**, wenn für alle $x_1, x_2 \in I$ mit $x_1 < x_2$ folgt
$$f(x_1) \leq f(x_2) \qquad (f(x_1) \geq f(x_2)).$$
2. **streng monoton steigend (fallend)**, wenn für alle $x_1, x_2 \in I$ mit $x_1 < x_2$ folgt
$$f(x_1) < f(x_2) \qquad (f(x_1) > f(x_2)).$$

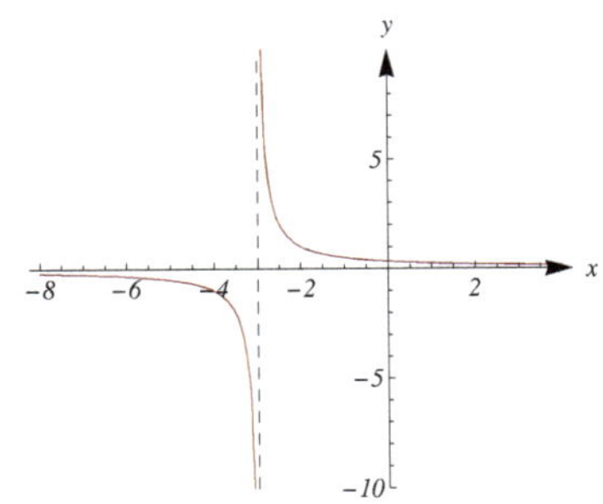

Bild 2.3 Graph von $g(x) = 1/(x + 3)$

Offenbar ist jede auf einem Intervall streng monoton steigende (fallende) Funktion dort auch monoton steigend (fallend).

Beispiel 2.9

Monotonie

1. Die Funktion $f(x) = 3x + 5$ ist *auf dem Intervall* $(-\infty, \infty)$ *streng monoton steigend*, da für beliebige x_1, x_2 aus $x_1 < x_2$ nach Multiplikation mit 3 und Addition von 5 die Ungleichung $3x_1 + 5 < 3x_2 + 5$, d. h., $f(x_1) < f(x_2)$, folgt.
2. Die Funktion $g(x) = 1/(x+3)$ ist *auf dem Intervall* $(-\infty, -3)$ *streng monoton fallend*, da für beliebige $x_1, x_2 \in (-\infty, -3)$ aus $x_1 < x_2$ nach Addition von 3 zunächst $x_1 + 3 < x_2 + 3$ folgt. Da $x_1, x_2 \in (-\infty, -3)$ gewählt waren, ist $x_1 + 3 < 0$ und $x_2 + 3 < 0$, und die entstandene Ungleichung kann durch $x_1 + 3$ und $x_2 + 3$ dividiert werden, wobei sich bei der Division durch $x_1 + 3$ bzw. $x_2 + 3$ das Relationszeichen jeweils einmal umdreht. Es folgt $1/(x_2 + 3) < 1/(x_1 + 3)$, d. h., $g(x_1) > g(x_2)$.
Für beliebige $x_1, x_2 \in (-3, \infty)$ ist $x_1 + 3 > 0$ und $x_2 + 3 > 0$, und es folgt dasselbe Resultat. Damit ist die Funktion $g(x)$ auch *auf dem Intervall* $(-3, \infty)$ *streng monoton fallend.*

Definition 2.10

Eine Funktion $f : D_f \to \mathbb{R}$ heißt auf dem Intervall $I \subseteq D_f$

1. **nach oben (unten) beschränkt**, wenn es eine Zahl $S \in \mathbb{R}$ gibt, sodass für alle $x \in I$ gilt

$$f(x) \leq S \qquad (f(x) \geq S). \tag{2.1}$$

   Die Zahl S heißt **obere (untere) Schranke**.

2. **beschränkt**, wenn sie nach oben und nach unten beschränkt ist,

3. **nach oben (unten) unbeschränkt**, wenn es keine obere (untere) Schranke gibt.

Hat eine Funktion eine obere Schranke S, so sind alle reellen Zahlen größer als S ebenfalls obere Schranke, weil für sie die Bedingung (2.1) erst recht erfüllt ist. Unter allen oberen Schranken ist die kleinste von besonderer Bedeutung, analog unter allen unteren Schranken die größte.

Definition 2.11

1. Die kleinste aller oberen Schranken der Funktion $f : D_f \to \mathbb{R}$ auf dem Intervall $I \subseteq D_f$ heißt **Supremum** $\sup\limits_{x \in I} f(x)$.

2. Die größte aller unteren Schranken der Funktion $f : D_f \to \mathbb{R}$ auf dem Intervall $I \subseteq D_f$ heißt **Infimum** $\inf\limits_{x \in I} f(x)$.

Beschränktheit

Beispiel 2.12

1. Die Funktion $f(x) = 3x+5$ ist *auf dem Intervall* $(-\infty, \infty)$ *nach oben und nach unten unbeschränkt.* Bei Annahme z. B. der Existenz einer oberen Schranke S müsste nach **Definition 2.10** für alle $x \in (-\infty, \infty)$ gelten $3x + 5 \leq S$ bzw. $x \leq (S-5)/3$, d. h., die Menge der reellen Zahlen im Intervall $(-\infty, \infty)$ wäre durch $(S-5)/3$ nach oben beschränkt. Das ist ein Widerspruch. Analog wird gezeigt, dass eine untere Schranke nicht existiert.
2. Die Funktion $f(x) = 3x + 5$ ist *auf dem Intervall* $(-4, 3)$ *nach oben und nach unten beschränkt.* Sie ist dort wegen ihres monotonen Steigens *nach oben beschränkt* durch $f(3) = 14$ und *nach unten beschränkt* durch $f(-4) = -7$.
3. Die Funktion $g(x) = 1/(x+3)$ ist *auf dem Intervall* $(-3, \infty)$ *nach unten beschränkt.* Eine untere Schranke ist z. B. die Zahl 0. Offenbar ist der Nenner des Bruches für beliebige $x \in (-3, \infty)$ positiv, sodass $1/(x+3) > 0$ ist. Weitere untere Schranken sind z. B. -1.5, -10, -0.0001 (alle reellen Zahlen kleiner als null).
4. *Das Infimum* $\inf\limits_{x \in (-3,\infty)} 1/(x+3)$ *ist gleich null.* Bei Annahme der Existenz eines Infimums $s > 0$ müsste für alle $x \in (-3, \infty)$ gelten $1/(x+3) \geq s$, da s die **Definition 2.10** der unteren Schranke erfüllen muss. Daraus folgt aber $x \leq 1/s - 3$, was eine Beschränkung von x nach oben bedeutet im Widerspruch zu $x \in (-3, \infty)$.
5. Die Funktion $g(x) = 1/(x+3)$ ist *auf dem Intervall* $(-3, \infty)$ *nach oben unbeschränkt.* Bei Annahme der Existenz einer oberen Schranke $S > 0$ müsste $1/(x+3) \leq S$, d. h., $1/S - 3 \leq x$ gelten. Das ist aber ein Widerspruch zu $x \in (-3, \infty)$.

6. Die Funktion $f(x) = \sin x$ ist *auf dem Intervall* $(-\infty, \infty)$ *beschränkt*. Es ist $-1 \leq \sin x \leq 1$ aufgrund der Definition der Sinusfunktion. Weiter ist $\sup\limits_{x\in(-\infty,\infty)} \sin x = 1$ wegen $\sin x = 1$ für $x = \pi/2 + 2k\pi,\ k = 0, \pm 1, \pm 2, \ldots$ und $\inf\limits_{x\in(-\infty,\infty)} \sin x = -1$ wegen $\sin x = -1$ für $x = -\pi/2 + 2k\pi,\ k = 0, \pm 1, \pm 2, \ldots$

2.1.4 Die Umkehrfunktion

Betrachtet wird eine Funktion $f : X \to Y$, die jedem Argument $x \in X$ *genau einen* Funktionswert $y = f(x)$ zuordnet, wobei jedem Funktionswert $y \in Y$ *genau das eine Argument* x mit $y = f(x)$ entspricht. Eine solche Funktion ist eine **bijektive Abbildung** (siehe **Bild 2.4 a)**).

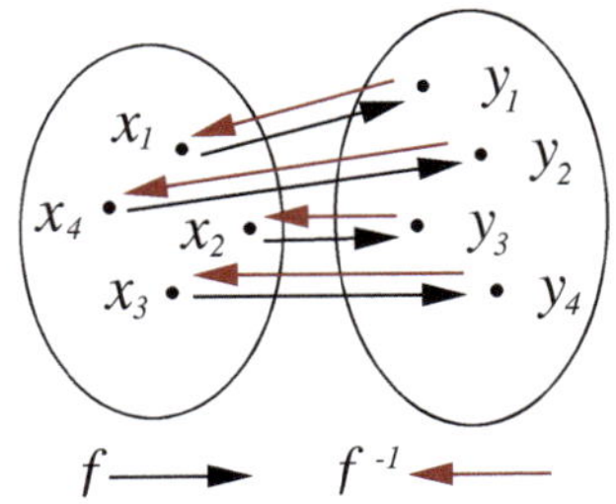

Bild 2.4 a) Bijektive Abbildung

Definition 2.13

Sei die Funktion $f : X \to Y$ eine bijektive Abbildung. Die Funktion $f^{-1} : Y \to X$, die jedem $y \in Y$ sein Urbild $x \in X$ zuordnet, heißt **Umkehrfunktion** f^{-1} der Funktion f.

Die Funktion in **Bild 2.4 b)** stellt keine bijektive Abbildung dar, weil dem Funktionswert y_1 die beiden voneinander verschiedenen Argumente x_1 und x_4 entsprechen. Sie hat keine Umkehrfunktion.

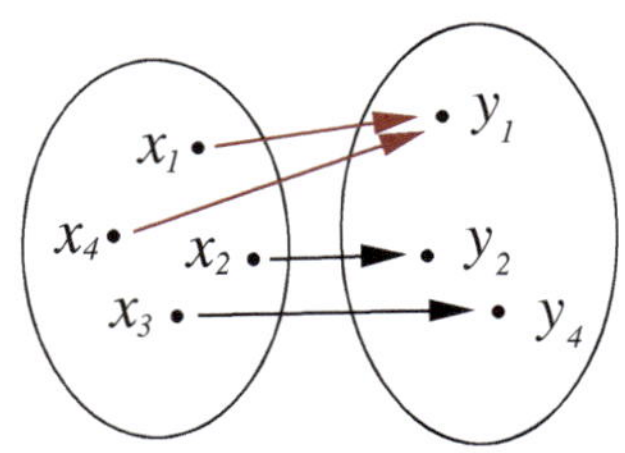

Bild 2.4 b) Nichtbijektive Abbildung

Umkehrfunktion

Beispiel 2.14

1. Die Umkehrfunktion der Funktion $f(x) = 3x + 5$ lautet $f^{-1}(y) = (y - 5)/3$. Ihre analytische Darstellung ergibt sich durch das (*eindeutige!*) Umstellen der Funktionsgleichung $y = f(x)$ nach x.
   Bei der graphischen Darstellung der Umkehrfunktion werden x und y formal getauscht, damit die Rollen der Argumente und Funktionswerte sinngemäß beibehalten werden. Dann sind die Graphen der Funktion f und ihrer Umkehrfunktion f^{-1} symmetrisch zur Winkelhalbierenden des 1. Quadranten (Graph von $y = x$, siehe **Bild 2.5 a)**).
2. Die Umkehrfunktion der Funktion $g(x) = 1/(x + 3)$ lautet $g^{-1}(y) = 1/y - 3$. Die Graphen von $g(x)$ und $g^{-1}(x) = 1/x - 3$ sind in **Bild 2.5 b)** dargestellt.
3. Die Funktion $q(x) = x^2$ hat für $x \in (-\infty, \infty)$ keine Umkehrfunktion, da es sich nicht um eine bijektive Abbildung handelt. Beispielsweise hat sowohl das Argument -2 als auch das Argument 2 den Funktionswert 4. Die Funktionsgleichung lässt sich *nicht eindeutig* nach x umstellen, es folgt $x = \pm\sqrt{y}$.
   Wird $q(x) = x^2$ lediglich für $x \in [0, \infty)$ betrachtet, so ist ein eindeutiges Umstellen nach x möglich. Die Umkehrfunktion lautet dann $q^{-1}(x) = \sqrt{x}$ (siehe **Bild 2.5 c)**).

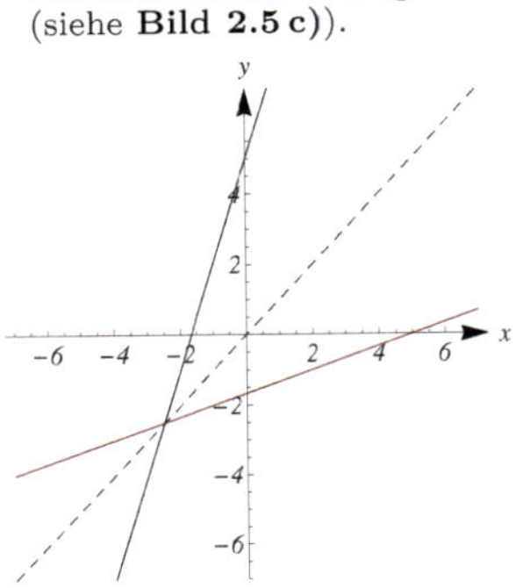

Bild 2.5 a) $f(x) = 3x + 5$
$f^{-1}(x) = (x - 5)/3$

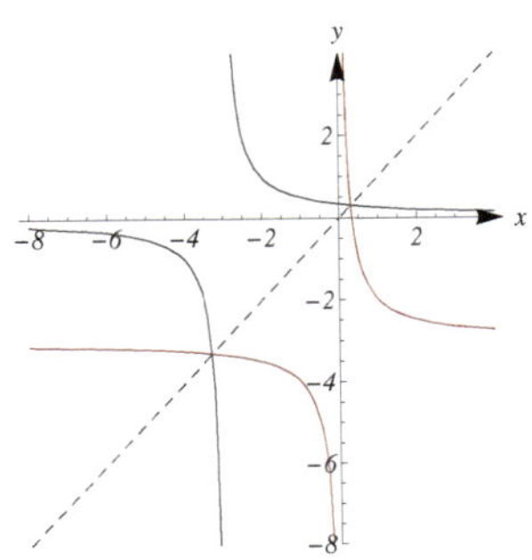

Bild 2.5 b) $g(x) = 1/(x + 3)$
$g^{-1}(x) = 1/x - 3$

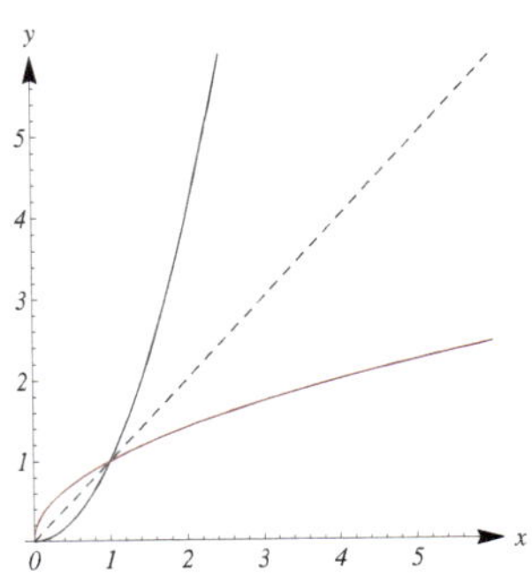

Bild 2.5 c) $q(x) = x^2, x \geq 0$
$q^{-1}(x) = \sqrt{x}$

Auf die Frage, welche Funktionen eine Umkehrfunktion besitzen, antwortet der folgende Satz:

Satz 2.15

Jede auf einem Intervall streng monotone Funktion ist dort umkehrbar.

Beweis : Eine Funktion ist genau dann umkehrbar, wenn bei ihr voneinander verschiedene Argumente voneinander verschiedene Funktionswerte haben, d. h., wenn aus $x_1 \neq x_2$ folgt $f(x_1) \neq f(x_2)$. Für eine streng monoton steigende Funktion folgt für zwei voneinander verschiedene Argumente x_1, x_2 aus $x_1 < x_2$ laut **Definition 2.8** $f(x_1) < f(x_2)$, d. h., $f(x_1) \neq f(x_2)$, analog für eine streng monoton fallende Funktion. ∎

Strenge Monotonie und Umkehrbarkeit

Beispiel 2.16

1. Die Funktion $q(x) = x^2$ ist auf dem Intervall $[0, \infty)$ streng monoton steigend, denn für $x_1, x_2 \in [0, \infty)$ mit $x_1 < x_2$ folgt $x_1 - x_2 < 0$ und nach Multiplikation dieser Ungleichung mit der positiven Zahl $x_1 + x_2 > 0$ unter Beibehaltung des Relationszeichens $x_1^2 - x_2^2 < 0$, d. h., $x_1^2 < x_2^2$. Daher ist $q(x) = x^2$ auf dem Intervall $[0, \infty)$ umkehrbar.
2. Die Funktion $g(x) = 1/(x+3)$ ist auf ihrem gesamten Definitionsbereich $\mathbb{R}\backslash\{-3\}$ umkehrbar, wie in **Beispiel 2.14** gezeigt wurde. Sie ist aber nicht auf dem gesamten Definitionsbereich monoton fallend, denn es ist z. B. $g(-4) = -1 < g(1) = 0.25$.
   Satz 2.15 ist eine *hinreichende*, aber *nicht notwendige* Bedingung für die Existenz der Umkehrfunktion auf einem Intervall.

2.1.5 Verkettung von Funktionen

Gegeben sind die Funktionen

$$\begin{aligned} g: &\quad D_g \to W_g \text{ und} \\ f: &\quad D_f \to W_f \text{ mit } W_g \subseteq D_f. \end{aligned}$$

Die **Verkettung** $(f \circ g) : D_g \to W_f$ ist die Funktion mit der Gleichung $(f \circ g)(x) = f(g(x))$. Dabei heißt f **äußere** und g **innere** Funktion.

Verkettung von Funktionen

Beispiel 2.17

1. Sei $f(x) = x^3$ mit $D_f = \mathbb{R}$, $W_f = \mathbb{R}$ und $g(x) = 1/\sqrt{x-2}$ mit $D_g = (2, \infty)$, $W_g = (0, \infty)$, sodass der Wertebereich der inneren Funktion g im Definitionsbereich der äußeren Funktion f liegt. Die Verkettung $(f \circ g)$ ist dann die Funktion
   $$(f \circ g)(x) = \left(\frac{1}{\sqrt{x-2}}\right)^3, \quad (f \circ g) : (2, \infty) \to \mathbb{R}.$$
   Die Verkettung $(g \circ f)$ kann so nicht gebildet werden, da $W_f = \mathbb{R} \nsubseteq D_g = (2, \infty)$ ist.
2. Sei $u(x) = x - 7$, $D_u = \mathbb{R}$, $W_u = \mathbb{R}$ und $v(x) = x^2 + 1$, $D_v = \mathbb{R}$, $W_v = [1, \infty)$. Dann ist
   $$\begin{aligned} (u \circ v)(x) &= u(v(x)) = (x^2+1) - 7 = x^2 - 6, & (u \circ v) : \mathbb{R} \to [-6, \infty), \\ (v \circ u)(x) &= v(u(x)) = (x-7)^2 + 1 = x^2 - 14x + 50, & (v \circ u) : \mathbb{R} \to [1, \infty). \end{aligned}$$
   Beide Verkettungen können gebildet werden. Die Verkettung zweier Funktionen ist *nicht vertauschbar*, wie dieses Beispiel zeigt.

2.2 Klassen von Funktionen

Oft auftretende Funktionen einer Veränderlichen werden vorgestellt und ihre wesentlichen Eigenschaften genannt. Das Auffinden von Nullstellen einer Funktion entspricht dem Lösen einer Gleichung. Polynome und trigonometrische Funktionen sind im Bauingenieurwesen von besonderer Bedeutung, z. B. in der Balkenstatik und im Vermessungswesen.

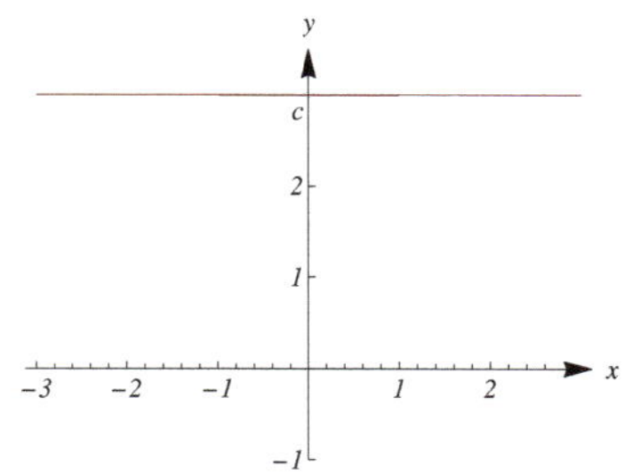

Bild 2.6 $f(x) = c,\ c = 3$

2.2.1 Die konstante Funktion

Die konstante Funktion hat die Funktionsgleichung

$$y = f(x) = c,\ f : \mathbb{R} \to \{c\},$$

wobei c eine beliebige vorgegebene reelle Zahl ist. Ist $c = 0$, spricht man von der **Nullfunktion**.

Die konstante Funktion (siehe **Bild 2.6**) ist

1. sowohl monoton steigend als auch monoton fallend auf ihrem gesamten Definitionsbereich $\mathbb{R}$,
2. beschränkt (nach oben und unten durch c),
3. nicht umkehrbar.

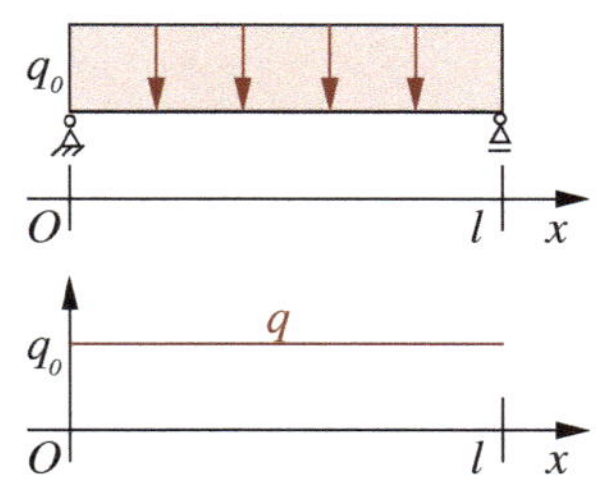

Bild 2.7 Balken mit konstanter Streckenlast $q(x) = q_0$

Beispiel 2.18

Belastung als konstante Funktion

Eine oft verwendete Lastannahme für einen z. B. gelenkig gelagerten Balken der Länge l ist eine konstante Belastungsfunktion (Streckenlast) $q(x) = q_0$, $x \in [0, l]$, (siehe **Bild 2.7**).

2.2.2 Die Signumfunktion

Die Signumfunktion (Vorzeichenfunktion) hat die Funktionsgleichung

$$y = f(x) = \operatorname{sgn} x = \begin{cases} 1, & x > 0, \\ 0, & x = 0, \\ -1, & x < 0, \end{cases} \quad f : \mathbb{R} \to \{-1, 0, 1\}.$$

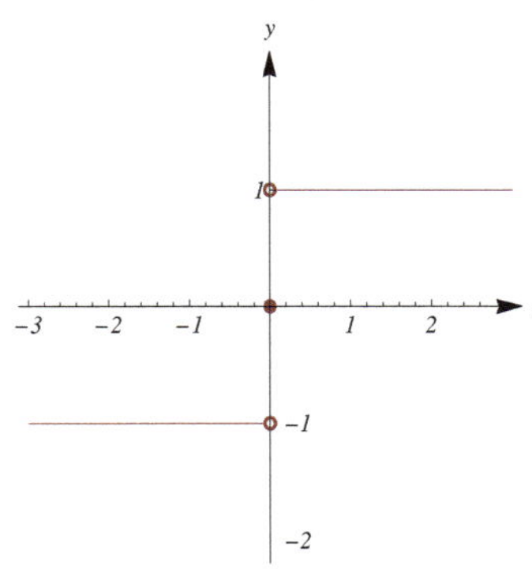

Bild 2.8 $f(x) = \operatorname{sgn} x$

Die Signumfunktion (siehe **Bild 2.8**) ist

1. monoton steigend auf ihrem gesamten Definitionsbereich $\mathbb{R}$,
2. sowohl monoton steigend als auch monoton fallend auf den Intervallen $(-\infty, 0)$ und $(0, \infty)$,

3. beschränkt (nach oben durch 1 und nach unten durch -1),
4. nicht umkehrbar.

Modellierung des Massenstromes mit der Signumfunktion

Beispiel 2.19

Bei der Berechnung von Wasserversorgungsnetzen ist die Modellierung des sogenannten Massenstromes M_{ij} im Wasserrohr zwischen benachbarten Knoten i und j des Netzes von wesentlicher Bedeutung. Sind P_i bzw. P_j die Drücke in den Knoten i bzw. j, die durch den Druck des Wassers sowie die geodätische Höhe der Knoten verursacht werden, so gilt die Gleichung (siehe z. B. [20])

$$M_{ij} = -\text{sgn}(P_j - P_i)\alpha_{ij}\sqrt{|P_j - P_i|},$$

wobei die positive Größe α_{ij} vom Durchmesser des Rohres, seiner Länge und dem Widerstandsbeiwert der Rohrreibung abhängig ist. Ist der Druck P_j im Knoten j größer als der Druck P_i im Knoten i, so folgt $M_{ij} < 0$. Vereinbarungsgemäß bedeutet das einen Massenstrom vom Knoten j zum Knoten i. Ist der Druck P_j im Knoten j kleiner als der Druck P_i im Knoten i, so folgt $M_{ij} > 0$, was vereinbarungsgemäß einen Massenstrom vom Knoten i zum Knoten j bedeutet.

2.2.3 Die lineare Funktion

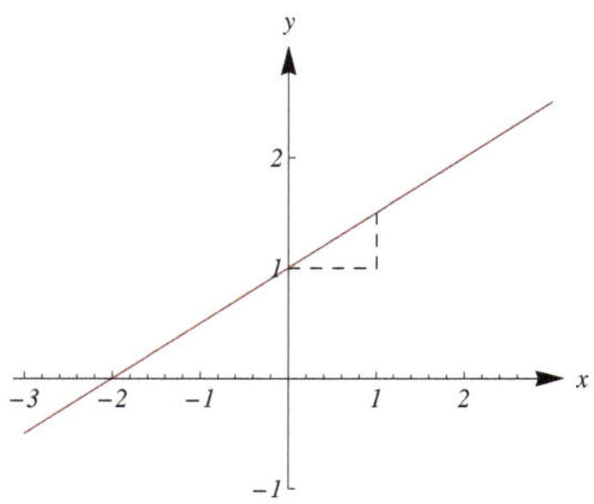

Bild 2.9 $f(x) = mx + n$, $m = 0.5$, $n = 1$

Die lineare Funktion hat die Funktionsgleichung

$$y = f(x) = mx + n, \quad f : \mathbb{R} \to \mathbb{R},$$

wobei $m \neq 0$ und n vorgegebene reelle Zahlen sind.

Die lineare Funktion (siehe **Bild 2.9**) ist

1. auf ihrem gesamten Definitionsbereich $\mathbb{R}$
für $m > 0$ streng monoton steigend und
für $m < 0$ streng monoton fallend.
2. unbeschränkt auf ihrem Definitionsbereich $\mathbb{R}$,
3. umkehrbar auf ihrem Definitionsbereich $\mathbb{R}$. Die Umkehrfunktion ist $f^{-1}(x) = (x - n)/m$. Sie ist ebenfalls linear.

Robert Hooke (* 18. Juli 1635 auf der Isle of Wight, † 3. März 1703 in London)

englischer Physiker, Mathematiker und Erfinder, Professor für Geometrie in Oxford, Mitglied der Royal Society

Fundamentalgesetze der Festkörpermechanik, Wegbereiter der mikroskopischen Forschung, Entdecker der Zellen in Pflanzen, Analyse des Wesens der Verbrennung, Bau eines optischen Telegraphen, Federunruh zur Regelung von Uhren, Architekt von London, Entwurf von Gebäuden

hier: Elastizitätsgesetz

Das Ermitteln der Nullstelle x_N der linearen Funktion entspricht dem Lösen der **linearen Gleichung**

$f(x_N) = mx_N + n = 0$. Ihre Lösung ist $x_N = -n/m$.

Für $n = 0$ gewinnt die Funktionsgleichung die Gestalt

$y = f(x) = mx$.

In diesem Fall heißen y und x zueinander **proportional** mit dem **Proportionalitätsfaktor** m, wofür auch $y \sim x$ geschrieben wird.

Beispiel 2.20

Proportionalitäten in der Physik

1. Viele physikalische Zusammenhänge lassen sich (zumindest näherungsweise) durch lineare Funktionen beschreiben. So besagt z. B. das **Gesetz von Hooke**, dass die infolge einer axialen Kraft F im Querschnitt des Flächeninhaltes A eines Stabes der Länge l hervorgerufene Spannung $\sigma = F/A$ zur relativen Verlängerung $\delta l/l$ des Stabes proportional ist: $F/A \sim \delta l/l$ (siehe **Bild 2.10**). Die relative Verlängerung $\delta l/l$ wird als Dehnung ε bezeichnet. Mit dem Proportionalitätsfaktor E (Elastizitätsmodul) ergibt sich die lineare Abhängigkeit

   $\sigma = E\,\varepsilon.$

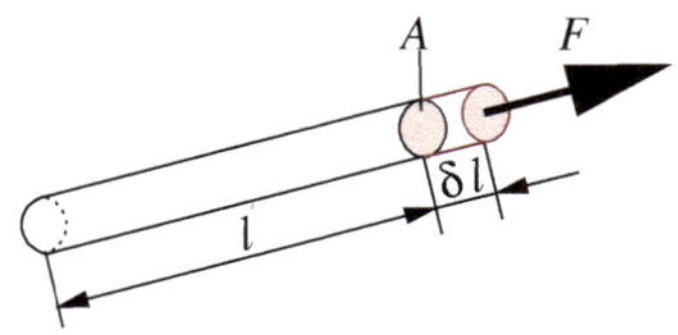

Bild 2.10 Gesetz von Hooke

2. Das **zweite Axiom von Newton** besagt, dass infolge einer auf einen Körper der Masse m wirkenden Kraft F eine Beschleunigung a des Körpers in Richtung dieser Kraft hervorgerufen wird, wobei die Kraft proportional zur Beschleunigung mit dem Proportionalitätsfaktor m, der Masse des Körpers, ist (siehe **Bild 2.11**). Damit besteht der lineare Zusammenhang

   $F = m\,a.$

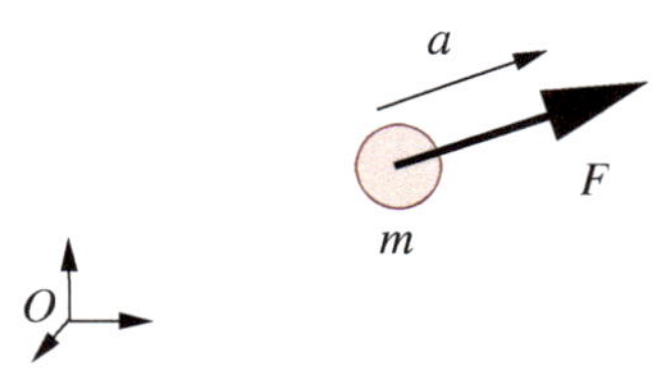

Bild 2.11 Zweites Axiom von Newton

Beispiel 2.21

Lineare Weg-Zeit-Gesetze

Ein Auto beginnt seine Fahrt im Ort A zum $l = 30$ km entfernten Ort B und fährt mit der gleichförmigen Geschwindigkeit $v_1 = 50$ km/h, ein zweites Auto beginnt seine Fahrt zum selben Zeitpunkt im Ort B und fährt mit der gleichförmigen Geschwindigkeit $v_2 = 70$ km/h auf derselben Straße zum Ort A. Nach welcher Zeit von Beginn der Fahrt an und nach wie viel km vom Ort A begegnen sich die Autos?

Für den Zeitpunkt des Beginns der Fahrt der beiden Autos wird $t_S = 0$ und für die Position des Ortes A auf der Straße von A nach B wird $s_A = 0$ vereinbart. Die Position des Ortes B ist $s_B = l$. Die Position des ersten Autos zum Zeitpunkt t ist wegen der gleichförmigen Geschwindigkeit $s_1(t) = v_1 t$ und die des zweiten Autos $s_2(t) = s_B - v_2 t$, da das Auto in B startet und sich in Gegenrichtung zum ersten Auto bewegt. Beide Funktionen sind linear. Die Autos begegnen sich, wenn ihre Positionen s_1 und s_2 übereinstimmen. Daraus folgt für den Zeitpunkt t_b der Begegnung die Gleichung $s_1(t_b) = s_1(t_b)$ bzw.

$v_1 t_b = l - v_2 t_b$

Umstellen nach t_b ergibt den Zeitpunkt der Begegnung

$t_b = l/(v_1 + v_2) = 30/(50 + 70) = 1/4$ [h].

Die Position der Begegnung auf der Straße ist von Ort A aus

$s_1(t_b) = v_1 l/(v_1 + v_2) = 50 \cdot 30/(50 + 70) = 12.5$ [km].

Die Graphen der linearen Funktionen s_1 und s_2, die Positionen der Orte A und B und der Zeitpunkt der Begegnung t_b ist im Koordinatensystem (O, t, s) in **Bild 2.12** dargestellt. Die Position der Begegnung kann als s-Koordinate des Schnittpunktes der Graphen s_1 und s_2 abgelesen werden.

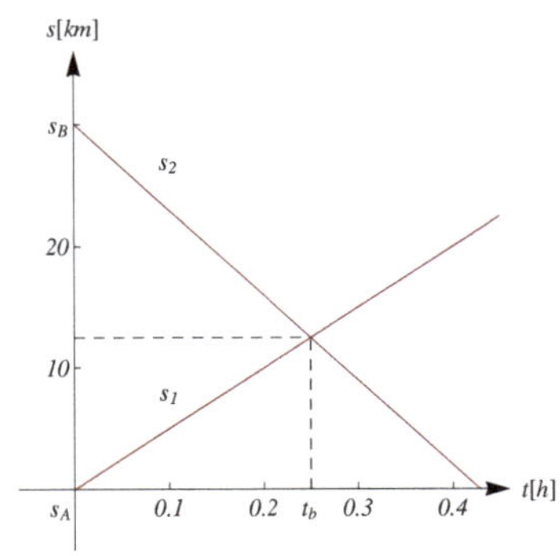

Bild 2.12 Lineare Bewegungsgesetze s_1 und s_2

2.2.4 Die Betragsfunktion

Die Betragsfunktion hat die Funktionsgleichung

$$y = f(x) = |x| = \begin{cases} x, & x \geq 0, \\ -x, & x < 0. \end{cases}, \quad f : \mathbb{R} \to \mathbb{R}\backslash\mathbb{R}^-.$$

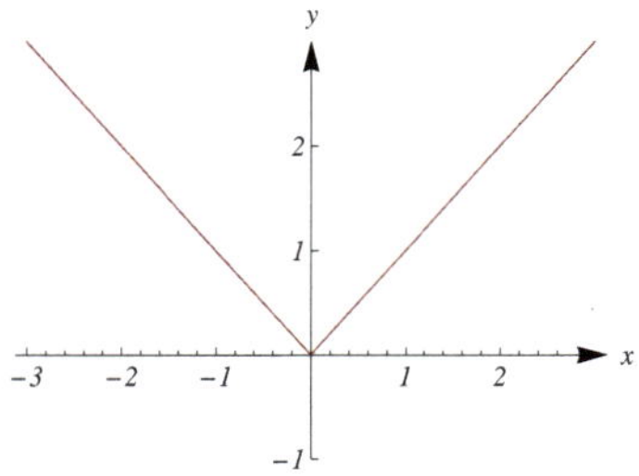

Bild 2.13 $f(x) = |x|$

Die Betragsfunktion (siehe **Bild 2.13**) ist

1. streng monoton steigend auf dem Intervall $(0, \infty)$ und demzufolge dort umkehrbar,
2. streng monoton fallend auf dem Intervall $(-\infty, 0)$ und demzufolge dort umkehrbar,
3. nach unten beschränkt durch 0, da alle Funktionswerte nicht negativ sind, und nach oben unbeschränkt.

Entfernung als Betragsfunktion

Beispiel 2.22

Ein Auto fährt mit gleichförmiger Geschwindigkeit $v = 80$ km/h über den $l = 20$ km entfernten Ort A zum Ort B. Seine Entfernung d (in km) zum Ort A ist als Funktion der Fahrzeit t (in h) anzugeben. Wie groß ist die Entfernung zu A nach 6 bzw. 30 min ?

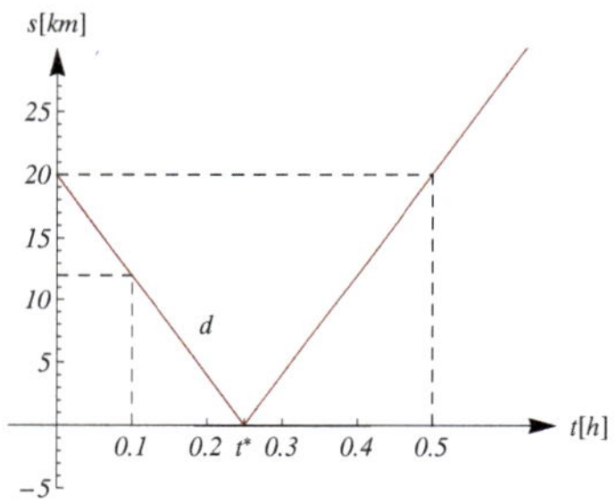

Bild 2.14 $d(t) = |20 - 80t|$

Aus dem linearen Weg-Zeit-Gesetz $s(t) = vt$ für die in der Zeit t erreichte Position s ergibt sich für das Auto eine Fahrzeit von $t^\star = l/v = 1/4$ h bis zum Ort A. Bis dahin verkürzt sich seine Entfernung vom Ort A. Sie beträgt demnach $d(t) = l - s(t) = 20 - 80t$ (in km), wenn die Zeit t zwischen 0 h und 1/4 h liegt. Danach vergrößert sich seine Entfernung vom Ort A wieder. Sie beträgt jetzt $d(t) = s(t) - l = 80t - 20$ (in km). Zusammengefasst ist (in km)

$$d(t) = \begin{cases} 20 - 80t, & 0 \le t \le 1/4 \\ 80t - 20, & t > 1/4 \end{cases} \quad \text{bzw.} \quad d(t) = |20 - 80t|, \; t \ge 0.$$

Nach 6 min (= 1/10 h) beträgt die Entfernung noch 12 km bis zum Ort A, nach 30 min (= 1/2 h) beträgt sie bereits wieder 20 km. Die Funktion d und ihre Funktionswerte an den Stellen $t = 0.1$ h, $t = 0.5$ h sind in **Bild 2.14** dargestellt.

Eigenschaften

Beim Rechnen mit Beträgen gelten für $x, y \in \mathbb{R}$ die Eigenschaften:

1. Aus $|x| \le a$ folgt $-a \le x \le a$ und umgekehrt, $a \ge 0$
2. $-|x| \le x \le |x|$
3. $|xy| = |x||y|$ — **Betrag eines Produktes**
4. $|x/y| = |x|/|y|$, $y \neq 0$ — **Betrag eines Quotienten**
5. $|x| = \sqrt{x^2}$ — **Wurzel aus Quadrat**
6. $|x + y| \le |x| + |y|$ — **Dreiecksungleichung**
7. $|x - y| \ge |x| - |y|$
8. $|x + y| \ge ||x| - |y||$

Beispiel 2.23

Ungleichungen mit Beträgen

Für welche reellen x ist die Ungleichung $|x-5| < |x+1|$ erfüllt?

Die Nullstellen der auf der linken bzw. rechten Seite der Ungleichung vorkommenden Betragsfunktionen sind -1 bzw. 5. Es werden folgende Fälle unterschieden:

1. $x < -1$ (dann ist auch $x < 5$) und somit $|x+1| = -(x+1)$, $|x-5| = -(x-5)$. Aus der Ungleichung folgt nach Auflösen der Beträge $-(x-5) < -(x+1)$, d. h., $5 < -1$. Das ist ein Widerspruch. Für $x < -1$ hat die Ungleichung keine Lösung.
2. $-1 \leq x < 5$ und somit $|x+1| = (x+1)$, $|x-5| = -(x-5)$. Aus der Ungleichung folgt nach Auflösen der Beträge $-(x-5) < (x+1)$, d. h., $2 < x$. Zusammen mit der Voraussetzung liefert das die Lösungen $2 < x < 5$.
3. $x \geq 5$ (dann ist auch $x \geq -1$) und somit $|x+1| = (x+1)$, $|x-5| = (x-5)$. Aus der Ungleichung folgt nach Auflösen der Beträge $(x-5) < (x+1)$, d. h., $-5 < 1$. Das ist für beliebige $x \in \mathbb{R}$ wahr. Für $x \geq 5$ ist die Ungleichung erfüllt.

Die Ungleichung hat die Lösungen $x \in (2, \infty)$.
Die Funktionen $|x-5|$ und $|x+1|$ und die Stellen $x=-1$, $x=2$ und $x=5$ sind in **Bild 2.15** dargestellt.

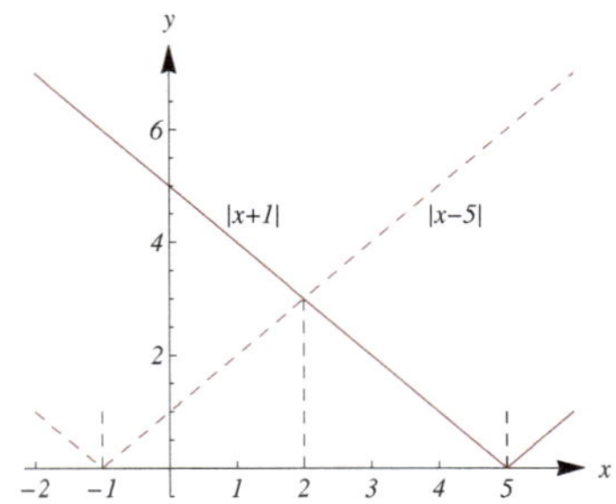

Bild 2.15 Funktionen $|x-5|$, $|x+1|$

2.2.5 Die Potenzfunktion

Die Potenzfunktion hat die Funktionsgleichung

$$y = f(x) = x^k, \; f: \mathbb{R} \to \mathbb{R}, \; k \in \mathbb{N}$$

Die Potenzfunktion für gerade Exponenten k (siehe **Bild 2.16**) ist

1. *nicht monoton* auf ihrem gesamten Definitionsbereich $\mathbb{R}$,
2. *nicht umkehrbar* auf ihrem gesamten Definitionsbereich $\mathbb{R}$,
3. streng monoton steigend auf dem Intervall $[0, \infty)$ und demzufolge dort umkehrbar. Die Umkehrfunktion ist die **Wurzelfunktion** $f^{-1}(x) = \sqrt[k]{x}$, $f^{-1}: [0, \infty) \to [0, \infty)$.
4. streng monoton fallend auf dem Intervall $(-\infty, 0]$ und demzufolge dort umkehrbar. Die Umkehrfunktion ist $f^{-1}(x) = -\sqrt[k]{x}$, $f^{-1}: [0, \infty) \to (-\infty, 0]$.
5. nach unten beschränkt durch 0, da alle Funktionswerte nicht negativ sind, und nach oben unbeschränkt.

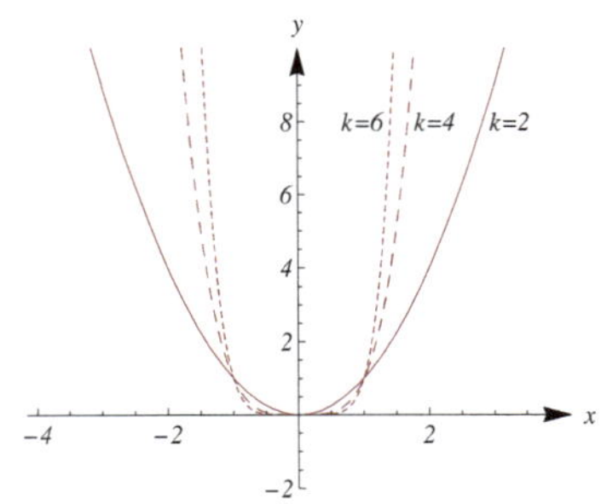

Bild 2.16 $f(x) = x^k$, k gerade

Die Potenzfunktion für ungerade Exponenten k (siehe **Bild 2.17**) ist

1. streng monoton steigend auf ihrem gesamten Definitionsbereich $\mathbb{R}$ und demzufolge dort umkehrbar. Die Umkehrfunktion ist die Wurzelfunktion $f^{-1}(x) = \sqrt[k]{x}$, $f^{-1}: \mathbb{R} \to \mathbb{R}$.
2. nach unten und nach oben unbeschränkt.

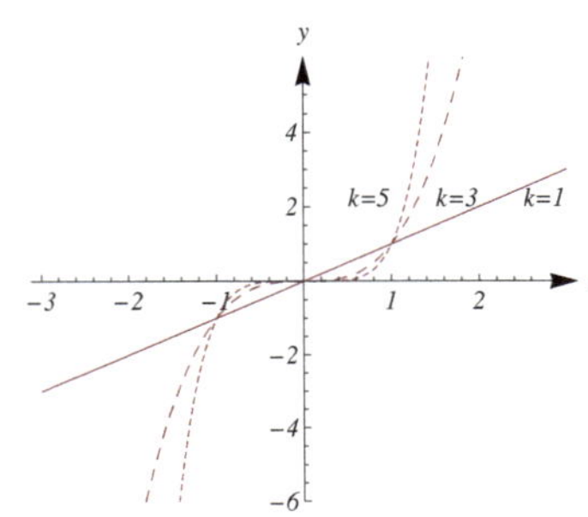

Bild 2.17 $f(x) = x^k$, k ungerade

Kapital als Potenzfunktion des Zinsfaktors

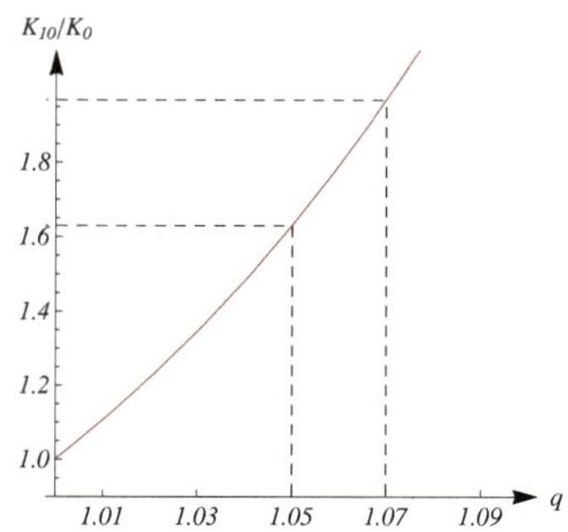

Bild 2.18 $K_n/K_0 = q^n$, $n = 10$
$q = 1.05$, $q = 1.07$

Beispiel 2.24

Ein zukünftiger Bauherr legt ein Kapital K_0 auf einem Bankkonto über mehrere Jahre an und erhält von der Bank einen jährlichen Zinssatz i dafür. Wie groß ist sein Kapital nach n Jahren?

Das Kapital vergrößert sich bei jährlicher Verzinsung um die Zinsen. Diese berechnen sich als Produkt aus dem Zinsatz und dem vorhandenen Kapital. Damit beträgt das Kapital nach einem Jahr $K_1 = iK_0 + K_0 = (1+i)K_0$, nach zwei Jahren bereits $K_2 = (1+i)K_1 = (1+i)^2 K_0$, nach drei Jahren $K_3 = (1+i)K_2 = (1+i)^3 K_0$ usw. und nach n Jahren $K_n = (1+i)^n K_0$. Die Größe $q = 1+i$ wird als Zinsfaktor bezeichnet. Damit ist das Verhältnis von dem nach n Jahren vorhandenen Kapital K_n zum eingezahlten Kapital K_0 eine Potenzfunktion des Zinsfaktors q:

$$\frac{K_n}{K_0} = q^n.$$

Bei einem ursprünglichen Kapital von $K_0 = 30\,000$ € hat der zukünftige Bauherr nach 10 Jahren bei einem jährlichen Zinssatz von $i = 5\,\%$ die stattliche Summe von 48 866.84 € auf seinem Konto, d. h., $1.05^{10} \approx 1.63$ Mal so viel. Bei einem jährlichen Zinssatz von $i = 7\,\%$ sind es sogar 59 014.54 €, d. h., $1.07^{10} \approx 1.97$ Mal so viel!
Die Funktion q^n für $n = 10$ sowie die Funktionswerte an den Stellen $q = 1.05$ und $q = 1.07$ sind in **Bild 2.18** dargestellt.

2.2.6 Die Reziprokfunktion

Die Reziprokfunktion hat die Funktionsgleichung

$$y = f(x) = \frac{1}{x}, \; f: \mathbb{R}\backslash\{0\} \to \mathbb{R}\backslash\{0\}.$$

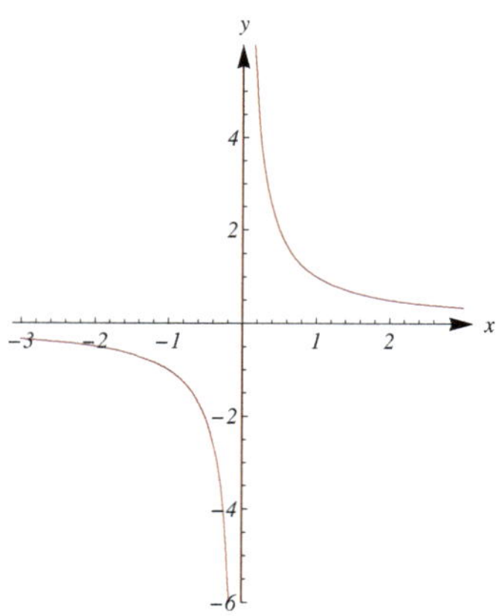

Bild 2.19 $f(x) = 1/x$

Die Reziprokfunktion (siehe **Bild 2.19**) ist

1. streng monoton fallend auf den Intervallen $(-\infty, 0)$ und $(0, \infty)$ und demzufolge dort umkehrbar. Die Umkehrfunktion ist $f^{-1}(x) = 1/x$. Sie ist identisch mit f.
2. nach unten und nach oben unbeschränkt auf ihrem gesamten Definitionsbereich,
3. nach oben beschränkt durch 0 und nach unten unbeschränkt auf dem Intervall $(-\infty, 0)$,
4. nach unten beschränkt durch 0 und nach oben unbeschränkt auf dem Intervall $(0, \infty)$.

Reziprokfunktion

Beispiel 2.25

Schwingungsdauer T und Frequenz f eines Pendelschwingers sind zueinander reziprok, d. h., es gilt

$$T = \frac{1}{f} \quad \text{bzw.} \quad f = \frac{1}{T}.$$

2.2.7 Polynome

Ein Polynom P_n vom Grade n hat die Funktionsgleichung

$$y = P_n(x) = a_n x^n + a_{n-1} x^{n-1} + ... + a_1 x + a_0, \ P_n : \mathbb{R} \to \mathbb{R} \qquad (2.2)$$

wobei $a_0, a_1, ..., a_n \in \mathbb{R}$ die **Koeffizienten** des Polynoms sind, $a_n \neq 0$.

Für die Summe auf der rechten Seite von (2.2) wird kürzer mithilfe des Summenzeichens geschrieben

$$P_n(x) = \sum_{i=0}^{n} a_i x^i. \qquad (2.3)$$

Die Summanden ergeben sich, indem für i der Reihe nach die ganzen Zahlen von 0 bis n, wie im Summenzeichen angegeben, in den Term $a_i x^i$ eingesetzt werden.

Beispiel 2.26 **Polynome und ihre Koeffizienten**

1. Die Funktion $f(x) = 12x^2 - 4x^3$ ist ein Polynom 3. Grades mit den Koeffizienten $a_3 = -4, a_2 = 12, a_1 = 0, a_0 = 0$.
2. Die Funktion $f(x) = x^7 + x^6 + x^5 + x^4 + x^3 + x^2 + x$ ist ein Polynom 7. Grades mit den Koeffizienten $a_i = 1, \ i = 1, ..., 7, \ a_0 = 0$.
3. Die Funktion $f(x) = (x+1)(x+2)$ ist ein Polynom 2. Grades mit den Koeffizienten $a_2 = 1, a_1 = 3, a_0 = 2$, denn nach dem Ausmultiplizieren ist $f(x) = x^2 + 3x + 2$.
4. Die Potenzfunktion $y = x^k, \ k \in \mathbb{N}$ ist ein Polynom k-ten Grades mit den Koeffizienten $a_k = 1, a_i = 0, \ i = k-1, ..., 0$.
5. Die lineare Funktion $f(x) = mx + n$ ist ein Polynom 1. Grades mit den Koeffizienten $a_1 = m, a_0 = n$.

Polynome sind Funktionen, die durch endlich viele Additionen und Multiplikationen aus konstanten Funktionen und der Identität $f(x) = x$ zusammensetzt sind.

Definition 2.27

Zwei Polynome

$$P_n(x) = a_n x^n + a_{n-1} x^{n-1} + ... + a_0 \qquad \text{und}$$
$$Q_m(x) = b_m x^m + b_{m-1} x^{m-1} + ... + b_0$$

sind **gleich**, falls sie vom selben Grad sind (d. h., $m = n$ ist) und $a_n = b_n, \ a_{n-1} = b_{n-1}, ..., \ a_0 = b_0$ gilt.

Beispiel 2.28 **Koeffizientenvergleich**

Aus der Gleichung $3x^2 + 5x + 1 = ax^2 + bx + c, \ x \in \mathbb{R}$, folgt $a = 3, b = 5, c = 1$.

Nullstellen von Polynomen

Eine zentrale Aufgabe ist die **Bestimmung der Nullstellen eines Polynoms**, d. h., das Ermitteln derjenigen Argumente x, für die $P_n(x) = 0$ ist.

Nullstellen von Polynomen

Beispiel 2.29

Welche der Zahlen $2, -2, 10$ sind Nullstellen der folgenden Polynome?

$$\begin{aligned} P_3(x) &= x^3 - 2x^2 - 2x + 4 \\ Q_3(x) &= 4x^3 + 2x^2 + 5x - 4250 \\ P_4(x) &= x^4 - 6x^3 + 2x^2 - 3x - 78 \end{aligned}$$

Durch Einsetzen dieser Zahlen in die Funktionsgleichungen findet man, dass 2 Nullstelle von $P_3(x)$ ist, dass 10 Nullstelle von $Q_3(x)$ ist und dass -2 Nullstelle von $P_4(x)$ ist.

Schnittkraftfunktionen

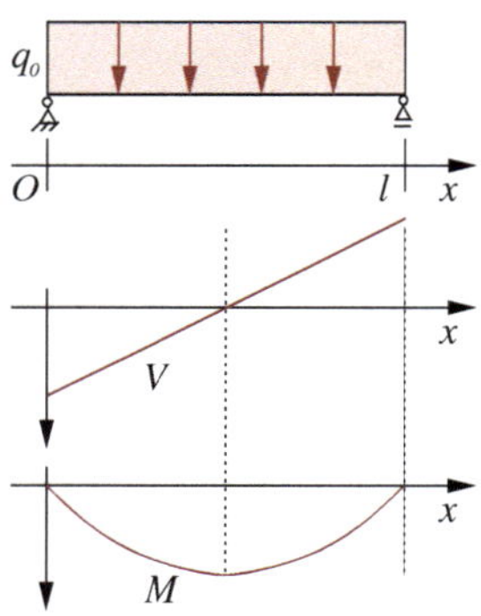

Bild 2.20 Schnittkraftfunktionen

Beispiel 2.30

Die Schnittkräfte V (Querkraft) und M (Biegemoment) am gelenkig gelagerten Balken der Länge l mit der Belastung $q(x) = q_0$ an der Stelle x des Balkens (siehe **Bild 2.20**) sind Polynome ersten bzw. zweiten Grades:

$$\begin{aligned} V(x) &= 0.5q_0 l - q_0 x, \\ M(x) &= -0.5q_0 x(x - l). \end{aligned}$$

Sie haben folgende Eigenschaften:

1. Die Koeffizienten des Polynoms der Querkraftfunktion sind $a_0 = 0.5q_0 l$ und $a_1 = -q_0$.
2. Die Koeffizienten des Polynoms der Biegemomentenfunktion sind $b_0 = 0, b_1 = 0.5q_0 l$ und $b_2 = -0.5q_0$.
3. Die Nullstelle der Querkraftfunktion V ist $x = l/2$, die Nullstellen der Biegemomentenfunktion M sind $x = 0$ und $x = l$.

Nullstellen quadratischer Polynome

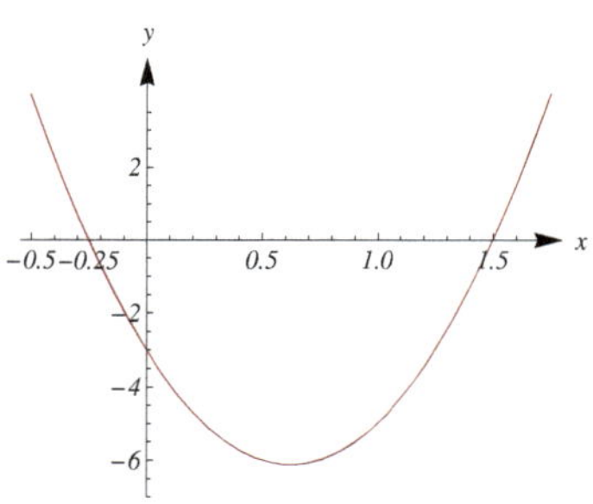

Bild 2.21 $P_2(x) = 8x^2 - 10x - 3$

Beispiel 2.31

Das Ermitteln der Nullstellen von Polynomen zweiten Grades (quadratische Polynome) $P_2(x) = ax^2 + bx + c,\ a \neq 0$ entspricht dem Lösen der entsprechenden quadratischen Gleichung

$$ax^2 + bx + c = 0.$$

Ihre **Diskriminante** ist die Zahl $D = b^2 - 4ac$. Die quadratische Gleichung hat

für $D > 0$	genau zwei reelle Lösungen	$x_{1,2} = \dfrac{-b \pm \sqrt{D}}{2a}$,
für $D = 0$	genau eine reelle Lösung	$x = -b/2a$,
für $D < 0$	keine reelle Lösung.	

In **Bild 2.21** ist das Polynom $P_2(x) = 8x^2 - 10x - 3$ mit der Diskriminante $D = 10^2 - 4 \cdot 8 \cdot (-3) = 196$ und den beiden reellen Nullstellen $x_1 = -1/4$ und $x_2 = 3/2$ dargestellt.

Offenbar sind $x = x_1$ und $x = x_2$ Lösungen der quadratischen Gleichung

$$0 = (x - x_1)(x - x_2) = x^2 - (x_1 + x_2)x + x_1 x_2 = x^2 + px + q.$$

Koeffizientenvergleich ergibt den so genannten **Wurzelsatz von Vieta**

$p = -(x_1 + x_2)$ und $q = x_1 x_2$,

d. h., die entgegengesetzte Summe der zwei Lösungen der quadratischen Gleichung $x^2 + px + q = 0$ ist der Koeffizient p und ihr Produkt ist der Koeffizient q.

Satz 2.32

Besitzt ein Polynom P_n vom Grad $n \geq 1$ eine reelle Nullstelle x_1, so gibt es ein Polynom P_{n-1} vom Grad $n-1$, sodass für alle $x \in \mathbb{R}$ gilt

$$P_n(x) = (x - x_1)P_{n-1}(x).$$

Satz 2.33

Ein Polynom P_n vom Grad $n \geq 1$ besitzt *höchstens n reelle Nullstellen.* Werden diese mit $x_1, ..., x_r$, $r \leq n$ bezeichnet, so lässt sich die zugehörige Funktionsgleichung bis auf die Reihenfolge der **Linearfaktoren** $(x-x_1)$, $(x-x_2)$,..., $(x-x_r)$ eindeutig schreiben in der Form

$$P_n(x) = (x - x_1)(x - x_2)\cdots(x - x_r)P_{n-r}(x),$$

wobei P_{n-r} ein Polynom vom Grade $n-r$ ist, das keine reellen Nullstellen besitzt. Die Nullstellen $x_1, ..., x_r$ müssen nicht alle voneinander verschieden sein.

Beispiel 2.34

Abspalten von Linearfaktoren

1. Das Polynom $P_3(x) = x^3 - 2x^2 - 2x + 4$ (siehe **Bild 2.22**) hat die Nullstelle $x = 2$, wie man z. B. durch Probieren feststellt. Nach **Satz 2.32** kann der Linearfaktor $x - 2$ abgespalten werden, d. h., das Polynom P_3 ist durch $x - 2$ teilbar. Durch Polynomdivision findet man

   $$P_3(x) = x^3 - 2x^2 - 2x + 4 = (x-2)(x^2-2).$$

   Das Restpolynom $x^2 - 2$ ist vom Grade zwei und hat die beiden reellen Nullstellen $\sqrt{2}$ und $-\sqrt{2}$. Daher ergibt sich die vollständige Zerlegung in Linearfaktoren

   $$P_3(x) = (x-2)(x-\sqrt{2})(x+\sqrt{2}).$$

2. Das Polynom $P_4(x) = x^4 + x^2 - 2$ (siehe **Bild 2.23**) ist biquadratisch, denn mit der Substitution $z = x^2$ ergibt sich $\tilde{P}_2(z) = z^2 + z - 2$. Die entsprechende quadratische Gleichung $\tilde{P}_2(z) = 0$ hat die Lösungen $z = 1$ und $z = -2$, und nach der Rücksubstitution ergibt sich

   $$P_4(x) = (x^2-1)(x^2+2).$$

   Das quadratische Polynom $x^2 - 1$ hat die Nullstellen 1 und -1, das quadratische Polynom $x^2 + 2$ hat keine reellen Nullstellen. Daher ergibt sich als Zerlegung

   $$P_4(x) = (x+1)(x-1)(x^2+2).$$

3. Das Polynom $P_n(x) = x^n - 1$ hat offenbar die Nullstelle $x = 1$. Daher ist es durch den Linearfaktor $x - 1$ teilbar, und es folgt die Zerlegung

   $$P_n(x) = x^n - 1 = (x-1)(x^{n-1} + x^{n-2} + ... + x + 1).$$

4. Das Polynom $P_{2n+1}(x) = x^{2n+1} + 1$ hat die Nullstelle $x = -1$, und es ist

   $$P_{2n+1}(x) = x^{2n+1} + 1 = (x+1)(x^{2n} - x^{2n-1} + x^{2n-2} + ... - x + 1).$$

5. Das Polynom $P_{2n}(x) = x^{2n} - 1$ hat die Nullstelle $x = -1$, und es ist

   $$P_{2n}(x) = x^{2n} - 1 = (x+1)(x^{2n-1} - x^{2n-2} + x^{2n-3} + ... + x - 1).$$

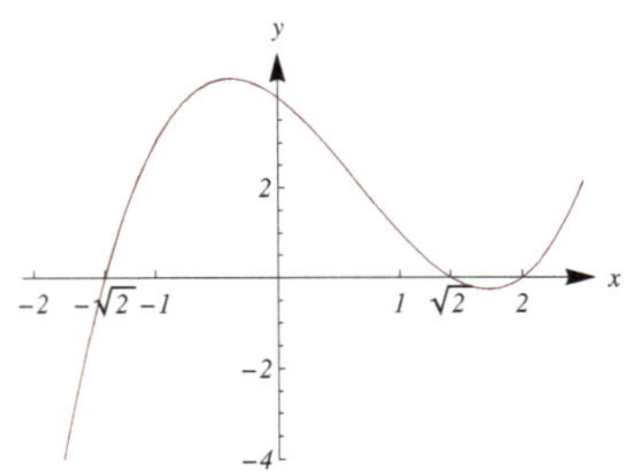

Bild 2.22 $P_3(x) = x^3 - 2x^2 - 2x + 4$

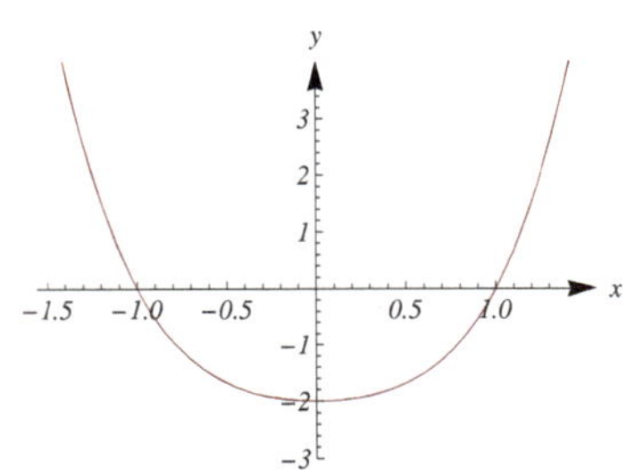

Bild 2.23 $P_4(x) = x^4 + x^2 - 2$

Summe, Differenz, Produkt und Verkettung von Polynomen sind wieder Polynome.

Verkettung von Polynomen

Beispiel 2.35

Aus den Polynomen $P_3(x) = x^3 - 2x^2 - 2x + 4$ und $P_1(x) = x - 1$ ergibt sich durch Verkettung jeweils ein Polynom 3. Grades:

$$\begin{aligned} P_3(P_1(x)) &= (x-1)^3 - 2(x-1)^2 - 2(x-1) + 4 &&= x^3 - 5x^2 + 5x + 3, \\ P_1(P_3(x)) &= (x^3 - 2x^2 - 2x + 4) - 1 &&= x^3 - 2x^2 - 2x + 3. \end{aligned}$$

Die Verkettung von Polynomen ist i. Allg. nicht kommutativ, wie der Koeffizientenvergleich zeigt.

Horner-Schema

William George Horner (* 1786 in Bristol, † 1837 in Bath)

englischer Mathematiker, Schuldirektor in Bath

Arbeiten auf dem Gebiet der Algebra

hier: Horner-Schema zur Lösung algebraischer Gleichungen

Zur Berechnung von Funktionswerten von Polynomen wird oft das Horner-Schema benutzt. Durch sukzessives Ausklammern ergibt sich aus dem Polynom

$$\begin{aligned} P_n(x) &= a_n x^n + a_{n-1}x^{n-1} + a_{n-2}x^{n-2} + \ldots + a_2x^2 + a_1x + a_0 \\ &= ((\ldots((a_nx + a_{n-1})x + a_{n-2})x + \ldots + a_2)x + a_1)x + a_0. \end{aligned}$$

Soll der Funktionswert von $P_n(x)$ an der Stelle x^* ermittelt werden, so werden die Terme in den Klammern von innen nach außen berechnet. Mit der Bezeichnung $b_{n-1} = a_n$ ergibt sich so der Reihe nach

$$\begin{aligned} b_{n-2} &= b_{n-1}x^* + a_{n-1} \\ &\vdots \\ b_0 &= b_1x^* + a_1 \quad \text{und schließlich} \\ P_n(x^*) &= b_0x^* + a_0. \end{aligned}$$

Diese Berechnungen können im so genannten **Horner-Schema** übersichtlich durchgeführt werden:

$$\begin{array}{c|cccccc|c} & a_n & a_{n-1} & a_{n-2} & \cdots & a_2 & a_1 & a_0 \\ x^* & \downarrow & x^*b_{n-1} & x^*b_{n-2} & & x^*b_2 & x^*b_1 & x^*b_0 \quad + \\ \hline & b_{n-1} & b_{n-2} & b_{n-3} & & b_1 & b_0 & \boldsymbol{P_n(x^*)} \end{array} \tag{2.4}$$

Berechnung von Funktionswerten

Beispiel 2.36

Die Funktionswerte des Polynoms $P_4(x) = x^4 - 3x^3 - 12x^2 + 52x - 48$ sind an den Stellen $x = 7$, $x = 3$ und $x = 2$ zu berechnen. Mit dem Horner-Schema ist

	1	−3	−12	52	−48
7		7	28	112	1148
	1	4	16	164	**1100**

	1	−3	−12	52	−48
3		3	0	−36	48
	1	0	−12	16	**0**

	1	−3	−12	52	−48
2		2	−2	−28	48
	1	−1	−14	24	**0**

$P_4(7) = 1100$ $P_4(3) = 0$ $P_4(2) = 0$

Polynomdivision durch Linearfaktor

Aus dem Horner-Schema (2.4) können außerdem die Koeffizienten des Polynoms $P_{n-1}(x)$ entnommen werden, das sich ergibt, wenn das Ausgangspolynom $P_n(x)$ durch den Linearfaktor $(x-x^*)$ geteilt wird. Diese Koeffizienten sind gerade die Zahlen $b_{n-1}, b_{n-2}, ..., b_1, b_0$ in der unteren Reihe des Horner-Schemas, und $r_0 = P_n(x^*)$ ist der Rest bei dieser Division, sodass mit der in (2.3) verwendeten Schreibweise mithilfe des Summenzeichens gilt

$$P_n(x) = \sum_{i=0}^{n} a_i x^i = (x-x^*)P_{n-1}(x) + r_0, \quad P_{n-1}(x) = \sum_{i=0}^{n-1} b_i x^i. \qquad (2.5)$$

Beweis: Wird die rechte Seite in (2.5) ausmultipliziert, so ergibt sich

$$\begin{aligned}\sum_{i=0}^{n} a_i x^i &= x\sum_{i=0}^{n-1} b_i x^i - x^* \sum_{i=0}^{n-1} b_i x^i + r_0 = \sum_{i=0}^{n-1} b_i x^{i+1} - x^* \sum_{i=0}^{n-1} b_i x^i + r_0 \\ &= \sum_{i=1}^{n-1} (b_{i-1} - x^* b_i) x^i + b_{n-1}x^n + r_0 - b_0 x^*.\end{aligned}$$

Koeffizientenvergleich auf der linken und rechten Seite liefert

$$\begin{aligned} a_n &= b_{n-1}, & \text{d. h.,} \quad b_{n-1} &= a_n, \\ a_{n-1} &= b_{n-2} - x^* b_{n-1}, & \text{d. h.,} \quad b_{n-2} &= b_{n-1}x^* + a_{n-1}, \\ & & \vdots \\ a_1 &= b_0 - x^* b_1, & \text{d. h.,} \quad b_0 &= b_1 x^* + a_1, \\ a_0 &= r_0 - x^* b_0, & \text{d. h.,} \quad r_0 &= b_0 x^* + a_0. \end{aligned}$$

Das ist aber gerade das Horner-Schema (2.4). ■

Beispiel 2.37

Horner-Schema zur Polynomdivision

Aus den Horner-Schemata in **Beispiel 2.36** werden mit (2.5) die Resultate der Polynomdivisionen von $P_4(x)$ durch die Linearfaktoren $(x-7)$, $(x-3)$ bzw. $(x-2)$ entnommen:

$$\begin{aligned} P_4(x) &= (x-7)(x^3 + 4x^2 + 16x + 164) + 1100, \\ P_4(x) &= (x-3)(x^3 - 12x + 16), \\ P_4(x) &= (x-2)(x^3 - x^2 - 14x + 24). \end{aligned}$$

Die Polynomdivisionen durch $(x-3)$ bzw. $(x-2)$ erfolgen jeweils ohne Rest, da 3 und 2 Nullstellen von $P_4(x)$ sind. Auch ein fortlaufendes Horner-Schema kann erstellt werden:

	1	−3	−12	52	−48
3		3	0	−36	48
	1	0	−12	16	**0**
2		2	4	−16	
	1	2	−8	**0**	

Daraus folgt unmittelbar die Linearfaktorenzerlegung

$$P_4(x) = (x-3)(x-2)(x^2 + 2x - 8).$$

Werden noch die Nullstellen 2 und −4 des verbleibenden quadratischen Polynoms berechnet, folgt als vollständige Linearfaktorzerlegung von P_4 (siehe **Bild 2.24**)

$$P_4(x) = (x-3)(x-2)^2(x+4).$$

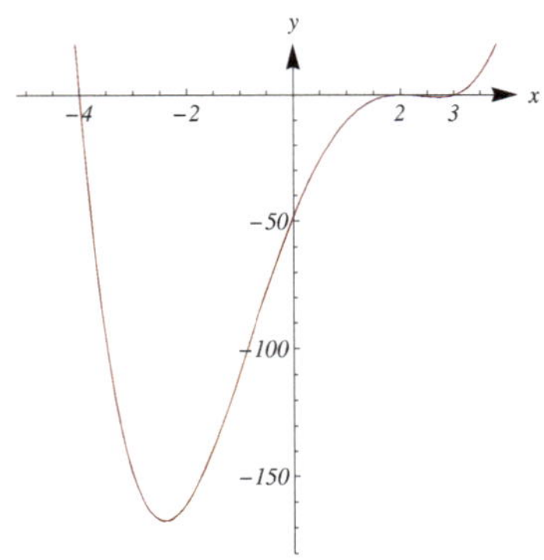

Bild 2.24
$P_4(x) = (x-3)(x-2)^2(x+4)$

Vollständige Entwicklung nach Potenzen eines Linearfaktors

Die Division durch den Linearfaktor $x - x^*$ in (2.5) kann sukzessive auf das Polynom P_{n-1} mit dem Rest r_1 usw. angewendet werden. Es folgen die Gleichungen

$$\begin{aligned} P_n(x) &= (x - x^*)P_{n-1}(x) + r_0 \quad &&\text{(1. Horner-Schema)},\\ P_{n-1}(x) &= (x - x^*)P_{n-2}(x) + r_1 \quad &&\text{(2. Horner-Schema)},\\ &\vdots \\ P_1(x) &= (x - x^*)P_0(x) + r_{n-1} \quad &&(n.\ \text{Horner-Schema}). \end{aligned}$$

Wird die zweite in die erste Gleichung eingesetzt, so ergibt sich

$$P_n(x) = (x - x^*)^2 P_{n-2}(x) + r_1(x - x^*) + r_0,$$

wird die dritte in diese Gleichung eingesetzt usw., so ergibt sich schließlich die **vollständige Entwicklung nach Potenzen von** $(x - x^*)$:

$$P_n(x) = (x - x^*)^n P_0(x) + r_{n-1}(x - x^*)^{n-1} + ... + r_1(x - x^*) + r_0.$$

Vollständiges Horner-Schema

Beispiel 2.38

Für das Polynom $P_4(x)$ aus **Beispiel 2.36** ergibt sich an den Stellen $x = 7$ bzw. $x = 2$ das vollständige Horner-Schema

	1	−3	−12	52	−48
7		7	28	112	1148
	1	4	16	164	**1100** $= r_0$
7		7	77	651	
	1	11	93	**815** $= r_1$	
7		7	126		
	1	18	**219** $= r_2$		
7		7			
	1	**25** $= r_3$			

	1	−3	−12	52	−48
2		2	−2	−28	48
	1	−1	−14	24	**0** $= r_0$
2		2	2	−24	
	1	1	−12	**0** $= r_1$	
2		2	6		
	1	3	**−6** $= r_2$		
2		2			
	1	**5** $= r_3$			

Daraus folgt die vollständige Zerlegung nach Potenzen von $(x - 7)$

$$P_4(x) = 1(x - 7)^4 + 25(x - 7)^3 + 219(x - 7)^2 + 815(x - 7) + 1100$$

und die vollständige Zerlegung nach Potenzen von $(x - 2)$ (ohne absolutes und lineares Glied, da $x = 2$ zweifache Nullstelle von $P_4(x)$ ist)

$$P_4(x) = 1(x - 2)^4 + 5(x - 2)^3 - 6(x - 2)^2.$$

2.2.8 Rationale Funktionen

Die rationale Funktion hat eine Funktionsgleichung der Form

$$y = f(x) = \frac{P_n(x)}{P_m(x)} = \frac{a_n x^n + ... + a_1 x + a_0}{b_m x^m + ... + b_1 x + b_0}, \quad f : \mathbb{R} \to \mathbb{R},$$

wobei P_n und P_m Polynome vom Grad n bzw. m sind.

An den Nullstellen des Polynoms P_m (Nennerpolynom) ist die Funktion f nicht definiert.

Sei x_0 Nullstelle von P_m, sodass $P_m(x_0) = 0$ ist. Ist x_0 *nicht* Nullstelle von P_n, gilt also $P_n(x_0) \neq 0$, so wird x_0 als **Polstelle** von f bezeichnet.

Tritt der Linearfaktor $(x - x_0)$ in der Zerlegung des Zählerpolynoms $P_n(x)$ genau k-mal und in der des Nennerpolynoms $P_m(x)$ genau l-mal auf, $k, l \in \mathbb{N}$, so hat die Funktion $f(x)$ an dieser Stelle

- für $k \geq l$ eine **Lücke** ($(x - x_0)^l$ kann vollständig aus dem Nenner gekürzt werden) und
- für $k < l$ eine **Polstelle** (Funktionswerte sind in einer beliebigen Umgebung von $x = x_0$ unbeschränkt).

Summe, Differenz, Produkt und Quotient rationaler Funktionen sind wieder rationale Funktionen, ebenso deren Verkettung.

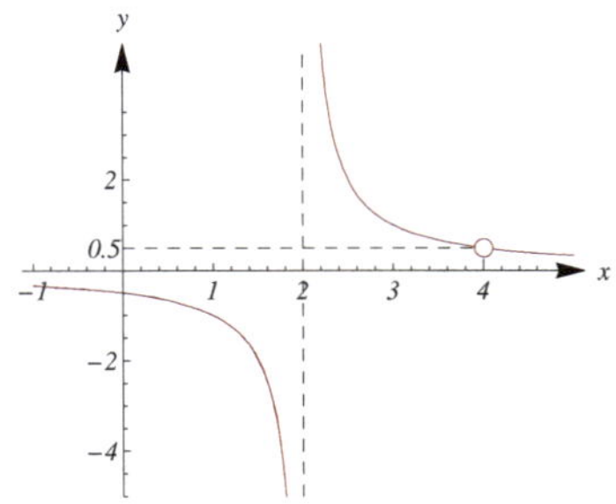

Bild 2.25
$f(x) = (x-4)/(x^2 - 6x + 8)$

Polstelle und Lücke

Beispiel 2.39

Die rationale Funktion $f(x) = \dfrac{x-4}{x^2 - 6x + 8} = \dfrac{x-4}{(x-2)(x-4)}$ (siehe **Bild 2.25**) hat folgende Eigenschaften:

1. Sie ist an den Nullstellen des Nennerpolynoms $x = 2$ und $x = 4$ nicht definiert.
2. An der Stelle $x = 2$ hat sie eine *Polstelle*, da das Zählerpolynom dort von 0 verschieden ist (es gilt $P_1(2) = -2$).
3. An der Stelle $x = 4$ hat sie eine *Lücke*. Das Zählerpolynom ist zwar dort auch gleich 0, aber die Funktion $f(x)$ ist bis auf die Stelle $x = 4$, an der sie nicht definiert ist, identisch mit der Funktion $\tilde{f}(x) = 1/(x-2)$, wie durch Kürzen festgestellt wird. $\tilde{f}$ hat an der Stelle $x = 4$ den Funktionswert 0.5, also keine Besonderheit.

Beispiel 2.40

Elektrische Leistung

Die elektrische Leistung P, die ein Gerät mit dem Widerstand R umsetzt, das an eine Spannungsquelle mit der Spannung U und dem Innenwiderstand R_i angeschlossen ist, ist eine rationale Funktion von R:

$$P(R) = \frac{U^2 R}{(R + R_i)^2}.$$

2.2.9 Die Exponential- und Logarithmusfunktion

Die Exponentialfunktion hat die Funktionsgleichung

$$f(x) \quad = \quad a^x,\ f : \mathbb{R} \to \mathbb{R}^+,\ a \in \mathbb{R} \text{ fest},\ a > 0,\ a \neq 1.$$

Die Exponentialfunktion (siehe **Bild 2.26**) ist

1. für $a > 1$ streng monoton steigend auf ihrem gesamten Definitionsbereich $\mathbb{R}$ und demzufolge dort umkehrbar,
2. für $0 < a < 1$ streng monoton fallend auf ihrem gesamten Definitionsbereich $\mathbb{R}$ und demzufolge dort umkehrbar,

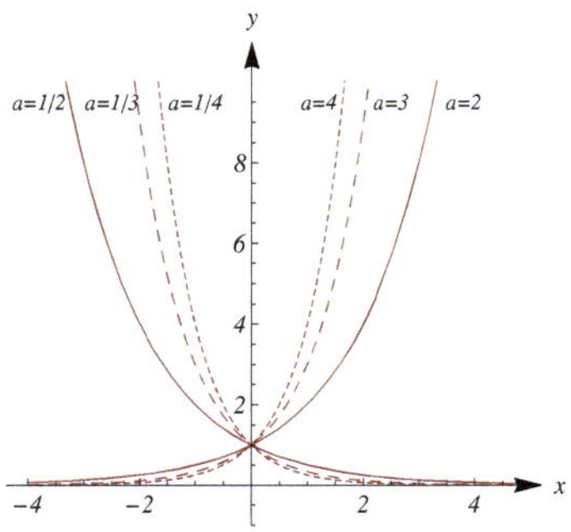

Bild 2.26 $f(x) = a^x$

3. nach unten beschränkt durch 0, da alle Funktionswerte positiv sind, und nach oben unbeschränkt.

Aus $f(x) = a^x$ ergibt sich $f(-x) = a^{-x} = 1/a^x = (1/a)^x$, d. h., die Graphen der Exponentialfunktionen a^x und $(1/a)^x$ mit zueinander reziproken Basen sind symmetrisch zur y-Achse (siehe **Bild 2.26**).

Für die Exponentialfunktion gelten die Potenzgesetze, insbesondere das Gesetz

$$a^{x_1+x_2} = a^{x_1} \cdot a^{x_2} \text{ für beliebige } x_1, x_2 \in \mathbb{R}.$$

Natürliche Exponentialfunktion

Die Exponentialfunktion mit der **Euler-Zahl** $\mathrm{e} = 2,718281...$ als Basis wird **natürliche Exponentialfunktion** $f(x) = \mathrm{e}^x$ genannt. Sie spielt eine wesentliche Rolle bei der Beschreibung von Zusammenhängen in der Natur.

Exponentialfunktion bei Zusammenhängen in der Natur

Beispiel 2.41

1. Das Wachstum einer Population p in Abhängigkeit von der Zeit t (z. B. Bakterien in einer Kläranlage) mit dem Bestand p_0 zum Zeitpunkt $t = 0$ lässt sich durch das Gesetz

   $$p(t) = p_0\,\mathrm{e}^{\alpha t}$$

   beschreiben. Dabei gibt die Konstante α die Stärke des Wachstums an, die aus zwei Messungen bestimmt werden kann.
2. Die Absorption einer Welle (z. B. Explosionswelle, Erdbebenwelle), d. h., die Abnahme ihrer Energiestromstärke Φ entlang eines Weges x, genügt dem Gesetz

   $$\Phi(x) = \Phi_0\,\mathrm{e}^{-\beta x}.$$

   Dabei ist β der Absorptionskoeffizient und Φ_0 die Energiestromstärke im Punkt $x = 0$.

Logarithmus als Umkehrfunktion

Die Logarithmusfunktion ist die Umkehrfunktion der Exponentialfunktion, und es wird definiert

$$x = \log_a y \qquad \text{genau dann, wenn} \qquad y = a^x.$$

Werden wie in **Abschnitt 2.1.4** beschrieben die Rollen von Argument y und Funktionswert x vertauscht, so folgt als Funktionsgleichung der Logarithmusfunktion (siehe **Bild 2.27**)

$$f^{-1}(x) = \log_a x,\ f^{-1}: \mathbb{R}^+ \to \mathbb{R}.$$

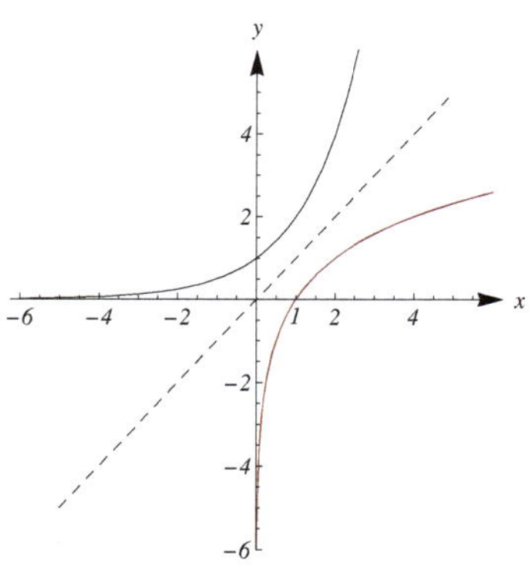

Bild 2.27 $f(x) = 2^x$, $f^{-1}(x) = \log_2 x$

Da Exponential- und Logarithmusfunktion zu den gleichen Basen Umkehrfunktionen sind, sind ihre Funktionsgraphen symmetrisch zum Graph von $y = x$ (siehe **Bild 2.27**).

Die Logarithmusfunktion ist

1. streng monoton steigend für $a > 1$ und streng monoton fallend für $0 < a < 1$ auf ihrem gesamten Definitionsbereich $\mathbb{R}^+$ und demzufolge dort umkehrbar,
2. nach oben und unten unbeschränkt auf ihrem Definitionsbereich,
3. hat eine Nullstelle bei $x = 1$. (Wie in **Abschnitt 1.3** bemerkt, ist vereinbarungsgemäß $a^0 = 1$ und daher $\log_a 1 = 0$.)

Gebräuchliche Basen

Die Logarithmen zu den Basen 10 und e werden häufig verwendet. Sie stehen u.a. auf Taschenrechnern und in den höheren Programmiersprachen zur Verfügung. Oft werden folgende Bezeichnungen verwendet:

$$\log_{10} x = \lg x, \qquad \log_{\mathrm{e}} x = \ln x.$$

Logarithmengesetze

Für das Rechnen mit Logarithmen gelten die folgenden Logarithmengesetze, die sich alle unmittelbar aus der Definition des Logarithmus ableiten lassen:

$$\log_a bc = \log_a b + \log_a c,$$ **Logarithmus eines Produktes**

$$\log_a \frac{b}{c} = \log_a b - \log_a c,$$ **Logarithmus eines Quotienten**

$$a^{\log_a b} = b,$$ **Logarithmus als Exponent**

$$\log_a b^c = c \cdot \log_a b,$$ **Logarithmus einer Potenz**

$$\log_a b = \frac{\log_c b}{\log_c a}.$$ **Logarithmus einer anderen Basis**

Beispiel 2.42 **Berechnung des Schallpegels**

Sind $L_1, L_2, \ldots, L_n$ die Schallpegel von n Schallquellen, so berechnet sich der Gesamtschallpegel L_{ges} dieser Schallquellen gemäß der Gleichung (siehe [40])

$$L_{\text{ges}} = 10 \lg \sum_{j=1}^{n} 10^{0.1 L_j} .$$

1. Um wie viel erhöht sich der Schallpegel, wenn statt einer Schallquelle n gleich laute Schallquellen vorhanden sind?
   Ist der Schallpegel einer dieser Schallquellen gleich L, so beträgt der Schallpegel von n solcher Schallquellen nach der obigen Gleichung
   $$L_{\text{ges}} = 10 \lg \left(n \cdot 10^{0.1L}\right) = 10 \left(\lg n + \lg 10^{0.1L}\right) = 10 \lg n + L,$$
   er ist um $10 \lg n$ größer als der Schallpegel von nur einer dieser Schallquellen.
2. Bei lärmgedämpften Nutzfahrzeugen konnte der Schallpegel von 90 auf 74 dB gesenkt werden. Wie viele dieser umweltfreundlicheren Nutzfahrzeuge erzeugen jetzt denselben Lärmpegel wie ein Produkt der alten geräuschstärkeren Serie ?
   Die gesuchte Anzahl sei n. *Ein* Nutzfahrzeug der alten geräuschstärkeren Serie erzeugt einen Pegel von 90 dB, n umweltfreundlichere Nutzfahrzeuge erzeugen nach Aufgabe 1. einen Pegel von $10 \lg n + 74$ dB. Aus der sich ergebenden Gleichung
   $$90 = 10 \lg n + 74$$
   folgt durch Umstellen nach n die Gleichung
   $$1.6 = \lg n \qquad \text{bzw.} \qquad n = 10^{1.6} \approx 40.$$
   Etwa 40 Nutzfahrzeuge der umweltfreundlicheren Serie erzeugen so viel Lärm wie ein altes. Die Abhängigkeit des Gesamtschallpegels L_{ges} von der Anzahl n der Nutzfahrzeuge gleichen Schallpegels ist in **Bild 2.28** dargestellt.

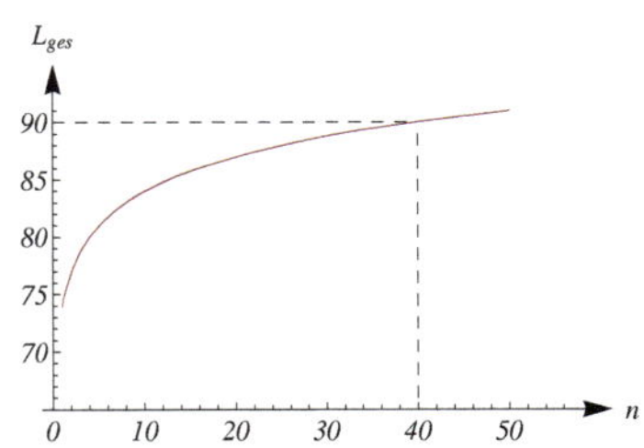

Bild 2.28 $L_{\text{ges}}(n) = 10 \lg n + 74$

2.2.10 Trigonometrische Funktionen

Gradmaß und Bogenmaß

Das **Gradmaß** unterteilt

den Vollwinkel in $360°$,	jedes Grad in $60'$ (Minuten),
den gestreckten Winkel in $180°$,	jede Minute in $60''$ (Sekunden).
den rechten Winkel in $90°$,	

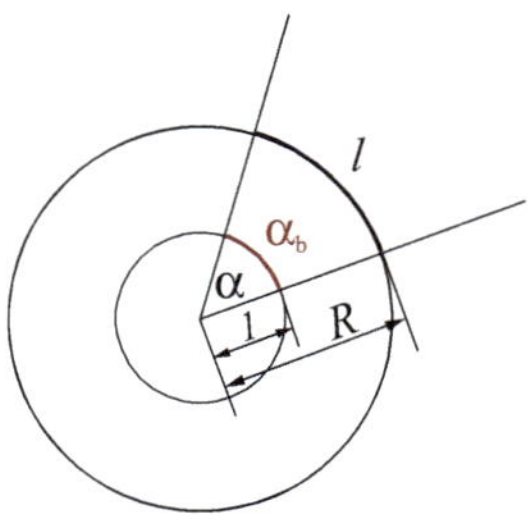

Bild 2.29 Bogenmaß α_b

Das **Bogenmaß** eines Winkels α in **Radiant** ist das Verhältnis der Längen des zugehörigen Kreisbogens l und des Radius' R des Kreises: $\alpha = l/R$ (siehe **Bild 2.29**). Für einen Kreis mit dem Radius 1 ist das Bogenmaß die (einheitslose) Länge des Kreisbogens, den die Schenkel des Winkels aus dem Kreis ausschneiden. Demnach entspricht z. B.

dem Vollwinkel das Bogenmaß 2π,
dem gestreckten Winkel das Bogenmaß π,
dem rechten Winkel das Bogenmaß $\pi/2$.

Ist α_b die Maßzahl des Winkels im Bogenmaß und α_g seine Maßzahl im Gradmaß, so ergeben sich aus den Entsprechungen

$$\alpha_\mathrm{g} = 360° \qquad \text{und} \qquad \alpha_\mathrm{b} = 2\pi$$

die Gleichungen zum Umrechnen von Grad- und Bogenmaß:

Umrechnung

$$\alpha_\mathrm{b} = \frac{\pi}{180°}\,\alpha_\mathrm{g} \qquad \text{bzw.} \qquad \alpha_\mathrm{g} = \frac{180°}{\pi}\,\alpha_\mathrm{b}.$$

Sinus- und Kosinusfunktion

Im rechtwinkligen Koordinatensystem $(0, x, y)$ wird dem Winkel α mit einem Schenkel auf der x-Achse der Punkt $P(x_p, y_p)$ des Einheitskreises (Kreis mit dem Radius 1 und dem Mittelpunkt im Koordinatenursprung O) zugeordnet, den der andere Schenkel als Schnittpunkt mit dem Einheitskreis hat (siehe **Bild 2.30**).

Definition 2.43

Der **Sinus** des Winkels α ist die y-Koordinate y_p des zu ihm gehörenden Punktes $P(x_p, y_p)$ auf dem Einheitskreis, der **Kosinus** des Winkels α ist die x-Koordinate x_p dieses Punktes:
$y_p = \sin\alpha, \qquad x_p = \cos\alpha.$

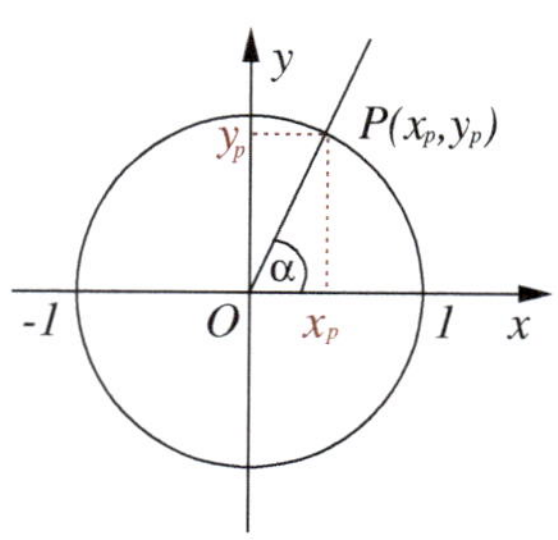

Bild 2.30 Sinus x_p, Kosinus y_p

Aus der **Definition 2.43** ergibt sich durch einfache geometrische Zusammenhänge folgende Wertetabelle für Sinus und Kosinus:

α in Grad	0	30	45	60	90	180	270
α in Radiant	0	$\pi/6$	$\pi/4$	$\pi/3$	$\pi/2$	π	$3\pi/2$
$\sin\alpha$	0	$1/2$	$\sqrt{2}/2$	$\sqrt{3}/2$	1	0	-1
$\cos\alpha$	1	$\sqrt{3}/2$	$\sqrt{2}/2$	$1/2$	0	-1	0

Die Sinusfunktion hat die Funktionsgleichung

$$y = f(x) = \sin x, \; f: \mathbb{R} \to [-1, 1],$$

die Kosinusfunktion hat die Funktionsgleichung

$$y = f(x) = \cos x, \; f: \mathbb{R} \to [-1, 1].$$

Sinusfunktion (siehe **Bild 2.31**) und Kosinusfunktion (siehe **Bild 2.32**) haben folgende Eigenschaften ($k = 0, \pm 1, \pm 2, \ldots$):

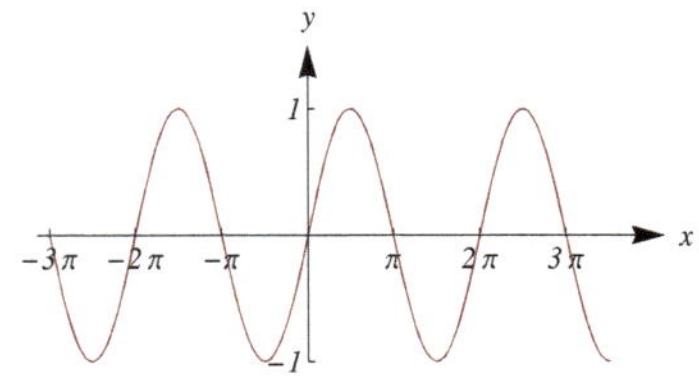

Bild 2.31 $f(x) = \sin x$

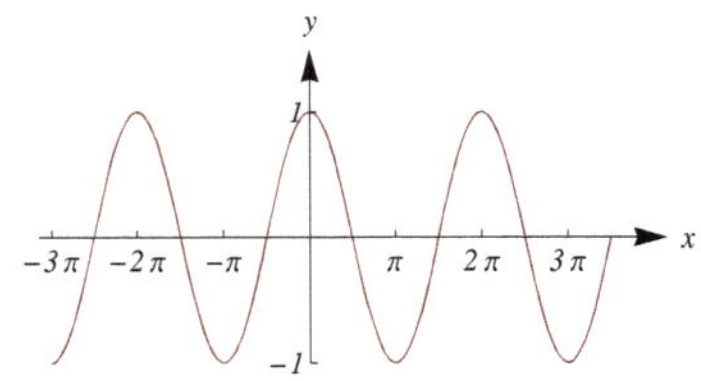

Bild 2.32 $f(x) = \cos x$

1. Die Sinusfunktion ist
   streng monoton steigend auf den Intervallen $[-\pi/2+2k\pi, \pi/2+2k\pi]$,
   streng monoton fallend auf den Intervallen $[\pi/2+2k\pi, 3\pi/2+2k\pi]$,
   die Kosinusfunktion ist
   streng monoton steigend auf den Intervallen $[\pi+2k\pi, 2\pi+2k\pi]$,
   streng monoton fallend auf den Intervallen $[2k\pi, (2k+1)\pi]$.
2. Beide Funktionen sind beschränkt: $-1 \leq \sin x \leq 1$, $-1 \leq \cos x \leq 1$.
3. Die Nullstellen der Sinusfunktion sind $x = k\pi$,
   die Nullstellen der Kosinusfunktion sind $x = \pi/2 + k\pi$.
4. Beide Funktionen haben die **Periode** 2π, d. h., es gilt
   $\sin(x + 2\pi) = \sin x, \qquad \cos(x + 2\pi) = \cos x, \quad x \in \mathbb{R}$.
5. Die Sinusfunktion ist eine **ungerade Funktion**,
   die Kosinusfunktion ist eine **gerade Funktion**, d. h., es ist
   $\sin(-x) = -\sin x, \qquad \cos(-x) = \cos x, \quad x \in \mathbb{R}$.

Zwischen Sinus- und Kosinusfunktion gelten für alle $x \in \mathbb{R}$ folgende Zusammenhänge, die **Additionstheoreme** genannt werden:

Additionstheoreme

1. $\sin^2 x + \cos^2 x = 1,$
2. $\sin x = \cos(\pi/2 - x), \qquad \cos x = \sin(\pi/2 - x),$
3. $\sin(\pi - x) = \sin x, \qquad \sin(\pi + x) = -\sin x,$
   $\cos(\pi - x) = -\cos x, \qquad \cos(\pi + x) = -\cos x,$
4. $\sin(x_1 \pm x_2) = \sin x_1 \cos x_2 \pm \cos x_1 \sin x_2,$
   $\cos(x_1 \pm x_2) = \cos x_1 \cos x_2 \mp \sin x_1 \sin x_2,$
5. $\sin(2x) = 2 \sin x \cos x,$
   $\cos(2x) = \cos^2 x - \sin^2 x = 1 - 2\sin^2 x = 2\cos^2 x - 1.$

Tangens- und Kotangensfunktion

Definition 2.44

Der Quotient aus Sinus und Kosinus eines Winkels x heißt **Tangens** dieses Winkels, der Quotient aus Kosinus und Sinus des Winkels x heißt **Kotangens** dieses Winkels:

$$\tan x = \frac{\sin x}{\cos x}, \; x \neq \frac{\pi}{2} + k\pi, \; \cot x = \frac{\cos x}{\sin x}, \; x \neq k\pi, \; k = 0, \pm 1, \pm 2, \ldots$$

Die Tangensfunktion hat die Funktionsgleichung

$$y = f(x) = \tan x, \; f: \mathbb{R} \to \mathbb{R},$$

die Kotangensfunktion hat die Funktionsgleichung

$$y = f(x) = \cot x, \; f: \mathbb{R} \to \mathbb{R}.$$

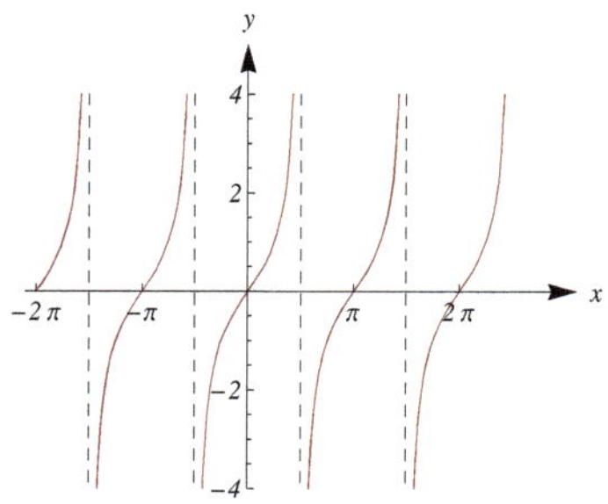

Bild 2.33 $f(x) = \tan x$

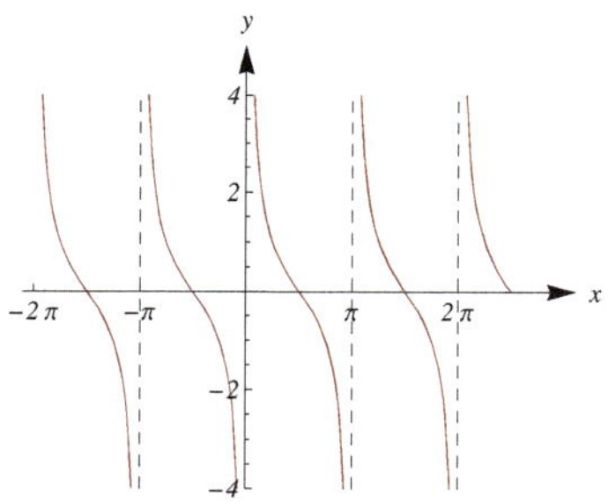

Bild 2.34 $f(x) = \cot x$

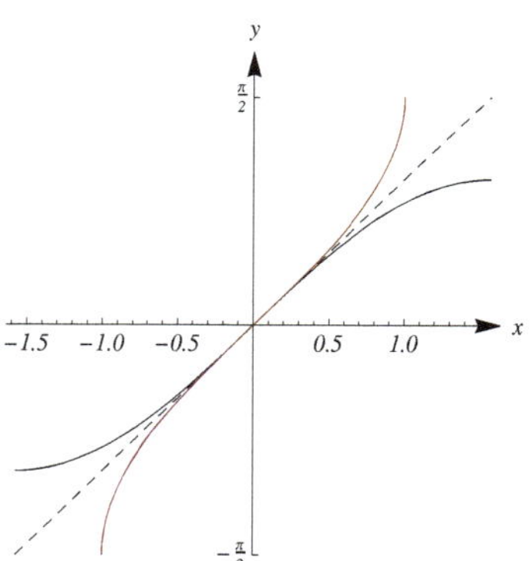

Bild 2.35 $f(x) = \sin x$, $f^{-1}(x) = \arcsin x$

Tangensfunktion (siehe **Bild 2.33**) und Kotangensfunktion (siehe **Bild 2.34**) haben folgende Eigenschaften ($k = 0, \pm 1, \pm 2, ...$):

1. Die Tangensfunktion ist streng monoton steigend auf den Intervallen $(-\pi/2 + k\pi, \pi/2 + k\pi)$,
die Kotangensfunktion ist streng monoton fallend auf den Intervallen $(k\pi, (k+1)\pi)$.
2. Die Nullstellen der Tangensfunktion sind $x = k\pi$,
die Nullstellen der Kotangensfunktion sind $x = \pi/2 + k\pi$,
das sind jeweils die Nullstellen ihrer Zählerfunktionen.
3. Die Tangensfunktion hat Polstellen bei $x = \pi/2 + k\pi$,
die Kotangensfunktion hat Polstellen bei $x = k\pi$,
das sind jeweils die Nullstellen ihrer Nennerfunktionen. An diesen Stellen sind sie nicht definiert.
4. Wegen der Polstellen sind beide Funktionen unbeschränkt.
5. Sie haben die **Periode** π, und es gilt
$\tan(x + k\pi) = \tan x, \qquad \cot(x + k\pi) = \cot x.$
Die Periodizität lässt sich mithilfe der Additionstheoreme nachweisen. So ist
$$\begin{aligned} \tan(x + k\pi) &= \frac{\sin(x + k\pi)}{\cos(x + k\pi)} = \frac{\sin x \cos k\pi + \cos x \sin k\pi}{\cos x \cos k\pi - \sin x \sin k\pi} \\ &= \frac{\sin x \cos k\pi}{\cos x \cos k\pi} = \frac{\sin x}{\cos x} = \tan x. \end{aligned}$$
6. Beide Funktionen sind **ungerade Funktionen**.

Umkehrfunktionen

Wird die Sinusfunktion $y = f(x) = \sin x$ lediglich auf dem Intervall $x \in [-\pi/2, \pi/2]$ betrachtet, so ist sie dort streng monoton steigend und daher nach **Satz 2.15** dort umkehrbar. Der **Arcussinus** wird definiert als

$x = \arcsin y \qquad$ genau dann, wenn $\qquad y = \sin x, \; x \in [-\pi/2, \pi/2].$

Die Funktionsgleichung der Umkehrfunktion mit dem Argument x ist

$$f^{-1}(x) = \arcsin x, \; f^{-1}: [-1, 1] \to [-\pi/2, \pi/2].$$

Wird die Kosinusfunktion $y = f(x) = \cos x$ lediglich auf dem Intervall $x \in [0, \pi]$ betrachtet, so ist sie dort streng monoton fallend und daher nach **Satz 2.15** dort umkehrbar. Der **Arcuscosinus** wird definiert als

$x = \arccos y \qquad$ genau dann, wenn $\qquad y = \cos x,\ x \in [0, \pi].$

Die Funktionsgleichung der Umkehrfunktion mit dem Argument x ist

$$f^{-1}(x) = \arccos x,\ f^{-1} : [-1, 1] \to [0, \pi].$$

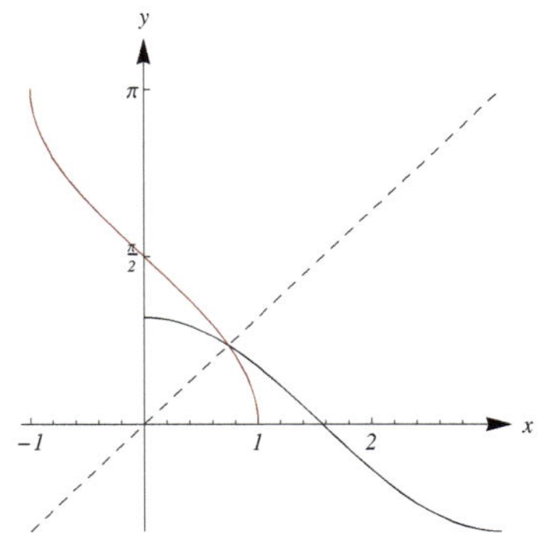

Bild 2.36 $f(x) = \cos x$, $f^{-1}(x) = \arccos x$

Wird die Tangensfunktion $y = f(x) = \tan x$ lediglich auf dem Intervall $x \in (-\pi/2, \pi/2)$ betrachtet, so ist sie dort streng monoton steigend und daher nach **Satz 2.15** dort umkehrbar. Der **Arcustangens** wird definiert als

$x = \arctan y \qquad$ genau dann, wenn $\qquad y = \tan x,\ x \in (-\pi/2, \pi/2).$

Die Funktionsgleichung der Umkehrfunktion mit dem Argument x ist

$$f^{-1}(x) = \arctan x,\ f^{-1} : (-\infty, \infty) \to (-\pi/2, \pi/2).$$

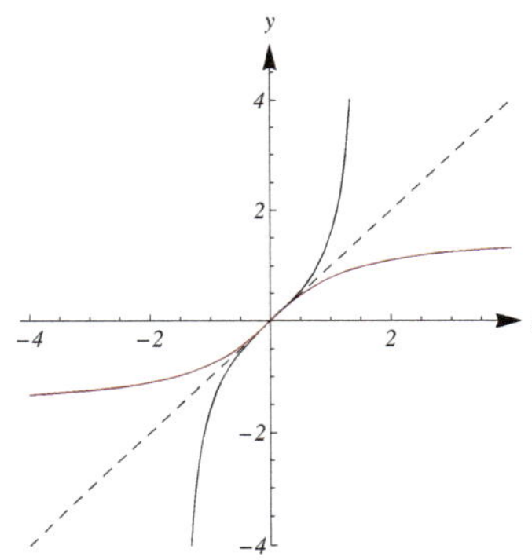

Bild 2.37 $f(x) = \tan x$, $f^{-1}(x) = \arctan x$

Die Graphen der Winkelfunktionen Sinus, Kosinus und Tangens sind auf den angegebenen Intervallen zusammen mit ihren Umkehrfunktionen Arcussinus, Arcuscosinus und Arcustangens in **Bild 2.35**, **2.36** und **2.37** dargestellt.

Trigonometrische Beziehungen am rechtwinkligen Dreieck

In **Definition 2.43** wurde der Sinus und der Kosinus eines Winkels α am Einheitskreis definiert. Wird ein Kreis mit *beliebigem* Radius gewählt, der mit den Schenkeln des Winkels α die Schnittpunkte Q' und P' hat, so ergibt sich aufgrund des Strahlensatzes mit $|\overline{PQ}| = y_P$, $|\overline{OP}| = 1$ (siehe **Bild 2.38**)

$|\overline{OP}| : |\overline{OP'}| = |\overline{PQ}| : |\overline{P'Q'}|, \qquad |\overline{PQ}| = y_p = \sin\alpha = |\overline{P'Q'}| : |\overline{OP'}|,$

d. h., der Sinus des Innenwinkels α im rechtwinkligen Dreieck $\triangle OQ'P'$ ist gleich dem **Quotienten aus der Länge** $|\overline{P'Q'}|$ **der Gegenkathete und der Länge** $|\overline{OP'}|$ **der Hypotenuse**.

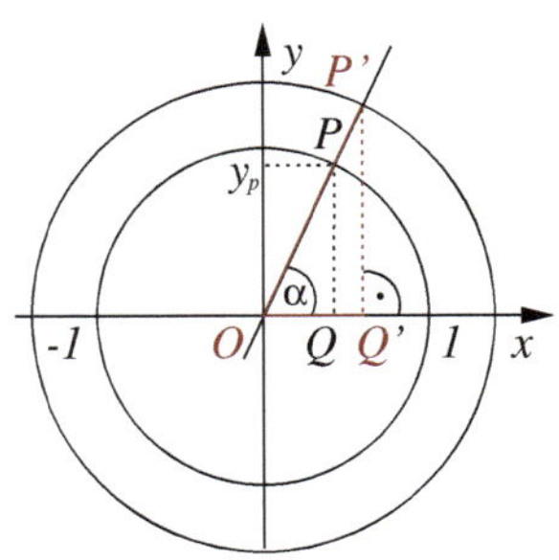

Bild 2.38 Rechtwinkliges Dreieck

Analog ist der den Kosinus des Innenwinkels α im rechtwinkligen Dreieck $\triangle OQ'P'$ gleich dem **Quotienten aus der Länge** $|\overline{OQ'}|$ **der Ankathete und der Länge** $|\overline{OP'}|$ **der Hypotenuse**:

$|\overline{OQ}| = x_p = \cos\alpha = |\overline{OQ'}| : |\overline{OP'}|.$

Der Tangens des Innenwinkels α ergibt sich im rechtwinkligen Dreieck $\triangle OQ'P'$ aus der **Definition 2.44** als **Quotient aus der Länge** $|\overline{P'Q'}|$ **der Gegenkathete und der Länge** $|\overline{OQ'}|$ **der Ankathete**:

$\tan\alpha = |\overline{P'Q'}| : |\overline{OQ'}|.$

Sinussatz und Kosinussatz am beliebigen Dreieck

Satz 2.45
Sinussatz

Die Sinusse zweier Innenwinkel im Dreieck verhalten sich wie die Längen der ihnen gegenüberliegenden Seiten (siehe **Bild 2.39**):

$$\frac{\sin\alpha}{\sin\beta} = \frac{a}{b}, \quad \text{analog} \quad \frac{\sin\alpha}{\sin\gamma} = \frac{a}{c}, \quad \frac{\sin\beta}{\sin\gamma} = \frac{b}{c}. \tag{2.6}$$

Beweis: Aus den trigonometrischen Beziehungen an den rechtwinkligen Dreiecken $\triangle ALC$ und $\triangle LBC$ mit L als Fußpunkt der Höhe h_c vom Eckpunkt C auf die Seite c folgt

$$\sin\alpha = h_c/b \qquad \text{und} \qquad \sin\beta = h_c/a$$

und daraus unmittelbar die Gleichung (2.6). ∎

Satz 2.46
Kosinussatz

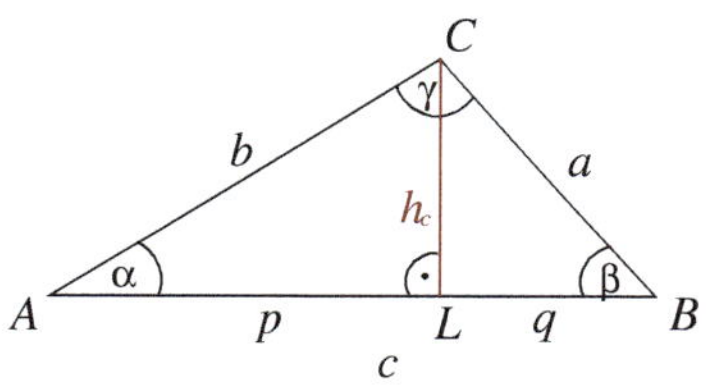

Bild 2.39 Beliebiges Dreieck

Das Quadrat der Länge einer Seite am Dreieck ist gleich der Summe der Quadrate der Längen der beiden anderen Seiten, vermindert um ihr zweifaches Produkt mit dem Kosinus des von ihnen eingeschlossenen Innenwinkels:

$$a^2 = b^2 + c^2 - 2bc\cos\alpha. \tag{2.7}$$

Beweis: Aus dem Satz des Pythagoras in den rechtwinkligen Dreiecken $\triangle ALC$ und $\triangle LBC$ (siehe **Bild 2.39**) folgt

$$a^2 = h_c^2 + q^2 \qquad \text{und} \qquad b^2 = h_c^2 + p^2. \tag{2.8}$$

Die Kosinusbeziehung am rechtwinkligen Dreieck $\triangle ALC$ ergibt

$$p = b\cos\alpha. \tag{2.9}$$

Wird aus (2.8) h_c eliminiert und noch $q = c - p$ verwendet, so folgt

$$a^2 = b^2 + c^2 - 2pc$$

und mit Gleichung (2.9) unmittelbar die Behauptung (2.7) des Kosinussatzes. ∎

Berechnungen am Dreieck

Johannes Müller von Königsberg (auch kurz Hans Müller), latinisiert **Regiomontanus** (*6. Juni 1436 in Unfinden (Königsberg), †6. Juli 1476 in Rom)

bedeutender Mathematiker, Astronom und Verleger des Spätmittelalters

Begründer der neuzeitlichen Trigonometrie, Konstruktion astronomischer Beobachtungsinstrumente, astronomische Tafeln, eigene Druckerei und Sternwarte

hier: Berechnungen am Dreieck

Viele der folgenden trigonometrischen Berechnungen am Dreieck gehen zurück auf **Regiomontanus**.

1. Sind im Dreieck $\triangle ABC$ (siehe **Bild 2.39**) die Längen einer Seite und die zwei anliegenden Innenwinkel gegeben (z. B. c, α und β), so lassen sich die Längen der beiden anderen Seiten mithilfe des Sinussatzes **Satz 2.45** unmittelbar berechnen:

$$a = c\,\frac{\sin\alpha}{\sin\gamma} \quad \text{und} \quad b = c\,\frac{\sin\beta}{\sin\gamma} \quad \text{mit} \quad \gamma = \pi - \alpha - \beta.$$

2. Sind im Dreieck $\triangle ABC$ (siehe **Bild 2.39**) die Längen zweier Seiten und der von ihnen eingeschlossene Innenwinkel gegeben (z. B. a, b, γ), so errechnet sich die Länge der Seite c unmittelbar aus dem Kosinussatz **Satz 2.46**

$$c = \sqrt{a^2 + b^2 - 2ab\cos\gamma}\,.$$

Der Winkel $\alpha \in (0, \pi)$ ergibt sich *eindeutig* aus der Gleichung (2.7) (Kosinussatz)

$$\alpha = \arccos\left(\frac{b^2 + c^2 - a^2}{2bc}\right), \tag{2.10}$$

da die Umkehrfunktion arccos als Wertebereich das Intervall $[0, \pi]$ hat. (Bei Anwendung des Sinussatzes lässt sich α nicht eindeutig ermitteln, da die Gleichung $\sin\alpha = a\sin\gamma/c$ im Intervall $(0, \pi)$ zwei Lösungen haben kann.) Der Innenwinkel β ergibt sich danach zu $\beta = \pi - \alpha - \gamma$.

3. Sind im Dreieck $\triangle ABC$ (siehe **Bild 2.39**) die Längen der drei Seiten a, b, c gegeben, so berechnen sich die Innenwinkel unmittelbar aus dem Kosinussatz **Satz 2.46**. Z. B. ergibt sich der Innenwinkel α aus Gleichung (2.10).

4. Sind im Dreieck $\triangle ABC$ (siehe **Bild 2.39**) die Längen zweier Seiten und einer der nicht eingeschlossenen Innenwinkel gegeben (z. B. a, b, α), so lässt sich der Innenwinkel β dann eindeutig bestimmen, wenn der gegebene Innenwinkel α der *größeren* der beiden gegebenen Seiten a, b gegenüberliegt.

   Nach dem Sinussatz **Satz 2.45** ist zunächst

$$\sin\beta = \frac{b}{a}\sin\alpha\,. \tag{2.11}$$

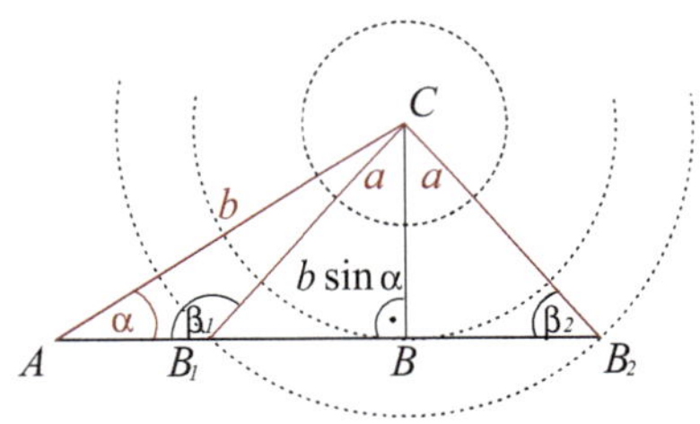

Bild 2.40 Dreieck mit $a < b,\alpha$

   Diese Gleichung hat wegen des Wertebereiches der Sinusfunktion nur dann Lösungen, wenn ihre rechte Seite nicht größer als 1 ist, d. h., wenn $b\sin\alpha \le a$ ist.

   (a) Ist $a > b$, so ist auch $\alpha > \beta$ (d. h., α liegt der größeren der beiden gegebenen Seiten a gegenüber) und daher $\beta < \pi/2$. Gleichung (2.11) ist daher eindeutig lösbar.

   (b) Ist $a = b$, so ist das Dreieck gleichschenklig, und für $\alpha < \pi/2$ ergibt sich $\alpha = \beta$.

   (c) Ist $a < b$, so ist auch $\alpha < \beta$ (d. h., α liegt der kleineren der beiden gegebenen Seiten a gegenüber, siehe **Bild 2.40**).
   Für $b\sin\alpha < a$ hat Gleichung (2.11) zwei voneinander verschiedene Lösungen β_1 und β_2 mit $\beta_1 + \beta_2 = \pi$.
   Für $b\sin\alpha = a$ hat Gleichung (2.11) genau die Lösung $\beta = \pi/2$.
   Für $b\sin\alpha > a$ hat Gleichung (2.11) keine Lösung.

Höhe

5. Für die Länge der Höhe h_c vom Eckpunkt C auf die Seite c folgt unmittelbar aus der trigonometrischen Beziehung am rechtwinkligen Dreieck $\triangle ALC$ bzw. $\triangle LBC$ (siehe **Bild 2.39**)

$$h_c = a\sin\beta = b\sin\alpha .$$

Flächeninhalt

6. Für den Flächeninhalt A des Dreiecks $\triangle ABC$ ergibt sich mit der Höhe $h_c = a\sin\beta$ aus $A = ch_c/2$ (siehe **Bild 2.39**) unmittelbar

$$A = 0.5\,ac\sin\beta ,$$

d. h., A ist das halbe Produkt der Längen zweier Dreiecksseiten und des Sinus des von ihnen eingeschlossenen Innenwinkels.

Seitenhalbierende

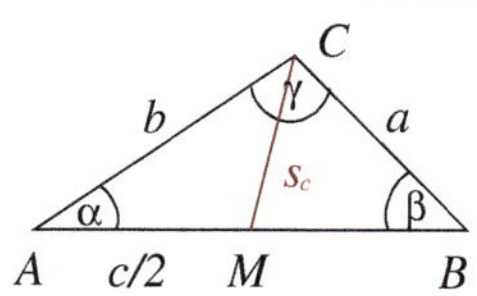

Bild 2.41 Seitenhalbierende

7. Für die Länge der Seitenhalbierenden s_c vom Eckpunkt C zur Mitte M der Seite c (siehe **Bild 2.41**) ergibt sich mit dem Kosinussatz **Satz 2.46** im Dreieck $\triangle AMC$ unmittelbar

$$s_c = \sqrt{b^2 + \frac{c^2}{4} - bc\cos\alpha} .$$

Winkelhalbierende

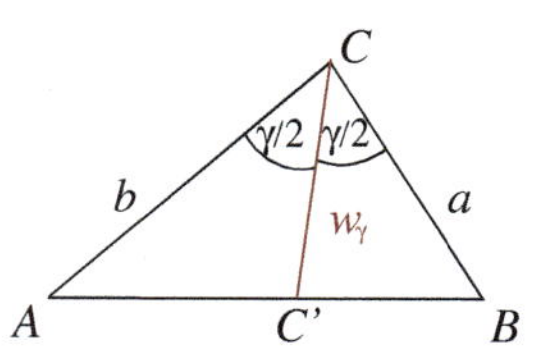

Bild 2.42 Winkelhalbierende

8. Für die Länge der Winkelhalbierenden w_γ des Innenwinkels γ am Eckpunkt C folgt aus der Tatsache, dass sich der Flächeninhalt des Dreiecks $\triangle ABC$ als Summe der Flächeninhalte der Teildreiecke $\triangle AC'C$ und $\triangle C'BC$ ergibt (siehe **Bild 2.42**), die Gleichung

$0.5\,ab\sin\gamma = 0.5\,b\,w_\gamma\sin(\gamma/2) + 0.5\,a\,w_\gamma\sin(\gamma/2)$

und nach w_γ umgestellt mit $\sin\gamma = 2\sin(\gamma/2)\cos(\gamma/2)$

$$w_\gamma = \frac{2ab\cos(\gamma/2)}{a+b} .$$

Umkreisradius

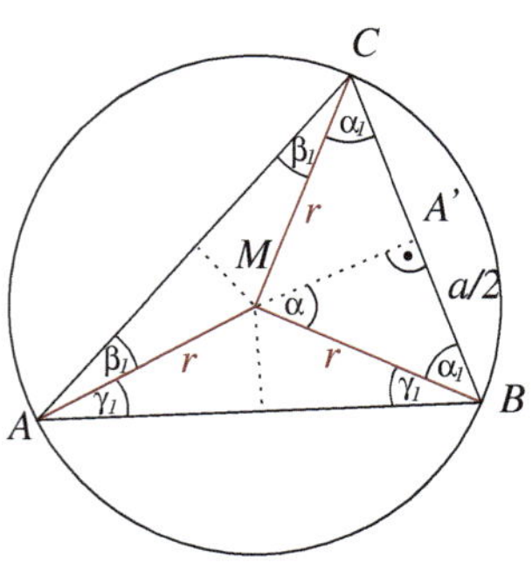

Bild 2.43 Umkreisradius

9. Für den Umkreisradius r ergibt sich z. B. aus der trigonometrischen Beziehung im rechtwinkligen Teildreieck $\triangle BA'M$, wenn M der Mittelpunkt des Umkreises (Schnittpunkt der Mittelsenkrechten der Seiten des Dreiecks) ist (siehe **Bild 2.43**):

$\sin(\pi/2 - \alpha_1) = a/(2r)$,

und mit $\alpha_1 + \beta_1 + \gamma_1 = \pi/2$ und $\beta_1 + \gamma_1 = \alpha$ folgt

$$r = a/(2\sin\alpha) .$$

Analog ergibt sich

$r = b/(2\sin\beta) = c/(2\sin\gamma)$.

Mit dem halben Dreiecksumfang $s = (a+b+c)/2$ lässt sich auch zeigen

$$r = \frac{s}{4\cos(\alpha/2)\cos(\beta/2)\cos(\gamma/2)} .$$

Inkreisradius

10. Für den Inkreisradius ρ ergibt sich z. B. aus der trigonometrischen Beziehung im rechtwinkligen Teildreieck $\triangle AC'M$, wenn M der Mittelpunkt des Inkreises (Schnittpunkt der Winkelhalbierenden der Innenwinkel des Dreiecks) ist (siehe **Bild 2.44**):

$\tan(\alpha/2) = \rho/a_1$

und mit $2(a_1 + b_1 + c_1) = a + b + c = 2s$ und $b_1 + c_1 = a$

$$\rho \;=\; (s-a)\tan(\alpha/2)\,.$$

Analog ergibt sich

$\rho \;=\; (s-b)\tan(\beta/2) \;=\; (s-c)\tan(\gamma/2).$

Außerdem lassen sich folgende Formeln zur Berechnung von ρ zeigen:

$$\begin{aligned}\rho &= s\tan(\alpha/2)\tan(\beta/2)\tan(\gamma/2),\\ \rho &= \sqrt{\frac{(s-a)(s-b)(s-c)}{s}},\\ \rho &= 4r\sin(\alpha/2)\sin(\beta/2)\sin(\gamma/2).\end{aligned}$$

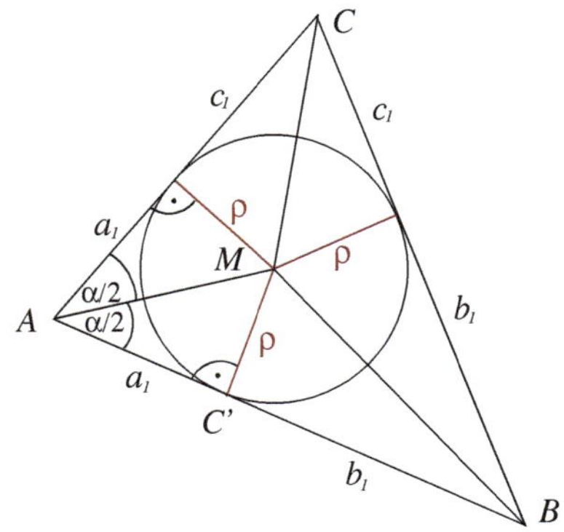

Bild 2.44 Inkreisradius

Flächeninhalt

11. Für den Flächeninhalt A des Dreiecks $\triangle ABC$ lassen sich weitere Formeln zeigen. Aus **Bild 2.44** ergibt sich der Flächeninhalt dieses Dreiecks als Summe der Flächeninhalte der Teildreiecke $\triangle ABM$, $\triangle BCM$, $\triangle CAM$, die jeweils die Höhe ρ haben, zu

$$A \;=\; 0.5\,a\rho + 0.5\,b\rho + 0.5\,c\rho \;=\; s\rho\,.$$

Wird hier hier ρ durch die in Punkt 10. gewonnene (winkelfreie) Gleichung ersetzt, so ergibt sich die **Flächenformel von Heron**

$$A \;=\; \sqrt{s(s-a)(s-b)(s-c)}\,.$$

Außerdem ergibt sich unmittelbar aus **Bild 2.43** mithilfe trigonometrischer Umformungen

$$A \;=\; 2r^2\sin\alpha\sin\beta\sin\gamma.$$

Heron von Alexandria (Mechanicus)
(etwa zwischen 200 v.Chr. und 300 n.Chr.)
antiker Mathematiker und Ingenieur
Ausführungen zu mathematischen, optischen und mechanischen Themen, u. a. Flächenformel von Heron, Heron-Verfahren zum Berechnen der Quadratwurzel
hier: Flächenformel von Heron

2.3 Anwendungen an Beispielen

2.3.1 Polynome bei der Balkenbiegung

Ausgangssituation

Polynome spielen im Bauingenieurwesen eine wichtige Rolle bei der Beschreibung von Schnittkräften und Verformungen in der Balkenstatik. Ein an der Stelle $x = 0$ eingespannter Balken konstanter Biegesteifigkeit

EI mit freiem Ende (Kragarm) der Länge l wird mit der Elementlast q belastet. Ist die Funktion q ein Polynom (z. B. konstante Streckenlast $q(x) = q$ oder lineare Streckenlast $q(x) = ax + b$), so ergeben sich die Schnittkraft- und Verformungsverläufe ebenfalls als Polynome.

Ergebnis

Bei konstanter Streckenlast $q(x) = q_0$ (siehe **Bild 2.45**) sind die Funktionsgleichungen für die Durchbiegung w, das Biegemoment M und die Querkraft V

$$\begin{aligned} w(x) &= \frac{1}{EI}\left(\frac{1}{24}q_0x^4 - \frac{1}{6}q_0lx^3 + \frac{1}{4}q_0l^2x^2\right), \\ M(x) &= -\frac{1}{2}q_0x^2 + q_0lx - \frac{1}{2}q_0l^2, \\ V(x) &= -q_0x + q_0l. \end{aligned}$$

Bei linearer Streckenlast $q(x) = ax + b$ (siehe **Bild 2.49**) sind die Funktionsgleichungen für die Durchbiegung w, das Biegemoment M und die Querkraft V

$$\begin{aligned} w(x) &= \frac{1}{EI}\left(\frac{a}{120}x^5 + \frac{b}{24}x^4 - \frac{al+2b}{12}lx^3 + \frac{2al+3b}{12}l^2x^2\right), \\ M(x) &= -\frac{a}{6}x^3 - \frac{b}{2}x^2 + \frac{al+2b}{2}lx - \frac{2al+3b}{6}l^2 \\ V(x) &= -\frac{a}{2}x^2 - bx + \frac{al+2b}{2}l. \end{aligned}$$

Die Funktionen M und V haben jeweils Nullstellen für $x = l$, d. h., am freien Ende des Kragarms ist sowohl das Biegemoment als auch die Querkraft gleich null. Die Funktionen V sind monoton fallend (siehe **Bild 2.48**, **2.52**), die Funktionen M monoton steigend (siehe **Bild 2.47**, **2.51**). Die maximalen Beträge der Biegemomente bzw. Querkräfte werden daher an der Einspannstelle erreicht. Die Funktionen w haben eine doppelte Nullstelle für $x = 0$, d. h., die Verschiebung an der Einspannstelle ist gleich null. Sie sind monoton steigend (siehe **Bild 2.46**, **2.50**), die maximale Durchbiegung ist daher am freien Ende des Kragarms erreicht.
Die Ermittlung dieser Funktionen erfolgt z. B. durch das Lösen entsprechender Differenzialgleichungen (siehe z. B. [9], [20]).

2.3.2 Darlehen und Zinsen

Ausgangssituation

Eine Anwendung von Potenz- und Logarithmusfunktion ergibt sich bei der Zinseszinsrechnung. Nimmt ein Bauherr bei der Bank ein Darlehen S_0 mit einem jährlichen Zinssatz i auf, so wird oft vereinbart, dass die jährlich aufzubringende Leistung des Schuldners (Annuität) A konstant ist. Von Interesse ist dabei die Restschuld am Ende jedes Jahres sowie die Anzahl n der Jahre bis zur vollständigen Tilgung des Darlehens S_0 in Abhängigkeit von der jährlichen Annuität A oder umgekehrt.

Lösungsweg

Die Restschuld S_k nach k Jahren berechnet sich aus der Restschuld S_{k-1} des Vorjahres durch Addition der zu erbringenden Zinsen auf S_{k-1}

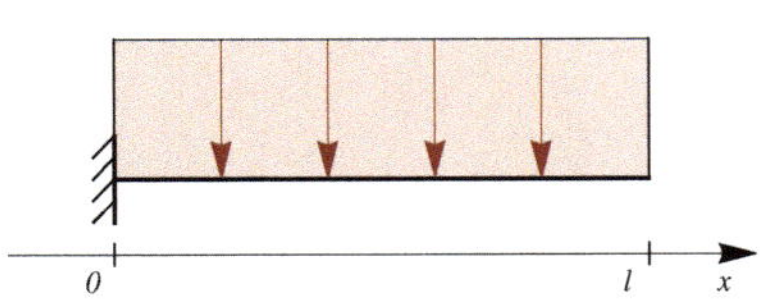

Bild 2.45 Kragarm mit Streckenlast $q(x) = q_0$
$q_0 = 1$, $EI = 1$, $l = 10$

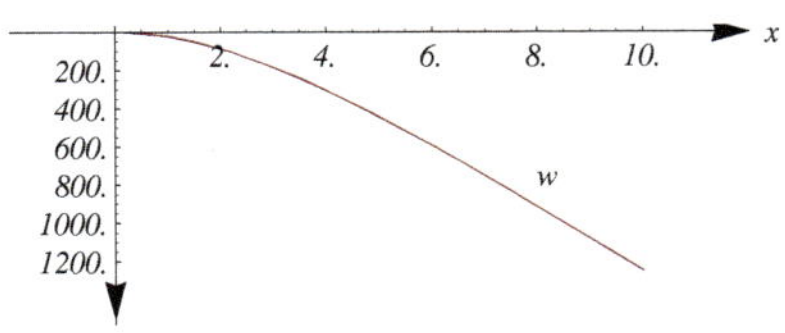

Bild 2.46 Biegelinie w

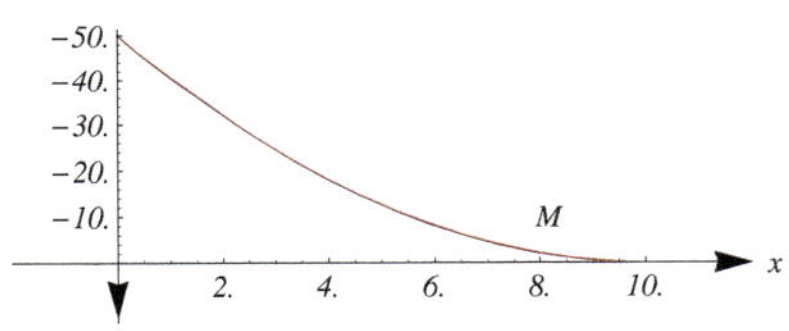

Bild 2.47 Biegemomentenlinie M

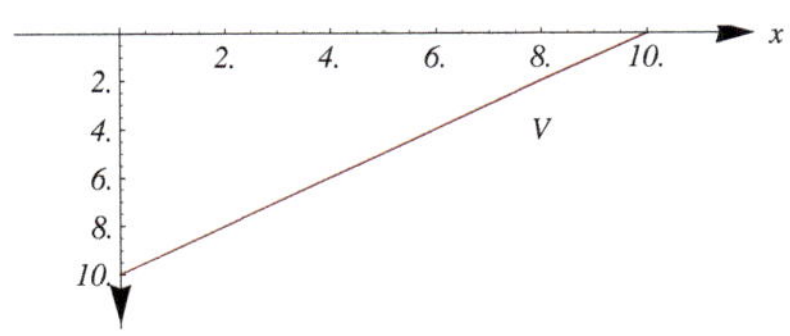

Bild 2.48 Querkraftlinie V

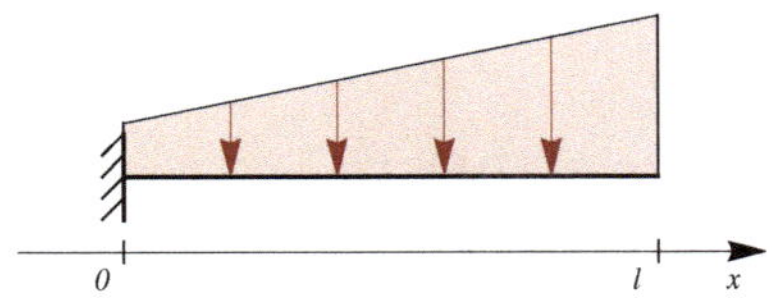

Bild 2.49 Kragarm mit Streckenlast $q(x) = ax + b$
$a = 0.2$, $b = 1$, $l = 10$

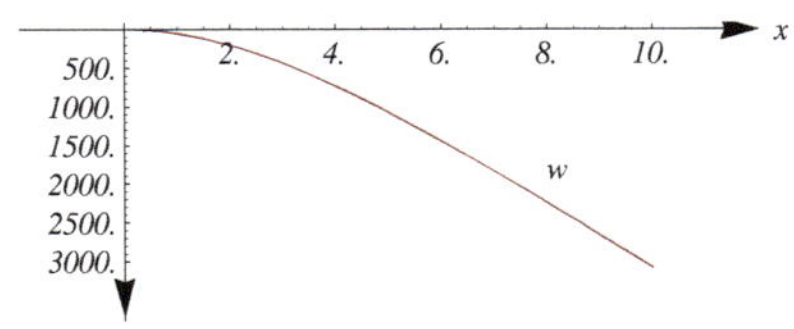

Bild 2.50 Biegelinie w

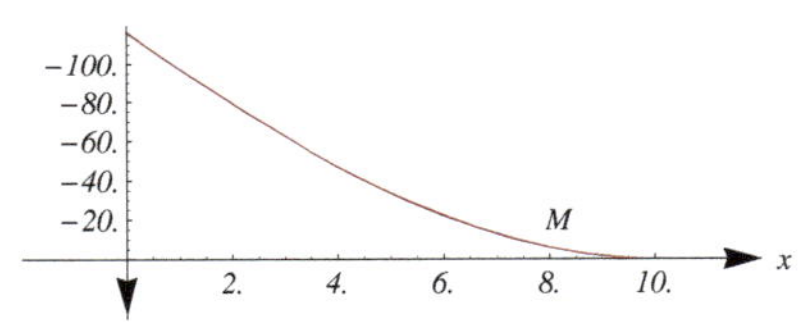

Bild 2.51 Biegemomentenlinie M

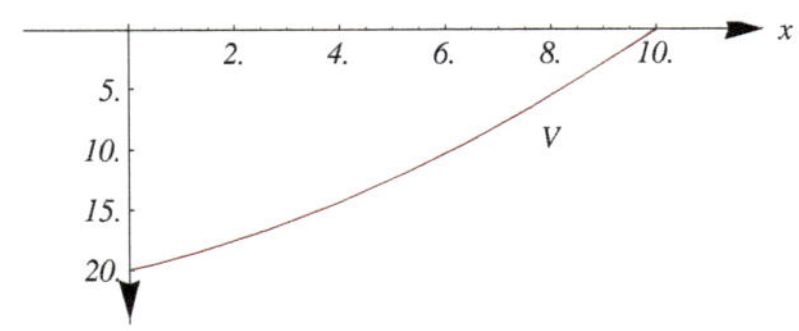

Bild 2.52 Querkraftlinie V

und Subtraktion der geleisteten Zahlung A:

$$S_k = S_{k-1} + iS_{k-1} - A = S_{k-1}(1+i) - A, \; k = 1, 2, 3, ..., n.$$

Daraus folgt durch sukzessives Einsetzen

$$\begin{aligned}
S_1 &= S_0(1+i) - A, \\
S_2 &= S_1(1+i) - A = S_0(1+i)^2 - A(1+i) - A, \\
S_3 &= S_2(1+i) - A = S_0(1+i)^3 - A(1+i)^2 - A(1+i) - A, \; ..., \\
S_n &= S_{n-1}(1+i) - A = S_0(1+i)^n - A((1+i)^{n-1} + ... + (1+i) + 1)
\end{aligned}$$

und nach Vereinfachen der Summe auf der rechten Seite der letzten Gleichung (siehe **Beispiel 2.34**) für die Restschuld S_n nach n Jahren

$$S_n = S_0(1+i)^n - A\frac{(1+i)^n - 1}{(1+i) - 1} = \left(S_0 - \frac{A}{i}\right)(1+i)^n + \frac{A}{i}. \quad (2.12)$$

Ergebnis Restschuld

Damit sich die Restschuld von Jahr zu Jahr tatsächlich verringert, ist die Bedingung

$$A > S_0 i$$

zu erfüllen (die Klammer auf der rechten Seite von (2.12) wird dann negativ).

Soll ermittelt werden, nach wie viel Jahren das Darlehen getilgt ist, so ist die Restschuld $S_n = 0$, und aus (2.12) ergibt sich nach Umstellen

$$(1+i)^n = \frac{A}{A - iS_0}$$

bzw. nach *Logarithmieren* dieser Gleichung (siehe **Abschnitt 2.2.9**)

Ergebnis Tilgungszeitraum

$$n = \frac{1}{\ln(1+i)} \ln \frac{A}{A - iS_0}. \tag{2.13}$$

Beträgt das Darlehen des Bauherrn $S_0 = 100\,000$ €, der jährliche Zinssatz $i = 8\,\%$ und die vereinbarte Annuität $A = 10\,000$ €, so ergibt sich mit Gleichung (2.13) ein Tilgungszeitraum von $n = 20.912$ Jahren.

Soll andererseits berechnet werden, wie hoch die Annuität sein muss, damit das Darlehen nach n Jahren getilgt ist, so ist Gleichung (2.12) nach A umzustellen. Es ergibt sich

Ergebnis Annuität

$$A = S_0 i \frac{(1+i)^n}{(1+i)^n - 1}. \tag{2.14}$$

Im obigen Zahlenbeispiel ergibt sich als Annuität bei einer 30-jährigen Tilgung mit Gleichung (2.14) $A = 8882.74$ €. Der Bauherr bezahlt insgesamt $30A \approx 266\,482.20$ € für das Darlehen von $100\,000$ € !

Wenn der Bauherr das Darlehen S_0 bei dem jährlichen Zinssatz i in kürzeren Zeitabständen zurückzahlen will, so beträgt der Zinssatz pro Zeitabschnitt bei einer Unterteilung des Jahres in m gleiche Zeitabschnitte i/m. Durch analoge Überlegungen wie bei der Herleitung von Gleichung (2.12) ergibt sich jetzt

Ergebnis Restschuld bei unterjährigen Rückzahlungen

$$S_n = \left(S_0 - \frac{A}{i}\right)\left(1 + \frac{i}{m}\right)^{mn} + \frac{A}{i}.$$

Zahlt er das Darlehen im obigen Zahlenbeispiel mit einer jährlichen Annuität von $A = 10\,000$ € monatlich zurück ($m = 12$), so verkürzt sich der Zeitraum auf $n = 20.184$ Jahre.

Wird ein Tilgungszeitraum von $n = 30$ Jahren wieder bei monatlicher Zahlung zugrunde gelegt, so beträgt die jährliche Annuität jetzt nur $A = 8805.17$ €. Damit würde der Bauherr insgesamt 264 155.24 € zurückzahlen müssen, immerhin 2 326.98 € weniger als bei jährlicher Zahlung der Annuität.

2.3.3 Vorwärts- und Rückwärtseinschneiden

Trigonometrische Berechnungen finden z. B. in Aufgaben des Vermessungswesens Anwendung, wenn es um die Bestimmung unzugänglicher Entfernungen geht.

Vorwärtseinschneiden Ausgangssituation

Beim so genannten Vorwärtseinschneiden werden zur Bestimmung der Länge der unzugänglichen Strecke $a = |\overline{PQ}|$ die Peilwinkel α und β bzw. γ und δ zu den Punkten P und Q sowie die Länge der Standstrecke $c = |\overline{AB}|$ gemessen (siehe **Bild 2.53**).

Lösungsweg

Aus dem Sinussatz im Dreieck $\triangle ABP$ ergibt sich mit den Bezeichnungen aus **Bild 2.53** und $\varepsilon = \pi - (\alpha + \beta + \gamma)$ (Innenwinkelsumme im Dreieck $\triangle ABP$)

$$\frac{\sin\varepsilon}{c} = \frac{\sin\gamma}{b}, \quad \text{d. h.,} \quad b = c\,\frac{\sin\gamma}{\sin\varepsilon}.$$

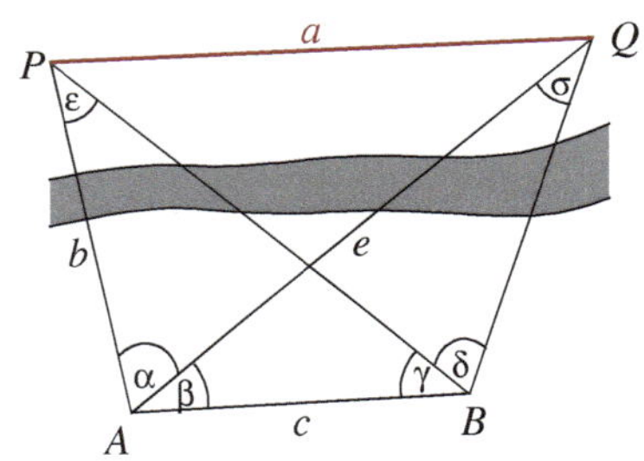

Bild 2.53 Vorwärtseinschneiden

Aus dem Sinussatz im Dreieck $\triangle ABQ$ ergibt sich mit den Bezeichnungen aus **Bild 2.53** und $\sigma = \pi - (\beta + \gamma + \delta)$ (Innenwinkelsumme im Dreieck $\triangle ABQ$)

$$\frac{\sin\sigma}{c} = \frac{\sin(\gamma+\delta)}{e}, \quad \text{d. h.,} \quad e = c\,\frac{\sin(\gamma+\delta)}{\sin\sigma}.$$

Im Dreieck $\triangle APQ$ sind jetzt die Längen der Seiten $b = |\overline{AP}|$ und $e = |\overline{AQ}|$ berechnet. Der von ihnen eingeschlossene Innenwinkel α ist gegeben. Mit dem Kosinussatz ist die gesuchte Entfernung

Ergebnis

$$a = \sqrt{b^2 + e^2 - 2be\cos\alpha}\,.$$

Rückwärtseinschneiden Ausgangssituation

Beim so genannten Rückwärtseinschneiden ist die Lage dreier Standorte A, B und C bestimmt durch die Messung der Längen der Standstrecken $a = |\overline{AC}|$, $b = |\overline{CB}|$ und den Winkel γ zwischen ihnen (siehe **Bild 2.54**). Außerdem wurden die Peilwinkel α und β im Punkt P gemessen. Bestimmt werden sollen die unzugänglichen Entfernungen x, y, z der Standorte A, B und C zum Punkt P.

Lösungsweg

Mit den Innenwinkeln φ und ψ (siehe **Bild 2.54**) ergibt sich wegen der Innenwinkelsumme 2π im Viereck $ACBP$ zunächst

$$\varphi + \psi = 2\pi - (\alpha + \beta + \gamma) = \tau, \quad \text{d. h.,} \quad \psi = \tau - \varphi$$

mit bekanntem Hilfswinkel τ. Aus dem Sinussatz im Dreieck $\triangle ACP$ und im Dreieck $\triangle CBP$ folgt

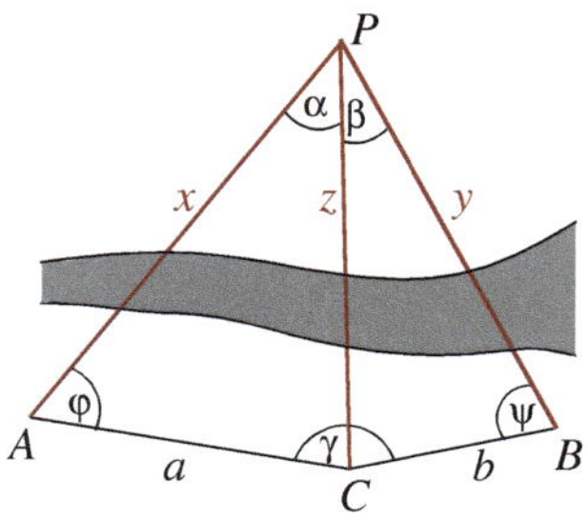

Bild 2.54 Rückwärtseinschneiden

$$\frac{\sin\alpha}{a} = \frac{\sin\varphi}{z} \quad \text{und} \quad \frac{\sin\beta}{b} = \frac{\sin\psi}{z}.$$

Wird aus diesen Gleichungen z eliminiert und danach $\psi = \tau - \varphi$ ersetzt, so folgt eine Gleichung zur Ermittlung des Winkels φ:

$$\frac{\sin(\tau-\varphi)}{\sin\varphi} = \frac{a\sin\beta}{b\sin\alpha}.$$

Mit dem Additionstheorem für $\sin(\tau-\varphi)$ ergibt sich daraus

$$\frac{\sin\tau\cos\varphi - \cos\tau\sin\varphi}{\sin\varphi} = \frac{a\sin\beta}{b\sin\alpha}$$

und nach Umstellen nach $\cot\varphi$

Ergebnis

$$\cot\varphi = \frac{1}{\sin\tau}\left(\cos\tau + \frac{a\sin\beta}{b\sin\alpha}\right),$$

woraus der Winkel φ unmittelbar bestimmt wird. Danach ergeben sich jeweils mit dem Sinussatz im Dreieck $\triangle ACP$ und im Dreieck $\triangle CBP$ die gesuchten Längen

$$x = \frac{a\sin(\alpha+\varphi)}{\sin\alpha}, \quad y = \frac{b\sin(\beta+\psi)}{\sin\beta}, \quad z = \frac{a\sin\varphi}{\sin\alpha}.$$

2.3.4 Polygonzugberechnung

Ausgangssituation

Bei der Festlegung der Verläufe von Straßen, Wegen, Begrenzungen oder Wasserläufen kommen Polygonzüge zum Einsatz, die deren Geometrie näherungsweise beschreiben. Dabei entsteht die Aufgabe, die Koordinaten der Punkte P_i eines Polygonzuges $P_0P_1...P_i...P_n$ aus den gemessenen Entfernungen $s_i = |\overline{P_{i-1}P_i}|$ benachbarter Polygonpunkte, $i = 1, ..., n$, und Winkeln β_i zwischen den benachbarten Polygonseiten $\overline{P_{i-2}P_{i-1}}$ und $\overline{P_{i-1}P_i}$, $i = 2, ..., n-1$, sowie dem Winkel β_1, den die erste Polygonseite $\overline{P_0P_1}$ mit der Richtung der positiven x-Achse einschließt, und den Koordinaten des Anfangspunktes $P_0(x_0, y_0)$ zu bestimmen.

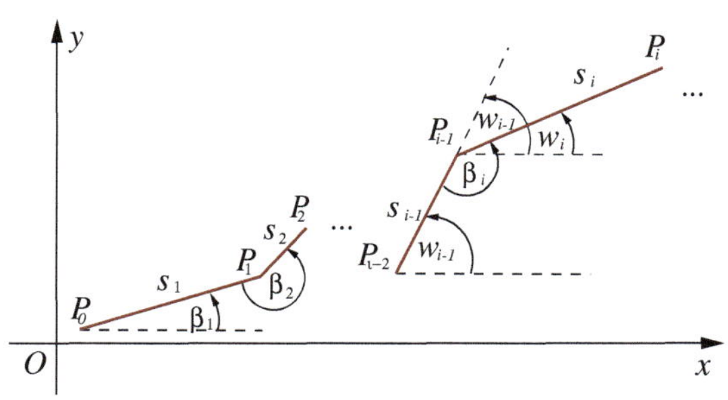

Bild 2.55 Polygonzug

Lösungsweg

Zunächst soll folgende Hilfsaufgabe gelöst werden: Gegeben ist der Abstand s eines Punktes $P(x_p, y_p)$ vom Koordinatenursprung O sowie der Winkel w, den die x-Achse mit dem Strahl $\overrightarrow{OP}$ bildet (siehe **Bild 2.56**). Gesucht sind seine Koordinaten x_p, y_p. Mit den trigonometrischen Beziehungen am rechtwinkligen Dreieck (siehe **Abschnitt 2.2.10**) ist

$$x_p \quad = \quad s \cos w \qquad \text{und} \qquad y_p \; = \; s \sin w. \tag{2.15}$$

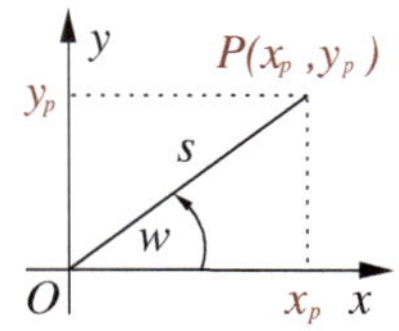

Bild 2.56 Koordinaten eines Punktes P

Sind jetzt die Koordinaten eines Punktes $Q(x_q, y_q)$, der Abstand s des Punktes $P(x_p, y_p)$ vom Punkt Q und der Winkel w, den die x-Achse mit dem Strahl $\overrightarrow{QP}$ bildet, bekannt, so werden im Hilfskoordinatensystem (Q, x', y') mit dem Ursprung im Punkt Q, der x'-Achse parallel zur x-Achse und der y'-Achse parallel zur y-Achse (siehe **Bild 2.57**) die Koordinaten des Punktes $P(x'_p, y'_p)$ wie in (2.15) ermittelt. Danach ist im Koordinatensystem (O, x, y)

$$\begin{aligned} x_p &= x_q + x'_p = x_q + s \cos w, \\ y_p &= y_q + y'_p = y_q + s \sin w. \end{aligned} \tag{2.16}$$

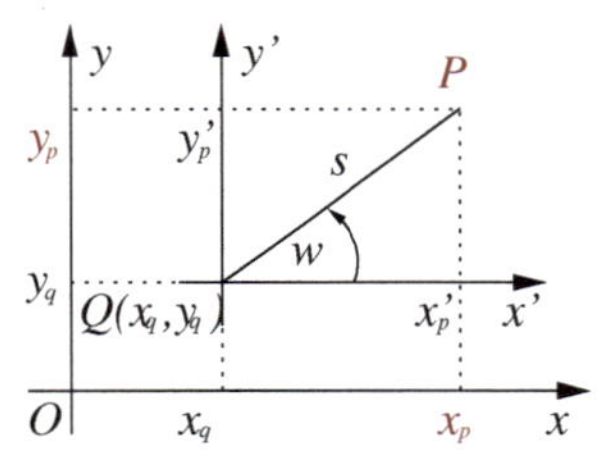

Bild 2.57 Verschobenes Koordinatensystem

Um in der ursprünglich gestellten Aufgabe die Koordinaten des Punktes $P_i(x_i, y_i)$ mithilfe derjenigen des vorhergehenden Punktes $P_{i-1}(x_{i-1}, y_{i-1})$ und des Abstandes s_i zu ermitteln, wird noch der Winkel w_i benötigt, den die x-Achse mit dem Strahl $\overrightarrow{P_{i-1}P_i}$ bildet. Er berechnet sich mithilfe des vorherigen Winkels w_{i-1} und des gegebenen β_i wie folgt:

$$w_1 = \beta_1, \qquad w_i = w_{i-1} - \pi + \beta_i, \;\; i = 2, ..., n. \tag{2.17}$$

Werden die Gleichungen (2.16) angewendet, wobei P_{i-1} dem Punkt Q, P_i dem Punkt P, s_i der Entfernung s und w_i dem Winkel w entspricht, so ergibt sich schließlich

Ergebnis

$$\begin{aligned} x_i &= x_{i-1} + s_i \cos w_i, \\ y_i &= y_{i-1} + s_i \sin w_i, \qquad i = 1, ..., n. \end{aligned}$$

3 Lineare Algebra

Bezeichnungen
Vektoren werden als arabische Buchstaben geschrieben (z. B. x, y, z), ihre Komponenten erhalten einen unteren Index (z. B. $x = (x_1, x_2, x_3, x_4)^\top$). Mitunter werden Vektoren mit oberem Index bezeichnet, ihre Komponenten dann mit oberem und unterem Index. So bezeichnen z. B. $x^1 \in \mathbb{R}^2$, $y^2 \in \mathbb{R}^3$ Vektoren. Ihre Komponenten sind z. B. $x^1 = (x_1^1, x_2^1)^\top$, $y^2 = (y_1^2, y_2^2, y_3^2)^\top$. Der obere Index ist nicht zu verwechseln mit dem in **Abschnitt 1.3** erklärten Exponenten einer Potenz.

Die Frage nach den Lösungen linearer Gleichungssysteme ist ein zentrales Problem der linearen Algebra. Lineare Gleichungssysteme enthalten Gleichungen, in denen die Unbekannten in der ersten Potenz auftreten. Sie entstehen bei den unterschiedlichsten Aufgabenstellungen. Im Bauingenieurwesen führen u. a. viele Probleme der Statik, z. B. die Ermittlung von Stabkräften und Verformungen in Fachwerken oder die Berechnung von Verformungen und Schnittkräften von Bauteilen wie Balken, Platten und Schalen, auf das Lösen linearer Gleichungssysteme. Mithilfe von Vektoren und Matrizen können sie kompakt geschrieben werden. Die Eigenschaften der Koeffizientenmatrix sind maßgeblich für ihre Lösbarkeit und die Lösungsmenge. Einige Beispiele illustrieren, wie Aufgaben (insbesondere der Statik) auf das Lösen linearer Gleichungssysteme führen.

3.1 Der Vektorraum $\mathbb{R}^n$

In der Menge der Vektoren wird die Summe zweier Vektoren und das Vielfache einer reellen Zahl mit einem Vektor definiert. Aufgrund von Eigenschaften dieser Rechenoperationen bildet die Menge der Vektoren einen linearen Vektorraum. Die geometrische Darstellung von Vektoren der Vektorräume $\mathbb{R}^2$ und $\mathbb{R}^3$ und der Rechenoperationen wird erklärt. Linearkombinationen von Vektoren, der Begriff ihrer linearen Abhängigkeit und linearer Unterräume dienen der Beschreibung der Lösungsmenge linearer Gleichungssysteme. Lineare Räume bzw. Unterräume werden durch Dimension und Basis vollständig charakterisiert.

3.1.1 Definitionen, Beispiele

Definition 3.1

Die Menge $\mathbb{R}^n$ ist die Menge der **Vektoren**

$$x = (x_1, x_2, ..., x_n)^\top = \begin{pmatrix} x_1 \\ x_2 \\ \vdots \\ x_n \end{pmatrix},$$

wobei $x_1, x_2, ..., x_n$ beliebige reelle Zahlen sind.

Mengen von Vektoren

Beispiel 3.2

1. Die Menge $\mathbb{R}^1$ ist die Menge der reellen Zahlen $\mathbb{R}$.
2. Die Menge $\mathbb{R}^2$ ist die Menge aller Vektoren $(x_1, x_2)^\top$, $x_1, x_2 \in \mathbb{R}$. Dazu gehören z. B. $(0,0)^\top$, $(1,7)^\top$, $(-\pi, 4.3)^\top$ usw.
3. Die Menge $\mathbb{R}^3$ ist die Menge aller Vektoren $(x_1, x_2, x_3)^\top$, $x_1, x_2, x_3 \in \mathbb{R}$. Dazu gehören z. B. $(0,0,0)^\top$, $(1, 4.2, -100)^\top$, $(-3/7, \sqrt{3}, \mathrm{e})^\top$ usw.

Definition 3.3

Zwei Vektoren $(x_1, x_2, ..., x_n)^\top$ und $(y_1, y_2, ..., y_n)^\top$ sind genau dann **gleich**, wenn sie in allen ihren entsprechenden Komponenten übereinstimmen, d. h., wenn gilt

$$x_1 = y_1,\ x_2 = y_2,\ \ldots, x_n = y_n.$$

Beispiel 3.4 **Vergleich von Vektoren**

1. Aus $(x_1, x_2, x_3)^\top = (2, 4, 3)^\top$ folgt $x_1 = 2,\ x_2 = 4,\ x_3 = 3$.
2. Es ist $(1, 1, 1)^\top \neq (1, 1, 1, 1)^\top$, weil für Elemente aus *verschiedenen* Mengen keine Gleichheit definiert ist.

In der folgenden **Definition 3.5** werden zwei Rechenoperationen in der Menge $\mathbb{R}^n$ erklärt, die als Resultat wieder Elemente dieser Menge haben.

Definition 3.5

Die **Summe** zweier Vektoren
$x = (x_1, x_2, ..., x_n)^\top$, $y = (y_1, y_2, ..., y_n)^\top \in \mathbb{R}^n$ ist der Vektor des $\mathbb{R}^n$

$$x + y \quad = \quad (x_1 + y_1, x_2 + y_2, ..., x_n + y_n)^\top.$$

Das **Vielfache** eines Vektors $x = (x_1, x_2, ..., x_n)^\top \in \mathbb{R}^n$ mit einer beliebigen reellen Zahl λ ist der Vektor des $\mathbb{R}^n$

$$\lambda\, x = (\lambda x_1, \lambda x_2, ..., \lambda x_n)^\top.$$

Beispiel 3.6 **Summe von Vektoren** **Vielfaches eines Vektors**

Gemäß **Definition 3.5** berechnet sich

1. $\begin{pmatrix} 17.3 \\ 1.4 \end{pmatrix} + \begin{pmatrix} 2.7 \\ 13.6 \end{pmatrix} = \begin{pmatrix} 20 \\ 15 \end{pmatrix}, \quad \begin{pmatrix} -1 \\ 1 \\ 1 \end{pmatrix} + \begin{pmatrix} 1 \\ -1 \\ 1 \end{pmatrix} = \begin{pmatrix} 0 \\ 0 \\ 2 \end{pmatrix},$ Summen,
2. $7 \cdot \begin{pmatrix} 1 \\ 2 \\ 3 \end{pmatrix} = \begin{pmatrix} 7 \\ 14 \\ 21 \end{pmatrix}, \quad (-1) \cdot \begin{pmatrix} x_1 \\ x_2 \end{pmatrix} = \begin{pmatrix} -x_1 \\ -x_2 \end{pmatrix},$ Vielfache,
3. $\begin{pmatrix} y_1 \\ y_2 \end{pmatrix} + (-1) \cdot \begin{pmatrix} x_1 \\ x_2 \end{pmatrix} = \begin{pmatrix} y_1 - x_1 \\ y_2 - x_2 \end{pmatrix},$ „Subtraktion“.

Eigenschaften der Rechenoperationen

Für beliebige $x, y, z \in \mathbb{R}^n$ und beliebige reelle Zahlen $\lambda, \lambda_1, \lambda_2 \in \mathbb{R}$ gelten die folgenden Eigenschaften, die sich aus den Axiomen und Eigenschaften der Rechenoperationen Addition und Multiplikation im Bereich der reellen Zahlen (siehe **Abschnitt 1.1, 1.2**) herleiten lassen:

Kommutativgesetz
1. $x+y = y+x$

Assoziativgesetz
2. $x+(y+z) = (x+y)+z$

Neutrales Element
3. Es existiert ein Element $O \in \mathbb{R}^n$ so, dass für beliebige $x \in \mathbb{R}^n$ gilt $x+O = O+x = x$. Offenbar ist $O = (0,0,...,0)^\top$.

Inverses Element
4. Für jedes $x \in \mathbb{R}^n$ gibt es ein inverses Element $-x \in \mathbb{R}^n$ so, dass gilt $x+(-x) = O$. Offenbar ist für $x = (x_1, x_2, ..., x_n)^\top$ das inverse Element $-x = (-x_1, -x_2, ..., -x_n)^\top$.

Distributivgesetz
5. $(\lambda_1 + \lambda_2)x = \lambda_1 x + \lambda_2 x$

Distributivgesetz
6. $\lambda(x+y) = \lambda x + \lambda y$

Assoziativgesetz
7. $\lambda_1(\lambda_2 x) = (\lambda_1 \lambda_2)x$

Invarianz
8. Für beliebige $x \in \mathbb{R}^n$ gilt $1 \cdot x = x$.

Diese Eigenschaften werden beim Rechnen mit Elementen des $\mathbb{R}^n$ angewendet.

Anwendung der Eigenschaften der Rechenoperationen

Beispiel 3.7

Für $x = (1,4,7)^\top$ und $y = (-1,4,-7)^\top$ ist z. B.

1. $2x + 0.5x = (2+0.5)x = 2.5x = (2.5, 10, 17.5)^\top$,
2. $2 \cdot (1.25\,x) = (2 \cdot 1.25)x = 2.5\,x = (2.5, 10, 17.5)^\top$,
3. $3x + 3y = 3(x+y) = (0, 24, 0)^\top$.

Definition 3.8

Eine Menge V mit den Operationen „Addition“ und „Multiplikation mit einer reellen Zahl“, die die Eigenschaften 1. bis 8. erfüllen, heißt **linearer Vektorraum**. Die Elemente der Menge V heißen **Vektoren**.

Lineare Vektorräume

Beispiel 3.9

1. Die Menge $\mathbb{R}^n$ mit den in **Definition 3.5** erklärten Rechenoperationen ist ein linearer Vektorraum.
2. Betrachtet wird die Menge aller Polynome vom Grade kleiner oder gleich n mit reellen Koeffizienten $a_i, i = 1, ..., n$. Seien zwei beliebige Polynome dieser Menge

$$P_n(x) = \sum_{i=0}^{n} a_i x^i \qquad \text{und} \qquad Q_n(x) = \sum_{i=0}^{n} b_i x^i.$$

Ihre **Summe** ist das Polynom vom Grade kleiner oder gleich n

$$P_n(x) + Q_n(x) = \sum_{i=0}^{n} a_i x^i + \sum_{i=0}^{n} b_i x^i = \sum_{i=0}^{n} (a_i + b_i) x^i,$$

das **Vielfache** des Polynoms $P_n(x)$ ist das Polynom vom Grade kleiner oder gleich n

$$\lambda P_n(x) = \lambda \sum_{i=0}^{n} a_i x^i = \sum_{i=0}^{n} (\lambda a_i) x^i .$$

Die Menge aller Polynome vom Grade kleiner oder gleich n ist ein linearer Vektorraum, da die Eigenschaften 1. bis 8. erfüllt sind. Der Nachweis ist einfach zu führen. Das Nullelement ist $P_0(x) \equiv 0$, das zu $P_n(x)$ inverse Element ist

$$-P_n(x) = \sum_{i=0}^{n} (-a_i) x^i .$$

3. Die Menge aller Polynome $P_n(x)$ vom Grade kleiner oder gleich n, für die $P_n(0) = 1$ gilt, ist *kein* linearer Vektorraum. Für die Summe zweier solcher Elemente $P_n(x)$ und $Q_n(x)$ gilt an der Stelle $x = 0$ $P_n(0) + Q_n(0) = 2$. Sie ist daher *nicht* Element der genannten Menge.
4. Die Menge aller Polynome $P_n(x)$ vom Grade kleiner oder gleich n, für die $P_n(0) = 0$ gilt, ist ein linearer Vektorraum. Summe und reelles Vielfaches solcher Polynome haben an der Stelle $x = 0$ ebenfalls den Funktionswert 0, sind also Elemente dieser Menge.

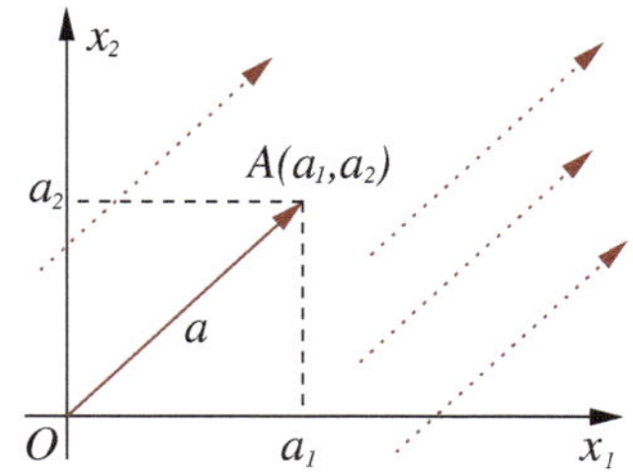

Bild 3.1 Ortsvektor, Vektor im $\mathbb{R}^2$

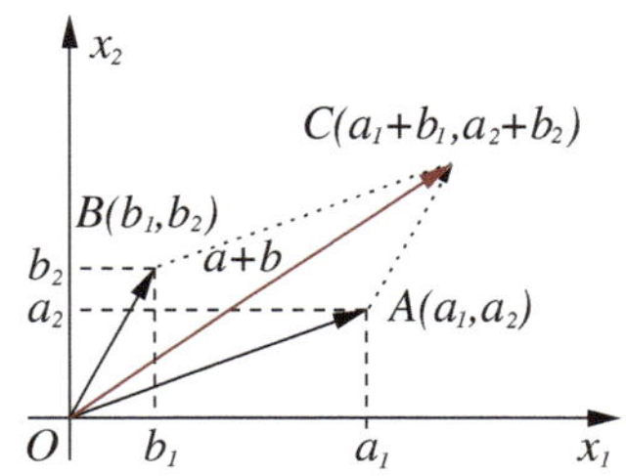

Bild 3.2 Summe zweier Vektoren

3.1.2 Geometrische Darstellung im $\mathbb{R}^2$ und $\mathbb{R}^3$

In einem kartesischen Koordinatensystem (O, x_1, x_2) entspricht dem Vektor $a = (a_1, a_2)^\top$ der Punkt A der Ebene mit den Koordinaten a_1 und a_2. Die gerichtete Strecke $\overrightarrow{OA}$ wird **Ortsvektor** des Punktes A genannt. Die Menge aller zu $\overrightarrow{OA}$ gleichgerichteten Strecken derselben Länge wird **Vektor** a genannt (siehe **Bild 3.1**).

Der **Summe** der Vektoren $a = (a_1, a_2)^\top$ und $b = (b_1, b_2)^\top$ entspricht der Punkt $C(a_1 + b_1, a_2 + b_2)$. Sein Ortsektor $\overrightarrow{OC}$ ist die Diagonale im Parallelogramm, das von den Ortsvektoren $\overrightarrow{OA}$ und $\overrightarrow{OB}$ aufgespannt wird (siehe **Bild 3.2**).

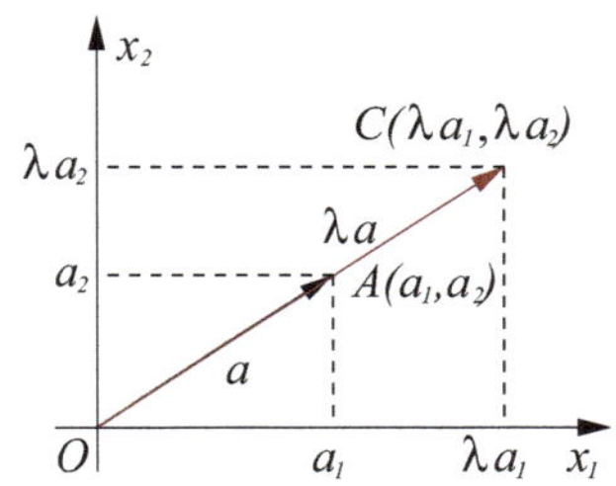

Bild 3.3 Vielfaches eines Vektors

Dem **λ-fachen** des Vektors $a = (a_1, a_2)^\top$ entspricht der Punkt $C(\lambda a_1, \lambda a_2)$. Sein Ortsvektor $\overrightarrow{OC}$ ist parallel zum Ortsvektor $\overrightarrow{OA}$. Seine Länge beträgt das $|\lambda|$-fache von der Länge des Ortsvektors $\overrightarrow{OA}$. Ist $\lambda > 0$, so sind $\overrightarrow{OA}$ und $\overrightarrow{OC}$ gleichgerichtet, ist $\lambda < 0$, so sind sie entgegengesetzt gerichtet. Für beliebige $\lambda \in \mathbb{R}$ ergeben die den Vielfachen λa entsprechenden Punkte die Gerade durch den Koordinatenursprung O und den Punkt A (siehe **Bild 3.3**).

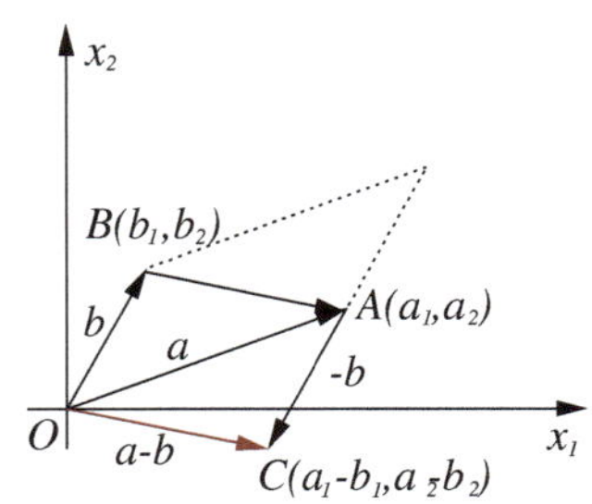

Bild 3.4 Differenz zweier Vektoren

Die **Differenz** zweier Vektoren $a = (a_1, a_2)^\top$ und $b = (b_1, b_2)^\top$ ist die Summe der Vektoren $a = (a_1, a_2)^\top$ und $-b = (-b_1, -b_2)^\top$. Ihr entspricht der Punkt $C(a_1 - b_1, a_2 - b_2)$. Sein Ortsvektor $\overrightarrow{OC}$ entspricht der Diagonalen $\overrightarrow{BA}$ im Parallelogramm, das von den Ortsvektoren $\overrightarrow{OA}$ und $\overrightarrow{OB}$ aufgespannt wird (siehe **Bild 3.4**).

Analog erfolgt die geometrische Veranschaulichung von Summe und Vielfachen von Vektoren im $\mathbb{R}^3$. Der Summe von Vektoren entspricht das „Aneinanderketten“ der Ortsvektoren der entsprechenden Punkte des Raumes.

Resultierende Kraft

Beispiel 3.10

Vier Kräfte $F^1 = (1,2)^\top$, $F^2 = (-3,1)^\top$, $F^3 = (-2,-2.5)^\top$, $F^4 = (1.5,0)^\top$ (in [kN]) greifen in einem Punkt A an. Welche resultierende Kraft F ergibt sich daraus?

Durch Rechnung ergibt sich die resultierende Kraft als Summe der genannten Vektoren:

$$F = F^1+F^2+F^3+F^4 = \begin{pmatrix}1\\2\end{pmatrix}+\begin{pmatrix}-3\\1\end{pmatrix}+\begin{pmatrix}-2\\-2.5\end{pmatrix}+\begin{pmatrix}1.5\\0\end{pmatrix} = \begin{pmatrix}-2.5\\0.5\end{pmatrix} \text{ [kN]}.$$

Das geometrische Ermitteln der resultierenden Kraft F erfolgt durch „Aneinanderketten“ wie in **Bild 3.5**.

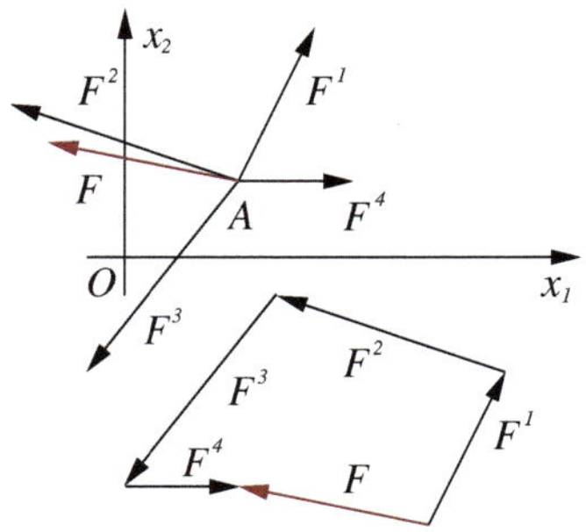

Bild 3.5 Resultierende Kraft F

3.1.3 Lineare Abhängigkeit von Vektoren

Die Eigenschaft der linearen Abhängigkeit und Unabhängigkeit von Vektoren wird z. B. bei der Rangbestimmung von Matrizen (siehe **Abschnitt 3.2.3**) benötigt, um Aussagen über die Lösbarkeit linearer Gleichungssysteme treffen zu können (siehe **Abschnitt 3.4.2**).

Definition 3.11

Ein Ausdruck der Form

$$L(x^1, x^2, ..., x^k) = \lambda_1 x^1 + \lambda_2 x^2 + ... + \lambda_k x^k, \quad \lambda_1, \lambda_2, ..., \lambda_k \in \mathbb{R},\ k \in \mathbb{N} \tag{3.1}$$

heißt **Linearkombination** der Vektoren $x^1, x^2, ..., x^k \in \mathbb{R}^n$ mit den **Koeffizienten** $\lambda_1, \lambda_2, ..., \lambda_k$. Die Linearkombination (3.1) ist als Summe von Vielfachen von Vektoren des $\mathbb{R}^n$ ebenfalls Vektor des $\mathbb{R}^n$.

Linearkombination von Vektoren

Beispiel 3.12

Linearkombination dreier Vektoren

1. Der Vektor

$$\begin{pmatrix}1\\2\\3\\4\end{pmatrix} - 5\begin{pmatrix}5\\6\\7\\8\end{pmatrix} + 2\begin{pmatrix}9\\10\\11\\12\end{pmatrix} = \begin{pmatrix}-6\\-8\\-10\\-12\end{pmatrix} \in \mathbb{R}^4$$

ist eine Linearkombination der Vektoren $(1,2,3,4)^\top$, $(5,6,7,8)^\top$, $(9,10,11,12)^\top \in \mathbb{R}^4$.

Reelles Vielfaches

2. Der Vektor

$$3\begin{pmatrix}1\\2\\3\end{pmatrix} = \begin{pmatrix}3\\6\\9\end{pmatrix} \in \mathbb{R}^3$$

ist eine Linearkombination des (einzigen) Vektors $(1,2,3)^\top \in \mathbb{R}^3$.

Differenz von Vielfachen

3. Der Vektor

$$\lambda_1\begin{pmatrix}x_1\\x_2\\x_3\end{pmatrix} - \lambda_2\begin{pmatrix}y_1\\y_2\\y_3\end{pmatrix} = \begin{pmatrix}\lambda_1 x_1 - \lambda_2 y_1\\\lambda_1 x_2 - \lambda_2 y_2\\\lambda_1 x_3 - \lambda_2 y_3\end{pmatrix} \in \mathbb{R}^3$$

ist eine Linearkombination der Vektoren $(x_1,x_2,x_3)^\top$, $(y_1,y_2,y_3)^\top \in \mathbb{R}^3$.

4. Gesucht ist die Menge *aller* Linearkombinationen der beiden Vektoren $(1,0)^\top$, $(0,1)^\top \in \mathbb{R}^2$.

Menge der Linearkombinationen zweier Vektoren

Gemäß Gleichung (3.1) sind *alle* Vektoren

$$\lambda_1 \begin{pmatrix}1\\0\end{pmatrix} + \lambda_2 \begin{pmatrix}0\\1\end{pmatrix} = \begin{pmatrix}\lambda_1\\\lambda_2\end{pmatrix} \in \mathbb{R}^2$$

Linearkombinationen der genannten drei Vektoren, wobei λ_1, λ_2 *beliebige* reelle Zahlen sind. Das ist aber laut **Definition 3.1** die Menge *aller* Vektoren, also der *gesamte* lineare Vektorraum $\mathbb{R}^2$.

5. Gesucht ist die Menge *aller* Vektoren des $\mathbb{R}^2$, die sich als Linearkombination der Vektoren $(1,0)^\top$, $(0,1)^\top$ $(1,1)^\top \in \mathbb{R}^2$ darstellen lassen.

Menge der Linearkombinationen dreier Vektoren

Gemäß Gleichung (3.1) sind *alle* Vektoren

$$\lambda_1 \begin{pmatrix}1\\0\end{pmatrix} + \lambda_2 \begin{pmatrix}0\\1\end{pmatrix} + \lambda_3 \begin{pmatrix}1\\1\end{pmatrix} = \begin{pmatrix}\lambda_1+\lambda_3\\\lambda_2+\lambda_3\end{pmatrix} \in \mathbb{R}^2$$

Linearkombinationen dieser beiden Vektoren, wobei λ_1, λ_2, λ_3 *beliebige* reelle Zahlen sind. Bereits für $\lambda_3 = 0$ ist das der *gesamte* lineare Vektorraum $\mathbb{R}^2$, wie das vorhergehende Beispiel zeigt. Da jede beliebige Linearkombination dieser drei Vektoren wiederum Vektor des $\mathbb{R}^2$ ist, ergibt sich als Menge *aller* ihrer Linearkombinationen wieder den $\mathbb{R}^2$. (Der Vektor $(1,1)^\top$ wurde gar nicht „benötigt“ zur Erzeugung des *gesamten* $\mathbb{R}^2$).

6. Ist der Vektor $(5,4,1)^\top$ eine Linearkombination der Vektoren $(4,1,3)^\top$ und $(1,3,4)^\top$?

Ist ein Vektor Linearkombination anderer Vektoren?

Gemäß Gleichung (3.1) aus **Definition 3.11** müssen in diesem Fall reelle Zahlen λ_1, λ_2 so existieren, dass die Vektorgleichung

$$\begin{pmatrix}5\\4\\1\end{pmatrix} = \lambda_1 \begin{pmatrix}4\\1\\3\end{pmatrix} + \lambda_2 \begin{pmatrix}1\\3\\4\end{pmatrix} = \begin{pmatrix}4\lambda_1+\lambda_2\\\lambda_1+3\lambda_2\\3\lambda_1+4\lambda_2\end{pmatrix}$$

erfüllt ist. Laut **Definition 3.3** der Gleichheit von Vektoren ist das genau dann der Fall, wenn alle drei skalaren Gleichungen

$$\begin{aligned} 5 &= 4\lambda_1 + \lambda_2 \\ 4 &= \lambda_1 + 3\lambda_2 \\ 1 &= 3\lambda_1 + 4\lambda_2 \end{aligned}$$

gleichzeitig erfüllt sind. Aus der zweiten Gleichung ergibt sich $\lambda_1 = 4 - 3\lambda_2$. Einsetzen in die erste Gleichung und Auflösen nach λ_2 ergibt $\lambda_2 = 1$ und daher auch $\lambda_1 = 1$. Einsetzen von $\lambda_1 = \lambda_2 = 1$ in die dritte Gleichung ergibt $1 = 7$, was offenbar falsch ist. Daher gibt es keine reellen λ_1,λ_2 so, dass alle drei Gleichungen gleichzeitig erfüllt sind. Die Frage der Aufgabenstellung ist mit „nein“ zu beantworten.

Definition 3.13

Ist für gegebene Vektoren $x^1, x^2, ..., x^k \in \mathbb{R}^n$ die Gleichung

$$L(x^1, x^2, ..., x^k) = \sum_{i=1}^{k} \lambda_i x^i = O \qquad (3.2)$$

nur für $\lambda_1 = \lambda_2 = ... = \lambda_k = 0$ erfüllt, so heißen die Vektoren $x^1, x^2, ..., x^k$ **linear unabhängig**, andernfalls **linear abhängig**. Dabei ist O ist der Nullvektor $(0,0,...,0)^\top \in \mathbb{R}^n$.

Lineare Unabhängigkeit von Vektoren

Beispiel 3.14

Zwei Vektoren des $\mathbb{R}^2$

1. Sind die Vektoren $(1,0)^\top$, $(0,1)^\top \in \mathbb{R}^2$ linear unabhängig?
Die Gleichung (3.2)

$$\lambda_1 \begin{pmatrix}1\\0\end{pmatrix} + \lambda_2 \begin{pmatrix}0\\1\end{pmatrix} = \begin{pmatrix}\lambda_1\\\lambda_2\end{pmatrix} = \begin{pmatrix}0\\0\end{pmatrix}$$

ist nach **Definition 3.3** der Gleichheit von Vektoren genau dann erfüllt, wenn $\lambda_1 = 0$ und $\lambda_2 = 0$ ist. Gemäß **Definition 3.13** sind die Vektoren daher *linear unabhängig.*

Drei Vektoren des $\mathbb{R}^2$

2. Sind die Vektoren $(1,0)^\top$, $(0,1)^\top$, $(1,1)^\top \in \mathbb{R}^2$ linear unabhängig?
Die Gleichung (3.2)

$$\lambda_1 \begin{pmatrix}1\\0\end{pmatrix} + \lambda_2 \begin{pmatrix}0\\1\end{pmatrix} + \lambda_3 \begin{pmatrix}1\\1\end{pmatrix} = \begin{pmatrix}\lambda_1+\lambda_3\\\lambda_2+\lambda_3\end{pmatrix} = \begin{pmatrix}0\\0\end{pmatrix}$$

ist nach **Definition 3.3** der Gleichheit von Vektoren genau dann erfüllt, wenn $\lambda_1 + \lambda_3 = 0$ und $\lambda_2 + \lambda_3 = 0$ ist. Z. B. erfüllen die Zahlen $\lambda_1 = -1$, $\lambda_2 = -1$ und $\lambda_3 = 1$ beide Gleichungen (auch die Zahlen $\lambda_1 = \lambda_2 = \lambda_3 = 0$ erfüllen z. B. beide Gleichungen). Die Gleichung (3.2) ist daher *nicht nur* dann erfüllt, wenn alle Koeffizienten der Linearkombination gleichzeitig gleich null sind. Daher sind die drei Vektoren *linear abhängig.*

Drei Vektoren des $\mathbb{R}^3$

3. Sind die Vektoren $(1,2,3)^\top$, $(4,5,6)^\top$, $(5,7,9)^\top \in \mathbb{R}^3$ linear unabhängig?
Offenbar ist $\begin{pmatrix}1\\2\\3\end{pmatrix} + \begin{pmatrix}4\\5\\6\end{pmatrix} = \begin{pmatrix}5\\7\\9\end{pmatrix}$ bzw. $\begin{pmatrix}1\\2\\3\end{pmatrix} + \begin{pmatrix}4\\5\\6\end{pmatrix} - \begin{pmatrix}5\\7\\9\end{pmatrix} = \begin{pmatrix}0\\0\\0\end{pmatrix}$.
Auf der linken Seite steht eine Linearkombination dieser drei Vektoren mit den Koeffizienten $\lambda_1 = 1$, $\lambda_2 = 1$, $\lambda_3 = -1$, also Koeffizienten, die *nicht* gleichzeitig gleich null sind. Damit sind die drei Vektoren *linear abhängig.*

Die folgenden Sätze geben Auskunft, unter welchen Voraussetzungen eine Menge von Vektoren linear abhängig bzw. linear unabhängig ist.

Satz 3.15

Ist ein Vektor y Linearkombination der Vektoren $x^1, x^2, ..., x^k \in \mathbb{R}^n$, so sind die Vektoren $x^1, x^2, ..., x^k, y$ *linear abhängig.*

Beweis: Ist y Linearkombination der Vektoren $x^1, x^2, \ldots, x^k$, so ist nach **Definition 3.11**

$$y = \sum_{i=1}^{k} \lambda_i x^i \qquad \text{bzw.} \qquad y - \sum_{i=1}^{k} \lambda_i x^i = O.$$

Die Koeffizienten $1, -\lambda_1, -\lambda_2, \ldots, -\lambda_k$ der Linearkombination auf der linken Seite, die offenbar *nicht alle gleichzeitig* Null sind, erfüllen Gleichung (3.2). Nach **Definition 3.13** sind die Vektoren $x^1, x^2, \ldots, x^k, y$ daher *linear abhängig.* ∎

Satz 3.16

Ist einer der Vektoren $x^1, x^2, ..., x^k \in \mathbb{R}^n$ der Nullvektor $O \in \mathbb{R}^n$, so sind diese Vektoren *linear abhängig.*

Beweis: Sei ohne Einschränkung der Allgemeinheit $x^1 = O$. Dann ergibt offenbar folgende Linearkombination dieser Vektoren den Nullvektor

$$1 \cdot x^1 + \sum_{i=2}^{k} 0 \cdot x^i = O$$

mit den Koeffizienten $1, 0, ..., 0$, sodass *nicht gleichzeitig alle* Koeffizienten gleich null sind. Nach **Definition 3.13** sind die Vektoren $x^1, x^2, .., x^k, y$ *linear abhängig.* ∎

Satz 3.17

Sind die Vektoren $x^1, x^2, ..., x^k \in \mathbb{R}^n$ linear abhängig, so sind es auch die Vektoren $x^1, x^2, ..., x^k, y \in \mathbb{R}^n$. (Wird ein linear abhängiges Vektorsystem erweitert, so bleibt es linear abhängig).

Beweis: Wenn die Vektoren $x^1, x^2, \ldots, x^k \in \mathbb{R}^n$ linear abhängig sind, so existieren nach **Definition 3.13** Koeffizienten $\lambda_i, i = 1, \ldots, k$, die *nicht gleichzeitig* gleich null sind so, dass $\sum_{i=1}^k \lambda_i x^i = 0$ ist. Dann ist offenbar auch die Linearkombination $\sum_{i=1}^k \lambda_i x^i + 0 \cdot y = 0$, deren Koeffizienten $\lambda_i, i = 1, \ldots, k, 0$, ebenfalls *nicht gleichzeitig* gleich null sind. Damit sind auch $x^1, x^2, .., x^k, y \in \mathbb{R}^n$ linear abhängig. ∎

Satz 3.18

Sind x und y zwei linear unabhängige Vektoren des $\mathbb{R}^2$, so lässt sich *jeder* Vektor $z \in \mathbb{R}^2$ als Linearkombination dieser beiden Vektoren darstellen.

Beweis: Sei $z = (z_1, z_2)^\top \in \mathbb{R}^2$ ein beliebiger Vektor. Wenn er Linearkombination der Vektoren x und y ist, so muss es Koeffizienten λ_1 und λ_2 so geben, dass gilt

$$\lambda_1 \begin{pmatrix} x_1 \\ x_2 \end{pmatrix} + \lambda_2 \begin{pmatrix} y_1 \\ y_2 \end{pmatrix} = \begin{pmatrix} \lambda_1 x_1 + \lambda_2 y_1 \\ \lambda_1 x_2 + \lambda_2 y_2 \end{pmatrix} = \begin{pmatrix} z_1 \\ z_2 \end{pmatrix}.$$

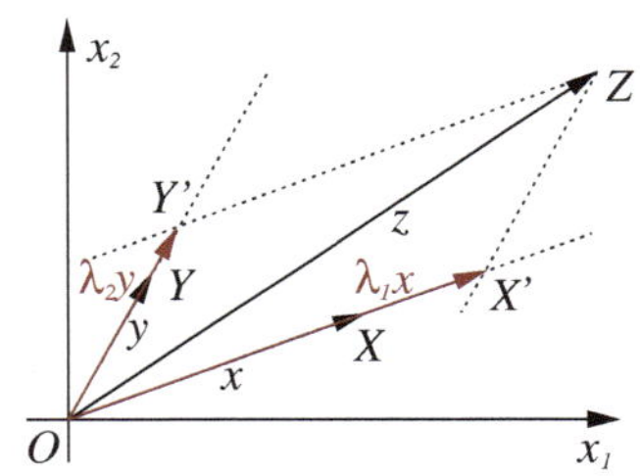

Bild 3.6 Zerlegung eines Vektors z

Die entsprechenden beiden Gleichungen haben die eindeutige Lösung

$$\lambda_1 = \frac{z_1 y_2 - z_2 y_1}{x_1 y_2 - x_2 y_1} \quad \text{und} \quad \lambda_2 = \frac{x_1 z_2 - x_2 z_1}{x_1 y_2 - x_2 y_1}$$

genau dann, wenn der Nenner $x_1 y_2 - x_2 y_1$ verschieden von null ist. Das ist der Fall, weil x und y linear unabhängig sind. (d. h., es ist $x_1 = \alpha y_1$ und $x_2 = \beta y_2$ nur für $\alpha \neq \beta$ und somit $x_1 y_2 - x_2 y_1 = (\alpha - \beta) y_1 y_2 \neq 0$. Ist $y_1 = 0$, so ist $y_2 \neq 0$ und $x_1 \neq 0$, ansonsten wären x und y linear abhängig. Damit ist auch in diesem Fall der Nenner verschieden von 0). Die Zerlegung von z ist in **Bild 3.6** dargestellt. ∎

Satz 3.19

Drei Vektoren $x, y, z \in \mathbb{R}^2$ sind stets linear abhängig.

Beweis: Für drei Vektoren $x, y, z \in \mathbb{R}^2$ besteht eine der folgenden Möglichkeiten:

1. Unter diesen drei Vektoren gibt es zwei linear unabhängige. Nach **Satz 3.18** ist der dritte dann Linearkombination dieser beiden, und nach **Satz 3.15** sind alle drei Vektoren linear abhängig.
2. Unter den drei Vektoren gibt es keine zwei, die linear unabhängig sind. Dann sind jeweils zwei linear abhängig, und zusammen mit dem dritten bilden sie nach **Satz 3.17** ein linear abhängiges Vektorsystem. ∎

Beispiel 3.20

Zerlegung eines Kraftvektors

Der Kraftvektor $F = (5, 6.5)^\top$ [kN] soll bezüglich der Richtungen $r^1 = (1, 2)^\top$ und $r^2 = (4, 1)^\top$ zerlegt werden (Kräfteparallelogramm, siehe **Bild 3.6**). Wie lauten die Kraftvektoren F^1 und F^2 in diese Richtungen?

Aus dem Ansatz $F = F^1 + F^2 = \lambda_1 r^1 + \lambda_2 r^2$ bzw.

$$\begin{pmatrix} 5 \\ 6.5 \end{pmatrix} = \lambda_1 \begin{pmatrix} 1 \\ 2 \end{pmatrix} + \lambda_2 \begin{pmatrix} 4 \\ 1 \end{pmatrix} \text{ [kN]}$$

ergeben sich die Gleichungen $5 = \lambda_1 + 4\lambda_2$ und $6.5 = 2\lambda_1 + \lambda_2$. Wird z. B. die erste der beiden Gleichungen nach λ_1 umgestellt und in die zweite eingesetzt, so ergibt sich $\lambda_1 = 3$ und $\lambda_2 = 0.5$. Damit lauten die beiden gesuchten Kraftvektoren $F^1 = (3, 6)^\top$ [kN] und $F^2 = (2, 0.5)^\top$ [kN].

Geometrische Interpretation der linearen Abhängigkeit

Zwei Vektoren

Sind x und y *linear abhängige* Vektoren des $\mathbb{R}^2$ oder $\mathbb{R}^3$ so gilt nach **Definition 3.13** $\lambda_1 x + \lambda_2 y = O$ für Koeffizienten λ_1, λ_2, die *nicht gleichzeitig* gleich null sind. Ist z. B. $\lambda_1 \neq 0$, so bedeutet diese Gleichung $x = -(\lambda_2/\lambda_1)y$, d. h., der Vektor x ist Vielfaches des Vektors y (siehe **Definition 3.5**). Die entsprechenden Ortsvektoren liegen daher auf einer Geraden durch den Koordinatenursprung, d. h., die Vektoren x und y sind **parallel** (siehe **Abschnitt 3.1.2**). In diesem Fall heißen die Vektoren x und y **kollinear**.
Sind x und y *linear unabhängig*, so sind sie **nicht parallel**.

Drei Vektoren des $\mathbb{R}^2$

Sind x und y *linear unabhängige* Vektoren des $\mathbb{R}^2$, so kann nach **Satz 3.18** *jeder* Vektor $z \in \mathbb{R}^2$ eindeutig als Linearkombination (Summe von Vielfachen) dieser Vektoren dargestellt werden. Werden durch den Punkt Z, der dem Vektor z entspricht, Parallelen zu den Ortsvektoren von x und y gezeichnet und diese Figur zum Parallelogramm ergänzt, so sind die Ortsvektoren $\overrightarrow{OX'}, \overrightarrow{OY'}$ zu den Eckpunkten X' und Y' des Parallelogramms die beteiligten Vielfachen und ihre Streckungsfaktoren λ_1, λ_2 bezüglich x und y die Koeffizienten in der Linearkombination (siehe **Bild 3.6**). Der Vektor z wird bezüglich der Vektoren x und y **zerlegt**: $z = \lambda_1 x + \lambda_2 y$.

Drei Vektoren des $\mathbb{R}^3$

Sind x, y und z *linear abhängige* Vektoren des $\mathbb{R}^3$, so gibt es Koeffizienten $\lambda_1, \lambda_2, \lambda_3$, die *nicht gleichzeitig* gleich null sind, so, dass $\lambda_1 x + \lambda_2 y + \lambda_3 z = O$ ist. Sei ohne Einschränkung der Allgemeinheit $\lambda_3 \neq 0$. Dann bedeutet diese Gleichung $z = -(\lambda_1/\lambda_3)x - (\lambda_2/\lambda_3)y$, d. h., z ist die Summe von Vielfachen der Vektoren x und y. Die Vielfachen von x und y haben Ortsvektoren, die parallel zu den Ortsvektoren von x und y sind. Gemäß der geometrischen Veranschaulichung der Summe zweier Vektoren im $\mathbb{R}^3$ (siehe **Abschnitt 3.1.2**) ist der Vektor von z die Diagonale im Parallelogramm, das von den Ortsvektoren der Vielfachen der Vektoren x und y aufgespannt wird. Damit liegen die Ortsvektoren von x, y und z **in einer Ebene**. In diesem Fall heißen x, y und z **komplanar**.

Zerlegbarkeit eines Vektors

Beispiel 3.21

1. Kann der Kraftvektor $F = (-1, 4, -3)^\top$ [kN] bezüglich der zwei Richtungen $r^1 = (1, 2, -1)^\top$ und $r^2 = (3, 0, 1)^\top$ zerlegt werden, und wie lauten die entsprechenden Kraftvektoren F^1 und F^2 in diese Richtungen?

   Aus dem Ansatz $F = F^1 + F^2 = \lambda_1 r^1 + \lambda_2 r^2$ ergeben sich die drei Gleichungen (vergl. **Beispiel 3.20**) $-1 = \lambda_1 + 3\lambda_2$, $4 = 2\lambda_1$ und $-3 = -\lambda_1 + \lambda_2$ mit der Lösung $\lambda_1 = 2$, $\lambda_2 = -1$. Damit lauten die gesuchten beiden Kraftvektoren $F^1 = \lambda_1 r^1 = (2, 4, -2)^\top$ [kN] und $F^2 = \lambda_1 r^2 = (-3, 0, -1)^\top$ [kN] .

2. Gelingt eine solche Zerlegung auch für den Kraftvektor $(-1, 4, 3)^\top$ [kN] ?

   Für den Kraftvektor $(-1, 4, 3)^\top$ [kN] gibt es keine solche Zerlegung. Angenommen, es gäbe eine, dann sind die ersten beiden Gleichungen dieselben wie oben. Sie ergeben bereits eindeutig $\lambda_1 = 2$, $\lambda_2 = -1$. Die dritte Gleichung $3 = -\lambda_1 + \lambda_2$ wird aber von diesen Zahlen offenbar nicht erfüllt. Das bedeutet, dass die Vektoren $(-1, 4, 3)^\top$, r^1 und r^2 nicht in einer Ebene liegen und die genannte Zerlegung nicht möglich ist.

3.1.4 Lineare Unterräume des $\mathbb{R}^n$

Lineare Unterräume des Vektorraums $\mathbb{R}^n$ spielen eine Rolle z. B. bei der Beschreibung der Lösungsmenge linearer Gleichungssysteme (siehe **Abschnitt 3.4**).

Definition 3.22

Eine nichtleere Teilmenge $U \subseteq \mathbb{R}^n$ heißt **Unterraum** des Vektorraums $\mathbb{R}^n$, wenn sie folgende Eigenschaft hat:

1. Ist $x, y \in U$, so ist auch $x + y \in U$.
2. Ist $x \in U$ und $\lambda \in \mathbb{R}$ eine beliebige reelle Zahl, so ist auch $\lambda x \in U$.

Man sagt, die Rechenoperationen Addition und Multiplikation mit einer reellen Zahl λ führen nicht aus U heraus.

Beispiel 3.23 — **Linearer Unterraum**

1. Gegeben ist der Vektor $a \in \mathbb{R}^2$. Sei $M = \{x : x \in \mathbb{R}^2,\ x = \lambda a\}$ die Menge aller seiner Linearkombinationen (siehe **Bild 3.7**). Die Menge M ist *ein linearer Unterraum des* $\mathbb{R}^2$.
Beweis:
   a) Sind $x = \lambda_1 a \in M$ und $y = \lambda_2 a \in M$ zwei beliebige Elemente aus M, so gilt für deren Summe wegen des Distributivgesetzes (siehe **Abschnitt 3.1.1**) $x + y = \lambda_1 a + \lambda_2 a = (\lambda_1 + \lambda_2)a$, d. h., sie ist ebenfalls Vielfaches von a und damit Element von M.
   b) Ist $x = \mu a \in M$ ein beliebiges Element aus M, so ist jedes λ-fache wegen des Distributivgesetzes (siehe **Abschnitt 3.1.1**) $\lambda x = \lambda(\mu a) = (\lambda\mu)a$ ebenfalls Vielfaches von a und damit Element von M. ■

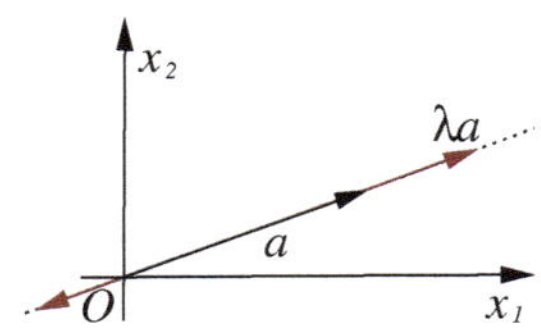

Bild 3.7 Menge M

2. Gegeben ist die Gerade $x_2 = x_1 + 3$. Sei $N = \{(t, t+3)^\top, t \in \mathbb{R}\}$ die Menge aller Vektoren, deren entsprechende Punkte auf dieser Geraden liegen (siehe **Bild 3.8**). Die Menge N ist *kein linearer Unterraum des* $\mathbb{R}^2$.
Beweis:
   a) Für zwei beliebige Vektoren $x = (t_1, t_1+3)^\top \in N$ und $y = (t_2, t_2+3)^\top \in N$ ist deren Summe $x + y = (t_1+t_2, (t_1+3)+(t_2+3))^\top = (t_1+t_2, (t_1+t_2)+6)^\top$ offenbar *nicht* Element von N (siehe **Bild 3.8**).
   b) Ist $x = (t, t+3)^\top \in N$ ein beliebiger Vektor aus N, so ist sein λ-faches $\lambda x = \lambda(t, t+3)^\top = (\lambda t, \lambda(t+3)) = (\lambda t, (\lambda t)+3\lambda)^\top$ offenbar *nur für* $\lambda = 1$ Element von N. ■

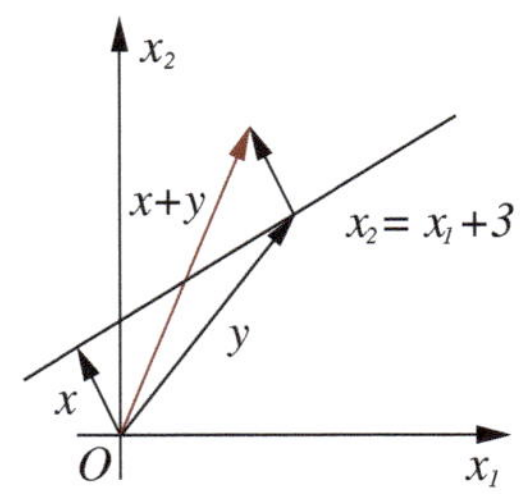

Bild 3.8 Menge N

Auf die Frage nach der Entstehung eines Unterraumes gibt der folgende Satz Auskunft:

Satz 3.24

Sind $x^1, x^2, ..., x^k \in \mathbb{R}^n$ beliebige Vektoren, so ist die Menge aller ihrer Linearkombinationen ein linearer Unterraum des $\mathbb{R}^n$. Das Vektorsystem $\{x^1, x^2, ..., x^k\}$ heißt **Erzeugendensystem** dieses linearen Unterraums.

Zum Beweis des Satzes werden die Bedingungen der **Definition 3.22** unmittelbar nachgeprüft. ■

Beispiel 3.25 — **Erzeugendensystem und Unterraum**

1. Jeder Vektor $a \in \mathbb{R}^2$ erzeugt einen Unterraum M (siehe **Beispiel 3.23**).

2. Die zwei linear unabhängigen Vektoren $x^1 = (1,2)^\top$ und $x^2 = (0,1)^\top$ erzeugen den $\mathbb{R}^2$, da sich einerseits nach **Satz 3.18** jeder Vektor des $\mathbb{R}^2$ als Linearkombination darstellen lässt und andererseits jede Linearkombination der beiden Vektoren Vektor des $\mathbb{R}^2$ ist.
3. Die drei linear abhängigen Vektoren $x^1 = (1,2)^\top$, $x^2 = (0,1)^\top$ und $x^3 = (1,0)^\top$ erzeugen ebenfalls den $\mathbb{R}^2$, da einerseits bereits die linear unabhängigen Vektoren x^1 und x^2 den $\mathbb{R}^2$ erzeugen und andererseits jede Linearkombination aller drei Vektoren wieder ein Vektor des $\mathbb{R}^2$ ist.
4. Die beiden linear abhängigen Vektoren $x^1 = (1,2)^\top$ und $x^2 = (2,4)^\top$ erzeugen *nicht* den $\mathbb{R}^2$, sondern lediglich die Menge aller Linearkombinationen des Vektors $x^1 = (1,2)^\top$, da wegen $x^2 = 2x^1$ eine beliebige Linearkombination $\lambda_1 x^1 + \lambda_2 x^2 = \lambda_1 x^1 + 2\lambda_2 x^1 = (\lambda_1 + 2\lambda_2)x^1$ wieder ein Vielfaches von x^1 ist.
5. Die Menge $U = \{O\}$, die nur aus dem Nullelement des $\mathbb{R}^n$ besteht, ist Unterraum des $\mathbb{R}^n$, wie durch Nachprüfen der **Definition 3.22** gezeigt wird.
6. Der Vektorraum $\mathbb{R}^n$ ist (unechter) Unterraum von sich selbst.

Offenbar haben mögliche Unterräume des $\mathbb{R}^2$ verschiedene Größen, wie **Beispiel 3.25** zeigt. Wie **Beispiel 3.25** außerdem zeigt, können Erzeugendensysteme mit unterschiedlich vielen Vektoren ein- und denselben Unterraum erzeugen. Der folgende Satz gestattet die Reduktion des Erzeugendensystems auf eine Mindestanzahl von Vektoren.

Satz 3.26

Ist das Vektorsystem $\{x^1, x^2, ..., x^k\}$ von Vektoren des $\mathbb{R}^n$ linear abhängig, so kann jede Linearkombination der k Vektoren auch als Linearkombination von nur $k-1$ Vektoren geschrieben werden, wobei der weggelassene Vektor von den übriggebliebenen linear abhängt.

Reduktion eines linear abhängigen Vektorsystems

Beispiel 3.27

Seien $x^1, x^2, x^3 \in \mathbb{R}^n$ linear abhängige Vektoren mit $x^1 = 2x^2 + x^3$. Für eine beliebige Linearkombination von x^1, x^2, x^3 ist dann

$$\begin{aligned}\lambda_1 x^1 + \lambda_2 x^2 + \lambda_3 x^3 &= \lambda_1(2x^2 + x^3) + \lambda_2 x^2 + \lambda_3 x^3 \\ &= (2\lambda_1 + \lambda_2)x^2 + (\lambda_1 + \lambda_3)x^3.\end{aligned}$$

Wird dieser Satz sukzessive weiter angewendet, so wird das Vektorsystem $\{x^1, x^2, ..., x^k\}$ von Vektoren des $\mathbb{R}^n$ so weit reduziert, bis nur noch linear unabhängige Vektoren übrigbleiben. Wie viele Vektoren bleiben bei einer vollständigen Reduktion übrig?

Satz 3.28

Sei U ein Unterraum des $\mathbb{R}^n$, der von einem linear unabhängigen Vektorsystem $\{x^1, x^2, ..., x^k\}$ erzeugt wird. Ist $\{y^1, y^2, ..., y^l\}$ ein davon verschiedenes linear unabhängiges Vektorsystem, das auch U erzeugt, so ist $k = l$, d. h., die Anzahl linear unabhängiger Vektoren in einem Erzeugendensystem des Unterraums U ist immer dieselbe.

Verschiedene Erzeugendensysteme desselben Unterraums

Beispiel 3.29

Sei $\{x^1, x^2\}$ ein linear unabhängiges Erzeugendensystem des Unterraums $U \subseteq \mathbb{R}^n$. Dann erzeugt das Vektorsystem $\{y^1, y^2\}$ mit $y^1 = 2x^1 - x^2$ und $y^2 = 3x^1 + x^2$ ebenfalls den Unterraum U.

Beweis: Der vom Vektorsystem $\{y^1, y^2\}$ erzeugte Unterraum wird mit V bezeichnet. Wenn gezeigt werden kann, dass für jeden Vektor $z \in V$ gleichzeitig $z \in U$ gilt und umgekehrt, so ist $V = U$, d. h., die beiden verschiedenen Vektorsysteme

erzeugen denselben Unterraum U.
Für einen beliebigen Vektor $z = \lambda_1 y^1 + \lambda_2 y^2 \in V$ gilt

$$z = \lambda_1 \left(2x^1 - x^2\right) + \lambda_2 \left(3x^1 + x^2\right) = (2\lambda_1 + 3\lambda_2)\, x^1 + (-\lambda_1 + \lambda_2)\, x^2,$$

d. h., z ist Linearkombination von x^1 und x^2 und damit Element von U.
Aus $y^1 = 2x^1 - x^2$ und $y^2 = 3x^1 + x^2$ folgt nach Umstellen $x^1 = 0.2y^1 + 0.2y^2$ und $x^2 = -0.6y^1 + 0.4y^2$. Für einen beliebigen Vektor $w = \mu_1 x^1 + \mu_2 x^2 \in U$ gilt

$$w = \mu_1 \left(0.2y^1{+}0.2y^2\right){+}\mu_2 \left(-0.6y^1{+}0.4y^2\right) = (0.2\mu_1{-}0.6\mu_2)\, y^1{+}(0.2\mu_1{+}0.4\mu_2)\, y^2,$$

d. h., w ist Linearkombination von y^1 und y^2 und damit Element von V. ∎

Definition 3.30 — **Basis eines linearen Vektorraums**

Sei U ein Unterraum des $\mathbb{R}^n$. Ein linear unabhängiges Vektorsystem $\{x^1, x^2, ..., x^k\}$ von Vektoren, das U erzeugt, heißt **Basis** und die Anzahl k der Basisvektoren heißt **Dimension** des Unterraums.

Beispiel 3.31

1. Die Vektoren $x^1 = (1, 0, 0)^\top$, $x^2 = (0, 1, 0)^\top$ und $x^3 = (0, 0, 1)^\top$ des $\mathbb{R}^3$ sind linear unabhängig. Die Menge aller ihrer Linearkombinationen ist der $\mathbb{R}^3$. Daher bilden sie eine Basis im $\mathbb{R}^3$ mit der Dimension 3.
2. Die Vektoren $x^1 = (1, 0, 0)^\top$ und $x^2 = (0, 1, 0)^\top$ des $\mathbb{R}^3$ sind linear unabhängig. Die Menge aller ihrer Linearkombinationen ist der echte Unterraum des $\mathbb{R}^3$ $U = \{x : x \in \mathbb{R}^3, x = (\lambda_1, \lambda_2, 0)^\top\}$, wobei λ_1 und λ_2 beliebige reelle Zahlen sind. x^1 und x^2 bilden daher eine Basis im Unterraum U mit der Dimension 2.
3. Der Vektor $x^1 = (1, 2)^\top$ des $\mathbb{R}^2$ ist linear unabhängig. Er erzeugt den Unterraum $U = \{x : x \in \mathbb{R}^2, x = \lambda x^1\}$ der Vielfachen von x^1. Daher ist er eine Basis in U mit der Dimension 1.
4. Die Vektoren $e^1, e^2, ..., e^n \in \mathbb{R}^n$ mit $e^j = (0, ..., 1, ..., 0)^\top$, deren j-te Komponente 1 und deren andere Komponenten sämtlich 0 sind, sind linear unabhängig. Sie erzeugen den $\mathbb{R}^n$ und sind daher eine Basis im $\mathbb{R}^n$ mit der Dimension n. Diese spezielle Basis wird **kanonische Basis** und ihre Vektoren **kanonische Vektoren** genannt.

Der folgende Satz gestattet die unmittelbare Untersuchung, ob ein Vektorsystem eine Basis im von ihm erzeugten Unterraum darstellt.

Satz 3.32 — **Kriterium für Basis**

Sei das Vektorsystem $\{x^1, x^2, ..., x^k\}$ von Vektoren des $\mathbb{R}^n$ ein Erzeugendensystem des Unterraums U. Es ist eine Basis von U genau dann, wenn sich jedes $x \in U$ eindeutig als Linearkombination der Vektoren dieses Vektorsystems darstellen lässt.

Beispiel 3.33

Die Vektoren $x^1 = (1, 2, 3)^\top$ und $x^2 = (-1, 1, 5)^\top$ erzeugen einen Unterraum $U \subset \mathbb{R}^3$. Sie sind linear unabhängig und bilden daher eine Basis in U. Bilden die Vektoren $y^1 = (0, 3, 8)^\top$ und $y^2 = (2, 1, -2)^\top$ ebenfalls eine Basis in U?

Wenn sich ein beliebiger Vektor $z = \lambda_1 x^1 + \lambda_2 x^2$ eindeutig als Linearkombination der Vektoren y^1 und y^2 darstellen lässt, so ist $\{y^1, y^2\}$ ebenfalls Basis in U. Die Koeffizienten α_1 und α_2 in der Linearkombination $z = \alpha_1 y^1 + \alpha_2 y^2$ müssen sich in diesem Fall eindeutig aus λ_1 und λ_2 ergeben. Die entsprechende Vektorgleichung $\lambda_1 x^1 + \lambda_2 x^2 = \alpha_1 y^1 + \alpha_2 y^2$ ergibt die drei skalaren Gleichungen

$\lambda_1 - \lambda_2 = 2\alpha_2,\ 2\lambda_1 + \lambda_2 = 3\alpha_1 + \alpha_2,\ 3\lambda_1 + 5\lambda_2 = 8\alpha_1 - 2\alpha_2.$

Die erste Gleichung ergibt eindeutig $\alpha_2 = (\lambda_1 - \lambda_2)/2$. Wird α_2 in die zweite Gleichung eingesetzt, so ergibt sich eindeutig $\alpha_1 = (\lambda_1 + \lambda_2)/2$. Die dritte Gleichung ist mit den ermittelten Koeffizienten α_1 und α_1 ebenfalls erfüllt. Daher ist $\{y^1, y^2\}$ ebenfalls Basis in U.

3.2 Matrizen

Ein lineares Gleichungssystem ist bestimmt durch seine Koeffizientenmatrix und den Vektor der rechten Seiten. In der Menge der Matrizen wird die Summe von Matrizen, das reelle Vielfache einer Matrix und Eigenschaften dieser Rechenoperationen erklärt. Das Produkt einer Matrix mit einem Vektor bzw. einer Matrix mit einer Matrix wird definiert. Der Rang einer Matrix als wichtige Eigenschaft z. B. für Aussagen zur Lösbarkeit und Lösungsmenge linearer Gleichungssysteme basiert auf dem Begriff der linearen Unabhängigkeit. Er kann mithilfe des Gauß-Algorithmus ermittelt werden. Die Inverse einer quadratischen Matrix spielt eine wichtige Rolle bei der Lösung quadratischer Gleichungssysteme.

3.2.1 Definitionen, Beispiele

Definition 3.34 Ein rechteckiges Schema reeller Zahlen a_{ij}, $i = 1..., m$, $j = 1, ..., n$,

$$\begin{pmatrix} a_{11} & a_{12} & \dots & a_{1n} \\ a_{21} & a_{22} & \dots & a_{2n} \\ \vdots & \vdots & \vdots & \vdots \\ a_{m1} & a_{m2} & \dots & a_{mn} \end{pmatrix},$$

die in m Zeilen und n Spalten stehen, heißt **reelle $m \times n$–Matrix** oder **Matrix der Dimension $m \times n$**. Die reellen Zahlen a_{ij} heißen **Elemente** der Matrix. Für die Matrix wird $A \in \mathbb{R}^{m \times n}$ oder (a_{ij}) geschrieben und für das Element in der i-ten Zeile und der j-ten Spalte der Matrix $(A)_{ij}$ oder a_{ij}.

Dimension von Matrizen

Beispiel 3.35

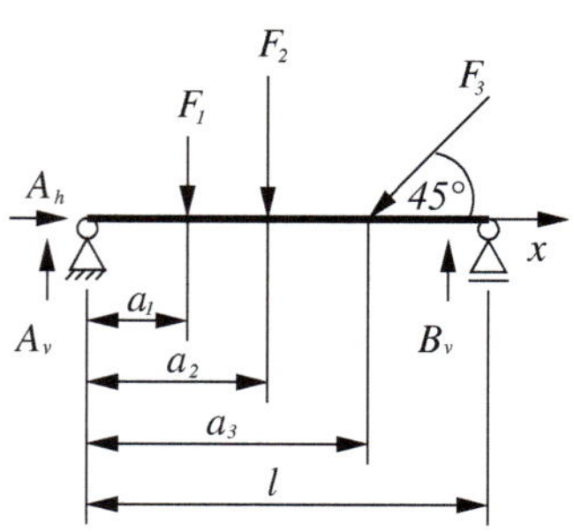

Bild 3.9 Balken mit Belastungen

1. Beim Bestimmen der Auflagerreaktionen A_h, A_v und B_v eines beidseitig gelenkig gelagerten Balkens der Länge l, der durch drei Einzelkräfte der Beträge F_1, F_2, F_3 belastet ist, die entsprechend im Abstand a_1, a_2, a_3 vom linken festen Auflager angreifen (siehe **Bild 3.9**), entstehen bezüglich der gesuchten Größen folgende drei Gleichungen:

$$A_h - \sqrt{2}/2F_3 = 0 \quad \text{aus dem Kräftegleichgewicht der Horizontalkomponenten,}$$
$$A_v - F_1 - F_2 - \sqrt{2}/2F_3 + B_v = 0 \quad \text{aus dem Kräftegleichgewicht der Vertikalkomponenten,}$$
$$lB_v - F_1a_1 - F_2a_2 - \sqrt{2}/2F_3a_3 = 0 \quad \text{aus dem Momentengleichgewicht bezüglich des linken Auflagers.}$$

Diese drei Gleichungen können so umgeformt werden, dass auf den linken Seiten die Terme mit den gesuchten und auf den rechten Seiten die Terme mit den gegebenen Größen stehen:

$$\begin{aligned} 1 \cdot A_h + 0 \cdot A_v + 0 \cdot B_v &= \sqrt{2}/2F_3, \\ 0 \cdot A_h + 1 \cdot A_v + 1 \cdot B_v &= F_1 + F_2 + \sqrt{2}/2F_3, \\ 0 \cdot A_h + 0 \cdot A_v + l \cdot B_v &= F_1a_1 + F_2a_2 + \sqrt{2}/2F_3a_3. \end{aligned}$$

Die Koeffizienten vor den drei Größen A_h, A_v und B_v auf den linken Seiten der

Gleichungen können in der folgenden 3×3-Matrix zusammengefasst werden:

$$\begin{pmatrix} 1 & 0 & 0 \\ 0 & 1 & 1 \\ 0 & 0 & l \end{pmatrix}.$$

2. Die Matrix $A = \begin{pmatrix} 1 & 2 & 3 & 4 \\ 10 & 11 & 12 & 13 \end{pmatrix} \in \mathbb{R}^{2\times 4}$ hat zwei Zeilen und vier Spalten.
3. Die Matrix $A = (a_{11} \ \ a_{12} \ \ \dots \ \ a_{1n}) \in \mathbb{R}^{1\times n}$ hat eine Zeile und n Spalten. A heißt **Zeilenvektor**.
4. Der i-te Zeilenvektor der Matrix $A \in \mathbb{R}^{m\times n}$ ist $(a_{i1} \ \ a_{i2} \ \ \dots \ \ a_{in})$. Der *erste* Index seiner Elemente ist konstant und gleich i.
5. Die Matrix $A = \begin{pmatrix} a_{11} \\ a_{21} \\ \vdots \\ a_{m1} \end{pmatrix} \in \mathbb{R}^{m\times 1}$ hat m Zeilen und eine Spalte. A heißt **Spaltenvektor**.
6. Der j-te Spaltenvektor der Matrix $A \in \mathbb{R}^{m\times n}$ ist $\begin{pmatrix} a_{1j} \\ a_{2j} \\ \vdots \\ a_{mj} \end{pmatrix}$. Der *zweite* Index seiner Elemente ist konstant und gleich j.
7. Die Matrix $\begin{pmatrix} 0 & 0 & 4 & -2 \\ -3 & 9 & 1 & 0 \\ 2 & 16 & -0.5 & -1 \\ 0 & 0 & 0 & 0 \\ 1 & 3 & 7 & 8.1 \end{pmatrix}$ hat den zweiten Spaltenvektor $\begin{pmatrix} 0 \\ 9 \\ 16 \\ 0 \\ 3 \end{pmatrix}$ und den vierten Zeilenvektor $(0 \ \ 0 \ \ 0 \ \ 0)$.

Definition 3.36

Zwei Matrizen $A \in \mathbb{R}^{m\times n}$ und $B \in \mathbb{R}^{p\times q}$ heißen **gleich**, wenn ihre Dimensionen gleich sind, d. h., wenn $m = p$, $n = q$ ist, und wenn sie in allen ihren entsprechenden Elementen übereinstimmen, d. h., wenn $a_{ij} = b_{ij}$ für $i = 1, ..., m$, $j = 1, ..., n$ gilt. Die Gleichheit der Matrizen A und B wird mit $A = B$ bezeichnet.

Beispiel 3.37 — **Vergleich von Matrizen**

1. Es gibt keine reellen Zahlen a, b, c sodass die Matrizen
$$\begin{pmatrix} a & b & c \\ a^2 & b^2 & c^2 \\ ab & c & b \end{pmatrix} \text{ und } \begin{pmatrix} 1 & 2 & 3 \\ 1 & 4 & 9 \\ -1 & 3 & 2 \end{pmatrix}$$
gleich sind. Aus der Gleichheit der ersten beiden Zeilenvektoren folgt notwendig $a = 1, b = 2, c = 3$. Allerdings wäre dann $ab \neq -1$, d. h., die Elemente in der dritten Zeile und ersten Spalte würden nicht übereinstimmen.
2. Es ist $\begin{pmatrix} 1 & 1 & 1 \\ 1 & 1 & 1 \end{pmatrix} \neq \begin{pmatrix} 1 & 1 & 1 \\ 1 & 1 & 1 \\ 1 & 1 & 1 \end{pmatrix}$, da diese beiden Matrizen unterschiedliche Dimensionen haben.

Definition 3.38

Sei $A \in \mathbb{R}^{m\times n}$ eine Matrix. Dann heißt die Matrix

$A^\top \in \mathbb{R}^{n\times m}$ mit $(A^\top)_{ji} = (A)_{ij} = a_{ij}$, $j = 1, ..., n$, $i = 1, ..., m$,

die zu A **Transponierte**.

Transponierte Matrix

Beispiel 3.39

1. Die zur Matrix $A=\begin{pmatrix}1&2&3&4\\5&6&7&8\end{pmatrix}\in\mathbb{R}^{2\times4}$ Transponierte ist $A^\top=\begin{pmatrix}1&5\\2&6\\3&7\\4&8\end{pmatrix}\in\mathbb{R}^{4\times2}$.
2. Für die Matrix $A=\begin{pmatrix}1&2&3\\2&1&4\\3&4&1\end{pmatrix}\in\mathbb{R}^{3\times3}$ ist $A=A^\top$.

Definition 3.40

Sei $A\in\mathbb{R}^{n\times n}$ eine **quadratische** Matrix. A heißt **symmetrisch**, wenn gilt $A=A^\top$, d. h., $a_{ij}=a_{ji}$ für alle $i,j=1,...,n$.

Für das Transponieren von Matrizen folgt aus der **Definition 3.38** wegen $((A^\top)^\top)_{ij}=(A^\top)_{ji}=A_{ij}$ die Eigenschaft

$$(A^\top)^\top=A.$$

3.2.2 Rechenoperationen mit Matrizen

Definition 3.41

Seien A und B Matrizen gleicher Dimension mit $A,B\in\mathbb{R}^{m\times n}$. Dann heißt die Matrix $C\in\mathbb{R}^{m\times n}$ mit den Elementen

$c_{ij}=a_{ij}+b_{ij}$ **Summe** der Matrizen A und B

$c_{ij}=\lambda a_{ij},\ \lambda\in\mathbb{R}$ **λ-faches** oder **skalares Vielfaches** der Matrix A.

Summe von Matrizen
Vielfaches einer Matrix

Beispiel 3.42

1. Es ist $\begin{pmatrix}1&4&7\\3&-2&9\end{pmatrix}+\begin{pmatrix}1&0&8\\2&-1&-1\end{pmatrix}=\begin{pmatrix}2&4&15\\5&-3&8\end{pmatrix}$.
2. Es ist $2\cdot\begin{pmatrix}1&4&7\\3&-2&9\end{pmatrix}=\begin{pmatrix}2&8&14\\6&-4&18\end{pmatrix}$.

Eigenschaften der Addition

Seien $A,B,C\in\mathbb{R}^{m\times n}$ beliebige Matrizen gleicher Dimension. Dann gilt

Kommutativgesetz
1. $A+B=B+A$

Assoziativgesetz
2. $(A+B)+C=A+(B+C)$

Neutrales Element
3. Es gibt eine Matrix $O\in\mathbb{R}^{m\times n}$ so, dass gilt $A+O=O+A=A$. Es ist $(O)_{ij}=0$, $i=1,\dots,m$, $j=1,\dots,n$. O heißt **Nullmatrix**.

Inverses Element
4. Zu jeder Matrix A existiert eine Matrix $-A$ so, dass gilt $A+(-A)=0$. Es ist $-A=(-1)\cdot A$.

Diese vier Eigenschaften der Addition von Matrizen bedeuten, dass die Menge der Matrizen der Dimension $\mathbb{R}^{m\times n}$ eine kommutative Gruppe bezüglich der in **Definition 3.41** erklärten Addition darstellen.

Eigenschaften der skalaren Multiplikation

Seien A und B beliebige Matrizen *gleicher Dimension* mit $A, B \in \mathbb{R}^{m\times n}$. Dann gilt für beliebige $\lambda, \mu \in \mathbb{R}$

1. $\lambda(\mu A) = (\lambda\mu)A$ — **Assoziativgesetz**
2. $(\lambda + \mu)A = \lambda A + \mu A$ — **Distributivgesetz**
3. $\lambda(A + B) = \lambda A + \lambda B$ — **Distributivgesetz**
4. $1 \cdot A = A$ — **Invarianz**

Diese Eigenschaften ergeben sich aus der **Definition 3.36** der Gleichheit von Matrizen, der **Definition 3.41** der Rechenoperationen mit Matrizen und den Eigenschaften von Addition und Multiplikation im Bereich der reellen Zahlen (siehe **Abschnitt 1.1, 1.2**). Damit ist die Menge $\mathbb{R}^{m\times n}$ der Matrizen der Dimension $m \times n$ mit den definierten Rechenoperationen ein linearer Vektorraum (vergl. **Abschnitt 3.1**).

Definition 3.43

Sei $A \in \mathbb{R}^{m\times n}$ eine Matrix und $x \in \mathbb{R}^{n\times 1}$ ein Spaltenvektor so, dass *die Spaltenzahl von A mit der Anzahl der Komponenten von x übereinstimmt.* Das **Produkt der Matrix A mit dem Spaltenvektor** x ist der Vektor

$$Ax = \begin{pmatrix} a_{11}x_1 + a_{12}x_2 + \ldots + a_{1n}x_n \\ a_{21}x_1 + a_{22}x_2 + \ldots + a_{2n}x_n \\ \vdots \\ a_{m1}x_1 + a_{m2}x_2 + \ldots + a_{mn}x_n \end{pmatrix} = \begin{pmatrix} \sum_{l=1}^{n} a_{1l}x_l \\ \sum_{l=1}^{n} a_{2l}x_l \\ \vdots \\ \sum_{l=1}^{n} a_{ml}x_l \end{pmatrix} \in \mathbb{R}^{m\times 1}.$$

Beispiel 3.44

Produkt einer Matrix mit einem Vektor

1. Für $A = \begin{pmatrix} 3 & 2 & 4 \\ 2 & 1 & 1 \end{pmatrix} \in \mathbb{R}^{2\times 3}$ und $x = \begin{pmatrix} 6 \\ 4 \\ 7 \end{pmatrix} \in \mathbb{R}^{3\times 1}$ ist

$$Ax = \begin{pmatrix} 3 & 2 & 4 \\ 2 & 1 & 1 \end{pmatrix}\begin{pmatrix} 6 \\ 4 \\ 7 \end{pmatrix} = \begin{pmatrix} 3\cdot 6 + 2\cdot 4 + 4\cdot 7 \\ 2\cdot 6 + 1\cdot 4 + 1\cdot 7 \end{pmatrix} = \begin{pmatrix} 54 \\ 23 \end{pmatrix} \in \mathbb{R}^{2\times 1}.$$

2. In **Beispiel 3.35** können die drei Gleichungen für die unbekannten Auflagerreaktionen folgendermaßen zusammengefasst werden:

$$\begin{pmatrix} 1 & 0 & 0 \\ 0 & 1 & 1 \\ 0 & 0 & l \end{pmatrix}\begin{pmatrix} A_h \\ A_v \\ B_v \end{pmatrix} = \begin{pmatrix} \sqrt{2}/2F_3 \\ F_1 + F_2 + \sqrt{2}/2F_3 \\ F_1a_1 + F_2a_2 + \sqrt{2}/2F_3a_3 \end{pmatrix}.$$

Definition 3.45

Sei A eine Matrix mit $A \in \mathbb{R}^{m\times k}$ und B eine Matrix mit $B \in \mathbb{R}^{k\times n}$, wobei die Vektoren $s^1, ..., s^n \in \mathbb{R}^{n\times 1}$ ihre Spaltenvektoren sind: $B = (s^1|s^2|...|s^n)$. *Die Spaltenzahl von A und die Zeilenzahl von B müssen übereinstimmen.*
Das **Produkt** dieser Matrizen ist die Matrix $C \in \mathbb{R}^{m\times n}$ mit der Spaltendarstellung $C = AB = (As^1|As^2|...|As^n)$.

Produkt von Matrizen

Beispiel 3.46

Das Produkt der Matrizen

$$A = \begin{pmatrix} 3 & 2 & 4 \\ 2 & 1 & 1 \end{pmatrix} \in \mathbb{R}^{2\times 3} \text{ und } B = \begin{pmatrix} 1 & 2 & -1 \\ -1 & 0 & 0 \\ 0 & 1 & 0 \end{pmatrix} \in \mathbb{R}^{3\times 3} \text{ kann gebildet werden,}$$

und es ist

$$C = AB = \begin{pmatrix} 3 & 2 & 4 \\ 2 & 1 & 1 \end{pmatrix} \begin{pmatrix} 1 & 2 & -1 \\ -1 & 0 & 0 \\ 0 & 1 & 0 \end{pmatrix} = \begin{pmatrix} 1 & 10 & -3 \\ 1 & 5 & -2 \end{pmatrix}.$$

Dabei sind die Spaltenvektoren von C jeweils das Resultat der Multiplikation von A mit den Spaltenvektoren von B:

$$\begin{pmatrix} 3 & 2 & 4 \\ 2 & 1 & 1 \end{pmatrix} \begin{pmatrix} 1 \\ -1 \\ 0 \end{pmatrix} = \begin{pmatrix} 1 \\ 1 \end{pmatrix}, \begin{pmatrix} 3 & 2 & 4 \\ 2 & 1 & 1 \end{pmatrix} \begin{pmatrix} 2 \\ 0 \\ 1 \end{pmatrix} = \begin{pmatrix} 10 \\ 5 \end{pmatrix}, \begin{pmatrix} 3 & 2 & 4 \\ 2 & 1 & 1 \end{pmatrix} \begin{pmatrix} -1 \\ 0 \\ 0 \end{pmatrix} = \begin{pmatrix} -3 \\ -2 \end{pmatrix}.$$

Mit $s^j = \begin{pmatrix} b_{1j} \\ \vdots \\ b_{ij} \\ \vdots \\ b_{mj} \end{pmatrix}$ ist nach **Definition 3.43** $As^j = \begin{pmatrix} \sum_{l=1}^k a_{1l}b_{lj} \\ \vdots \\ \sum_{l=1}^k a_{il}b_{lj} \\ \vdots \\ \sum_{l=1}^k a_{ml}b_{lj} \end{pmatrix}$

der j-te Spaltenvektor der Matrix C und daher

$$c_{ij} = \sum_{l=1}^{k} a_{il}b_{lj} \tag{3.3}$$

die Gleichung zur Berechnung des Elementes c_{ij} in der i-ten Zeile und j-ten Spalte der Matrix C. Es ist die Summe der Produkte der entsprechenden Elemente der i-ten Zeile von A und der j-ten Spalte von B.

Berechnung eines Elementes der Produktmatrix

Beispiel 3.47

Für $A = \begin{pmatrix} 2 & 0 \\ 1 & 3 \\ 0 & 1 \\ -2 & 0 \end{pmatrix} \in \mathbb{R}^{4\times 2}$ und $B = \begin{pmatrix} 1 & 2 \\ 3 & 6 \end{pmatrix} \in \mathbb{R}^{2\times 2}$ kann das Produkt $AB \in \mathbb{R}^{4\times 2}$ gebildet werden. Zur Berechnung des Elementes c_{32} werden die Elemente der dritten

Zeile von A und der zweiten Spalte von B benötigt:

$c_{32} = \begin{pmatrix} 0 & 1 \end{pmatrix} \begin{pmatrix} 2 \\ 6 \end{pmatrix} = 0 \cdot 2 + 1 \cdot 6 = 6.$

Eigenschaften der Matrix-Multiplikation

1. $(A+B)C = AC + BC$ für beliebige $A, B \in \mathbb{R}^{m\times k}$, $C \in \mathbb{R}^{k\times n}$. **Distributivgesetz**
2. $A(B+C) = AB + AC$ für beliebige $A \in \mathbb{R}^{m\times k}$, $B, C \in \mathbb{R}^{k\times n}$. **Distributivgesetz**
3. Ist $A \in \mathbb{R}^{m\times k}$ und $O \in \mathbb{R}^{k\times n}$ eine Nullmatrix mit k Zeilen, so ist das Produkt $AO \in \mathbb{R}^{m\times n}$ ebenfalls eine Nullmatrix. **Produkt mit Nullmatrix**

   Ist $O \in \mathbb{R}^{m\times k}$ eine Nullmatrix mit k Spalten und $A \in \mathbb{R}^{k\times n}$, so ist das Produkt $OA \in \mathbb{R}^{m\times n}$ ebenfalls eine Nullmatrix.
4. Im Allgemeinen ist $AB \neq BA$. **i. Allg. kein Kommutativgesetz**
5. Aus $AB = AC$ folgt im Allgemeinen *nicht* $B = C$. **i. Allg. keine Umkehrbarkeit**

Bemerkung 3.48

1. Eigenschaft 4. besagt, dass die Matrix-Multiplikation i. Allg. *nicht* kommutativ ist. Sei $A \in \mathbb{R}^{m\times k}$ und $B \in \mathbb{R}^{k\times n}$, sodass das Produkt $AB \in \mathbb{R}^{m\times n}$ gebildet werden kann. Das Produkt BA kann nur dann gebildet werden, wenn die Spaltenzahl von B gleich der Zeilenzahl von A ist, d. h., wenn $n = m$ gilt. In diesem Fall ist $AB \in \mathbb{R}^{m\times m}$ und $BA \in \mathbb{R}^{k\times k}$. Diese beiden Produkte sind höchstens dann gleich, wenn sie die gleiche Dimension haben, d. h., wenn $m = k$ gilt. Dennoch ist auch dann i. Allg. $AB \neq BA$, wie das folgende Beispiel zeigt.

   Für $A = \begin{pmatrix} 1 & 2 \\ 3 & 4 \end{pmatrix}$ und $B = \begin{pmatrix} 5 & 6 \\ 7 & 8 \end{pmatrix}$ ist $AB = \begin{pmatrix} 19 & 22 \\ 43 & 50 \end{pmatrix}$ und $BA = \begin{pmatrix} 23 & 34 \\ 31 & 46 \end{pmatrix}$.
2. Eigenschaft 5. bedeutet, dass die Matrix-Multiplikation nicht notwendig umkehrbar ist, d. h., dass eine Matrix-Gleichung $AX = D$ mit gegebenen Matrizen A und D nicht eindeutig lösbar sein muss. Im folgenden Beispiel ist $A \neq O$ und $B \neq C$.

   Für $A = \begin{pmatrix} 0 & 1 \\ 0 & 0 \end{pmatrix}$, $B = \begin{pmatrix} 0 & 0 \\ 1 & 0 \end{pmatrix}$ und $C = \begin{pmatrix} 1 & 0 \\ 1 & 0 \end{pmatrix}$ ist $AB = AC = \begin{pmatrix} 1 & 0 \\ 0 & 0 \end{pmatrix}$.

Definition 3.49

1. Eine Matrix $A \in \mathbb{R}^{n\times n}$ mit gleicher Zeilen- und Spaltenzahl heißt **quadratisch** (vergleiche **Definition 3.40**).
2. Die Elemente a_{ii} mit gleichem Zeilen- und Spaltenindex einer quadratischen Matrix A heißen **Hauptdiagonalelemente**.

3. Gilt $a_{ij} = 0$, $i \neq j$, für eine Matrix $A \in \mathbb{R}^{n\times n}$, so heißt diese Matrix **Diagonalmatrix**. Sie wird mit $A = \text{diag}\{a_{11}, a_{22}, ..., a_{nn}\}$ bezeichnet.

4. Die Matrix $E_n \in \mathbb{R}^{n\times n}$, $E_n = \text{diag}\{1, 1, ..., 1\}$, heißt **Einheitsmatrix der Dimension** n. Ihre Spaltenvektoren sind die kanonischen Vektoren $e^1, ..., e^n$ (siehe **Beispiel 3.31**).

Diagonalmatrix

Beispiel 3.50

1. Die Matrix $A = \text{diag}\{1, 7, 9\} = \begin{pmatrix} 1 & 0 & 0 \\ 0 & 7 & 0 \\ 0 & 0 & 9 \end{pmatrix}$ ist eine Diagonalmatrix.
2. $E_3 = \text{diag}\{1, 1, 1\} = \begin{pmatrix} 1 & 0 & 0 \\ 0 & 1 & 0 \\ 0 & 0 & 1 \end{pmatrix}$ ist die Einheitsmatrix der Dimension 3.

Eigenschaften der Einheitsmatrix

Invarianz Vektor-Multiplikation
1. Für alle Vektoren $x \in \mathbb{R}^{n\times 1}$ ist $E_n x = x$.

Invarianz Matrix-Multiplikation
2. Für alle Matrizen $A \in \mathbb{R}^{n\times r}$ ist $E_n A = A$.

Invarianz Matrix-Multiplikation
3. Für alle Matrizen $A \in \mathbb{R}^{s\times n}$ ist $A E_n = A$.

Diese Eigenschaften folgen unmittelbar aus der **Definition 3.45** der Matrix-Multiplikation.

Eigenschaften der transponierten Matrix

Satz 3.51
Transponierte eines Produktes

Seien $A \in \mathbb{R}^{m\times k}$ und $B \in \mathbb{R}^{k\times n}$ beliebige Matrizen. Dann gilt

$$(AB)^\top = B^\top A^\top. \tag{3.4}$$

Beweis: Zunächst wird die Existenz des Produktes auf der rechten Seite von Gleichung (3.4) nachgewiesen. Nach **Definition 3.38** ist $A^\top \in \mathbb{R}^{k\times m}$ und $B^\top \in \mathbb{R}^{n\times k}$. Daher kann $B^\top A^\top \in \mathbb{R}^{n\times m}$ gebildet werden. Andererseits ist $AB \in \mathbb{R}^{m\times n}$ und daher ihre Transponierte $(AB)^\top \in \mathbb{R}^{n\times m}$, sodass die Matrizen auf der linken und rechten Seite von Gleichung (3.4) dieselbe Dimension haben.

Auf der linken Seite von (3.4) ergibt sich zunächst mit der Gleichung (3.3) $(AB)_{ij} = \sum_{l=1}^{k} a_{il} b_{lj}$ und nach **Definition 3.38** der transponierten Matrix

$$(AB)^\top_{ij} = (AB)_{ji} = \sum_{l=1}^{k} a_{jl} b_{li}, \; i = 1, ..., n, \; j = 1, ..., m.$$

Auf der rechten Seite von (3.4) ergibt sich mit **Definition 3.38** $(B^\top)_{ij} = (B)_{ji} = b_{ji}$ und $(A^\top)_{ij} = (A)_{ji} = a_{ji}$ und mit Gleichung (3.3)

$$(B^\top A^\top)_{ij} = \sum_{l=1}^{k} (B^\top)_{il}(A^\top)_{lj} = \sum_{l=1}^{k} b_{li}a_{jl}, \; i = 1, ..., n, \; j = 1, ..., m. \qquad \blacksquare$$

Transponierte einer Summe

Für die Transponierte der Summe von Matrizen $A, B \in \mathbb{R}^{m\times n}$ gilt

$$(A + B)^\top = A^\top + B^\top.$$

Der Beweis folgt unmittelbar aus der **Definition 3.38** der transponierten Matrix und der **Definition 3.41** der Summe von Matrizen.

3.2.3 Der Rang einer Matrix

Definition 3.52

Sei $A \in \mathbb{R}^{m\times n}$ eine Matrix. Die maximale Zahl linear unabhängiger Spaltenvektoren heißt **Spaltenrang** von A. Die maximale Zahl linear unabhängiger Zeilenvektoren heißt **Zeilenrang** von A.

Beispiel 3.53 — **Zeilenrang und Spaltenrang**

In der Matrix $A = \begin{pmatrix} 1 & 0 & 1 & 0 \\ 2 & 0 & 0 & 0 \end{pmatrix}$ mit den Zeilenvektoren z^1, z^2 und den Spaltenvektoren s^1, s^2, s^3, s^4 sind die Zeilenvektoren z^1, z^2 linear unabhängig, wie durch Überprüfen der **Definition 3.13** festgestellt wird. Da es nicht mehr als zwei Zeilenvektoren gibt, ist der Zeilenrang gleich 2.

Die Spaltenvektoren s^1 und s^3 sind linear unabhängig. Fügt man diesem Vektorsystem noch s^2 oder s^4 hinzu, so entsteht nach **Satz 3.16** ein linear abhängiges Vektorsystem, da sowohl s^2 als auch s^4 ein Nullvektor ist. Der Spaltenrang ist somit auch gleich 2.

Bemerkung 3.54

1. Für die Matrix $A \in \mathbb{R}^{m\times n}$ ist offenbar der Zeilenrang kleiner oder gleich der Zeilenzahl m und der Spaltenrang kleiner oder gleich der Spaltenzahl n.
2. Ist A eine Nullmatrix, so ist sowohl ihr Zeilenrang als auch ihr Spaltenrang gleich null.
3. Ein vom Nullvektor verschiedener Vektor ist nach **Definition 3.13** linear unabhängig.

Beispiel 3.55 — **Zeilenrang und Spaltenrang von Diagonalmatrizen**

1. Die Einheitsmatrix E_n hat sowohl den Zeilen- als auch den Spaltenrang n, da ihre Zeilen-bzw. Spaltenvektoren die n (linear unabhängigen) kanonischen Vektoren sind.
2. Die Matrix mit der Blockgestalt $A = \left(\begin{array}{c|c} E_r & O \\ \hline O & O \end{array}\right)$ hat den Zeilen- und Spaltenrang r, da sie als Zeilen- bzw. Spaltenvektoren r (linear unabhängige) kanonische Vektoren hat und alle weiteren Zeilen- bzw. Spaltenvektoren (dazu linear abhängige) Nullvektoren sind.

3. Eine Diagonalmatrix $D = \text{diag}\{d_1, d_2, ..., d_m, 0, ..., 0\}$ mit Hauptdiagonalelementen $d_1, ..., d_m \neq 0$ hat den Zeilen- und Spaltenrang m, da die ersten m Zeilen- bzw. Spaltenvektoren nach **Definition 3.13** linear unabhängig sind und alle weiteren Zeilen- bzw. Spaltenvektoren (dazu linear anhängige) Nullvektoren sind.

Es soll ein Verfahren gefunden werden, das es gestattet, den Zeilenrang einer beliebigen Matrix zu ermitteln, ohne dass er sich durch die Umformungen ändert. Wenn durch solche Umformungen Blockgestalt wie in **Beispiel 3.55** gewonnen werden kann, so ist der Zeilenrang (gleich dem Spaltenrang) gleich der Anzahl der Nichtnullelemente mit gleichem Zeilen- und Spaltenindex.

Umformungen, die Zeilen-bzw. Spaltenrang einer Matrix nicht ändern, sind

1. Vertauschen von Zeilen bzw. Spalten,
2. Multiplikation einer Zeile bzw. Spalte mit einer von null verschiedenen reellen Zahl,
3. Addition des Vielfachen einer Zeile bzw. Spalte zu einer anderen Zeile bzw. Spalte.

Gauß-Algorithmus

Ein solches Verfahren ist der Gauß-Algorithmus. Mit den genannten Umformungen erzielt er stets die Gestalt $A = \left(\begin{array}{c|c} E_r & O \\ \hline O & O \end{array}\right)$ Der Algorithmus für eine Matrix $A \in \mathbb{R}^{m \times n}$ für $i = 1, ..., m$ lautet wie folgt:

1. Durch eventuelle Zeilen- bzw. Spaltenvertauschung wird $a_{ii} \neq 0$ erreicht. Anschließend wird die i-te Zeile mit dem Reziproken $1/a_{ii}$ multipliziert, sodass das Element in der i-ten Zeile und i-ten Spalte danach eine Eins ist. (Gibt es keine solche Vertauschung, dann ist der Rang der Matrix $r = i - 1$).
2. Damit in der i-ten Spalte unterhalb dieses Elementes Nullen entstehen, wird zur k-ten Zeile das $-a_{ki}$-fache der i-ten Zeile addiert, $k = i + 1, ..., m$.
3. Sind nach diesen Umformungen die Elemente $a_{ii} = 1$, $i = 1, ..., r$, und $a_{ii} = 0$, $i = r + 1, ..., m$, so können die in den ersten r Zeilen verbleibenden Nichtnullelemente analog zu Nullen umgeformt werden. Für die Zeilen $i = r, ..., 1$ wird jeweils zur k-ten Spalte das $-a_{ik}$-fache der i-ten Spalte addiert, $k = i + 1, ..., n$.

Daher ist Zeilen- und Spaltenrang einer Matrix *gleich*. Diese Zahl heißt **Rang der Matrix** $\text{rang}\, A = r$.

Johann Carl Friedrich Gauß (* 30. April 1777 in Braunschweig, † 23. Februar 1855 in Göttingen)

deutscher Mathematiker, Astronom, Geodät und Physiker, Professor in Göttingen und Direktor der Sternwarte

„Fürst der Mathematiker", überragende wissenschaftliche Leistungen, u. a. Fundamentalsatz der Algebra, Zahlentheorie, Begründung der nicht-eulidischen Geometrie, Quadraturformeln, Divergenzsatz, Normalverteilung, Methode der kleinsten Fehlerquadrate, Grundlagen der Differenzialgeometrie, Landvermessung, Erfinder des Heliotrops und Magnetometers, astronomische Berechnungen

hier: Eliminationsverfahren zur Lösung linearer Gleichungssysteme

Beispiel 3.56 **Rang einer Matrix**

Die Matrix $A = \begin{pmatrix} 1 & -1 & 1 \\ 2 & -4 & 3 \\ 0 & -2 & 3 \end{pmatrix}$ wird folgendermaßen auf Diagonalgestalt umgeformt:

$$\begin{pmatrix} 1 & -1 & 1 \\ 2 & -4 & 3 \\ 0 & -2 & 3 \end{pmatrix} \to \begin{pmatrix} 1 & -1 & 1 \\ 0 & -2 & 1 \\ 0 & -2 & 3 \end{pmatrix} \to \begin{pmatrix} 1 & -1 & 1 \\ 0 & 1 & -0.5 \\ 0 & -2 & 3 \end{pmatrix} \to \begin{pmatrix} 1 & -1 & 1 \\ 0 & 1 & -0.5 \\ 0 & 0 & 2 \end{pmatrix} \to$$

$$\begin{pmatrix} 1 & -1 & 1 \\ 0 & 1 & -0.5 \\ 0 & 0 & 1 \end{pmatrix} \to \begin{pmatrix} 1 & -1 & 0 \\ 0 & 1 & 0 \\ 0 & 0 & 1 \end{pmatrix} \to \begin{pmatrix} 1 & 0 & 0 \\ 0 & 1 & 0 \\ 0 & 0 & 1 \end{pmatrix}.$$

Die erhaltene Diagonalmatrix hat drei Nichtnullelemente. Daher ist $\operatorname{rang} A = 3$.

3.2.4 Die Inverse einer Matrix

Definition 3.57

Sei $A \in \mathbb{R}^{n \times n}$ eine *quadratische* Matrix. Die Matrix $B \in \mathbb{R}^{n \times n}$ heißt **die Inverse** von A, wenn gilt

$$AB = BA = E_n. \tag{3.5}$$

Existiert zur Matrix A eine Inverse B, so heißt A **invertierbar**. Man schreibt $B = A^{-1}$. Aus (3.5) ergibt sich damit für A^{-1} die Gleichung

$$AA^{-1} = A^{-1}A = E_n. \tag{3.6}$$

Der Rang der quadratischen Matrix A und ihre Invertierbarkeit stehen in folgendem Zusammenhang:

Satz 3.58

Eine quadratische Matrix $A \in \mathbb{R}^{n \times n}$ ist genau dann invertierbar, wenn sie maximalen Rang (d. h., $\operatorname{rang} A = n$) hat.

Beispiel 3.59 **Invertierbarkeit**

Die Matrix $A \in \mathbb{R}^{3 \times 3}$ aus **Beispiel 3.56** ist invertierbar, da ihr Rang gleich 3 ist.

Die Bestimmung der Inversen A^{-1} kann mithilfe von Determinanten erfolgen, die im nächsten Abschnitt behandelt werden.

3.3 Determinanten

Mithilfe von Determinanten quadratischer Matrizen lassen sich Kriterien für ihre Invertierbarkeit und damit die Lösbarkeit quadratischer linearer Gleichungssysteme aufstellen. Die Berechnung der Inversen quadratischer Matrizen kann ebenfalls mithilfe von Determinanten erfolgen. Mit Kenntnis der Inversen der Koeffizientenmatrix kann die Lösung eines quadratischen linearen Gleichungssystems direkt angegeben werden.

3.3.1 Definition, Eigenschaften

Sei $A = (a_{ij}) \in \mathbb{R}^{n\times n}$ eine quadratische Matrix.

Als **Adjunkte** $A_{ij} \in \mathbb{R}^{(n-1)\times(n-1)}$ wird diejenige Matrix bezeichnet, die durch Streichen der i-ten Zeile und j-ten Spalte der Matrix A entsteht:

$$A_{ij} = \begin{pmatrix} a_{11} & \dots & a_{1,j-1} & a_{1,j+1} & \dots & a_{1n} \\ \vdots & & \vdots & \vdots & & \vdots \\ a_{i-1,1} & \dots & a_{i-1,j-1} & a_{i-1,j+1} & \dots & a_{i-1,n} \\ a_{i+1,1} & \dots & a_{i+1,j-1} & a_{i+1,j+1} & \dots & a_{i+1,n} \\ \vdots & & \vdots & \vdots & & \vdots \\ a_{n1} & \dots & a_{n,j-1} & a_{n,j+1} & \dots & a_{nn} \end{pmatrix}. \tag{3.7}$$

Adjunkte

Beispiel 3.60

1. Für $A = \begin{pmatrix} a_{11} & a_{12} \\ a_{21} & a_{22} \end{pmatrix}$ ist $A_{11} = (a_{22})$, $A_{12} = (a_{21})$, $A_{21} = (a_{12})$, $A_{22} = (a_{11})$.

2. Für $A = \begin{pmatrix} a_{11} & a_{12} & a_{13} \\ a_{21} & a_{22} & a_{23} \\ a_{31} & a_{32} & a_{33} \end{pmatrix}$ ist z. B. $A_{12} = \begin{pmatrix} a_{21} & a_{23} \\ a_{31} & a_{33} \end{pmatrix}$.

Definition 3.61

Für eine reelle Matrix $A \in \mathbb{R}^{n\times n}$ wird ihre **Determinante** $\det A$ folgendermaßen definiert:

1. Für eine Matrix $A = (a) \in \mathbb{R}^{1\times 1}$ ist $\det A = |A| = a$.

2. Ist für jede Matrix aus $\mathbb{R}^{(n-1)\times(n-1)}$ $(n \geq 2)$ deren Determinante definiert, so ist für eine Matrix $A = (a_{ij}) \in \mathbb{R}^{n\times n}$

$$\begin{aligned} \det A = |A| &= a_{11}\det A_{11} - a_{12}\det A_{12} + \ldots + (-1)^{1+n} a_{1n} \det A_{1n} \\ &= \sum_{j=1}^{n} (-1)^{1+j} a_{1j} \det A_{1j}. \end{aligned} \tag{3.8}$$

Determinanten

Beispiel 3.62

1. Nach Gleichung (3.8) ist $\begin{vmatrix} 1 & 4 \\ 7 & 3 \end{vmatrix} = 1\cdot 3 - 4\cdot 7 = -25$.

   Allgemein: Für $A \in \mathbb{R}^{2\times 2}$ ist $\det A = \begin{vmatrix} a_{11} & a_{12} \\ a_{21} & a_{22} \end{vmatrix} = a_{11}a_{22} - a_{12}a_{21}$.

2. Nach Gleichung (3.8) ist $\begin{vmatrix} 1 & 4 & -1 \\ 7 & 3 & 0 \\ -2 & 1 & 2 \end{vmatrix} = 1 \cdot \begin{vmatrix} 3 & 0 \\ 1 & 2 \end{vmatrix} - 4 \cdot \begin{vmatrix} 7 & 0 \\ -2 & 2 \end{vmatrix} + (-1) \cdot \begin{vmatrix} 7 & 3 \\ -2 & 1 \end{vmatrix}$

$= 1 \cdot (3 \cdot 2 - 0 \cdot 1) - 4 \cdot (7 \cdot 2 - 0 \cdot (-2)) + (-1) \cdot (7 \cdot 1 - 3 \cdot (-2)) = -63.$

3. Nach Gleichung (3.8) ist $\begin{vmatrix} 2 & 0 & -1 & 0 \\ 0 & 3 & 0 & 2 \\ -2 & 0 & 4 & 3 \\ 0 & 1 & 0 & 1 \end{vmatrix} = 2 \cdot \begin{vmatrix} 3 & 0 & 2 \\ 0 & 4 & 3 \\ 1 & 0 & 1 \end{vmatrix} + (-1) \cdot \begin{vmatrix} 0 & 3 & 2 \\ -2 & 0 & 3 \\ 0 & 1 & 1 \end{vmatrix}$

$$= 2\left(3 \cdot \begin{vmatrix} 4 & 3 \\ 0 & 1 \end{vmatrix} + 2 \begin{vmatrix} 0 & 4 \\ 1 & 0 \end{vmatrix}\right) + (-1) \cdot (-3) \cdot \begin{vmatrix} -2 & 3 \\ 0 & 1 \end{vmatrix} + (-1) \cdot 2 \cdot \begin{vmatrix} -2 & 0 \\ 0 & 1 \end{vmatrix} = 8 - 6 + 4 = 6.$$

Satz 3.63

Entwicklungssatz von Laplace

Für beliebige, aber feste Nummern $k, l \in \{1, ..., n\}$ ist

$$\det A = \sum_{j=1}^{n} (-1)^{k+j} a_{kj} \det A_{kj}, \quad \det A = \sum_{i=1}^{n} (-1)^{i+l} a_{il} \det A_{il}, \qquad (3.9)$$

d. h., eine Determinante kann durch „Entwicklung nach der k-ten Zeile“ oder durch „Entwicklung nach der l-ten Spalte“ berechnet werden.

Beispiel 3.64

Berechnung von Determinanten mit dem Entwicklungssatz von Laplace

1. Wird folgende Determinante vierter Ordnung gemäß Gleichung (3.9) nach der *zweiten* Zeile (Zeile mit den meisten Nullen, $k = 2$) entwickelt, so sind im nächsten Schritt nur *zwei* Determinanten dritter Ordnung zu berechnen:

$$\begin{vmatrix} 1 & 2 & 3 & 4 \\ -1 & 0 & 0 & 1 \\ 3 & -1 & 4 & 0 \\ 4 & 3 & 2 & 1 \end{vmatrix} = -(-1) \cdot \begin{vmatrix} 2 & 3 & 4 \\ -1 & 4 & 0 \\ 3 & 2 & 1 \end{vmatrix} + 1 \cdot \begin{vmatrix} 1 & 2 & 3 \\ 3 & -1 & 4 \\ 4 & 3 & 2 \end{vmatrix}.$$

2. Wird folgende Determinante vierter Ordnung gemäß Gleichung (3.9) nach der *letzten* Zeile ($k = 4$) oder nach der letzten Spalte ($l = 4$), so ist nur *eine* Determinante dritter Ordnung zu berechnen. Wird diese wiederum nach der *letzten* Zeile (Spalte) entwickelt, so ist nur *eine* Determinante zweiter Ordnung zu berechnen usw. Im Resultat ergibt sich das Produkt der Hauptdiagonalelemente:

$$\begin{vmatrix} 1 & 2 & 3 & 4 \\ 0 & 5 & 6 & 7 \\ 0 & 0 & 8 & 9 \\ 0 & 0 & 0 & 10 \end{vmatrix} = 1 \cdot 5 \cdot 8 \cdot 10 = 400.$$

Pierre Simon Laplace (* 23. oder 28. März 1749 in Beaumont-en-Auge in der Normandie, † 5.März 1827 in Paris)

franz. Mathematiker und Astronom, Prof. für Mathematik an der Pariser Militärakademie

Arbeiten u. a. zu Wahrscheinlichkeitstheorie, Differenzialgleichungen, Theorie zur Entstehung des Sonnensystems, Akademiemitglied und maßgeblicher Regierungsberater

hier: Entwicklungssatz für Determinanten

3.3.2 Berechnung von Determinanten

Gelingt es, eine Matrix so umzuformen, dass sich ihre Determinante dadurch nicht verändert und dass durch diese Umformungen unterhalb (oder oberhalb) der Hauptdiagonalelemente jeweils Nullen entstehen, so ist die Determinante anschließend einfach zu berechnen, wie **Beispiel 3.64** zeigt. Die folgende Definition und der Satz bezieht sich auf solche umgeformten Matrizen.

Definition 3.65

Eine Matrix $A \in \mathbb{R}^{n \times n}$

mit Elementen $a_{ij} = 0,\ i < j$, heißt **untere Dreiecksmatrix** bzw.
mit Elementen $a_{ij} = 0,\ i > j$, heißt **obere Dreiecksmatrix**.

Dreiecksmatrizen

Beispiel 3.66

$L = \begin{pmatrix} 6 & 0 & 0 \\ 1 & 3 & 0 \\ 2 & 1 & 5 \end{pmatrix}$ ist untere Dreiecksmatrix. Ihre Transponierte $L^\top = \begin{pmatrix} 6 & 1 & 2 \\ 0 & 3 & 1 \\ 0 & 0 & 5 \end{pmatrix}$ ist obere Dreiecksmatrix.

Satz 3.67

Ist $A \in \mathbb{R}^{n \times n}$ eine obere oder eine untere Dreiecksmatrix, so ist ihre Determinante gleich dem Produkt ihrer Hauptdiagonalelemente:
$\det A = a_{11}a_{22}...a_{nn}$.

Eigenschaften von Determinanten

Die folgenden Eigenschaften von Determinanten werden bei der Umformung zur Dreiecksmatrix mithilfe des Gauß-Algorithmus (siehe **Abschnitt 3.2.3**) verwendet.

1. Bei der Addition des Vielfachen eines Zeilen(Spalten)vektors zu einem anderen Zeilen(Spalten)vektor verändert sich der Wert der Determinante *nicht*.
2. Werden zwei Zeilen(Spalten)vektoren vertauscht, so kehrt sich das Vorzeichen der Determinante um.
3. Wird ein Zeilen(Spalten)vektor mit einer reellen Zahl multipliziert, so vervielfacht sich die Determinante um diese Zahl.
4. Sind zwei Zeilen(Spalten)vektoren gleich oder linear abhängig, so ist die Determinante gleich null.
5. Ist ein Zeilen(Spalten)vektor der Nullvektor, so ist die Determinante gleich null.

Berechnung von Determinanten mit dem Gauß-Algorithmus

Beispiel 3.68

Die Determinante aus **Beispiel 3.64** lässt sich folgendermaßen umformen:

$$\begin{vmatrix} 1 & 2 & 3 & 4 \\ -1 & 0 & 0 & 1 \\ 3 & -1 & 4 & 0 \\ 4 & 3 & 2 & 1 \end{vmatrix} = \begin{vmatrix} 1 & 2 & 3 & 4 \\ 0 & 2 & 3 & 5 \\ 0 & -7 & -5 & -12 \\ 0 & -5 & -10 & -15 \end{vmatrix} = 2 \begin{vmatrix} 1 & 2 & 3 & 4 \\ 0 & 1 & 1.5 & 2.5 \\ 0 & -7 & -5 & -12 \\ 0 & -5 & -10 & -15 \end{vmatrix} =$$

$$= 2 \begin{vmatrix} 1 & 2 & 3 & 4 \\ 0 & 1 & 1.5 & 2.5 \\ 0 & 0 & 5.5 & 5.5 \\ 0 & 0 & -2.5 & -2.5 \end{vmatrix} = 2 \begin{vmatrix} 1 & 2 & 3 & 4 \\ 0 & 1 & 1.5 & 2.5 \\ 0 & 0 & 5.5 & 5.5 \\ 0 & 0 & 0 & 0 \end{vmatrix} = 2 \cdot 1 \cdot 1 \cdot 5.5 \cdot 0 = 0.$$

Satz 3.69

Für die Determinante der Transponierten einer Matrix $A \in \mathbb{R}^{n\times n}$ gilt $\det A^\top = \det A$.

Die Determinante des Produktes von Matrizen $A, B \in \mathbb{R}^{n\times n}$ ist $\det(AB) = \det A \ \det B$.

Beispiel 3.70

Determinante der Transponierten und des Produktes

Mit der unteren Dreiecksmatrix aus **Beispiel 3.66**

$$L = \begin{pmatrix} 6 & 0 & 0 \\ 1 & 3 & 0 \\ 2 & 1 & 5 \end{pmatrix} \text{ und } |L| = 90 \text{ ist } L^\top = \begin{pmatrix} 6 & 1 & 2 \\ 0 & 3 & 1 \\ 0 & 0 & 5 \end{pmatrix} \text{ sowie } A = LL^\top = \begin{pmatrix} 36 & 6 & 12 \\ 6 & 10 & 5 \\ 12 & 5 & 30 \end{pmatrix}$$

und daher mit **Satz 3.69** $|A| = |LL^\top| = |L||L^\top| = 8100$.

3.3.3 Berechnung der Inversen

Die Berechnung der Inversen einer Matrix $A \in \mathbb{R}^{n\times n}$ kann mithilfe von Determinanten erfolgen (siehe **Abschnitt 3.2.4**). Für ihre Existenz gilt zunächst folgender Satz.

Satz 3.71

Eine Matrix $A \in \mathbb{R}^{n\times n}$ ist genau dann invertierbar, wenn gilt $\det A \neq 0$.

Satz 3.72

Sei $A \in \mathbb{R}^{n\times n}$ invertierbar. Dann ist ihre Inverse A^{-1} die Matrix

$$\frac{1}{|A|}\begin{pmatrix} +|A_{11}| & -|A_{21}| & +|A_{31}| & \dots & (-1)^{1+n}|A_{n1}| \\ -|A_{12}| & +|A_{22}| & -|A_{32}| & \dots & (-1)^{2+n}|A_{n2}| \\ +|A_{13}| & -|A_{23}| & +|A_{33}| & \dots & (-1)^{3+n}|A_{n3}| \\ \vdots & \vdots & \vdots & & \vdots \\ (-1)^{n+1}|A_{1n}| & (-1)^{n+2}|A_{2n}| & (-1)^{n+3}|A_{3n}| & \dots & (-1)^{n+n}|A_{nn}| \end{pmatrix}, \quad (3.10)$$

d. h., für das Element von A^{-1} in der i-ten Zeile und j-ten Spalte ist

$$(A^{-1})_{ij} = \frac{1}{|A|}(-1)^{i+j}|A_{ji}|.$$

Hierbei ist $|A_{ji}|$ die Determinante der Adjunkten A_{ji} der Matrix A (siehe Gleichung (3.7)).

Beispiel 3.73

Berechnung der Inversen mit Determinanten

Für die Matrix $A = \begin{pmatrix} 1 & 2 & 3 \\ -1 & 3 & 1 \\ 2 & -1 & 1 \end{pmatrix}$ ist $|A| = \begin{vmatrix} 1 & 2 & 3 \\ 0 & 5 & 4 \\ 0 & -5 & -5 \end{vmatrix} = \begin{vmatrix} 1 & 2 & 3 \\ 0 & 5 & 4 \\ 0 & 0 & -1 \end{vmatrix} = -5.$

Die Matrix A ist daher invertierbar. Ihre Inverse berechnet sich nach Gleichung

(3.10) als

$$A^{-1} = \frac{1}{|A|}\begin{pmatrix} +\begin{vmatrix} 3 & 1 \\ -1 & 1 \end{vmatrix} & -\begin{vmatrix} 2 & 3 \\ -1 & 1 \end{vmatrix} & +\begin{vmatrix} 2 & 3 \\ 3 & 1 \end{vmatrix} \\ -\begin{vmatrix} -1 & 1 \\ 2 & 1 \end{vmatrix} & +\begin{vmatrix} 1 & 3 \\ 2 & 1 \end{vmatrix} & -\begin{vmatrix} 1 & 3 \\ -1 & 1 \end{vmatrix} \\ +\begin{vmatrix} -1 & 3 \\ 2 & -1 \end{vmatrix} & -\begin{vmatrix} 1 & 2 \\ 2 & -1 \end{vmatrix} & +\begin{vmatrix} 1 & 2 \\ -1 & 3 \end{vmatrix} \end{pmatrix} = \frac{1}{-5}\begin{pmatrix} 4 & -5 & -7 \\ 3 & -5 & -4 \\ -5 & 5 & 5 \end{pmatrix}.$$

Als „Probe" wird nach Gleichung (3.6) das Produkt der Matrizen A und A^{-1} berechnet, wobei sich als Resultat die Einheitsmatrix ergeben muss.

Determinante der Inversen

Aus Gleichung (3.6) ($A\,A^{-1} = E_n$) und **Satz 3.69** über die Determinante des Produktes von Matrizen ergibt sich mit $\det E_n = 1$

$$\det A^{-1} = \frac{1}{\det A},$$

d. h., die Determinanten einer Matrix und ihrer Inversen sind reziprok.

3.4 Lineare Gleichungssysteme

Die Suche nach Lösungen eines linearen Gleichungssystems beinhaltet die Frage nach deren Existenz, die Beschreibung der Lösungsmenge und eines Algorithmus zur Auffindung der Lösungen. Das Rangkriterium beantwortet die Frage nach der Existenz von Lösungen. Mit dem Gauß-Algorithmus kann das Rangkriterium geprüft und außerdem die Lösung(en) des linearen Gleichungssystems angegeben werden. Die Struktur der Lösungsmenge homogener und inhomogener Gleichungssysteme sowie ihr Zusammenhang wird erklärt. Die Regel von Cramer gibt die eindeutige Lösung quadratischer Gleichungssysteme mithilfe von Determinanten direkt an. Die Inverse einer quadratischen Matrix kann ebenfalls mit dem Gauß-Algorithmus berechnet werden.

3.4.1 Definition

Definition 3.74

Die Gesamtheit der m Gleichungen

$$\left\{\begin{array}{lllllll} a_{11}x_1 & + & a_{12}x_2 & + \ldots + & a_{1n}x_n & = & b_1 \\ a_{21}x_1 & + & a_{22}x_2 & + \ldots + & a_{2n}x_n & = & b_2 \\ \vdots & & & & & & \\ a_{m1}x_1 & + & a_{m2}x_2 & + \ldots + & a_{mn}x_n & = & b_m \end{array}\right\} \tag{3.11}$$

mit den gegebenen **Koeffizienten** $a_{ij} \in \mathbb{R}$, den gegebenen **rechten Seiten** $b_i \in \mathbb{R}$ und den **Unbekannten** $x_j \in \mathbb{R}$, $i=1,...,m$, $j=1,...,n$, heißt **lineares Gleichungssystem**.
Sind alle rechten Seiten $b_i = 0$, $i = 1,...,m$, so heißt das Gleichungssystem **homogen**, andernfalls **inhomogen**.

Das Gleichungssystem (3.11) kann kürzer notiert werden mithilfe der **Vektorschreibweise**

$$x_1 a^1 + x_2 a^2 + ... + x_n a^n = b \quad \text{mit} \quad a^j = \begin{pmatrix} a_{1j} \\ \vdots \\ a_{mj} \end{pmatrix}, \; b = \begin{pmatrix} b_1 \\ \vdots \\ b_m \end{pmatrix}$$

oder mithilfe der **Matrixschreibweise**

$$Ax = b \quad \text{mit} \quad A = (a_{ij}), \; x = \begin{pmatrix} x_1 \\ \vdots \\ x_n \end{pmatrix}, \; b = \begin{pmatrix} b_1 \\ \vdots \\ b_m \end{pmatrix}.$$

Beispiel 3.75 **Vektorschreibweise und Matrixschreibweise**

Das Gleichungssystem

$$\begin{aligned} -2x_1 &+ 3x_2 = -8 \\ 10x_1 &- 10x_2 = 30 \end{aligned}$$

lautet in Vektorschreibweise bzw. Matrixschreibweise

$$x_1 \begin{pmatrix} -2 \\ 10 \end{pmatrix} + x_2 \begin{pmatrix} 3 \\ -10 \end{pmatrix} = \begin{pmatrix} -8 \\ 30 \end{pmatrix} \quad \text{bzw.} \quad \begin{pmatrix} -2 & 3 \\ 10 & -10 \end{pmatrix} \begin{pmatrix} x_1 \\ x_2 \end{pmatrix} = \begin{pmatrix} -8 \\ 30 \end{pmatrix}.$$

3.4.2 Lösbarkeit linearer Gleichungssysteme

Definition 3.76

Ein Vektor x^k, der das Gleichungssystem (3.11) erfüllt, d. h., der Bedingung $Ax^k = b$ genügt, heißt **Lösung** dieses Gleichungssystems.

Bemerkung 3.77

1. Die Lösung eines Gleichungssystems (3.11) ist ein *Vektor des* $\mathbb{R}^n$, d. h., die *Gesamtheit* seiner n Komponenten.
2. Ein Gleichungssystem zu lösen bedeutet das Feststellen *aller seiner Lösungen (der Lösungsmenge)*.
3. Hat ein Gleichungssystem keine Lösungen, so ist seine Lösungsmenge *leer*.

Lösungsmenge

Für ein lineares Gleichungssystem (3.11) bestehen genau drei Möglichkeiten:

1. Es existiert eine eindeutige Lösung.
2. Es existieren unendlich viele Lösungen.
3. Es gibt keine Lösung.

Rangbestimmungen ermöglichen Aussagen über die Lösungsmenge des linearen Gleichungssystems (3.11). Die folgenden Sätze, die hier ohne Beweis angegeben sind, geben über die Lösungsmenge und ihre Beschaffenheit Auskunft.

Satz 3.78
Rangkriterium

Das Gleichungssystem $Ax = b$ ist genau dann lösbar (d. h., es hat genau eine oder unendlich viele Lösungen), wenn der Rang der **Koeffizientenmatrix** A mit dem Rang der **erweiterten Koeffizientenmatrix** $B = (A|b)$ übereinstimmt.

Lösbarkeit und Rangkriterium

Beispiel 3.79

1. Für das Gleichungssystem aus **Beispiel 3.75** ist
$$\operatorname{rang} A = \operatorname{rang}\begin{pmatrix} -2 & 3 \\ 10 & -10 \end{pmatrix} = 2 \quad \text{und} \quad \operatorname{rang}(A|b) = \operatorname{rang}\left(\begin{array}{cc|c} -2 & 3 & -8 \\ 10 & -10 & 30 \end{array}\right) = 2.$$
Dieses Gleichungssystem ist nach **Satz 3.78** *lösbar*.
2. Das Gleichungssystem
$$\begin{pmatrix} 2 & 3 & 4 \\ 1 & -5 & 2 \\ -3 & 1 & -6 \end{pmatrix}\begin{pmatrix} x_1 \\ x_2 \\ x_3 \end{pmatrix} = \begin{pmatrix} 20 \\ 10 \\ 50 \end{pmatrix}$$
ist *nicht lösbar*, denn es ist $\operatorname{rang} A = 2$, $\operatorname{rang}(A|b) = 3$.

Bemerkung 3.80

Die Rangbestimmung der Matrizen A und $(A|b)$ beim Feststellen der Lösbarkeit eines linearen Gleichungssystems kann in *einem* Schritt mit dem Gauß-Algorithmus durchgeführt werden (man untersucht nur $(A|b)$ und liest den Rang von A gleich mit ab).

Satz 3.81

Das *lösbare* Gleichungssystem $Ax = b$ hat *genau eine* Lösung, wenn der gemeinsame Rang der Matrizen A und $(A|b)$ mit der Anzahl der Unbekannten übereinstimmt.
Das *lösbare* Gleichungssystem $Ax = b$ hat *unendlich viele* Lösungen, wenn der gemeinsame Rang der Matrizen A und $(A|b)$ kleiner ist als die Anzahl der Unbekannten.

Lösbare Gleichungssysteme

Beispiel 3.82

1. In **Beispiel 3.79, 1.**, ist der gemeinsame Rang $r = \operatorname{rang} A = \operatorname{rang}(A|b) = 2$ und die Anzahl der Unbekannten im Gleichungssystem $n = 2$. Daher hat dieses Gleichungssystem *genau eine* Lösung.
2. Das Gleichungssystem
$$\begin{pmatrix} 2 & 1 & 3 & 4 \\ 1 & 2 & 1 & 1 \\ 3 & 1 & 2 & 1 \\ 1 & 1 & 1 & 1 \end{pmatrix}\begin{pmatrix} x_1 \\ x_2 \\ x_3 \\ x_4 \end{pmatrix} = \begin{pmatrix} 13 \\ 12 \\ 15 \\ 8 \end{pmatrix}$$
ist lösbar, denn es ist $r = \operatorname{rang} A = \operatorname{rang}(A|b) = 3$. Die Anzahl der Unbekannten im Gleichungssystem beträgt $n = 4$. Das Gleichungssystem hat daher *unendlich viele* Lösungen.

Die Zahl $f = n - r$ mit $r = \operatorname{rang} A = \operatorname{rang}(A|b)$ und n als Anzahl der Unbekannten heißt **Freiheitsgrad** des linearen Gleichungssystems.

In **Beispiel 3.82, 1.**, ist wegen $r = 2$ und $n = 2$ der Freiheitsgrad $f = 0$.

In **Beispiel 3.82, 2.**, ist wegen $r = 3$ und $n = 4$ der Freiheitsgrad $f = 1$.

3.4.3 Der Gauß-Algorithmus

Mit dem Gauß-Algorithmus kann die eigentliche Lösungsmenge eines linearen Gleichungssystems bestimmt werden. Er hat die Herstellung der Trapezform der Koeffizientenmatrix zum Ziel.

Trapezform einer Matrix

Eine Matrix $\tilde{A} \in \mathbb{R}^{m\times n}$ besitzt **Trapezform**, wenn sie folgende Blockgestalt hat:

$$\tilde{A} = \left(\begin{array}{cccc|ccc} 1 & * & \ldots & * & * & \ldots & * \\ 0 & 1 & \ldots & * & * & \ldots & * \\ & & \ddots & & & \vdots & \\ 0 & 0 & \ldots & 1 & * & \ldots & * \\ \hline & & O & & & O & \end{array}\right).$$

Die „*" bedeuten dabei irgendwelche reelle Zahlen. Der linke obere Block hat dabei die Dimension $r \times r$, wobei $r = \operatorname{rang} \tilde{A}$ ist. Demzufolge hat der rechte obere Block die Dimension $r \times (n - r)$.

Umformungen des linearen Gleichungssystems

Mithilfe von folgenden Umformungen, die die Lösungsmenge des linearen Gleichungssystems nicht verändern, soll die Trapezform der Koeffizientenmatrix des linearen Gleichungssystems erzeugt werden.

1. Vertauschen der Reihenfolge der Gleichungen (Zeilen in $(A|b)$),
2. Multiplikation einer Gleichung (Zeile in $(A|b)$) mit einer reellen Zahl *verschieden von null*,
3. Addition einer Gleichung (Zeile in $(A|b)$) zu einer anderen Gleichung (Zeile in $(A|b)$),
4. Vertauschen der Reihenfolge der Unbekannten (entspricht dem Vertauschen von Spalten in der Koeffizientenmatrix).

Das lineare Gleichungssystem $Ax = b$, $A \in \mathbb{R}^{m\times n}$, $x \in \mathbb{R}^n$, $b \in \mathbb{R}^m$, gewinnt nach diesen immer möglichen Umformungen die Gestalt (vergl. **Abschnitt 3.2.3**)

$$\left(\begin{array}{cccc|ccc} 1 & * & \ldots & * & * & \ldots & * \\ 0 & 1 & \ldots & * & * & \ldots & * \\ & & \ddots & & & \vdots & \\ 0 & 0 & \ldots & 1 & * & \ldots & * \\ \hline 0 & 0 & \ldots & 0 & 0 & \ldots & 0 \\ \vdots & & & & & & \\ 0 & 0 & \ldots & 0 & 0 & \ldots & 0 \end{array}\right) \left(\begin{array}{c} x_1 \\ x_2 \\ \vdots \\ x_r \\ \hline x_{r+1} \\ \vdots \\ x_n \end{array}\right) = \left(\begin{array}{c} \tilde{b}_1 \\ \tilde{b}_2 \\ \vdots \\ \tilde{b}_r \\ \hline \tilde{b}_{r+1} \\ \vdots \\ \tilde{b}_m \end{array}\right). \quad (3.12)$$

Erweist sich eine der Zahlen $\tilde{b}_{r+1},...,\tilde{b}_m$ *verschieden* von null, so ist offenbar $r = \operatorname{rang}\tilde{A} \neq \operatorname{rang}(\tilde{A}|\tilde{b}) = r+1$, und das Gleichungssystem ist nicht lösbar. Andernfalls können die $n-r$ Unbekannten $x_{r+1},...,x_n$ beliebig reell gewählt werden (freie Parameter). Werden die mit ihnen behafteten Terme dann auf die rechte Seite des Gleichungssystems (3.12) gebracht, so hat das verbleibende Gleichungssystem von r Gleichungen und r Unbekannten eine Koeffizientenmatrix des Ranges r, ist also *eindeutig* lösbar.

Lösung linearer Gleichungssysteme mit dem Gauß-Algorithmus

Beispiel 3.83

1. Das Gleichungssystem

$$\begin{pmatrix} 1 & 2 & -1 \\ 2 & 3 & 4 \\ -1 & 1 & 0 \end{pmatrix}\begin{pmatrix} x_1 \\ x_2 \\ x_3 \end{pmatrix} = \begin{pmatrix} 0 \\ 1 \\ 2 \end{pmatrix}$$

Eindeutige Lösbarkeit

soll gelöst werden. Die oben beschriebenen Umformungen führen zur Trapezform der Koeffizientenmatrix, wobei die rechten Seiten mit umgeformt werden:

$$\left(\begin{array}{ccc|c} 1 & 2 & -1 & 0 \\ 2 & 3 & 4 & 1 \\ -1 & 1 & 0 & 2 \end{array}\right) \to \left(\begin{array}{ccc|c} 1 & 2 & -1 & 0 \\ 0 & -1 & 6 & 1 \\ 0 & 3 & -1 & 2 \end{array}\right) \to \left(\begin{array}{ccc|c} 1 & 2 & -1 & 0 \\ 0 & 1 & -6 & -1 \\ 0 & 3 & -1 & 2 \end{array}\right) \to$$

$$\left(\begin{array}{ccc|c} 1 & 2 & -1 & 0 \\ 0 & 1 & -6 & -1 \\ 0 & 0 & 17 & 5 \end{array}\right) \to \left(\begin{array}{ccc|c} 1 & 2 & -1 & 0 \\ 0 & 1 & -6 & -1 \\ 0 & 0 & 1 & 5/17 \end{array}\right).$$

Das Gleichungssystem ist eindeutig lösbar ($r = n = 3$), und die Lösungen werden, beginnend mit der letzten Gleichung im umgeformten Gleichungssystem, ermittelt als

$$\begin{aligned} x_3 &= \frac{5}{17}, \\ x_2 &= -1 + 6x_3 = -1 + 6\frac{5}{17} = \frac{13}{17}, \\ x_1 &= x_3 - 2x_2 = \frac{5}{17} - 2\frac{13}{17} = -\frac{21}{17}. \end{aligned}$$

Unendlich viele Lösungen Ein Freiheitsgrad

2. Für ein lineares Gleichungssystem $Ax = b$ haben die oben beschriebenen Umformungen zunächst ergeben:

$$(\tilde{A}|\tilde{b}) = \left(\begin{array}{cccc|c} 1 & 2 & 0 & 0 & -4 \\ 0 & 0 & 1 & 0 & 1 \\ 0 & 0 & 0 & 1 & 3 \end{array}\right).$$

Die Trapezgestalt ergibt sich nach *Vertauschen der zweiten mit der dritten und der dritten mit der vierten Spalte*, sodass die Reihenfolge der Variablen jetzt x_1, x_3, x_4, x_2 lautet:

$$\left(\begin{array}{cccc|c} 1 & 0 & 0 & 2 & -4 \\ 0 & 1 & 0 & 0 & 1 \\ 0 & 0 & 1 & 0 & 3 \end{array}\right).$$

Abzulesen ist $r = 3$ und $n = 4$, d. h., das Gleichungssystem hat den Freiheitsgrad $f = n - r = 1$. Wird der freie Parameter $x_2 = t \in \mathbb{R}$ gewählt, so ergibt sich wieder, beginnend mit der letzten Gleichung im umgeformten Gleichungssystem,

$$\begin{aligned} x_2 &= t, \\ x_4 &= 3, \\ x_3 &= 1, \\ x_1 &= -4 - 2x_2 = -4 - 2t, \end{aligned} \qquad \text{oder} \qquad x = \begin{pmatrix} x_1 \\ x_2 \\ x_3 \\ x_4 \end{pmatrix} = \begin{pmatrix} -4 \\ 0 \\ 1 \\ 3 \end{pmatrix} + t\begin{pmatrix} -2 \\ 1 \\ 0 \\ 0 \end{pmatrix}.$$

3. Das zum obigen Beispiel gehörende *homogene Gleichungssystem* lautet in Trapezgestalt

Zugehöriges homogenes Gleichungssystem

$$\left(\begin{array}{cccc|c} 1 & 0 & 0 & 2 & 0 \\ 0 & 1 & 0 & 0 & 0 \\ 0 & 0 & 1 & 0 & 0 \end{array}\right) \quad \text{und hat die Lösung} \quad x = \begin{pmatrix} x_1 \\ x_2 \\ x_3 \\ x_4 \end{pmatrix} = t \begin{pmatrix} -2 \\ 1 \\ 0 \\ 0 \end{pmatrix}, \ t \in \mathbb{R}.$$

4. Zwei Gleichungssysteme mit derselben Koeffizientenmatrix können gleichzeitig umgeformt werden, indem beide rechte Seiten gleichzeitig umgeformt werden. Seien $\tilde{b^1}$ und $\tilde{b^2}$ die umgeformten rechten Seiten solcher Gleichungssysteme $Ax = b^1$ und $Ax = b^2$ mit

Gleichungssysteme mit derselben Koeffizientenmatrix

$$(\tilde{A}|\tilde{b^1}|\tilde{b^2}) = \left(\begin{array}{cccccc|c|c} 1 & 0 & 3 & 0 & 7 & 2 & 1 & 1 \\ 0 & 1 & 2 & 1 & 5 & 7 & 1 & 1 \\ 0 & 0 & 1 & 2 & -1 & 0 & 3 & 3 \\ 0 & 0 & 0 & 0 & 0 & 0 & 0 & 4 \end{array}\right).$$

Das erste der beiden Gleichungssysteme ist lösbar mit $r = 3$ und $n = 6$. Mit den $f = n - r = 3$ Parametern $x_6 = u$, $x_5 = v$, $x_4 = w$, $u, v, w \in \mathbb{R}$, ergibt sich

$$x = \begin{pmatrix} x_1 \\ x_2 \\ x_3 \\ x_4 \\ x_5 \\ x_6 \end{pmatrix} = \begin{pmatrix} -8 \\ -5 \\ 3 \\ 0 \\ 0 \\ 0 \end{pmatrix} + u \begin{pmatrix} -2 \\ -7 \\ 0 \\ 0 \\ 0 \\ 1 \end{pmatrix} + v \begin{pmatrix} -10 \\ -7 \\ 1 \\ 0 \\ 1 \\ 0 \end{pmatrix} + w \begin{pmatrix} 6 \\ 3 \\ -2 \\ 1 \\ 0 \\ 0 \end{pmatrix}.$$

Die an die Parameter geknüpften Vektoren sind offenbar linear unabhängig.

Das zweite Gleichungssystem ist *nicht* lösbar, da in der vierten Gleichung die linke Seite gleich null und die rechte Seite verschieden von null (gleich 4) ist. Das ist ein Widerspruch. (Es ist $\operatorname{rang} \tilde{A} = 3$, $\operatorname{rang}(\tilde{A}|\tilde{b^2}) = 4$.)

5. Für welche reellen Zahlen λ ist das folgende Gleichungssystem lösbar?

Gleichungssystem mit Parameter

$$\begin{aligned} x_1 - 2x_2 + x_3 + x_4 &= 1 \\ x_1 - 2x_2 + x_3 - x_4 &= -1 \\ x_1 - 2x_2 + x_3 + 2x_4 &= \lambda \end{aligned}$$

Die Umformungen zur Trapezgestalt der Koeffizientenmatrix führen zu

$$\left(\begin{array}{cccc|c} 1 & -2 & 1 & 1 & 1 \\ 1 & -2 & 1 & -1 & -1 \\ 1 & -2 & 1 & 2 & \lambda \end{array}\right) \to \left(\begin{array}{cccc|c} 1 & -2 & 1 & 1 & 1 \\ 0 & 0 & 0 & -2 & -2 \\ 0 & 0 & 0 & 1 & \lambda - 1 \end{array}\right) \to \left(\begin{array}{cccc|c} 1 & -2 & 1 & 1 & 1 \\ 0 & 0 & 0 & 1 & 1 \\ 0 & 0 & 0 & 0 & \lambda - 2 \end{array}\right).$$

Für $\lambda = 2$ ist das lineare Gleichungssystem lösbar, für $\lambda \neq 2$ ist es *nicht* lösbar.

Beispiel 3.84

Aufstellen eines linearen Gleichungssystems

Jede Seite eines Skriptes in „Mathematik", „Programmieren" und „Numerische Methoden" für Bauingenieure muss erdacht, geschrieben und kontrolliert werden. Pro Seite des Skriptes in „Mathematik" werden für das Erdenken 1 Stunde, das Schreiben 1.5 Stunden und das Kontrollieren 0.25 Stunden benötigt, pro Seite des Skriptes in „Programmieren" für das Erdenken 1.5 Stunden, das Schreiben 2.5 Stunden und das Kontrollieren 0.75 Stunden und pro Seite des Skriptes in „Numerische Methoden" für das Erdenken 2 Stunden, das Schreiben 2 Stunden und das Kontrollieren 0.5 Stunden. Es wurden insgesamt 590 Stunden gedacht, 790 Stunden geschrieben und 185 Stunden kontrolliert. Wie viel Seiten haben die Skripte?

Die gesuchten Seitenzahlen für die Skripte in „Mathematik", „Programmieren" und „Numerische Methoden" seien entsprechend mit a, b und c bezeichnet. Wird für eine Seite des Skriptes in „Mathematik" 1 Stunde gedacht, so wird für a Seiten des Skriptes a-mal so viel, also a Stunden, gedacht. Für b Seiten des Skriptes in „Programmieren" werden entsprechend $1.5b$ Stunden und für c Seiten des Skriptes in „Numerische Methoden" $2c$ Stunden gedacht. Zusammen werden somit $a+1.5b+2c$ Stunden gedacht, laut Aufgabenstellung sind das 590 Stunden. Daraus ergibt sich die Gleichung

$$a \quad + \quad 1.5b \quad + \quad 2c \quad = \quad 590.$$

Entsprechende Überlegungen für das Schreiben und Kontrollieren führen zu den Gleichungen

$$\begin{array}{rcrcrcl} 1.5a & + & 2.5b & + & 2c & = & 790, \\ 0.25a & + & 0.75b & + & 0.5c & = & 185. \end{array}$$

Diese drei Gleichungen bilden zusammen ein lineares Gleichungssystem bezüglich der gesuchten Seitenzahlen a, b und c. Seine Matrixschreibweise lautet

$$\begin{pmatrix} 1 & 1.5 & 2 \\ 1.5 & 2.5 & 2 \\ 0.25 & 0.75 & 0.5 \end{pmatrix} \begin{pmatrix} a \\ b \\ c \end{pmatrix} = \begin{pmatrix} 590 \\ 790 \\ 185 \end{pmatrix}.$$

Es kann mit dem Gauß-Algorithmus gelöst werden. Mit den schrittweisen Umformungen

$$\left(\begin{array}{rrr|r} 1 & 1.5 & 2 & 590 \\ 1.5 & 2.5 & 2 & 790 \\ 0.25 & 0.75 & 0.5 & 185 \end{array}\right) \rightarrow \left(\begin{array}{rrr|r} 1 & 1.5 & 2 & 590 \\ 0 & 0.25 & -1 & -95 \\ 0 & 0.375 & 0 & 37.5 \end{array}\right) \rightarrow \left(\begin{array}{rrr|r} 1 & 1.5 & 2 & 590 \\ 0 & 1 & 0 & 100 \\ 0 & 0 & 1 & 120 \end{array}\right)$$

folgt der Rang 3 sowohl für die Koeffizientenmatrix als auch für die erweiterte Koeffizientenmatrix. Da die Anzahl der Unbekannten ebenfalls 3 beträgt, ist das Gleichungssystem eindeutig lösbar. Aus der letzten Zeile ergibt sich unmittelbar $c = 120$ und aus der zweiten $b = 100$. Nach Einsetzen von b und c in die erste Zeile $a + 1.5b + 2c = 590$ und Umstellen nach a folgt $a = 200$.

Das Skript in „Mathematik" hat 200 Seiten, das Skript in „Programmieren" 100 Seiten und das Skript in „Numerische Methoden" 120 Seiten.

Eigenschaften homogener Gleichungssysteme

1. Homogene lineare Gleichungssysteme $Ax = O$, $A \in \mathbb{R}^{m\times n}$, $x \in \mathbb{R}^n$, $O \in \mathbb{R}^m$ sind immer lösbar. Offenbar ist der Nullvektor Lösung.
2. Ist n die Anzahl der Unbekannten und r der Rang der Koeffizientenmatrix, so gibt es genau $n - r$ linear unabhängige Lösungsvektoren (siehe **Abschnitt 3.1.3**). Sie heißen **Fundamentalsystem**.
3. Jeder weitere Lösungsvektor ist Linearkombination der Lösungsvektoren des Fundamentalsystems.
4. Die Menge aller Lösungsvektoren bildet einen linearen Unterraum des $\mathbb{R}^n$ (siehe **Abschnitt 3.1.4**). Basis ist jedes Fundamentalsystem, und seine Dimension ist demzufolge $n - r$.
5. Ist insbesondere die Anzahl der Unbekannten n gleich dem Rang r der Koeffizientenmatrix, so ist das homogene lineare Gleichungssystem eindeutig lösbar, d. h., es hat nur die triviale Lösung $x = O$.
6. Ein homogenes lineares Gleichungssystem mit quadratischer Koeffizientenmatrix $A \in \mathbb{R}^{n\times n}$ hat genau dann nur die triviale Lösung, wenn $\det A \neq 0$ ist (siehe **Abschnitt 3.3.1**). Andernfalls hätte A linear abhängige Spaltenvektoren, und damit wäre $r = \operatorname{rang} A < n$.

Eigenschaften inhomogener Gleichungssysteme

1. Ist $Ax = b$, $A \in \mathbb{R}^{m \times n}$, $x \in \mathbb{R}^n$, $b \in \mathbb{R}^m$ ein inhomogenes lineares Gleichungssystem und $Ax = O$ das zugehörige homogene Gleichungssystem, so ergibt sich jede Lösung des inhomogenen Gleichungssystems aus der Summe *einer speziellen* Lösung des inhomogenen Systems und einer *beliebigen* Linearkombination von Lösungsvektoren des Fundamentalsystems.

2. Der folgende Satz führt die *eindeutige* Lösbarkeit eines linearen Gleichungssystems zurück auf die Lösungsmenge des homogenen Gleichungssystems mit transponierter Koeffizientenmatrix:

Satz 3.85

Fredholm-Alternative

Entweder das lineare Gleichungssystem $Ax = b$ hat für beliebige $b \in \mathbb{R}^m$ eine *eindeutige* Lösung oder das homogene Gleichungssystem $A^\top y = O$ hat mindestens eine nichttriviale (d. h., vom Nullvektor verschiedene) Lösung.

Beispiel 3.86

Eindeutige Lösbarkeit

Hat das lineare Gleichungssystem

$$\begin{pmatrix} 1 & 3 \\ 2 & 6 \\ 4 & 12 \end{pmatrix} \begin{pmatrix} x_1 \\ x_2 \end{pmatrix} = \begin{pmatrix} b_1 \\ b_2 \\ b_3 \end{pmatrix}.$$

eine eindeutige Lösung?

Das homogene lineare Gleichungssystem mit transponierter Koeffizientenmatrix lautet

$$\begin{pmatrix} 1 & 2 & 4 \\ 3 & 6 & 12 \end{pmatrix} \begin{pmatrix} y_1 \\ y_2 \\ y_3 \end{pmatrix} = \begin{pmatrix} 0 \\ 0 \end{pmatrix} \text{ und hat die Lösungen } y = r \begin{pmatrix} -4 \\ 0 \\ 1 \end{pmatrix} + s \begin{pmatrix} -2 \\ 1 \\ 0 \end{pmatrix},$$

wobei $r, s \in \mathbb{R}$ beliebige Parameter sind. Es hat also mindestens eine nichttriviale Lösung (z. B. sind die beiden Vektoren des Fundamentalsystems Lösungen). Daher hat das gegebene Gleichungssystem keine *eindeutige* Lösung (das bedeutet entweder gar keine Lösung oder unendlich viele Lösungen).

Bemerkung: Die Umformung des Gleichungssystems nach dem Gauß-Algorithmus ergibt

$$\begin{pmatrix} 1 & 3 \\ 0 & 0 \\ 0 & 0 \end{pmatrix} \begin{pmatrix} x_1 \\ x_2 \end{pmatrix} = \begin{pmatrix} b_1 \\ b_2 - 2b_1 \\ b_3 - 4b_1 \end{pmatrix}.$$

Es ist genau dann lösbar, wenn für die Komponenten des Vektors der rechten Seite $b_2 = 2b_1$ und $b_3 = 4b_1$ gilt, d. h., wenn $b = b_1(1, 2, 4)^\top$ mit beliebigem $b_1 \in \mathbb{R}$ vorgegeben ist. In diesem Fall ergeben sich mit beliebigem $t \in \mathbb{R}$ die unendlich vielen Lösungen

$$x = \begin{pmatrix} b_1 \\ 0 \end{pmatrix} + t \begin{pmatrix} -3 \\ 1 \end{pmatrix}.$$

Andernfalls ist das lineare Gleichungssystem nicht lösbar.

Erik Ivar Fredholm (* 7. April 1866 in Stockholm, † 17. August 1927 in Mörby bei Stockholm)

schwedischer Mathematiker, Professor für Mathematik an der Universität Stockholm, Mitglied des Internationalen Komitees für Maße und Gewichte

Partielle Differenzialgleichungen in der Elastizitätstheorie, Begründer der modernen Theorie der Integralgleichungen und Spektraltheorie

hier: Fredholm-Alternative

3.4.4 Die Regel von Cramer

Betrachtet werden Gleichungssysteme mit *quadratischen* Koeffizientenmatrizen der Dimension $n \times n$. Diese sind nach **Satz 3.81** genau dann eindeutig lösbar, wenn der gemeinsame Rang von Koeffizientenmatrix und erweiterter Koeffizientenmatrix gleich n ist. Das ist genau dann der Fall, wenn der Rang der Koeffizientenmatrix gleich n ist, d. h., wenn sie invertierbar ist (siehe **Satz 3.58**) bzw. ihre Determinante verschieden von null ist (siehe **Satz 3.71**).

Satz 3.87
Regel von Cramer

Sei $A \in \mathbb{R}^{n\times n}$ eine Matrix mit $\det A \neq 0$ und $b \in \mathbb{R}^n$ ein Vektor. Dann hat das lineare Gleichungssystem $Ax = b$ die *eindeutig* bestimmte Lösung $x = (x_1, ..., x_n)^\top$ mit

$$x_i = \frac{\det C_i}{\det A},\ i = 1, ..., n.$$

Dabei ist C_i die Matrix, die sich ergibt, wenn der i-te Spaltenvektor von A durch b ersetzt wird.

Regel von Cramer

Beispiel 3.88

Gesucht ist die Lösung des quadratischen Gleichungssystems

$$\begin{array}{rcrcrcr} x_1 & + & 2x_2 & + & 3x_3 & = & 1 \\ -x_1 & + & 3x_2 & - & x_3 & = & 0 \\ 2x_1 & - & x_2 & + & x_3 & = & -1 \end{array}$$

Es ist

$$A = \begin{vmatrix} 1 & 2 & 3 \\ -1 & 3 & -1 \\ 2 & -1 & 1 \end{vmatrix},\ C_1 = \begin{vmatrix} 1 & 2 & 3 \\ 0 & 3 & -1 \\ -1 & -1 & 1 \end{vmatrix},\ C_2 = \begin{vmatrix} 1 & 1 & 3 \\ -1 & 0 & -1 \\ 2 & -1 & 1 \end{vmatrix},\ C_3 = \begin{vmatrix} 1 & 2 & 1 \\ -1 & 3 & 0 \\ 2 & -1 & -1 \end{vmatrix},$$

$$|A| = -15, \qquad |C_1| = 13, \qquad |C_2| = 1, \qquad |C_3| = -10$$

und nach **Satz 3.87**

$$x_1 = -\frac{13}{15},\ x_2 = -\frac{1}{15},\ x_3 = \frac{10}{15}.$$

Gabriel Cramer (*31. Juli 1704 in Genf, † 4. Januar 1752 in Bagnols-sur Cèze, Frankreich)

schweizerischer Mathematiker, Professor für Mathematik an der Universität Genf

Erkenntnisse über algebraische Kurven, Schriften zur Geschichte der Mathematik und Rechts- und Staatsphilosophie, Beteiligung an Militär- und Rüstungsprojekten der Regierung, Berater bei Kircheninstandsetzungen

hier: Regel von Cramer zur Lösung linearer Gleichungssysteme

3.4.5 Berechnung der Inversen

Sei $A \in \mathbb{R}^{n\times n}$ wieder eine Matrix mit $\det A \neq 0$, sodass ihre Inverse $X = A^{-1}$ existiert. Gesucht ist diese Inverse.

Die Spaltenvektoren der gesuchten Inversen X seien mit $x^1, ..., x^n$ bezeichnet. X muss Gleichung (3.6) erfüllen, d. h., es muss

$$AX = A\left(x^1 \mid x^2 \mid ... \mid x^n\right) = \left(e^1 \mid e^2 \mid ... \mid e^n\right) = E_n$$

sein, wobei $e^1, ..., e^n$ die kanonischen Vektoren sind. Das bedeutet, dass n Gleichungssysteme mit derselben Koeffizientenmatrix A und den rechten Seiten $e^1, ..., e^n$ zu lösen sind. Wird dabei mit den zulässigen

Umformungen (siehe **Abschnitt 3.4.3**) die Koeffizientenmatrix nicht nur zur Trapezform (in diesem Fall zur oberen Dreiecksmatrix), sondern bis zur Einheitsmatrix umgeformt, so können die Lösungen als Spalten auf den rechten Seiten direkt abgelesen werden, sodass sich unmittelbar die Inverse ergibt.

Beispiel 3.89

Berechnung der Inversen mit dem Gauß-Algorithmus

Gesucht ist die Inverse der Matrix $A = \begin{pmatrix} 1 & 2 & 0 \\ 2 & 1 & 3 \\ 1 & 3 & 1 \end{pmatrix}$.

Die oben beschriebenen Umformungen zur Einheitsmatrix mithilfe des Gauß-Algorithmus ergeben

$$\left(\begin{array}{ccc|ccc} 1 & 2 & 0 & 1 & 0 & 0 \\ 2 & 1 & 3 & 0 & 1 & 0 \\ 1 & 3 & 1 & 0 & 0 & 1 \end{array}\right) \rightarrow \left(\begin{array}{ccc|ccc} 1 & 2 & 0 & 1 & 0 & 0 \\ 0 & -3 & 3 & -2 & 1 & 0 \\ 0 & 1 & 1 & -1 & 0 & 1 \end{array}\right) \rightarrow$$

$$\left(\begin{array}{ccc|ccc} 1 & 2 & 0 & 1 & 0 & 0 \\ 0 & 1 & -1 & 2/3 & -1/3 & 0 \\ 0 & 0 & 2 & -5/3 & 1/3 & 1 \end{array}\right) \rightarrow \left(\begin{array}{ccc|ccc} 1 & 2 & 0 & 1 & 0 & 0 \\ 0 & 1 & -1 & 2/3 & -1/3 & 0 \\ 0 & 0 & 1 & -5/6 & 1/6 & 1/2 \end{array}\right) \rightarrow$$

$$\left(\begin{array}{ccc|ccc} 1 & 2 & 0 & 1 & 0 & 0 \\ 0 & 1 & 0 & -1/6 & -1/6 & 1/2 \\ 0 & 0 & 1 & -5/6 & 1/6 & 1/2 \end{array}\right) \rightarrow \left(\begin{array}{ccc|ccc} 1 & 0 & 0 & 4/3 & 1/3 & -1 \\ 0 & 1 & 0 & -1/6 & -1/6 & 1/2 \\ 0 & 0 & 1 & -5/6 & 1/6 & 1/2 \end{array}\right).$$

Die Inverse von A ist daher $A^{-1} = \begin{pmatrix} 4/3 & 1/3 & -1 \\ -1/6 & -1/6 & 1/2 \\ -5/6 & 1/6 & 1/2 \end{pmatrix}$.

Zusammenhang zwischen der Inversen und der Lösung linearer Gleichungssysteme

Sei $Ax = b$, $A \in \mathbb{R}^{n \times n}$, $x, b \in \mathbb{R}^n$ ein lineares Gleichungssystem mit *quadratischer* Koeffizientenmatrix und $\det A \neq 0$. Wird von links mit der Inversen A^{-1} multipliziert, so folgt

$$A^{-1}Ax = A^{-1}b$$

und wegen $A^{-1}A = E_n$ und $E_n x = x$

$$x = A^{-1}b.$$

Das Lösen quadratischer linearer Gleichungssysteme ist daher gleichbedeutend mit der Multiplikation der Inversen der Koeffizientenmatrix (falls diese existiert) mit dem Vektor der rechten Seite.

3.5 Eigenwerte und Eigenvektoren

Eigenwerte und Eigenvektoren einer quadratischen Matrix spielen im

Bauingenieurwesen z. B. eine Rolle bei der Lösung von Stabilitäts- und Schwingungsproblemen. Ihre Kenntnis ist von entscheidender Bedeutung bei der Lösung großdimensionierter linearer Gleichungssysteme insbesondere mit reellen quadratischen und symmetrischen Koeffizientenmatrizen, die bei der Anwendung der Methode der Finiten Elemente oder der Berechnung von großdimensionierten Fachwerken entstehen. Eigenwerte geben Auskunft über die Qualität der Koeffizientenmatrix und damit über die Stabilität der Lösung linearer Gleichungssysteme.

3.5.1 Definition

Definition 3.90

Die Zahl λ heißt **Eigenwert** und der Vektor $x \in \mathbb{R}^n$, $x \neq O$, zugehöriger **Eigenvektor** der Matrix $A \in \mathbb{R}^{n \times n}$, wenn gilt

$$Ax = \lambda x. \tag{3.13}$$

Mit der Eigenschaft $x = E_n x$ folgt aus der Gleichung (3.13) zur Bestimmung der Eigenvektoren der Matrix A das homogene lineare Gleichungssystem

$$(A - \lambda E_n)x = O. \tag{3.14}$$

Nichttriviale Lösungen x dieses homogenen linearen Gleichungssystems existieren genau dann, wenn $\operatorname{rang}(A - \lambda E_n) < n$ ist bzw. die Bedingung

$$|A - \lambda E_n| = 0. \tag{3.15}$$

erfüllt ist (siehe **Abschnitt 3.4.3**). Gleichung (3.15) heißt **charakteristische Gleichung** zur Bestimmung der Eigenwerte von A. Ihre linke Seite ist ein Polynom n-ten Grades bezüglich λ, sodass ihre Lösung gleichbedeutend mit dem Auffinden der Nullstellen dieses Polynoms ist. Im Bereich der komplexen Zahlen ergeben sich genau n Lösungen (evtl. auch mehrfache). Nachdem die Eigenwerte gefunden sind, kann der zugehörige Eigenvektor als nichttriviale Lösung des homogenen linearen Gleichungssystems (3.14) ermittelt werden.

Eigenwerte, Eigenvektoren

Beispiel 3.91

Gesucht sind die Eigenwerte und Eigenvektoren der Matrix $A = \begin{pmatrix} 0 & -1 & 0 \\ -1 & 1 & 1 \\ 0 & 1 & 0 \end{pmatrix}$.

Die charakteristische Gleichung (3.15) lautet

$$\begin{vmatrix} -\lambda & -1 & 0 \\ -1 & 1-\lambda & 1 \\ 0 & 1 & -\lambda \end{vmatrix} = -\lambda^3 + \lambda^2 + 2\lambda = -\lambda(+\lambda^2 - \lambda - 2) = 0.$$

Sie hat die drei reellen Lösungen $\lambda_1 = 0$, $\lambda_2 = 2$, $\lambda_3 = -1$.

1. Für $\lambda_1 = 0$ ergibt sich zur Bestimmung des zugehörigen Eigenvektors aus (3.14) das Gleichungssystem $Ax = O$. Seine Umformung zur Trapezgestalt lautet

$$\left(\begin{array}{rrr|r} 0 & -1 & 0 & 0 \\ -1 & 1 & 1 & 0 \\ 0 & 1 & 0 & 0 \end{array}\right) \rightarrow \left(\begin{array}{rrr|r} 1 & -1 & -1 & 0 \\ 0 & 1 & 0 & 0 \\ 0 & 0 & 0 & 0 \end{array}\right).$$

Daraus ergibt sich mit dem Parameter $t \in \mathbb{R}$ der Lösungsvektor $x = t(1, 0, 1)^\top$. Sein Betrag (siehe **Abschnitt 4.1.1**) ist $|x| = \sqrt{2}|t|$. Ein normierter Eigenvektor ist damit $x^1 = (1/\sqrt{2}, 0, 1/\sqrt{2})^\top$.

2. Für $\lambda_1 = 2$ ergibt sich zur Bestimmung des zugehörigen Eigenvektors aus (3.14) das Gleichungssystem $(A - 2E_3)x = O$. Seine Umformung zur Trapezgestalt lautet

$$\left(\begin{array}{rrr|r} -2 & -1 & 0 & 0 \\ -1 & -1 & 1 & 0 \\ 0 & 1 & -2 & 0 \end{array}\right) \rightarrow \left(\begin{array}{rrr|r} 1 & 1 & -1 & 0 \\ 0 & 1 & -2 & 0 \\ 0 & 0 & 0 & 0 \end{array}\right).$$

Daraus ergibt sich mit dem Parameter $t \in \mathbb{R}$ die Lösung $x = t(1, 2, -1)^\top$. Ein normierter Eigenvektor ist $x^2 = (1/\sqrt{6}, 2/\sqrt{6}, -1/\sqrt{2})^\top$.

3. Für $\lambda_1 = -1$ ergibt sich zur Bestimmung des zugehörigen Eigenvektors aus (3.14) das Gleichungssystem $(A + E_3)x = O$. Seine Umformung zur Trapezgestalt lautet

$$\left(\begin{array}{rrr|r} 1 & -1 & 0 & 0 \\ -1 & 2 & 1 & 0 \\ 0 & 1 & 1 & 0 \end{array}\right) \rightarrow \left(\begin{array}{rrr|r} 1 & -1 & 0 & 0 \\ 0 & 1 & 1 & 0 \\ 0 & 0 & 0 & 0 \end{array}\right).$$

Daraus ergibt sich mit dem Parameter $t \in \mathbb{R}$ die Lösung $x = t(-1, -1, 1)^\top$. Ein normierter Eigenvektor ist $x^3 = (-1/\sqrt{3}, -1/\sqrt{3}, 1/\sqrt{3})^\top$.

3.5.2 Eigenwerte und Eigenvektoren reeller symmetrischer Matrizen

Für die Eigenwerte und Eigenvektoren reeller symmetrischer Matrizen $A \in \mathbb{R}^{n \times n}$, $A = A^\top$, gelten spezielle Eigenschaften.

Satz 3.92

Für eine reelle symmetrische Matrix $A \in \mathbb{R}^{n \times n}$, $A = A^\top$, gilt:

1. Alle Eigenwerte sind reell.
2. Alle Eigenvektoren sind reell.
3. Sind v^1, $v^2 \in \mathbb{R}^n$ Eigenvektoren zu verschiedenen Eigenwerten, so gilt $(v^1)^\top v^2 = 0$, d. h., sie sind orthogonal.
4. Tritt ein Eigenwert k-fach auf, so entsprechen ihm k verschiedene orthogonale Eigenvektoren.

Diagonalisierung

Sind alle n Eigenwerte λ_i, $i = 1, 2, ..., n$, der Matrix A verschieden voneinander, so existieren folglich n orthogonale Eigenvektoren, die normiert werden können (siehe **Abschnitt 4.1.1**). Ist $V \in \mathbb{R}^{n \times n}$ die Matrix, die spaltenweise die normierten Eigenvektoren enthält, so ergibt sich mit der **Definition 3.90** die Matrixgleichung

$$AV = V\Lambda \quad \text{mit der Diagonalmatrix} \quad \Lambda = \operatorname{diag}(\lambda_1, ..., \lambda_n). \tag{3.16}$$

Da die n Spaltenvektoren der Matrix V linear unabhängig sind, existiert ihre Inverse V^{-1}. Es kann gezeigt werden, dass $V^{-1} = V^\top$ gilt.

Wird Gleichung (3.16) von rechts mit V^{-1} multipliziert, folgt die Diagonalisierung der Matrix A in der Gestalt

$$A = V\Lambda V^{-1} = V\Lambda V^{\top}. \tag{3.17}$$

Eigenwerte und Eigenvektoren für $A = A^{\top} \in \mathbb{R}^{n\times n}$

Beispiel 3.93

1. Die reelle symmetrische Matrix $A = \begin{pmatrix} 6 & -2 \\ -2 & 9 \end{pmatrix}$ hat die Eigenwerte $\lambda_1 = 10$, $\lambda_2 = 5$ und die zugehörigen orthonormalen Eigenvektoren $v^1 = (-1/\sqrt{5}, 2/\sqrt{5})^{\top}$, $v^2 = (2/\sqrt{5}, 1/\sqrt{5})^{\top}$.
Es gilt die Diagonalisierung nach Gleichung (3.17)
$$A = \begin{pmatrix} -1/\sqrt{5} & 2/\sqrt{5} \\ 2/\sqrt{5} & 1/\sqrt{5} \end{pmatrix} \begin{pmatrix} 10 & 0 \\ 0 & 5 \end{pmatrix} \begin{pmatrix} -1/\sqrt{5} & 2/\sqrt{5} \\ 2/\sqrt{5} & 1/\sqrt{5} \end{pmatrix}.$$
2. Die reelle symmetrische Matrix
$$B = \begin{pmatrix} 2 & 0 & -3 \\ 0 & 2 & \sqrt{3} \\ -3 & \sqrt{3} & -2 \end{pmatrix}$$
hat die Eigenwerte $\lambda_1 = -4$, $\lambda_2 = 4$, $\lambda_3 = 2$ und die zugehörigen Eigenvektoren
$$v^1 = \begin{pmatrix} 1/2 \\ -1/(2\sqrt{3}) \\ 1 \end{pmatrix}, \quad v^2 = \begin{pmatrix} -3/2 \\ \sqrt{3}/2 \\ 1 \end{pmatrix}, \quad v^3 = \begin{pmatrix} 1/\sqrt{3} \\ 1 \\ 0 \end{pmatrix}.$$
Die Eigenvektoren sind paarweise orthogonal, denn es gilt $(v^1)^{\top} v^2 = 0$, $(v^1)^{\top} v^3 = 0$, $(v^2)^{\top} v^3 = 0$.

Rotationsenergie

Beispiel 3.94

Die Rotationsenergie T eines starren Körpers, der sich mit der Winkelgeschwindigkeit $\omega = (\omega_x, \omega_y, \omega_z)^{\top}$ bewegt, errechnet sich mithilfe des Trägheitstensors $J \in \mathbb{R}^{3\times 3}$ (siehe [27], [30])

$$T = \frac{1}{2}\,\omega^{\top} J \omega \qquad \text{mit} \qquad J = \begin{pmatrix} I_{xx} & I_{xy} & I_{xz} \\ I_{yx} & I_{yy} & I_{yz} \\ I_{zx} & I_{zy} & I_{zz} \end{pmatrix}.$$

Dabei sind die Elemente I_{xx}, I_{yy}, I_{zz} die Massenträgheitsmomente und die Elemente $I_{xy} = I_{yx}$, $I_{xz} = I_{zx}$, $I_{yz} = I_{zy}$ die Zentrifugalmomente des Körpers. Die Matrix J ist symmetrisch. Ihre Eigenwerte sind die **Hauptträgheitsmomente**. Ihre Eigenvektoren bilden ein System dreier orthogonaler Hauptachsen, die **Hauptträgheitsachsen** genannt werden.

Für $T = 5\omega_x^2 + 5\omega_y^2 + 5\omega_y^2 + 8\omega_x\omega_y + 8\omega_x\omega_z + 8\omega_y\omega_z$ ist der Trägheitstensor die Matrix

$$J = \begin{pmatrix} 10 & 8 & 8 \\ 8 & 10 & 8 \\ 8 & 8 & 10 \end{pmatrix}$$

mit den Eigenwerten (Hauptträgheitsmomenten) $\lambda_1 = 2$, $\lambda_2 = 26$, $\lambda_3 = 2$ und den zugehörigen normierten Eigenvektoren (Hauptträgheitsachsen)

$$v^1 = \frac{1}{\sqrt{2}}\begin{pmatrix} 1 \\ -1 \\ 0 \end{pmatrix}, \quad v^2 = \frac{1}{\sqrt{3}}\begin{pmatrix} 1 \\ 1 \\ 1 \end{pmatrix}, \quad v^3 = \frac{1}{\sqrt{6}}\begin{pmatrix} -1 \\ -1 \\ 2 \end{pmatrix}.$$

3.6 Anwendungen an Beispielen

3.6.1 Professor B. Tonstein und die Werkstoffe

Ausgangssituation

Der Professor B. Tonstein entwickelt neue Werkstoffe. Für einen Probekörper des Werkstoffes W_1, W_2, W_3 benötigt er jeweils die folgenden Mengen (in g) an Bestandteilen B_1, B_2, B_3, die in der Tabelle aufgeführt sind:

	B_1	B_2	B_3
W_1	100	120	50
W_2	150	200	70
W_3	130	180	30

Insgesamt stehen im Labor für die Versuche 5.6 kg des Bestandteils B_1, 7.4 kg des Bestandteils B_2 und 2.05 kg des Bestandteils B_3 zur Verfügung. Wie viele Probekörper der Werkstoffe W_1, W_2, W_3 kann er herstellen, wenn er die Laborvorräte vollständig aufbraucht?

Lösungsweg

Laut Tabelle werden zur Fertigung *eines* Probekörpers des Werkstoffes W_1 100 [g] des Bestandteils B_1, *eines* Probekörpers des Werkstoffes W_2 150 [g] des Bestandteils B_1 und *eines* Probekörpers des Werkstoffes W_3 130 [g] des Bestandteils B_1 benötigt. Wird die gesuchte Anzahl von Probekörpern des Werkstoffes W_1 mit w_1, die des Werkstoffes W_2 mit w_2 und die des Werkstoffes W_3 mit w_3 bezeichnet, so enthalten die w_1 Probekörper $100w_1$ [g] des Bestandteils B_1, die w_2 Probekörper $150w_2$ [g] des Bestandteils B_1 und die w_3 Probekörper $130w_3$ [g] des Bestandteils B_1. Zusammen werden also $100w_1 + 150w_2 + 130w_3$ [g] des Bestandteils B_1 benötigt. Wenn der Laborvorrat von 5.6 kg = 5600 g am Bestandteil B_1 dafür vollständig aufgebraucht wird, so ergibt sich die Gleichung

$$100w_1 + 150w_2 + 130w_3 = 5600. \ [\text{g}]$$

Durch analoge Überlegungen ergeben sich als Bilanzen für die Bestandteile B_2 und B_3 die Gleichungen

$$\begin{aligned} 120w_1 + 200w_2 + 180w_3 &= 7400, \ [\text{g}] \\ 50w_1 + 70w_2 + 30w_3 &= 2050. \ [\text{g}] \end{aligned}$$

Diese drei Gleichungen zusammen bilden ein lineares Gleichungssystem bezüglich der gesuchten Anzahlen w_1, w_2 und w_3. Seine Matrixschreibweise lautet

$$\begin{pmatrix} 100 & 150 & 130 \\ 120 & 200 & 180 \\ 50 & 70 & 30 \end{pmatrix} \begin{pmatrix} w_1 \\ w_2 \\ w_3 \end{pmatrix} = \begin{pmatrix} 5600 \\ 7400 \\ 2050 \end{pmatrix}.$$

Es kann mit dem Gauß-Algorithmus (oder mit der Regel von Cramer, da die Koeffizientenmatrix quadratisch ist), gelöst werden. Der Gauß-

Algorithmus ergibt schrittweise die Umformungen

$$\left(\begin{array}{rrr|r} 10 & 15 & 13 & 560 \\ 12 & 20 & 18 & 740 \\ 5 & 7 & 3 & 205 \end{array}\right) \rightarrow \left(\begin{array}{rrr|r} 1 & 1.5 & 1.3 & 56 \\ 6 & 10 & 9 & 370 \\ 5 & 7 & 3 & 205 \end{array}\right) \rightarrow$$

$$\left(\begin{array}{rrr|r} 1 & 1.5 & 1.3 & 56 \\ 0 & 1 & 1.2 & 34 \\ 0 & -0.5 & -3.5 & -75 \end{array}\right) \rightarrow \left(\begin{array}{rrr|r} 1 & 1.5 & 1.3 & 56 \\ 0 & 1 & 1.2 & 34 \\ 0 & 0 & 1 & 20 \end{array}\right).$$

Aus der letzten Gleichung folgt unmittelbar $w_3 = 20$. Nach Einsetzen von w_3 in die zweite Gleichung $w_2 + 1.2w_3 = 34$ und Umstellen nach w_2 ergibt sich $w_2 = 10$, und nach Einsetzen von w_3 und w_2 in die erste Gleichung $w_1 + 1.5w_2 + 1.3w_3 = 56$ und Umstellen nach w_1 folgt $w_1 = 15$.

Ergebnis

Professor B. Tonstein kann 15 Probekörper des Werkstoffes W_1, 10 Probekörper des Werkstoffes W_2 und 20 Probekörper des Werkstoffes W_3 herstellen.

3.6.2 Produktion von Einzelteilen

Ausgangssituation

Für die Produktion von Einzelteilen der Typen 1, 2 und 3 benötigt eine Firma zwei verschiedene Materialarten. Um ein Einzelteil des Typs 1 herzustellen, werden sechs Einheiten des ersten und fünf Einheiten des zweiten Materials benötigt, um ein Einzelteil des Typs 2 herzustellen, werden acht Einheiten des ersten und vier Einheiten des zweiten Materials benötigt, um ein Einzelteil des Typs 3 herzustellen, werden drei Einheiten des ersten und sieben Einheiten des zweiten Materials benötigt. Vom ersten Material stehen 640 Einheiten und vom zweiten 490 Einheiten zur Verfügung. Welche Stückzahlen der Einzelteile der Typen 1, 2 und 3 können hergestellt werden, wenn das gesamte zur Verfügung stehende Material vollständig verbraucht wird?

Lösungsweg

Werden die Stückzahlen der Einzelteile vom Typ 1 mit x_1, vom Typ 2 mit x_2 und vom Typ 3 mit x_3 bezeichnet, so ergeben sich für den für ihre Produktion erforderlichen Verbrauch des ersten bzw. zweiten Materials die Gleichungen (in Einheiten der Materiale)

$$\begin{aligned} 6x_1 + 8x_2 + 3x_3 &= 640, \\ 5x_1 + 4x_2 + 7x_3 &= 490. \end{aligned}$$

Für dieses Gleichungssystem aus zwei Gleichungen mit den drei Unbekannten x_1, x_2 und x_3 führen folgende Umformungen zur Trapezgestalt (dabei ist die erste Umformung die Subtraktion der zweiten von der ersten Gleichung des Systems):

$$\left(\begin{array}{rrr|r} 6 & 8 & 3 & 640 \\ 5 & 4 & 7 & 490 \end{array}\right) \rightarrow \left(\begin{array}{rrr|r} 1 & 4 & -4 & 150 \\ 5 & 4 & 7 & 490 \end{array}\right) \rightarrow \left(\begin{array}{rrr|r} 1 & 4 & -4 & 150 \\ 0 & 1 & -27/16 & 260/16 \end{array}\right).$$

Der gemeinsame Rang von Koeffizienten- und erweiterter Koeffizientenmatrix ist $r = 2$, die Anzahl der Unbekannten $n = 3$ und daher der Freiheitsgrad des Gleichungssystems $f = n - r = 1$. Zur Angabe der unendlich vielen Lösungen des Gleichungssystems wird der Parameter $t \in \mathbb{R}$ verwendet. Mit $x_3 = t$ ergibt sich

$$\begin{pmatrix} x_1 \\ x_2 \\ x_3 \end{pmatrix} = \begin{pmatrix} 85 \\ 260/16 \\ 0 \end{pmatrix} + t \begin{pmatrix} -11/4 \\ 27/16 \\ 1 \end{pmatrix}.$$

Da x_1, x_2 und x_3 Stückzahlen sind, sind sie nicht negativ und ganzzahlig. Aus

$$\begin{aligned} x_1 &= 85 - 11t/4 \geq 0 \text{ folgt die Bedingung } t \leq 340/11, \\ x_2 &= (260 + 27t)/16 \geq 0 \text{ folgt die Bedingung } t \geq -260/27, \\ x_3 &= t \geq 0 \text{ folgt die Bedingung } t \geq 0, \end{aligned}$$

insgesamt für den Parameter t also das Intervall $t \in [0, 340/11]$.

Da x_3 ganzzahlig ist, muss t ganzzahlig sein. Im angegebenen Intervall kommen dafür die Zahlen $t = 0, 1, 2, ..., 30$ in Frage.

Da x_2 ganzzahlig ist, muss $(260 + 27t)/16 = 16 + t + (4 + 11t)/16$ ganzzahlig sein, d. h., $4 + 11t$ muss durch 16 teilbar sein. Das ist im angegebenen Intervall nur für $t = 4$ und für $t = 20$ der Fall.

Da x_1 ganzzahlig ist, muss $85 - 11t/4$ ganzzahlig sein. Für die jetzt noch möglichen Parameter $t = 4$ bzw. $t = 20$ ist das jeweils der Fall.

Für $t = 4$ ergibt sich $x_1 = 74$, $x_2 = 23$, $x_3 = 4$.
Für $t = 20$ ergibt sich $x_1 = 30$, $x_2 = 50$, $x_3 = 20$.

Ergebnis

Damit gibt es zwei Möglichkeiten der Produktion der Einzelteile: Entweder werden hergestellt
74 Einzelteile des Typs 1, 23 des Typs 2 und 4 des Typs 3 oder
30 Einzelteile des Typs 1, 50 des Typs 2 und 20 des Typs 3.

3.6.3 Berechnung von Stabkräften

Ausgangssituation

Gegeben ist ein gelenkig gelagertes Fachwerk mit den Knoten A, B und C und den äußeren Belastungen $F_A(F_{AH}, F_{AV})$, $F_B(F_{BH}, F_{BV})$, $F_C(F_{CH}, F_{CV})$ in diesen Knoten wie in **Bild 3.10**. Die Winkel α und β sind dabei ebenfalls gegeben, $0 < \alpha, \beta < \pi$, $0 < \alpha + \beta < \pi$.
Werden z. B. die Knoten A bzw. B freigeschnitten, so wirkt auf den Knoten A die Normalkraft S_{AB} und auf den Knoten B die Normalkraft S_{BA} im Stab AB. Dabei gilt $S_{BA} = -S_{AB}$, da sich der Stab in Ruhe befindet. Entsprechend wirkt auf die Knoten A bzw. C die Normalkraft S_{AC} bzw. $-S_{AC}$ im Stab AC sowie auf die auf die Knoten B bzw. C die Normalkraft S_{BC} bzw. $-S_{BC}$ im Stab BC. Mithilfe der skalaren

Größen s_{AB}, s_{AC}, s_{BC}, die oft als „Stabkräfte“ bezeichnet werden, ergeben sich für die Normalkräfte in den Stäben folgende Komponenten:

$$S_{AB}(s_{AB}, 0), \qquad S_{AC}\,(s_{AC}\cos\alpha, s_{AC}\sin\alpha),$$
$$S_{BC}\,(s_{BC}\cos(\pi-\beta), s_{BC}\sin(\pi-\beta)).$$

Ermittelt werden sollen die Auflagerreaktionen R_{AH}, R_{AV} und R_{BV} sowie die Stabkräfte s_{AB}, s_{AC}, s_{BC}.

Lösungsweg

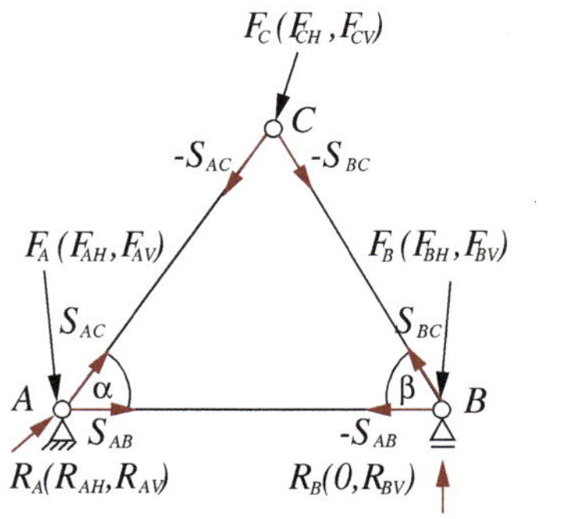

Bild 3.10 Fachwerk mit Belastungen

Aufgrund des Kräftegleichgewichtes in den Knoten A, B und C gilt

$$\begin{aligned}
&\text{Knoten } A: \; R_A + S_{AB} + S_{AC} + F_A &&= O,\\
&\text{Knoten } B: \; R_B - S_{AB} + S_{BC} + F_B &&= O,\\
&\text{Knoten } C: \; -S_{AC} - S_{BC} + F_C &&= O
\end{aligned}$$

bzw. in Komponentenschreibweise

$$\begin{aligned}
&\text{Knoten } A: & R_{AH} + s_{AB} + s_{AC}\cos\alpha + F_{AH} &= 0,\\
& & R_{AV} + s_{AC}\sin\alpha + F_{AV} &= 0,\\
&\text{Knoten } B: & - s_{AB} + s_{BC}\cos(\pi-\beta) + F_{BH} &= 0,\\
& & R_{BV} + s_{BC}\sin(\pi-\beta) + F_{BV} &= 0,\\
&\text{Knoten } C: & - s_{AC}\cos\alpha - s_{BC}\cos(\pi-\beta) + F_{CH} &= 0,\\
& & - s_{AC}\sin\alpha - s_{BC}\sin(\pi-\beta) + F_{CV} &= 0.
\end{aligned}$$

Bezüglich der Auflagerreaktionen R_{AH}, R_{AV} und R_{BV} und der Stabkräfte s_{AB}, s_{AC}, s_{BC} ergibt sich daraus folgendes lineare Gleichungssystem in Matrixschreibweise:

$$\begin{pmatrix}
1 & 0 & 0 & 1 & \cos\alpha & 0\\
0 & 1 & 0 & 0 & \sin\alpha & 0\\
0 & 0 & 1 & 0 & 0 & \sin(\pi-\beta)\\
0 & 0 & 0 & -1 & 0 & \cos(\pi-\beta)\\
0 & 0 & 0 & 0 & -\cos\alpha & -\cos(\pi-\beta)\\
0 & 0 & 0 & 0 & -\sin\alpha & -\sin(\pi-\beta)
\end{pmatrix}
\begin{pmatrix} R_{AH}\\ R_{AV}\\ R_{BV}\\ s_{AB}\\ s_{AC}\\ s_{BC} \end{pmatrix}
=
\begin{pmatrix} -F_{AH}\\ -F_{AV}\\ -F_{BV}\\ -F_{BH}\\ -F_{CH}\\ -F_{CV} \end{pmatrix}.$$

Ergebnis

Aus den beiden letzten Gleichungen ergeben sich mit der Regel von Cramer und den Determinanten $C_1 = F_{CH}\sin\beta + F_{CV}\cos\beta$, $C_2 = -F_{CH}\sin\alpha + F_{CV}\cos\alpha$, $D = \sin(\alpha+\beta)$ die Stabkräfte

$$s_{AC} = C_1/D, \qquad s_{BC} = C_2/D.$$

Aus der drittletzten Gleichung ergibt sich die Stabkraft

$$s_{AB} = F_{BH} - s_{BC}\cos\beta = F_{BH} - C_2\cos\beta/D.$$

Mit den so ermittelten Stabkräften s_{AB}, s_{AC}, s_{BC} folgen unmittelbar die Auflagerreaktionen aus den ersten drei Gleichungen

$$\begin{aligned}
R_{AH} &= -F_{AH} - s_{AC}\cos\alpha - s_{AB},\\
R_{AV} &= -F_{AV} - s_{AC}\sin\alpha,\\
R_{BV} &= -F_{BV} - s_{BC}\sin\beta.
\end{aligned}$$

Das Vorgehen lässt sich auf statisch bestimmte Fachwerke verallgemeinern.

3.6.4 Zerlegung einer Kraft

Ausgangssituation

Die drei Stäbe eines Tragbockes führen von der Spitze S in Richtung der drei Vektoren

$$a = (1, 0, 0)^\top,\ b = (1/\sqrt{2}, -1/\sqrt{2}, 0)^\top,\ c = (1/\sqrt{11}, 1/\sqrt{11}, -3/\sqrt{11})^\top$$

zu den Befestigungen in den Punkten A, B und C. In S zieht die Kraft $K = (0, 60, -60)^\top$ [N] und ruft in den Punkten A, B und C die Lagerreaktionen $K_A = \alpha a$, $K_B = \beta b$ und $K_A = \gamma c$ hervor (siehe **Bild 3.11**). Gesucht sind diese Lagerreaktionen.

Lösungsweg

Das Kräftegleichgewicht in S liefert die Vektorgleichung

$$K + K_A + K_B + K_C = O$$

bzw. in Matrixschreibweise das lineare Gleichungssystem bezüglich der gesuchten Faktoren α, β, γ:

$$\begin{pmatrix} 1 & 1/\sqrt{2} & 1/\sqrt{11} \\ 0 & -1/\sqrt{2} & 1/\sqrt{11} \\ 0 & 0 & -3/\sqrt{11} \end{pmatrix} \begin{pmatrix} \alpha \\ \beta \\ \gamma \end{pmatrix} = \begin{pmatrix} 0 \\ -60 \\ 60 \end{pmatrix} \text{ [N]}.$$

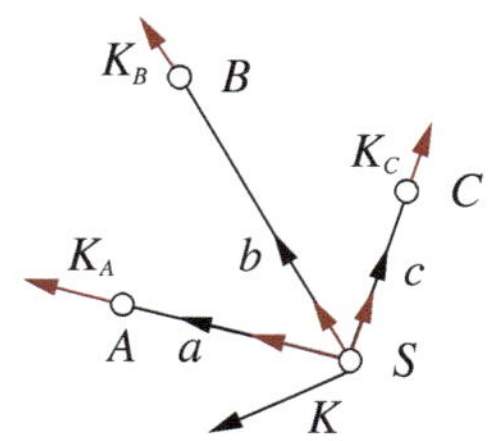

Bild 3.11 Kraft K, Lagerreaktionen

Es hat die Lösung $\alpha = -20$ [N], $\beta = 40\sqrt{2}$ [N], $\gamma = -20\sqrt{11}$ [N].

Ergebnis

Die Lagerreaktionen sind somit (in [N])
$K_A = (-20, 0, 0)^\top$, $K_B = (40, -40, 0)^\top$, $K_C = (-20, -20, 60)^\top$.

3.6.5 Schwerpunkt eines Punkt-Massen-Systems

Ausgangssituation

Gegeben seien drei Punkte im Raum: $P_1(x_1, y_1, z_1)$, $P_2(x_2, y_2, z_2)$, $P_3(x_3, y_3, z_3)$. In diesen Punkten sind Massen m_1, m_2, m_3 so anzubringen, dass der Ursprung des Koordinatensystems Schwerpunkt dieses Punkt-Massen-Systems wird.

Wie müssen die Massen m_1, m_2, m_3 für die Punkte $P_1(-1, 0, 1)$, $P_2(1, 2, 3)$, $P_3(0.5, -0.5, -1.5)$ gewählt werden?
Wie müssen die drei Punkte im allgemeinen Fall liegen, damit die Aufgabe überhaupt lösbar ist?

Lösungsweg

Der Schwerpunkt S des Punkt-Massen-Systems hat die Koordinaten

$$x_S = \frac{1}{m}\sum_{i=1}^{3} m_i x_i,\quad y_S = \frac{1}{m}\sum_{i=1}^{3} m_i y_i,\quad z_S = \frac{1}{m}\sum_{i=1}^{3} m_i z_i,\quad m = \sum_{i=1}^{3} m_i.$$

Wenn $S(x_S, y_S, z_S)$ der Koordinatenursprung, d. h., $x_S = 0$, $y_S = 0$ und $z_S = 0$ sein soll, so ergibt sich bezüglich der gesuchten Massen m_i, $i = 1, 2, 3$, das lineare Gleichungssystem aus den drei Gleichungen

$$\sum_{i=1}^{3} m_i x_i = 0,\qquad \sum_{i=1}^{3} m_i y_i = 0,\qquad \sum_{i=1}^{3} m_i z_i = 0 \tag{3.18}$$

bzw. mit den angegebenen Koordinaten in Matrixschreibweise

$$\begin{pmatrix} -1 & 1 & 0.5 \\ 0 & 2 & -0.5 \\ 1 & 3 & -1.5 \end{pmatrix} \begin{pmatrix} m_1 \\ m_2 \\ m_3 \end{pmatrix} = \begin{pmatrix} 0 \\ 0 \\ 0 \end{pmatrix}.$$

Ergebnis

Es hat die parameterabhängigen Lösungen

$$\begin{pmatrix} m_1 \\ m_2 \\ m_3 \end{pmatrix} = t \begin{pmatrix} 0.75 \\ 0.25 \\ 1 \end{pmatrix}, \quad t \in \mathbb{R}.$$

Da m_1, m_2 und m_3 Massen sind, muss $t > 0$ gewählt werden.
Damit das homogene lineare Gleichungssystem (3.18) überhaupt vom Nullvektor verschiedene Lösungen hat, ist es erforderlich, dass die Determinante der Koeffizientenmatrix gleich null ist. Diese ist das Spatprodukt der Ortsvektoren $\overrightarrow{OP_1}$, $\overrightarrow{OP_2}$, $\overrightarrow{OP_3}$ der Punkte P_1, P_2 und P_3 (siehe **Abschnitt 4.1.8**). Damit es gleich null wird, müssen die Punkte P_1, P_2, P_3 zusammen mit dem Koordinatenursprung in einer Ebene liegen.

3.6.6 Schwingungssystem

Ausgangssituation

In einem Schwingungssystem sind zwei Linearschwinger der Massen m_1 und m_2 durch Federn mit der Federkonstante c_1 mit der Wand und untereinander durch eine Feder mit der Konstante c_2 verbunden (siehe **Bild 3.12**). Wird eine der Punktmassen aus der Ruhelage ausgelenkt, so wird eine Schwingung erzeugt, die sich wegen der Federn auf die andere Punktmasse überträgt. Gesucht ist die Frequenz ω der Schwingung und die Bewegungsgleichungen der Linearschwinger.

Lösungsweg

Sind die Auslenkungen der Linearschwinger zum Zeitpunkt t gleich $s_1(t)$ bzw. $s_2(t)$, so ergeben sich mit den zweiten Axiom von Newton die Kräftebilanzen

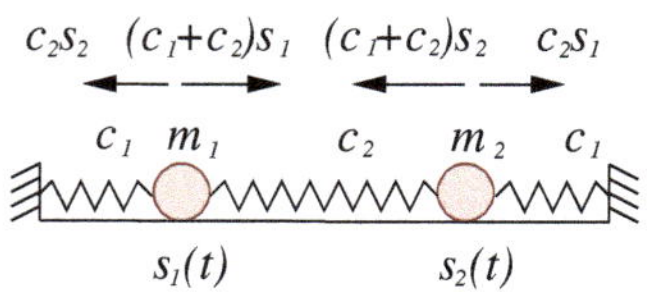

Bild 3.12 Schwingungssystem

$$m_1\ddot{s}_1 = -(c_1 + c_2)s_1 + c_2s_2,$$
$$m_2\ddot{s}_2 = -(c_1 + c_2)s_2 + c_2s_1$$

bzw. in Matrixschreibweise

$$\begin{pmatrix} \ddot{s}_1 \\ \ddot{s}_2 \end{pmatrix} = -A \begin{pmatrix} s_1 \\ s_2 \end{pmatrix} \quad \text{mit } A = \begin{pmatrix} \frac{c_1+c_2}{m_1} & -\frac{c_2}{m_1} \\ -\frac{c_2}{m_2} & \frac{c_1+c_2}{m_2} \end{pmatrix} = \begin{pmatrix} w_1^2 & -k_1^2 \\ -k_2^2 & w_2^2 \end{pmatrix}.$$

Folgender Ansatz für den Lösungsvektor $(s_1(t), s_2(t))^\top$ mithilfe des konstanten Vektors $v = (v_1, v_2)^\top$

$$\begin{pmatrix} s_1(t) \\ s_2(t) \end{pmatrix} = \cos \omega t \begin{pmatrix} v_1 \\ v_2 \end{pmatrix}$$

ergibt das Eigenwertproblem $Av = \omega^2 v$ mit dem Eigenwert $\lambda = \omega^2$. Die charakteristische Gleichung

$$|A - \lambda E_2| = (w_1^2 - \lambda)(w_2^2 - \lambda) - k_1^2 k_2^2 = 0$$

hat die beiden reellen Lösungen

$$\lambda_{1,2} = \frac{1}{2}(w_1^2 + w_2^2) \pm \sqrt{\frac{1}{4}(w_1^2 - w_2^2)^2 + k_1^2 k_2^2}.$$

Die Wurzel ist wegen

$$\frac{1}{4}(w_1^2 - w_2^2)^2 + k_1^2 k_2^2 = \frac{1}{4}(w_1^2 + w_2^2)^2 + k_1^2 k_2^2 - w_1^2 w_2^2$$

und $w_1 > k_1$ und $w_2 > k_2$ kleiner als $(w_1^2 + w_2^2)/2$. Daher sind beide Eigenwerte positiv und liefern die Eigenfrequenzen $\omega_{1,2} = \sqrt{\lambda_{1,2}}$. Das System hat zwei Eigenschwingungen. Jede Lösung der Bewegungsgleichung ist Superposition beider Eigenschwingungen:

Ergebnis

$$\begin{pmatrix} s_1(t) \\ s_2(t) \end{pmatrix} = \cos \omega_1 t \begin{pmatrix} v_1^1 \\ v_2^1 \end{pmatrix} + \cos \omega_2 t \begin{pmatrix} v_1^2 \\ v_2^2 \end{pmatrix}.$$

Hierbei sind $v^1 = (v_1^1, v_2^1)^\top$ und $v^2 = (v_1^2, v_2^2)^\top$ die zugehörigen Eigenvektoren.

Im Sonderfall $m_1 = m_2 = m$ (gleiche Massen, A ist symmetrisch) ergibt sich

$\omega_1 = \sqrt{c_1/m}$, $v^1 = \alpha(1,1)^\top$, d. h., eine gleichphasige Schwingung
$\omega_2 = \sqrt{(c_1 + 2c_2)/m}$, $v^2 = \beta(1,-1)^\top$, d. h., eine gegenphasige Schwingung, $\alpha, \beta \in \mathbb{R}$, $\alpha, \beta \neq 0$.

4 Vektorrechnung und Analytische Geometrie

Bezeichnungen
Punkte werden mit Großbuchstaben bezeichnet: A, B, ... Eine Gerade durch die Punkte A und B wird mit AB bezeichnet. Eine Strecke als Teil der Gerade AB zwischen den Punkten A und B wird mit $\overline{AB}$ und ihre Länge mit $|\overline{AB}|$ bezeichnet. Ein Vektor vom Punkt A zum Punkt B wird mit $\overrightarrow{AB}$ und sein Betrag mit $|\overrightarrow{AB}|$ bezeichnet.

Die Veranschaulichung von Bauwerken, ihres Aufbaus und ihrer Bauteile sowie die Berechnung benötigter Maße und Größen spielt eine wesentliche Rolle bei ihrer Planung und Ausführung. Fester Bestandteil sind dabei inzwischen CAD-Systeme zur Konstruktion zwei- und dreidimensionaler Baupläne und deren Visualisierung geworden. Auf der Grundlage der geometrischen Daten können Berechnungsprogramme erforderliche Informationen liefern (z. B. Massenermittlung, statische Kenngrößen wie Schnittkräfte und Verformungen, Bewehrungspläne usw.). Konstruktion, Darstellung und sich anschließende Berechnungen basieren auf der Vektorrechnung und der analytischen Geometrie, die Gegenstand des vorliegenden Kapitels ist. Elemente der zwei- und dreidimensionalen Geometrie werden vorgestellt und einige oft auftretende Grundaufgaben gelöst. Beispiele aus dem Straßenbau, dem Vermessungswesen und zur Massenermittlung zeigen die Anwendungen geometrischer Berechnungen im Bauwesen.

4.1 Betrag eines Vektors, Projektion, Skalarprodukt

Vektoren spielen nicht nur eine Rolle beim Lösen linearer Gleichungssysteme, sondern auch bei der Beschreibung und Berechnung von Objekten, die aus mehreren Größen zusammengesetzt sind. So ist die Position eines Punktes im Koordinatensystem durch seine (mehrere) Koordinaten charakterisiert. Eine Kraft hat ebenfalls Komponenten jeweils in Richtung der Koordinatenachsen, ebenso die Geschwindigkeit, die richtungsbezogen wirkt. Das Skalarprodukt von Vektoren ist ein zentraler Begriff der Vektorrechnung. Damit steht u. a. die Orthogonalität und die Winkelmessung im direkten Zusammenhang. In der dreidimensionalen Geometrie gibt es das Vektor- und das Spatprodukt, deren Berechnung und Anwendungen gezeigt wird.

4.1.1 Der Betrag eines Vektors

Definition 4.1

Der **Betrag** eines Vektors $x = (x_1, x_2, ..., x_n)^\top \in \mathbb{R}^n$, dessen Komponenten $x_1, x_2, ..., x_n$ die Zerlegungskoeffizienten bezüglich der kanonischen Basis $\{e^1, e^2, ..., e^n\}$ des $\mathbb{R}^n$ sind, ist definiert als

$$|x| = \sqrt{\sum_{i=1}^{n} x_i^2}. \tag{4.1}$$

Ein Vektor mit dem Betrag 1 heißt **Einheitsvektor**.

Beispiel 4.2

Berechnung von Beträgen

1. Der Vektor $x = (1, 2, 3)^\top \in \mathbb{R}^3$ hat den Betrag
   $|x| = \sqrt{1^2 + 2^2 + 3^2} = \sqrt{14}$.
2. Der Vektor $x = (-3, 0, 1, -1)^\top \in \mathbb{R}^4$ hat den Betrag
   $|x| = \sqrt{(-3)^2 + 0^2 + 1^2 + (-1)^2} = \sqrt{11}$.
3. Der Vektor $e^1 = (1, 0, ..., 0)^\top \in \mathbb{R}^n$ hat den Betrag
   $|e^1| = \sqrt{1^2 + 0^2 + ... + 0^2} = 1$.
   Er ist ein Einheitsvektor.

Eigenschaften des Betrages

Für beliebige Vektoren $x, y \in \mathbb{R}^n$ und beliebige reelle Zahlen α gelten folgende Eigenschaften:

1. $|x| \geq 0$ und $|x| = 0$ genau dann, wenn $x = O$. **Positive Definitheit**
2. $|\alpha x| = |\alpha||x|$ **Linearität**
3. $|x + y| \leq |x| + |y|$ **Dreiecksungleichung**
4. Für einen beliebigen Vektor $x \neq O$ ist der **zugehörige Einheitsvektor** in Richtung von x **Zugehöriger Einheitsvektor**
   $e_x = \frac{1}{|x|} x$.
5. Ein beliebiger Vektor $x \neq O$ ist das Produkt aus seinem Betrag mit dem zugehörigen Einheitsvektor, d. h., es gilt **Vektor, Betrag und zugehöriger Einheitsvektor**
   $x = |x| e_x$.

Der Beweis der Dreiecksungleichung erfolgt in **Abschnitt 4.1.3**. Die Gültigkeit der Eigenschaften 1., 2. und 5. ergibt sich unmittelbar aus der **Definition 4.1** wie folgt.

Beweis:

1. $|x| \geq 0$ folgt aus Gleichung (4.1) und daraus, dass die Wurzel aus einer nicht negativen reellen Zahl stets nicht negativ ist.
   Ist einerseits $x = O$, so folgt aus Gleichung (4.1) unmittelbar $|x| = 0$.
   Ist andererseits $|x| = 0$, so ist $\sum_{i=1}^n x_i^2 = 0$ und daher $x_i = 0, i = 1, ..., n$. Andernfalls wäre mindestens einer der Summanden als Quadrat einer reellen Zahl positiv und damit auch die Summe.
2. Es ist mit Gleichung (4.1)
   $$|\alpha x| = \sqrt{\sum_{i=1}^n (\alpha x_i)^2} = \sqrt{\alpha^2 \sum_{i=1}^n x_i^2} = |\alpha| \sqrt{\sum_{i=1}^n x_i^2} = |\alpha||x| .$$
4. Der Vektor e_x ist als positives Vielfaches zu x gleichgerichtet. Zu zeigen ist

noch, dass sein Betrag gleich 1 ist. Mit Gleichung (4.1) ist

$$|e_x| = \sqrt{\sum_{i=1}^{n}\left(\frac{1}{|x|}\,x_i\right)^2} = \frac{1}{|x|}\sqrt{\sum_{i=1}^{n} x_i^2} = 1.$$

5. Die Eigenschaft ergibt sich unmittelbar aus der Eigenschaft 4. nach Multiplikation mit $|x|$. ■

Zugehörige Einheitsvektoren

Beispiel 4.3

1. Der Vektor $x = (1, 2, 3)^\top \in \mathbb{R}^3$ mit dem Betrag $|x| = \sqrt{14}$ aus **Beispiel 4.2** hat den zugehörigen Einheitsvektor $e_x = (1/\sqrt{14}, 2/\sqrt{14}, 3/\sqrt{14})^\top$.
2. Der Vektor $x = (-3, 0, 1, -1)^\top \in \mathbb{R}^4$ mit dem Betrag $|x| = \sqrt{11}$ aus **Beispiel 4.2** hat den zugehörigen Einheitsvektor $e_x = (-3/\sqrt{11}, 0, 1/\sqrt{11}, -1/\sqrt{11})^\top$.

4.1.2 Die Projektion

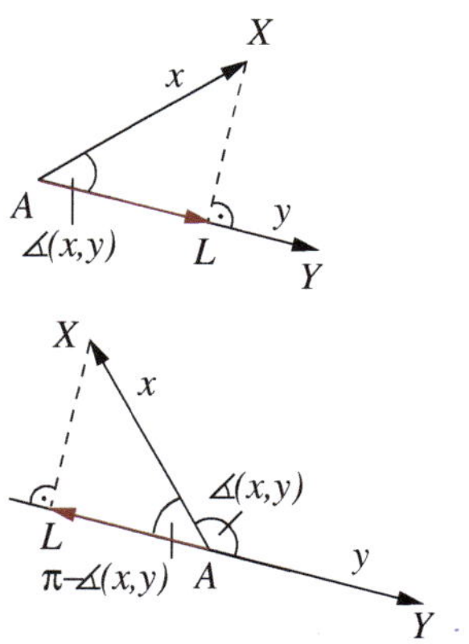

Bild 4.1 Projektion von x auf y

Betrachtet werden zwei Vektoren x und y, $y \neq O$, mit demselben Anfangspunkt A und den Endpunkten X bzw. Y (siehe **Bild 4.1**). Der Punkt L ist der Fußpunkt des Lotes vom Punkt X auf die Gerade AY.

Gesucht ist der Vektor $\overrightarrow{AL}$. Für den Winkel $\measuredangle(x, y)$ gibt es folgende Möglichkeiten:

Ist $\measuredangle(x, y) \leq \pi/2$, so ist der Vektor $\overrightarrow{AL}$ zu y gleichgerichtet, und sein zugehöriger Einheitsvektor ist e_y. Im rechtwinkligen Dreieck $\triangle ALX$ ergibt sich sein Betrag zu
$|\overrightarrow{AL}| = |x| \cos\measuredangle(x, y)$.

Ist $\measuredangle(x, y) > \pi/2$, so ist der Vektor $\overrightarrow{AL}$ zu y entgegengesetzt gerichtet, und sein zugehöriger Einheitsvektor ist $-e_y$. Im rechtwinkligen Dreieck $\triangle ALX$ ergibt sich sein Betrag zu
$|\overrightarrow{AL}| = |x| \cos(\pi - \measuredangle(x, y)) = -|x| \cos\measuredangle(x, y)$.

Da jeder Vektor gleich dem Produkt aus seinem Betrag und seinem zugehörigen Einheitsvektor ist, ist in beiden Fällen
$\overrightarrow{AL} = |x| \cos\measuredangle(x, y)\, e_y$.

Definition 4.4

Der Vektor

$$x_y = |x| \cos\measuredangle(x, y)\, e_y \tag{4.2}$$

heißt **Projektion** des Vektors x auf den Vektor y.

Aus Gleichung (4.2) ergibt sich mit $e_y = y/|y|$

$$x_y = |x| \cos\measuredangle(x, y)\, \frac{y}{|y|} = |x||y| \cos\measuredangle(x, y)\, \frac{y}{|y|^2}. \tag{4.3}$$

Anwendungen der Projektion

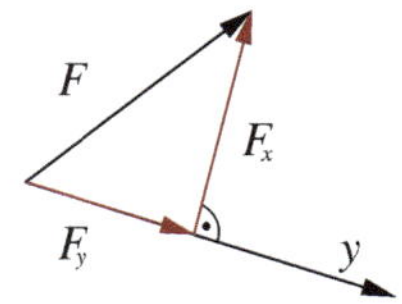

Bild 4.2 Zerlegung einer Kraft F

1. Wird eine Kraft F in die Summe aus einer Kraft F_y in Richtung des Vektors y und einer Kraft F_x senkrecht dazu zerlegt, so ist F_y die Projektion des Vektors F auf den Vektor y. Die dazu senkrechte Kraft ist dann $F_x = F - F_y$ (siehe **Bild 4.2**).
2. Das Moment M_a einer Kraft F mit dem Angriffspunkt P *bezüglich einer Achse* durch den Koordinatenursprung, deren Richtung durch den Vektor a festgelegt ist (siehe **Bild 4.3**), ist definiert als die Projektion ihres Momentes M *bezüglich des Koordinatenursprungs* auf diese Achse (siehe **Abschnitt 4.1.7**).

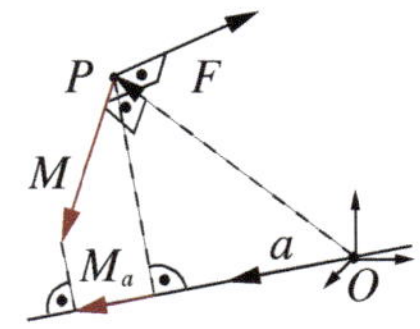

Bild 4.3 Moment M_a einer Kraft F bezüglich der Achse a durch O

4.1.3 Das Skalarprodukt

Definition 4.5

Die Zahl $|x||y|\cos\measuredangle(x,y)$ aus Gleichung (4.3) heißt **Skalarprodukt** (x,y) der Vektoren x und y, sodass gilt

$$(x,y) = |x||y|\cos\measuredangle(x,y). \tag{4.4}$$

Eigenschaften des Skalarproduktes

Für beliebige Vektoren x, y, z und beliebige reelle Zahlen α gelten folgende Eigenschaften:

1. $(x,x) = |x|^2$, d. h., $|x| = \sqrt{(x,x)}$. — **Skalarprodukt und Betrag**
2. $(x,x) \geq 0$ und $(x,x) = 0$ genau dann, wenn $|x| = 0$ ist. — **Positive Definitheit**
3. $(\alpha x, y) = \alpha(x,y)$ — **Linearität**
4. $(x,y) = (y,x)$ — **Kommutativgesetz**
5. $(x, y+z) = (x,y) + (x,z)$ — **Distributivgesetz**

Die Beweise der Eigenschaften 1., 2., 3., 4. ergeben sich unmittelbar aus der **Definition 4.5**. Der Nachweis des Distributivgesetzes ist etwas aufwändiger und folgt aus den trigonometrischen Zusammenhängen.

Bemerkung 4.6

Mit Gleichung (4.4) aus der **Definition 4.5** und der Eigenschaft 1. des Skalarproduktes ergibt sich für die Projektion des Vektors x auf den Vektor y aus Gleichung (4.2)

Projektion mit Skalarprodukt

$$x_y = \frac{(x,y)}{(y,y)}y\,.$$

Pythagoras von Samos (6. Jh. v. Chr.)

griechischer Mathematiker und Philosoph

Zahlen als abstraktes Prinzip, „inkommensurable" (irrationale) Streckenverhältnisse, Einfluss auf die Ausbildung des abendländischen Tonsystems (Harmonik), Sternenkunde

hier: Satz des Pythagoras

Die Gültigkeit der Dreiecksungleichung (siehe **Abschnitt 4.1.1**) lässt sich mit den aufgeführten Eigenschaften des Skalarproduktes zeigen. Sie ergibt sich aus folgender Ungleichungskette:

$$\begin{aligned} |x+y|^2 &= (x+y, x+y) \\ &= (x,x) + 2(x,y) + (y,y) \\ &= |x|^2 + 2(x,y) + |y|^2 \\ &\leq |x|^2 + 2|x||y| + |y|^2 \\ &= (|x| + |y|)^2. \end{aligned}$$

Die hier verwendete Ungleichung $(x,y) \leq |x||y|$ folgt aus $\cos \measuredangle(x,y) \leq 1$.

4.1.4 Orthogonalität

Das Skalarprodukt (4.4) zweier Vektoren x und y ist dann gleich null, wenn der Betrag eines dieser Vektoren oder der Kosinus des eingeschlossenen Winkels gleich null ist, d. h., $\measuredangle(x,y) = \pi/2 + k\pi$ gilt.

Definition 4.7

Genau dann, wenn für zwei Vektoren x und y

$(x,y) = 0$

gilt, sind diese zueinander **orthogonal** oder **senkrecht**. Diese Eigenschaft wird auch mit $x \perp y$ bezeichnet.

Satz des Pythagoras

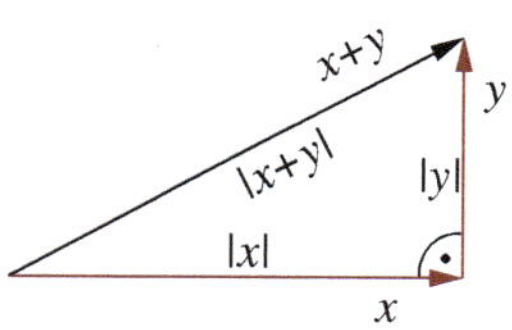

Bild 4.4 Satz des Pythagoras

Beispiel 4.8

Der **Satz des Pythagoras**, der besagt, dass im rechtwinkligen Dreieck die Summe der Quadrate über den Katheten gleich dem Quadrat über der Hypotenuse ist, kann damit wie folgt bewiesen werden.

Seien x und y zwei Vektoren, die einen rechten Winkel miteinander einschließen (siehe **Bild 4.4**), d. h., es ist $(x,y) = 0$. Dann bilden die Vektoren x und y die Katheten und der Vektor $x + y$ die Hypotenuse eines rechtwinkligen Dreiecks, dessen Seitenlängen die Beträge dieser Vektoren sind.
Für das Skalarprodukt $(x+y, x+y)$ gilt mit den Eigenschaften 4. und 5.

$(x+y, x+y) = (x,x) + (y,y) + 2(x,y) = (x,x) + (y,y).$

Mit Eigenschaft 1. folgt daraus unmittelbar die Behauptung des Satzes

$|x+y|^2 = |x|^2 + |y|^2.$ ■

Satz des Thales

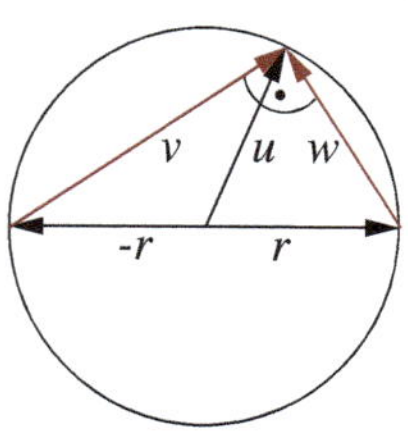

Bild 4.5 Satz des Thales

Beispiel 4.9

Der **Satz des Thales**, nach dem jeder Peripheriewinkel über einem Kreisdurchmesser ein rechter ist, lässt sich mithilfe der Orthogonalität und den Eigenschaften des Skalarproduktes folgendermaßen beweisen:

Mit den Kreisradien r und u, deren Beträge gleich sind, und den Vektoren $v = u+r$ und $w = u - r$, die die Schenkel des Peripheriewinkels bilden (siehe **Bild 4.5**), ergibt sich für das Skalarprodukt von v und w

$(v,w) = (u+r, u-r) = (u,u) - (r,r) + (r,u) - (u,r) = 0.$

Das bedeutet mit **Definition 4.7**, dass die Vektoren v und w orthogonal sind. ■

Definition 4.10

Ein Vektorsystem $\{x^1, ..., x^m\}$ des $\mathbb{R}^n$, dessen Vektoren alle verschieden vom Nullvektor sind, heißt **orthogonal**, wenn die Vektoren jeweils paarweise orthogonal sind, d. h., wenn gilt
$(x^i, x^j) = 0$ für $i \neq j,\ i, j = 1, ..., m$.

Ein orthogonales Vektorsystem $\{x^1, ..., x^m\}$ von Vektoren des $\mathbb{R}^n$ ist stets *linear unabhängig* und kann daher eine Basis in dem von ihnen erzeugten Unterraum $U \subseteq \mathbb{R}^n$ darstellen.

Definition 4.11

Ist ein Vektorsystem $\{x^1, ..., x^m\}$ eine Basis im Unterraum $U \subseteq \mathbb{R}^n$ und orthogonal, dann heißt es **Orthogonalbasis** und mit $|x^k| = 1$, $k = 1, ..., m$, **Orthonormalbasis**.

Beispiel 4.12

Orthogonale Vektorsysteme

1. Die kanonische Basis $\{e^1, e^2, ..., e^n\}$ im $\mathbb{R}^n$ ist ein orthogonales Vektorsystem von Vektoren des Betrages 1. Sie bildet eine Orthonormalbasis im $\mathbb{R}^n$.
2. Die Vektoren $x^1, x^2, x^3 \in \mathbb{R}^4$, $x^1 = (2, 0, 0, 0)^\top = 2e^1$, $x^2 = (0, 3, 0, 0)^\top = 3e^2$ und $x^3 = (0, 0, 5, 0)^\top = 5e^3$, bilden ein orthogonales Vektorsystem. Es ist z. B. $(x^1, x^2) = (2e^1, 3e^2) = 6(e^1, e^2) = 0$, da die kanonischen Vektoren e^1 und e^2 orthogonal sind. Analog wird $(x^1, x^3) = 0$ und $(x^2, x^3) = 0$ gezeigt.

Thales von Milet (* 624 v. Chr. in Milet, † 546 v. Chr.)

griechischer Naturphilosoph, Staatsmann, Mathematiker, Astronom und Ingenieur

Erkenntnisse in der Geometrie, Grundstein für die reine Geometrie als Wissenschaft, Landvermessung, Philosophie: Wasser als Urstoff des Seins

hier: Satz des Thales

4.1.5 Koordinatendarstellung des Skalarproduktes

Seien $x = (x_1, x_2, ..., x_n)^\top$ und $y = (y_1, y_2, ..., y_n)^\top$ Vektoren des $\mathbb{R}^n$:

$$x = \sum_{i=1}^{n} x_i e^i, \qquad y = \sum_{k=1}^{n} y_k e^k.$$

Mit den Eigenschaften 4. und 5. ergibt sich für ihr Skalarprodukt

$$(x, y) = \left(\sum_{i=1}^{n} x_i e^i, \sum_{k=1}^{n} y_k e^k \right) = \sum_{i=1}^{n} \sum_{k=1}^{n} x_i y_k (e^i, e^k)$$

und, da $\{e^1, e^2, ..., e^n\}$ Orthonormalbasis ist, daraus die **Koordinatendarstellung** des Skalarproduktes

$$(x, y) = \sum_{k=1}^{n} x_k y_k (e^k, e^k) = \sum_{k=1}^{n} x_k y_k. \tag{4.5}$$

Beispiel 4.13

Berechnung des Skalarproduktes

Das Skalarprodukt der Vektoren $x = (1, 2, -1, 3)^\top$ und $y = (2, 0, 4, 0)^\top$ des $\mathbb{R}^4$ ist nach Gleichung (4.5)
$(x, y) = 1 \cdot 2 + 2 \cdot 0 + (-1) \cdot 4 + 3 \cdot 0 = -2$.

Anwendungen des Skalarproduktes

Zerlegung einer Kraft

1. Die Zerlegung einer Kraft F in die Summe aus einer Kraft F_y in Richtung des Vektors y und einer Kraft F_x senkrecht dazu (siehe **Abschnitt 4.1.2** und **Bemerkung 4.6**) wird mithilfe des Skalarproduktes wie folgt berechnet:

$$F_y = \frac{(F,y)}{(y,y)}y, \qquad F_x = F - F_y.$$

Arbeit

2. Ist $F = (F_1, F_2, F_3)^\top$ eine konstante Kraft entlang des Weges $\overrightarrow{AB}$ (siehe **Bild 4.6**), so berechnet sich der Betrag ihrer Arbeit W entlang dieses Weges als Produkt aus dem Betrag der Projektion des Vektors F auf die Richtung $\overrightarrow{AB}$ (siehe **Abschnitt 4.1.2** und **Bemerkung 4.6**) und des Betrages des Vektors $\overrightarrow{AB}$:

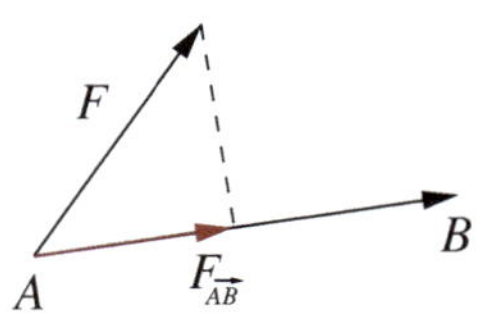

Bild 4.6 Kraft entlang des Weges

$$|W| = |F_{\overrightarrow{AB}}|\,|\overrightarrow{AB}| = \left|\frac{(F,\overrightarrow{AB})}{(\overrightarrow{AB},\overrightarrow{AB})}\overrightarrow{AB}\right|\,|\overrightarrow{AB}| = |(F,\overrightarrow{AB})|. \tag{4.6}$$

Dabei ist die Arbeit W positiv, wenn $F_{\overrightarrow{AB}}$ und $\overrightarrow{AB}$ gleichgerichtet sind. Sind $F_{\overrightarrow{AB}}$ und $\overrightarrow{AB}$ entgegengesetzt gerichtet, so ist W negativ. Aus (4.6) ergibt sich damit

$$W = (F, \overrightarrow{AB}). \tag{4.7}$$

Anwendungen des Skalarproduktes

Beispiel 4.14

1. Gegeben ist die Kraft $F = (-1,3,-5)^\top$ [kN] und der Vektor $y = (-2,2,1)^\top$. Die Kraft F wird in die Summe aus einer Kraft F_y in Richtung des Vektors y und einer Kraft F_x senkrecht dazu wie folgt zerlegt:

$$F_y = \frac{(F,y)}{(y,y)}y = \left(-\frac{2}{3}, \frac{2}{3}, \frac{1}{3}\right)^\top \text{[kN]}, \quad F_x = F - F_y = \left(-\frac{1}{3}, \frac{7}{3}, -\frac{16}{3}\right)^\top \text{[kN]}.$$

2. Welche Arbeit verrichtet die Kraft $F = (1,3,-2)^\top$ [kN] entlang des Weges $\overrightarrow{AB}$ mit $A(1,2,3)$ [m] und $B(10,8,5)$ [m])?
Mit Gleichung (4.7) folgt

$$W = (F, \overrightarrow{AB}) = \left(\begin{pmatrix}1\\3\\-2\end{pmatrix}, \begin{pmatrix}9\\6\\2\end{pmatrix}\right) = 23 \text{ [kNm]}\,.$$

4.1.6 Winkelmessung im $\mathbb{R}^n$

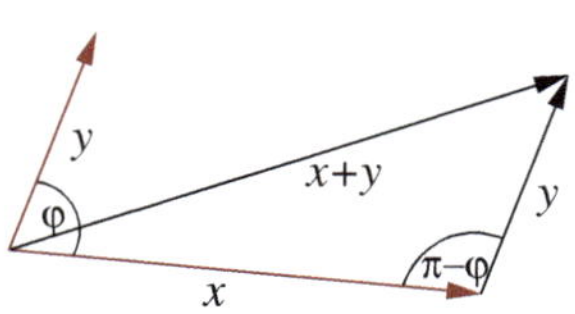

Bild 4.7 Winkel zwischen zwei Vektoren

Gegeben sind zwei Vektoren x und y des $\mathbb{R}^2$, die denselben Anfangspunkt haben sollen und den zu ermittelnden Winkel φ miteinander einschließen (siehe **Bild 4.7**).

Wird der Kosinussatz im Dreieck, das aus den Vektoren x, y und $x+y$ gebildet wird, angewendet, so ergibt sich

$$|x+y|^2 = |x|^2 + |y|^2 - 2|x||y|\cos(\pi - \varphi)$$

und daraus

$$\cos\varphi = \frac{|x+y|^2 - |x|^2 - |y|^2}{2|x||y|} = \frac{2(x,y)}{2|x||y|} = \frac{(x,y)}{|x||y|}.$$

Dieses Ergebnis wird auch als Definition des Winkels zwischen zwei Vektoren des $\mathbb{R}^n$ übertragen.

Definition 4.15

Seien $x, y \in \mathbb{R}^n$ zwei Vektoren. Für den **Winkel** φ zwischen x und y gilt $\cos\varphi = \dfrac{(x,y)}{|x||y|}$, $\varphi \in [0,\pi]$.

Richtungskosinus

Die Zerlegung des Vektors $x = (x_1, x_2, ..., x_n)^\top$ bezüglich der kanonischen Basis $\{e^1, e^2, ..., e^n\}$ ist

$$x = \sum_{k=1}^{n} x_k e^k. \tag{4.8}$$

Daraus ergibt sich nach skalarer Multiplikation mit dem kanonischen Vektor e^i

$$(x, e^i) = \left(\sum_{k=1}^{n} x_k e^k, e^i\right) = \sum_{k=1}^{n} x_k \left(e^k, e^i\right) = x_i \left(e^i, e^i\right) = x_i, \tag{4.9}$$

d. h., die Komponente x_i des Vektors x ist das Skalarprodukt des Vektors x mit dem kanonischen Vektor e^i. Wird Gleichung (4.9) in Gleichung (4.8) eingesetzt, so ergibt sich mit der **Definition 4.5** des Skalarproduktes

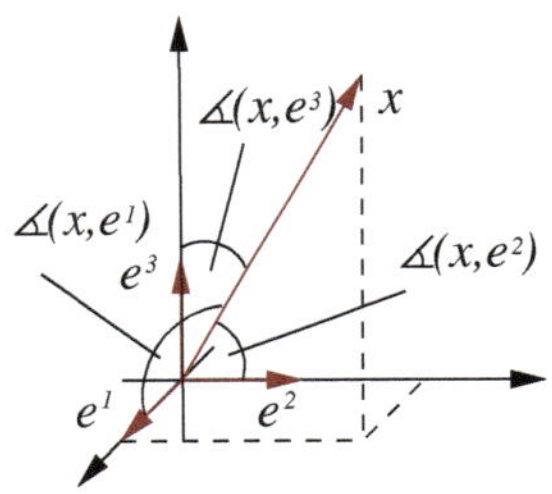

Bild 4.8 Richtungswinkel von x

$$x = \sum_{k=1}^{n}(x, e^k)e^k = \sum_{k=1}^{n} |x||e^k| \cos\measuredangle(x, e^k)\, e^k = |x| \sum_{k=1}^{n} \cos\measuredangle(x, e^k)\, e^k.$$

Dabei sind $\measuredangle(x, e^k)$ die Winkel, die der Vektor x mit den Koordinatenachsen e^k einschließt. Sie heißen daher **Richtungswinkel**. Wird die Gleichung durch $|x|$ dividiert, so ergibt sich auf der linken Seite der Einheitsvektor $e_x = x/|x|$ in Richtung x. Für seine Komponenten $\cos\measuredangle(x, e^k)$, die auch als **Richtungskosinusse** bezeichnet werden, gilt daher

$$\sum_{k=1}^{n} \cos^2\measuredangle(x, e^k) = 1. \tag{4.10}$$

Beispiel 4.16 — **Richtungskosinusse und Richtungswinkel**

Der Vektor $x = (1,2,3)^\top \in \mathbb{R}^3$ mit dem Betrag $|x| = \sqrt{14}$ (siehe **Beispiel 4.2**) bildet mit den Achsen e^1, e^2 und e^3 des Koordinatensystems die Winkel $\measuredangle(x, e^1)$, $\measuredangle(x, e^2)$ und $\measuredangle(x, e^3)$ (siehe **Bild 4.8**). Die Richtungskosinusse sind

$\cos\measuredangle(x, e^1) = 1/\sqrt{14}$, $\quad \cos\measuredangle(x, e^2) = 2/\sqrt{14}$, $\quad \cos\measuredangle(x, e^3) = 3/\sqrt{14}$.

Offenbar gilt dafür Gleichung (4.10). Die Richtungswinkel betragen

$\measuredangle(x, e^1) \approx 74.49°$, $\quad \measuredangle(x, e^2) \approx 57.68°$, $\quad \measuredangle(x, e^3) \approx 36.69°$.

4.1.7 Das Vektorprodukt

Definition 4.17

Das **Vektorprodukt** $x \times y$ zweier Vektoren $x, y \in \mathbb{R}^3$ ist der Vektor mit dem Betrag $|x||y|| \sin \measuredangle(x, y)|$ (Flächeninhalt des von x und y aufgespannten Parallelogramms), der auf x und y senkrecht steht, sodass x, y und $x \times y$ ein rechtshändiges System bilden (siehe **Bild 4.9**).

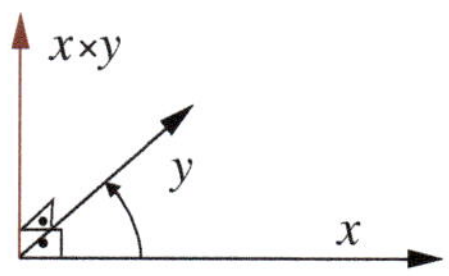

Bild 4.9 Vektorprodukt $x \times y$

Eigenschaften des Vektorproduktes

Für beliebige Vektoren $x, y, z \in \mathbb{R}^3$ und beliebige reelle Zahlen α gilt

Vektorprodukt gleich Nullvektor
1. $x \times y = O$ genau dann, wenn $x = O$ oder $y = O$ oder $x || y$.

Positive Definitheit
2. $x \times x = O$

Linearität
3. $(\alpha x) \times y = \alpha(x \times y)$

Antisymmetrie
4. $x \times y = -(y \times x)$

Distributivgesetz
5. $x \times (y + z) = x \times y + x \times z$

Distributivgesetz
6. $(x + y) \times z = x \times z + y \times z$

Der Beweis der Eigenschaften 1., 2., 3. und 4. ergibt sich unmittelbar aus der **Definition 4.17**.

Vektorprodukt und Skalarprodukt

Beispiel 4.18

Für das Vektorprodukt der Vektoren $3x - 2y$ und $2x + y$ ergibt sich mit den genannten Eigenschaften des Vektorproduktes

$(3x - 2y) \times (2x + y) = 6(x \times x) - 4(y \times x) + 3(x \times y) - 2(y \times y) = 7(x \times y)$.

Für das Skalarprodukt der genannten Vektoren ergibt sich mit den entsprechenden Eigenschaften des Skalarproduktes

$(3x - 2y, 2x + y) = 6(x, x) - 4(y, x) + 3(x, y) - 2(y, y) = 6(x, x) - (x, y) - 2(y, y)$.

Koordinatendarstellung des Vektorproduktes

Seien $x = (x_1, x_2, x_3)^\top$ und $y = (y_1, y_2, y_3)^\top$ zwei Vektoren des $\mathbb{R}^3$ mit den angegebenen Koordinaten bezüglich der kanonischen Basis $\{e^1, e^2, e^3\}$. Dann berechnet sich ihr Vektorprodukt mithilfe der Eigenschaften $e^1 \times e^2 = -e^2 \times e^1 = e^3$, $e^1 \times e^3 = -e^3 \times e^1 = -e^2$, $e^2 \times e^3 = -e^3 \times e^2 = e^1$ zu

$$\begin{aligned} x \times y &= \left(\sum_{i=1}^{3} x_i e^i\right) \times \left(\sum_{k=1}^{3} y_k e^k\right) = \sum_{i=1}^{3}\sum_{k=1}^{3} x_i y_k (e^i \times e^k) \\ &= (x_2 y_3 - x_3 y_2)e^1 - (x_1 y_3 - x_3 y_1)e^2 + (x_1 y_2 - x_2 y_1)e^3 \end{aligned}$$

und kann daher als formale Determinante interpretiert werden:

$$x \times y = \begin{vmatrix} e^1 & e^2 & e^3 \\ x_1 & x_2 & x_3 \\ y_1 & y_2 & y_3 \end{vmatrix} = \begin{vmatrix} x_2 & x_3 \\ y_2 & y_3 \end{vmatrix} e^1 - \begin{vmatrix} x_1 & x_3 \\ y_1 & y_3 \end{vmatrix} e^2 + \begin{vmatrix} x_1 & x_2 \\ y_1 & y_2 \end{vmatrix} e^3. \quad (4.11)$$

Beispiel 4.19

Berechnung des Vektorproduktes

Das Vektorprodukt der Vektoren $x = (1, 2, 3)^\top$ und $y = (4, 5, 6)^\top$ beträgt nach Gleichung (4.11)

$$x \times y = \begin{vmatrix} e^1 & e^2 & e^3 \\ 1 & 2 & 3 \\ 4 & 5 & 6 \end{vmatrix} = \begin{vmatrix} 2 & 3 \\ 5 & 6 \end{vmatrix} e^1 - \begin{vmatrix} 1 & 3 \\ 4 & 6 \end{vmatrix} e^2 + \begin{vmatrix} 1 & 2 \\ 4 & 5 \end{vmatrix} e^3 = -3e^1 + 6e^2 - 3e^3 = \begin{pmatrix} -3 \\ 6 \\ -3 \end{pmatrix}.$$

Weitere Eigenschaften

Für das Rechnen mit dem Vektorprodukt können weitere Eigenschaften gezeigt werden. Für beliebige Vektoren $x, y, z, w \in \mathbb{R}^3$ gilt u. a.

Quadrat des Betrages des Vektorproduktes

Vektorprodukt aus Vektor und Vektorprodukt

Identität von Lagrange

1. $|x \times y|^2 = |x|^2|y|^2 - (x, y)^2$
2. $x \times (y \times z) = (x, z)y - (x, y)z$
3. $(x \times y, z \times w) = (x, z)(y, w) - (y, z)(x, w)$

Anwendungen des Vektorproduktes

Flächeninhalte

1. Der Flächeninhalt eines Dreiecks oder Parallelogramms kann mithilfe des Vektorproduktes berechnet werden. Sind die Eckpunkte A, B und C gegeben, so spannen z. B. die Vektoren $\overrightarrow{AB}$ und $\overrightarrow{AC}$ ein Parallelogramm auf, dessen Flächeninhalt gleich dem Betrag ihres Vektorproduktes ist. Der Flächeninhalt des Dreiecks mit den Eckpunkten A, B und C ist dem zufolge gleich dem halben Betrag ihres Vektorproduktes (siehe **Bild 4.10**).

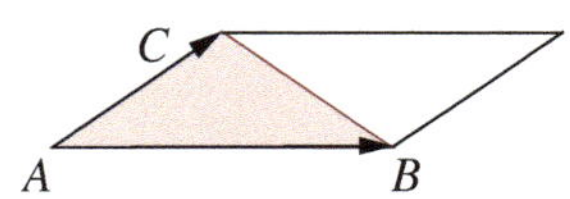

Bild 4.10 Flächeninhalte

Drei Punkte auf einer Gerade

2. Die Frage, ob drei Punkte A, B und C auf einer Gerade liegen, kann mithilfe des Vektorproduktes beantwortet werden. Liegen die drei Punkte auf einer Gerade, so sind die Vektoren $\overrightarrow{AB}$ und $\overrightarrow{AC}$ parallel, d. h., nach **Definition 4.17** ist ihr Vektorprodukt der Nullvektor. Ist andererseits das Vektorprodukt $\overrightarrow{AB} \times \overrightarrow{AC}$ der Nullvektor, so ist entweder einer der beiden Vektoren $\overrightarrow{AB}$ und $\overrightarrow{AC}$ der Nullvektor oder die Vektoren sind parallel, d. h., die drei Punkte liegen auf einer Gerade (siehe **Bild 4.11**).

   Damit liegen die Punkte A, B und C genau dann auf einer Gerade, wenn gilt $\overrightarrow{AB} \times \overrightarrow{AC} = O$.

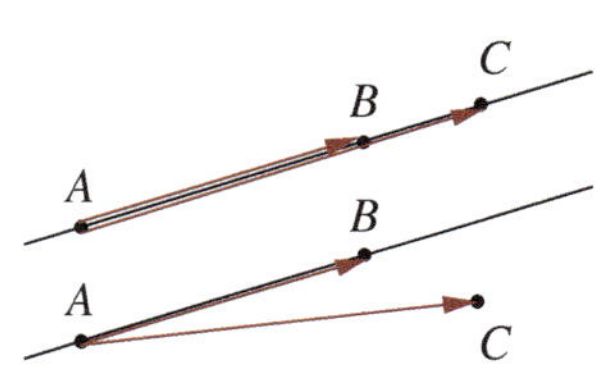

Bild 4.11 Lage von drei Punkten

Punktmomente

3. Das Moment M_A^P einer Kraft F, die im Punkt P angreift, bezüglich des Punktes A (siehe **Bild 4.12**) ist definiert als das Vektorprodukt aus dem „Hebelarm" $\overrightarrow{AP}$ und der Kraft F:

$$M_A^P = \overrightarrow{AP} \times F. \tag{4.12}$$

Für dieses Moment ergibt sich aus Gleichung (4.12) nach Anwendungen des Distributivgesetzes

$$M_A^P = \left(\overrightarrow{OP} - \overrightarrow{OA}\right) \times F = M_O^P - M_O^A, \tag{4.13}$$

d. h., das Moment M_A^P ist gleich der Differenz der Momente der Kraft F mit den Angriffspunkten P bzw. A jeweils bezüglich des Koordinatenursprungs O.

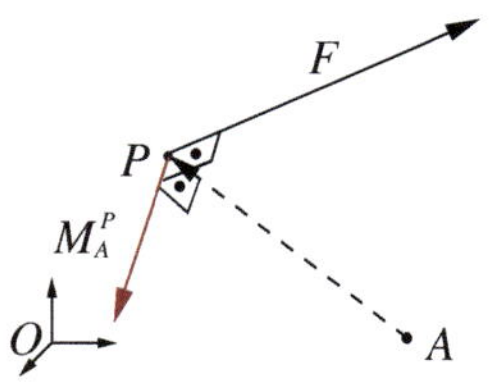

Bild 4.12 Moment M_A^P der Kraft F bezüglich des Punktes A

Achsmomente

4. Das Moment einer Kraft F, die im Punkt P angreift, bezüglich einer Achse durch den Punkt A und dem Richtungsvektor a (siehe **Bild 4.13**) ist definiert als die Projektion des Momentes M_A^P auf den Vektor a:

$$\left(M_A^P\right)_a = \frac{(M_A^P, a)}{(a, a)} a. \tag{4.14}$$

Für dieses Moment ergibt sich nach Einsetzen von Gleichung (4.13) in (4.14) und nach Anwendungen des Distributivgesetzes

$$\left(M_A^P\right)_a = \frac{(M_O^P - M_O^A, a)}{(a, a)} a = \left(M_O^P\right)_a - \left(M_O^A\right)_a, \tag{4.15}$$

d. h., das Moment $\left(M_A^P\right)_a$ ist gleich der Differenz der Momente der Kraft F mit den Angriffspunkten P bzw. A jeweils bezüglich der Achse durch den Koordinatenursprung O mit dem Richtungsvektor a.

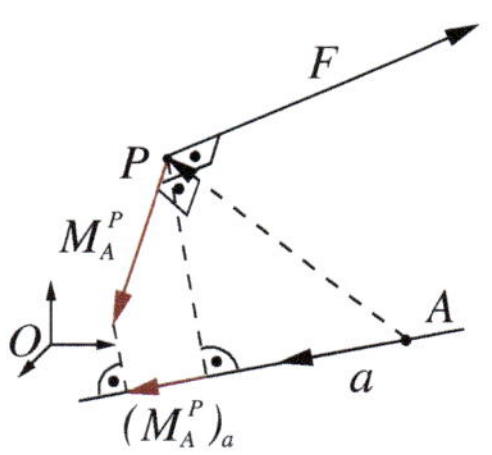

Bild 4.13 Moment $\left(M_A^P\right)_a$ der Kraft F bezüglich der Achse durch den Punkt A mit dem Richtungsvektor a

Anwendungen des Vektorproduktes

Beispiel 4.20

1. Liegen die Punkte $P_1(-3, 4, 7)$, $P_2(9, -1, 5)$, $P_3(20, -6, 3)$ auf einer Gerade? Mit den Vektoren
$\overrightarrow{P_1P_2} = (12, -5, -2)^\top$ und $\overrightarrow{P_1P_3} = (23, -10, -4)^\top$ ist
$\overrightarrow{P_1P_2} \times \overrightarrow{P_1P_3} = (0, 2, -5)^\top \neq (0, 0, 0)^\top$,
d. h., die Punkte liegen nicht auf einer Gerade.
2. Gesucht ist der Flächeninhalt des Dreiecks mit den Eckpunkten $A(1, 1)$, $B(10, 8)$, $C(7, 9)$.
Der Flächeninhalt des Dreiecks, das von zwei Vektoren aufgespannt wird, ist gleich dem halben Flächeninhalt des Parallelogramms, das von denselben Vektoren aufgespannt wird. Er ist nach **Definition 4.17** gleich dem Betrag ihres

Vektorproduktes. Mit den Punkten $A'(1,1,0)$, $B'(10,8,0)$, $C'(7,9,0)$ und den aufspannenden Vektoren $\overrightarrow{A'B'} = (9,7,0)^\top$ und $\overrightarrow{A'C'} = (6,8,0)^\top$ ergibt sich aus Gleichung (4.11)

$$\overrightarrow{A'B'} \times \overrightarrow{A'C'} = \begin{vmatrix} e^1 & e^2 & e^3 \\ 9 & 7 & 0 \\ 6 & 8 & 0 \end{vmatrix} = 30e^3 = (0,0,30)^\top \text{ und daher } |\overrightarrow{A'B'} \times \overrightarrow{A'C'}| = 30.$$

Der Flächeninhalt des Dreiecks mit den Eckpunkten A, B, C entspricht dem mit den Eckpunkten A', B', C' und beträgt 15.

3. Für die Kraft $F = (20,25,40)^\top$ [kN], die im Punkt $P(12,9,18)$ [m] angreift, ist das Moment bezüglich der Achse durch den Punkt $A(6,3,3)$ [m] mit dem Richtungsvektor $a = (2,-1,2)^\top$ [m] zu berechnen.

Die Momente von F mit den Angriffspunkten in P bzw. A bezüglich des Koordinatenursprungs O sind mit Gleichung (4.12)

$$M_O^P = \overrightarrow{OP} \times F = (-90,-120,120)^\top \text{ und } M_O^A = \overrightarrow{OA} \times F = (45,-180,90)^\top \text{ [kNm]}.$$

Mit Gleichung (4.13) ergibt sich das Moment von F mit dem Angriffspunkt in P bezüglich des Punktes A

$$M_A^P = \overrightarrow{AP} \times F = (-135,60,30)^\top \text{ [kNm]}.$$

Schließlich ist das gesuchte Moment mit Gleichung (4.14)

$$\left(M_A^P\right)_a = \frac{(M_A^P, a)}{(a,a)} a = (-60,30,-60)^\top \text{ [kNm]}.$$

4.1.8 Das Spatprodukt

Definition 4.21

Das **Spatprodukt** (x,y,z) von Vektoren $x,y,z \in \mathbb{R}^3$ ist die Zahl $(x \times y, z)$. Ihr Betrag ist gleich dem Volumen des von den drei Vektoren aufgespannten Parallelepipedes (siehe **Bild 4.14**).

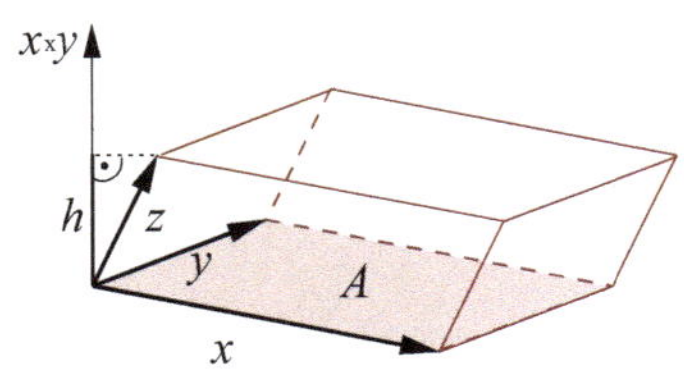

Bild 4.14 Parallelepiped

Beweis: Für das Volumen V des Parallelepipedes gilt, wenn A der Inhalt seiner Grundfläche und h die Länge seiner Höhe ist, $V = Ah$.

Die Grundfläche des Parallelepipedes ist das von x und y aufgespannte Parallelogramm. Sein Inhalt A ist gleich dem Betrag des Vektorproduktes von x und y (siehe **Definition 4.17** des Vektorproduktes):

$A = |x \times y|$.

Die Länge der Höhe h ist gleich dem Betrag der Projektion des Vektors z auf einen zu x und y senkrechten Vektor, z. B. ihr Vektorprodukt:

$$h = |z_{x \times y}| = \frac{|(z, x \times y)|}{|x \times y|}.$$

Damit ergibt sich das Volumen des Parallelepipedes

$$V = |x \times y| \frac{|(z, x \times y)|}{|x \times y|} = |(x \times y, z)|.$$ ∎

Koordinatendarstellung des Spatproduktes

Sind $x = (x_1, x_2, x_3)^\top$, $y = (y_1, y_2, y_3)^\top$, $z = (z_1, z_2, z_3)^\top$ Vektoren des $\mathbb{R}^3$, so berechnet sich das Spatprodukt $(x,y,z) = (x \times y, z)$ als Determinante, gebildet aus den Komponenten dieser Vektoren:

$$(x,y,z) = (x \times y, z) = \begin{vmatrix} x_1 & x_2 & x_3 \\ y_1 & y_2 & y_3 \\ z_1 & z_2 & z_3 \end{vmatrix}.$$

Anwendungen des Spatproduktes

Volumen eines Tetraeders

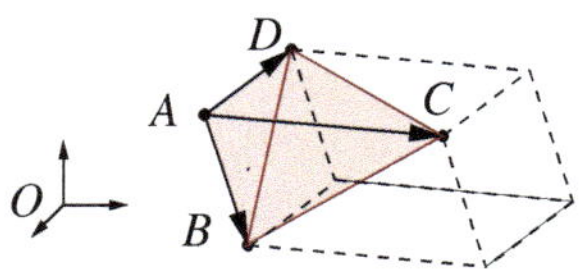

Bild 4.15 Volumen eines Tetraeders

1. Das Volumen V_{T} eines Tetraeders mit den Eckpunkten A, B, C, D (siehe **Bild 4.15**) ist gleich dem sechsten Teil des Volumens V_{P} des Parallelepipedes, der z. B. von den Vektoren $\overrightarrow{AB}$, $\overrightarrow{AC}$, $\overrightarrow{AD}$ aufgespannt wird.
   Damit ist
   $$V_{\mathrm{T}} = \frac{1}{6} V_{\mathrm{P}} = \frac{1}{6} \left| (\overrightarrow{AB} \times \overrightarrow{AC}, \overrightarrow{AD}) \right| .$$

Vier Punkte in einer Ebene

2. Sind die Vektoren $\overrightarrow{AB}$, $\overrightarrow{AC}$, $\overrightarrow{AD}$ linear abhängig, so liegen die Punkte A, B, C, D in einer Ebene, und das Volumen des von den Vektoren aufgespannten Parallelepipedes ist gleich null. Offenbar ist auch die Umkehrung dieses Satzes richtig.
   Damit ist $(\overrightarrow{AB} \times \overrightarrow{AC}, \overrightarrow{AD}) = 0$ genau dann, wenn die Punkte A, B, C, D in einer Ebene liegen.

Anwendungen des Spatproduktes

Beispiel 4.22

1. Für die Punkte $A(1,3,4)$, $B(3,2,-1)$, $C(-2,3,0)$, $D(-1,-3,4)$ ergibt sich mit $\overrightarrow{AB} = (2,-1,-5)^{\top}$, $\overrightarrow{AC} = (-3,0,-4)^{\top}$, $\overrightarrow{AD} = (-2,-6,0)^{\top}$ das Volumen des Tetraeders mit den Eckpunkten A, B, C, D zu
   $$V_{\mathrm{T}} = \frac{1}{6} \begin{vmatrix} 2 & -1 & -5 \\ -3 & 0 & -4 \\ -2 & -6 & 0 \end{vmatrix} = \frac{73}{3}.$$
2. Liegen die Punkte $A(1,3,4)$, $B(3,2,-1)$, $C(-2,3,0)$, $D(20,-2,-9)$ in einer Ebene?
   Mit $\overrightarrow{AB} = (2,-1,-5)^{\top}$, $\overrightarrow{AC} = (-3,0,-4)^{\top}$, $\overrightarrow{AD} = (19,-5,-13)^{\top}$ ist
   $$(\overrightarrow{AB} \times \overrightarrow{AC}, \overrightarrow{AD}) = \begin{vmatrix} 2 & -1 & -5 \\ -3 & 0 & -4 \\ 19 & -5 & -13 \end{vmatrix} = 0.$$
   Die Punkte A, B, C, D liegen daher in einer Ebene.

4.2 Analytische Geometrie der Ebene

In diesem Abschnitt werden zwei geometrische Objekte der Ebene vorgestellt - die Gerade und Kurven zweiter Ordnung mit spezieller Lage im Koordinatensystem. Für unterschiedliche Aufgabenstellungen werden Gleichungen hergeleitet, die die Koordinaten der Punkte einer Gerade erfüllen müssen. Gleichungen für spezielle Kurven zweiter Ordnung werden ausgehend von der geometrischen Definition angegeben. Damit können Lagebeziehung und Schnittpunkte dieser ebenen Objekte gefunden werden.

4.2.1 Die Gerade

Eine Gerade in der Ebene kann auf verschiedene Weise eindeutig festgelegt werden. In Abhängigkeit davon ergeben sich unterschiedliche Möglichkeiten, die Gleichung einer Gerade aufzustellen. Der Abstand eines Punktes von der Gerade wird berechnet, die Lagebeziehung von zwei Geraden untersucht und der Winkel zwischen zwei Geraden ermittelt.

Gleichungen der Gerade

Punktrichtungsform

Gegeben ist

1. ein Punkt der Gerade $P(x_p, y_p)$,
2. ein Richtungsvektor $r = (x_r, y_r)^\top \neq (0,0)^\top$.

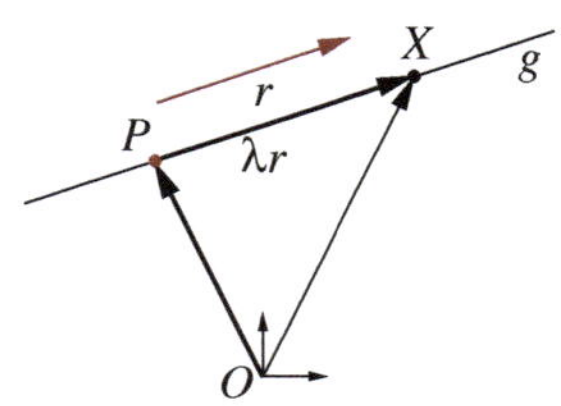

Bild 4.16 Gerade g mit $P \in g$, $g||r$

Dann existiert genau eine Gerade g durch den Punkt P parallel zum Vektor r (siehe **Bild 4.16**). Jeder Punkt $X(x, y)$ der Gerade g lässt sich mit einem reellen Parameter λ folgendermaßen erreichen:

$$\overrightarrow{OX} = \overrightarrow{OP} + \lambda r, \; \lambda \in \mathbb{R}.$$

Diese Gleichung ist die **Punktrichtungsform in Parametergestalt**. Die reelle Zahl λ heißt **Parameter**. Für jede Wahl von λ wird ein bestimmter Punkt X_λ der Gerade erreicht. In Koordinatenschreibweise lautet die Gleichung

$$\begin{pmatrix} x \\ y \end{pmatrix} = \begin{pmatrix} x_p \\ y_p \end{pmatrix} + \lambda \begin{pmatrix} x_r \\ y_r \end{pmatrix}. \tag{4.16}$$

Gilt $x_r \neq 0$, so kann der Parameter λ eliminiert werden, und es ergibt sich die **parameterfreie Punktrichtungsform** der Gerade

$$y = y_p + \frac{y_r}{x_r}(x - x_p). \tag{4.17}$$

Die Zahl $m = y_r/x_r$ heißt **Steigung** der Gerade.

Zweipunkteform

Gegeben ist

1. ein Punkt $P_1(x_1, y_1)$ der Gerade,
2. ein Punkt $P_2(x_2, y_2)$ der Gerade mit $P_2 \neq P_1$.

Dann existiert genau eine Gerade g durch die Punkte P_1 und P_2 (siehe **Bild 4.17**). Ein Richtungsvektor dieser Gerade ist z. B. der Vektor

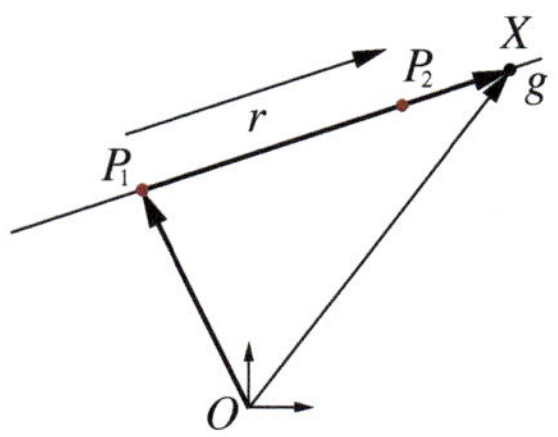

Bild 4.17 Gerade g durch die Punkte P_1 und P_2

$r = \overrightarrow{P_1P_2} = (x_2 - x_1, y_2 - y_1)^\top$, und aus Gleichung (4.16) ergibt sich die **Zweipunkteform in Parametergestalt**

$$\begin{pmatrix} x \\ y \end{pmatrix} = \begin{pmatrix} x_1 \\ y_1 \end{pmatrix} + \lambda \begin{pmatrix} x_2 - x_1 \\ y_2 - y_1 \end{pmatrix} \tag{4.18}$$

und aus Gleichung (4.17) mit $x_2 - x_1 \neq 0$ die **parameterfreie Zweipunkteform**

$$y - y_1 = \frac{y_2 - y_1}{x_2 - x_1}(x - x_1). \tag{4.19}$$

Achsenabschnittsform

Gegeben sind die „Achsenabschnitte" $a, b \neq 0$ der Gerade g, d. h.,

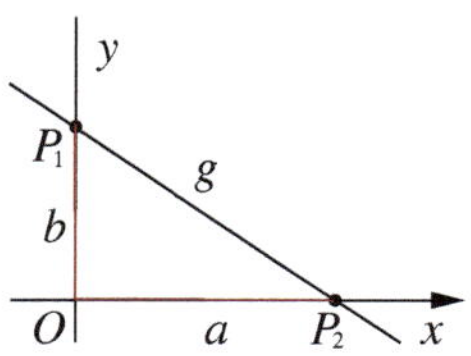

Bild 4.18 Achsenabschnitte a, b

1. der Punkt $P_1(0, b)$ der Gerade,
2. der Punkt $P_2(a, 0)$ der Gerade.

Dann existiert genau eine Gerade g durch die Punkte P_1 und P_2 (siehe **Bild 4.18**). Aus der Zweipunkteform (4.19) ergibt sich

$$\frac{x}{a} + \frac{y}{b} = 1. \tag{4.20}$$

Die Gleichung (4.20) heißt **Achsenabschnittsform**. Sind die Achsenabschnitte gegeben, so kann die Gerade g unmittelbar graphisch dargestellt werden. Wird Gleichung (4.20) nach y umgestellt, so ergibt sich die so genannte **Normalform** der Geradengleichung

Normalform

$$y = mx + n \qquad \text{mit} \qquad m = -\frac{b}{a},\ n = b, \tag{4.21}$$

dabei ist n der Achsenabschnitt auf der y-Achse und m die Steigung.

Bemerkung 4.23

Die Gleichungen (4.20) und (4.21) setzen $a \neq 0$ voraus. Die Gleichung (4.19) setzt $x_1 \neq x_2$ voraus und die Gleichung (4.17) $x_r \neq 0$. Das bedeutet, dass Geraden *parallel* zur y-Achse *nicht* mit der Normalform, der Achsenabschnittsform, der parameterfreien Zweipunkte- oder Punktrichtungsform beschrieben werden können. Sie haben die analytische Darstellung $x = c$, wobei c eine reelle Konstante ist, die den Abstand der Gerade g von der y-Achse angibt.

Allgemeine Form

Gegeben ist

1. ein Punkt $P(x_p, y_p)$ der Gerade,
2. ein **Normalenvektor** $n = (x_n, y_n)^\top \neq O$ senkrecht zur Gerade.

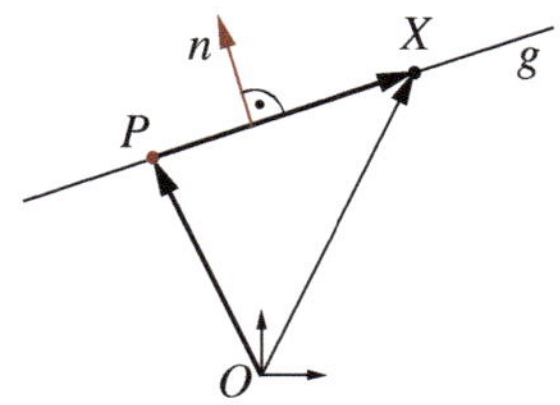

Bild 4.19 Gerade g mit $P \in g$, $g \perp n$

Dann existiert genau eine Gerade g durch den Punkt P, die senkrecht zum Normalenvektor n ist (siehe **Bild 4.19**). Ist $X(x, y)$ ein beliebiger Punkt der Gerade, dann ist folglich der Vektor $\overrightarrow{PX}$ senkrecht zu n, und es gilt (siehe **Abschnitt 4.1.3**)

$$(\overrightarrow{PX}, n) = 0 \tag{4.22}$$

bzw. mit $\overrightarrow{PX} = \overrightarrow{OX} - \overrightarrow{OP}$ und $c = -(\overrightarrow{OP}, n)$

$(\overrightarrow{OX}, n) + c = 0.$

In Koordinatenschreibweise lautet diese Gleichung

$$x_n x + y_n y + c = 0 \quad \text{mit} \quad c = -(x_p x_n + y_p y_n). \tag{4.23}$$

Die Gleichungen (4.22) und (4.23) heißen **allgemeine Formen der Geradengleichung**. Sie existieren für jede beliebige Gerade der Ebene.

Ludwig Otto Hesse (* 22. April 1811 in Königsberg, † 4. August 1874 in München)

deutscher Mathematiker, Professor in Heidelberg und München

Entwicklung der Theorie algebraischer Funktionen und der Theorie der Invarianten, geometrische Interpretation algebraischer Transformationen, Analytische Geometrie der Ebene und des Raumes, Determinanten, Hesse-Matrix

hier: Hesse-Normalform

Mit dem Einheitsvektor $e_n = n/|n|$ (siehe **Abschnitt 4.1.1**) ergibt sich aus der Geradengleichung (4.22) nach Division durch $|n|$

$$(\overrightarrow{PX}, e_n) = 0 \tag{4.24}$$

bzw. aus der Koordinatenschreibweise (4.23)

$$\frac{x_n}{|n|}\, x + \frac{y_n}{|n|}\, y + c = 0 \quad \text{mit} \quad c = -\frac{x_p x_n + y_p y_n}{|n|}. \tag{4.25}$$

Die Gleichungen (4.24) und (4.25) heißen **Hesse-Normalform**.

Bemerkung 4.24

Die Koeffizienten $x_n/|n|$ und $y_n/|n|$ in (4.25) sind die Richtungskosinusse des Normalenvektors n (siehe **Abschnitt 4.1.6**).

Beispiel 4.25

Gleichungen der Gerade

Gesucht sind die verschiedenen Gleichungen der Gerade g, die durch die Punkte $P_1(1, 5)$ und $P_2(3, 9)$ verläuft (siehe **Bild 4.20**).

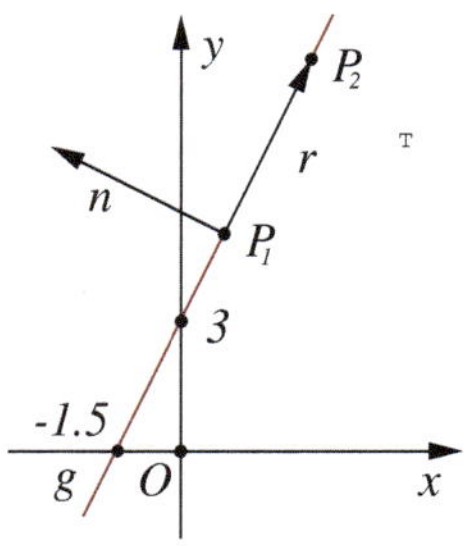

Bild 4.20 Zu Beispiel 4.25

Die *Zweipunkteform in Parametergestalt* (4.18) ist $\begin{pmatrix} x \\ y \end{pmatrix} = \begin{pmatrix} 1 \\ 5 \end{pmatrix} + \lambda \begin{pmatrix} 2 \\ 4 \end{pmatrix}$.

Aus (4.19) folgt die *parameterfreie Zweipunkteform* $y - 5 = 2(x - 1)$.

Daraus ergibt sich die *Normalform* (4.21) $y = 2x + 3$.

Durch Umstellen (Subtraktion von $2x$ und Division durch 3) folgt die *Achsenabschnittsform* (4.20) $\dfrac{x}{-1.5} + \dfrac{y}{3} = 1$. Die Gerade verläuft durch die Punkte $(-1.5, 0)$ und $(0, 3)$ und kann jetzt unmittelbar graphisch dargestellt werden.

Aus der Zweipunkteform in Parametergestalt kann der Richtungsvektor der Gerade $r = (2, 4)^\top$ direkt abgelesen werden. Dann ist z. B. $n = (-4, 2)^\top$ Normalenvektor. Sein Betrag ist gleich $2\sqrt{5}$.

Aus (4.25) ergibt sich die *Hesse-Normalform* $-\dfrac{2}{\sqrt{5}}\,x + \dfrac{y}{\sqrt{5}} - \dfrac{3}{\sqrt{5}} = 0$.

Mithilfe der Geradengleichungen lassen sich einige Aufgabenstellungen der ebenen Geometrie lösen, die im Folgenden betrachtet werden.

Abstand eines Punktes von einer Gerade

Gegeben ist eine Gerade g durch

1. einen Punkt P auf ihr,
2. einen normierten Normalenvektor e_n, $|e_n| = 1$

und ein beliebiger Punkt Q der Ebene. Gesucht ist der Abstand d des Punktes Q von der Gerade g (siehe **Bild 4.21**).

Abstand Sei F der Lotfußpunkt des Lotes vom Punkt Q auf die Gerade g. Dann ist $d = |\overrightarrow{FQ}|$ der gesuchte Abstand.

Da e_n Normaleneinheitsvektor ist, gilt $\overrightarrow{FQ} = \tilde{d}\, e_n$. Dabei ist $\tilde{d} = d$, wenn $\overrightarrow{FQ}$ und e_n gleichgerichtet sind und andernfalls $\tilde{d} = -d$. Kann daher $\tilde{d}$ ermittelt werden, so ist $d = |\tilde{d}|$. Daraus ergibt sich

$$\overrightarrow{OQ} - \overrightarrow{OF} = \tilde{d}\, e_n. \tag{4.26}$$

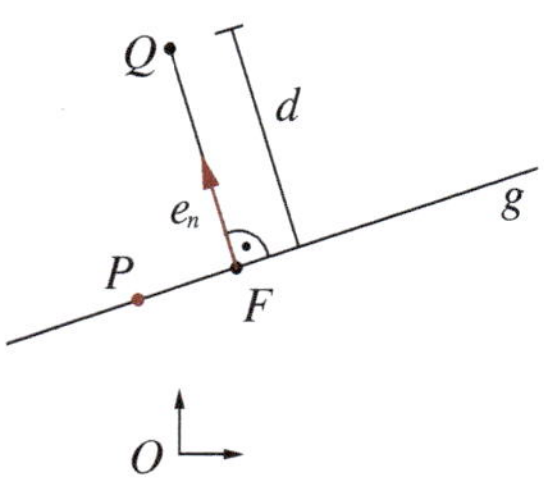

Bild 4.21 Abstand d des Punktes Q von der Gerade g

Da der Lotfußpunkt F andererseits Punkt der Gerade g ist, muss er die Hesse-Normalform (4.24) erfüllen, d. h., es ist $(\overrightarrow{PF}, e_n) = 0$ oder

$$(\overrightarrow{OF} - \overrightarrow{OP}, e_n) = 0. \tag{4.27}$$

Wird Gleichung (4.26) nach $\overrightarrow{OF}$ umgestellt und in Gleichung (4.27) eingesetzt, so folgt

$$\begin{aligned} (\overrightarrow{OQ} - \tilde{d}\, e_n - \overrightarrow{OP}, e_n) &= 0 && \text{bzw.} \\ (\overrightarrow{OQ} - \overrightarrow{OP}, e_n) &= \tilde{d}(e_n, e_n) && \text{bzw. mit } (e_n, e_n) = 1 \\ (\overrightarrow{PQ}, e_n) &= \tilde{d}. \end{aligned}$$

Werden die Koordinaten des Punktes Q in die linke Seite der Hesse-Normalform der Geradengleichung von g eingesetzt, so ergibt sich der vorzeichenbehaftete Abstand $\tilde{d}$ des Punktes Q von der Gerade g. Damit folgt für den gesuchten Abstand

$$d = |(\overrightarrow{PQ}, e_n)|.$$

Lotfußpunkt

Der Lotfußpunkt F kann aus Gleichung (4.26) ermittelt werden:

$$\overrightarrow{OF} = \overrightarrow{OQ} - \tilde{d}\, e_n = \overrightarrow{OQ} - (\overrightarrow{PQ}, e_n)\, e_n.$$

Beispiel 4.26

Abstand von Punkten von einer Gerade

Gegeben ist die Gerade aus **Beispiel 4.25** (siehe **Bild 4.22**). Sie hat die Hesse-Normalform $-\frac{2}{\sqrt{5}}\,x + \frac{y}{\sqrt{5}} - \frac{3}{\sqrt{5}} = 0$.

1. Der Punkt $Q_1(2,7)$ hat von g den Abstand
$d = -\frac{2}{\sqrt{5}} \cdot 2 + \frac{7}{\sqrt{5}} - \frac{3}{\sqrt{5}} = 0.$
2. Der Punkt $Q_2(-1,5)$ hat von g den Abstand
$d = \frac{2}{\sqrt{5}} + \frac{5}{\sqrt{5}} - \frac{3}{\sqrt{5}} = \frac{4}{\sqrt{5}}.$
3. Der Koordinatenursprung $O(0,0)$ hat von g den Abstand
$d = \left| -\frac{2}{\sqrt{5}} \cdot 0 + \frac{1}{\sqrt{5}} \cdot 0 - \frac{3}{\sqrt{5}} \right| = \frac{3}{\sqrt{5}}.$

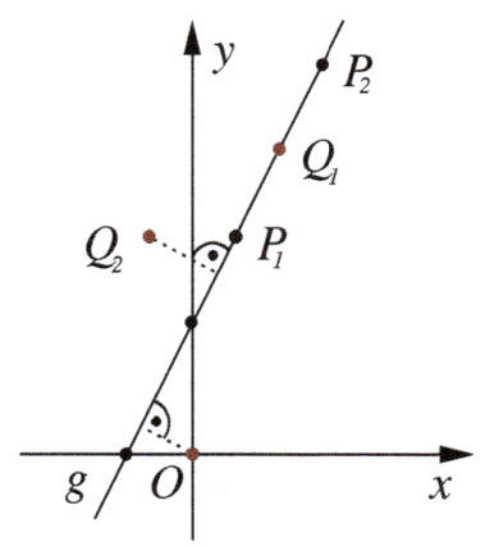

Bild 4.22 Gerade $y = 2x + 3$

Winkel zwischen zwei Geraden

Der Winkel zwischen zwei Geraden g_1 und g_2 ist der Winkel zwischen ihren Richtungsvektoren oder ihren Normalenvektoren (siehe **Bild 4.23**). Sind die Richtungsvektoren r^1 und r^2 oder die Normalenvektoren der Geraden n^1 und n^2 bekannt, so ergibt sich der gesuchte Winkel α aus (siehe auch **Abschnitt 4.1.6**)

$$\cos\alpha = \frac{(r^1, r^2)}{|r^1||r^2|} = \frac{(n^1, n^2)}{|n^1||n^2|}, \quad \alpha \in [0, \pi). \tag{4.28}$$

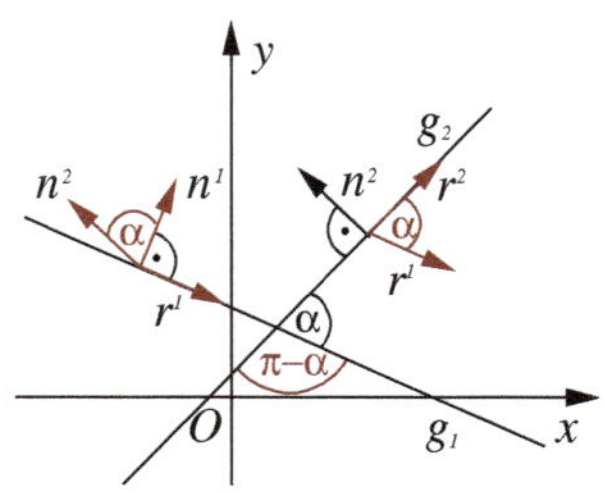

Bild 4.23 Winkel α zwischen zwei Geraden

Bemerkung 4.27

Mit dem Winkel α ist gleichzeitig auch der Nebenwinkel $\pi - \alpha$ (siehe **Bild 4.23**) Winkel zwischen beiden Geraden. Er ergibt sich aus Gleichung (4.28) z. B. dann, wenn der zu r^1 entgegengesetzte Vektor $-r^1$ als Richtungsvektor der Gerade g_1 verwendet wird.

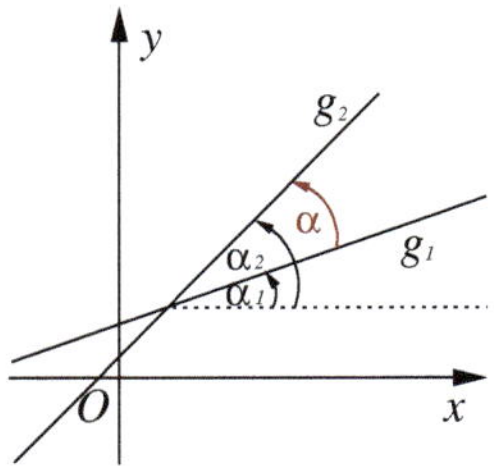

Bild 4.24 Steigungswinkel

Sind die Geradengleichungen von g_1 und g_2 in der Normalform

$$g_1: \ y = m_1 x + n_1 \qquad \text{und} \qquad g_2: \ y = m_2 x + n_2$$

gegeben, so sind m_1 und m_2 ihre Steigungen (siehe **Bild 4.24**). Mit den Steigungswinkeln α_1 und α_2 ist $\tan\alpha_1 = m_1$, $\tan\alpha_2 = m_2$, und der gesuchte Winkel α ergibt sich aus der Differenz $\alpha_2 - \alpha_1$. Mit dem entsprechenden Additionstheorem für Winkelfunktionen folgt

$$\tan(\alpha_2 - \alpha_1) = \frac{\tan\alpha_2 - \tan\alpha_1}{1 + \tan\alpha_1 \tan\alpha_2} = \frac{m_2 - m_1}{1 + m_1 m_2}. \tag{4.29}$$

Winkel zwischen zwei Geraden

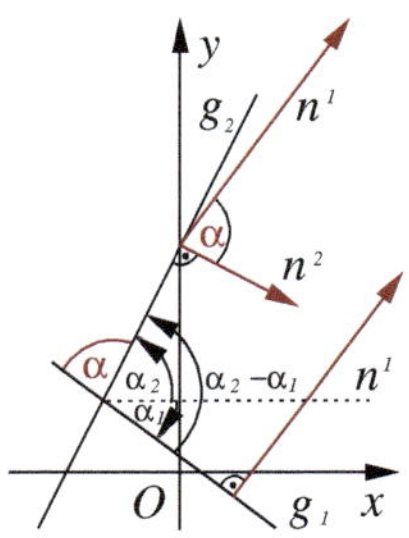

Bild 4.25 Winkel α zwischen den Geraden g_1 und g_2

Beispiel 4.28

Die Geraden $g_1: \ 3x + 4y - 1 = 0$ und $g_2: \ 2x - y + 4 = 0$ (siehe **Bild 4.25**) haben die Normalenvektoren $n^1 = (3,4)^\top$ und $n^2 = (2,-1)^\top$.
Mit Gleichung (4.28) ergibt sich

$$\cos\alpha = \frac{(n^1, n^2)}{|n^1||n^2|} = \frac{2}{5\sqrt{5}}, \qquad \alpha \approx 1.39 \approx 79.7^\circ.$$

Die Normalformen der beiden Geraden lauten

$$g_1: \ y = -\frac{3}{4}x + \frac{1}{4} \qquad \text{und} \qquad g_2: \ y = 2x + 4.$$

Ihre Steigungen sind $m_1 = -3/4$ und $m_2 = 2$. Mit Gleichung (4.29) ergibt sich

$$\tan(\alpha_2 - \alpha_1) = \frac{m_2 - m_1}{1 + m_1 m_2} = \frac{2 + 3/4}{1 - 3/4 \cdot 2} = -\frac{11}{2}, \quad \alpha_2 - \alpha_1 \approx -1.39 \approx -79.7^\circ$$

und somit als Winkel zwischen den Geraden $\alpha \approx 79.7^\circ$ oder $180^\circ - \alpha \approx 100.3^\circ$.

Lagebeziehungen zweier Geraden

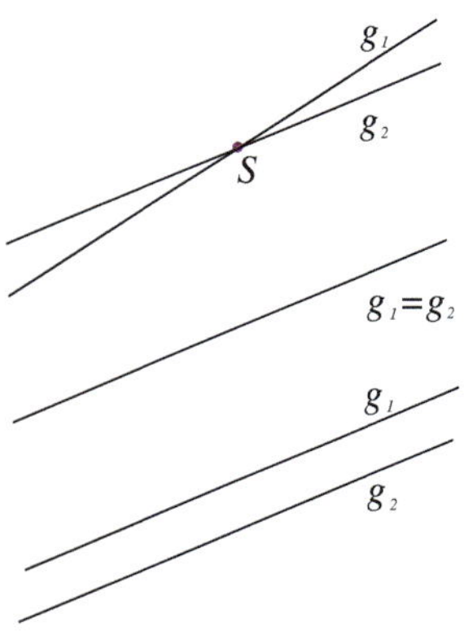

Bild 4.26 Lagebeziehungen zweier Geraden

Zwei Geraden g_1 und g_2 in der Ebene haben entweder genau einen Punkt oder alle Punkte oder keinen Punkt gemeinsam (schneiden sich oder fallen zusammen oder sind parallel), siehe **Bild 4.26**. Bestimmt werden soll, welche der drei Lagebeziehungen vorliegt, wenn die allgemeinen Gleichungen der Geraden gegeben sind:

$$g_1: \ a_1 x + b_1 y + c_1 = 0 \qquad \text{und} \qquad g_2: \ a_2 x + b_2 y + c_2 = 0.$$

Falls die Geraden genau einen Punkt $S(x_s, y_s)$ gemeinsam haben (Schnittpunkt), so sind dessen Koordinaten zu berechnen.

Aus den Gleichungen der Geraden ergeben sich ihre Normalenvektoren $n^1 = (a_1, b_1)^\top$ bzw. $n^2 = (a_2, b_2)^\top$. Die Geraden sind genau dann parallel oder fallen zusammen, wenn ihre Normalenvektoren parallel sind:

$$n^1 = \lambda n^2 \qquad \text{und daher} \qquad D = \begin{vmatrix} a_1 & b_1 \\ a_2 & b_2 \end{vmatrix} = 0.$$

Andernfalls haben sie genau einen Punkt $S(x_s, y_s)$ gemeinsam, dessen Koordinaten beide Geradengleichungen erfüllen. Das entsprechende lineare Gleichungssystem hat mit der Regel von Cramer die Lösung

$$x_s = \frac{G_1}{D},\ y_s = \frac{G_2}{D}, \qquad G_1 = \begin{vmatrix} -c_1 & b_1 \\ -c_2 & b_2 \end{vmatrix}, \qquad G_2 = \begin{vmatrix} a_1 & -c_1 \\ a_2 & -c_2 \end{vmatrix}.$$

Ist $D = 0$, so fallen die Geraden dann zusammen, wenn die beiden Determinanten G_1 und G_2 in den Zählern von x_s und y_s ebenfalls gleich null sind. Das ist gleichbedeutend damit, dass das Vektorprodukt der Vektoren $(a_1, b_1, c_1)^\top$ und $(a_2, b_2, c_2)^\top$ den Nullvektor ergibt. Andernfalls haben die Geraden keinen gemeinsamen Punkt.

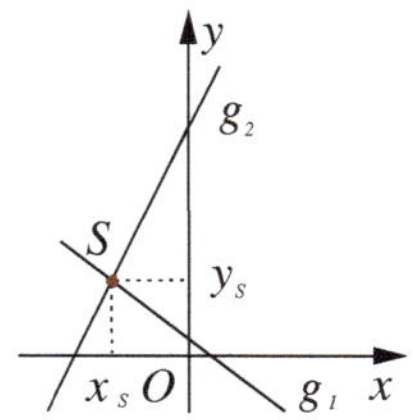

Bild 4.27 Schnittpunkt S der Geraden g_1 und g_2

Bemerkung 4.29

Ist z. B. von der Gerade g_i ein Punkt $P_i(x_i, y_i)$ sowie ein Normalenvektor $n^i = (x_{ni}, y_{ni})^\top$ bekannt, $i = 1, 2$, so ist

$$a_i = x_{ni}, \qquad b_i = y_{ni}, \qquad c_i = -(\overrightarrow{OP_i}, n^i).$$

Beispiel 4.30

Schnittpunkt zweier Geraden

Die Geraden aus **Beispiel 4.28** $g_1 :\ 3x + 4y - 1 = 0$ und $g_2 :\ 2x - y + 4 = 0$ (siehe **Bild 4.27**) schneiden sich wegen

$$D = \begin{vmatrix} 3 & 4 \\ 2 & -1 \end{vmatrix} = -11 \neq 0 \quad \text{und} \quad G_1 = \begin{vmatrix} 1 & 4 \\ -4 & -1 \end{vmatrix} = 15,\ G_2 = \begin{vmatrix} 3 & 1 \\ 2 & -4 \end{vmatrix} = -14$$

im Punkt $S(x_s, y_s)$ mit den Koordinaten

$$x_s = \frac{G_1}{D} = -\frac{15}{11},\ y_s = \frac{G_2}{D} = \frac{14}{11}.$$

Zusammenfassung

Tabelle 4.1 enthält eine Zusammenfassung der Kriterien für die möglichen Lagebeziehungen zweier Geraden g_1 und g_2 in der Ebene.

Tabelle 4.1 Lagebeziehungen zweier Geraden

Lage	Bedingungen	gem. Punkte
parallel	$D=0$ und $(a_1,b_1,c_1)^\top \times (a_2,b_2,c_2)^\top \neq O$	keine
zusammenf.	$D=0$ und $(a_1,b_1,c_1)^\top \times (a_2,b_2,c_2)^\top = O$	alle
nicht parallel	$D \neq 0$, $x_s = G_1/D$, $y_s = G_2/D$	Schnittpunkt $S(x_s, y_s)$

Beispiel 4.31

Lagebeziehungen zweier Geraden

1. $g_1 :\ x - 4y + 2 = 0$, $g_2 :\ -3x + 12y - 4 = 0$,
   $D = 0$, $(1, -4, 2)^\top \times (-3, 12, -4)^\top = (-8, -2, 0)^\top \neq (0, 0, 0)^\top$,
   d. h., die Geraden haben keinen gemeinsamen Punkt. Sie sind parallel.
2. $g_1 :\ x - 4y + 2 = 0$, $g_2 :\ -3x + 12y - 6 = 0$,
   $D = 0$, $(1, -4, 22)^\top \times (-3, 12, -6)^\top = (0, 0, 0)^\top$,
   d. h., die Geraden fallen zusammen.
3. $g_1 :\ x - 4y + 2 = 0$, $g_2 :\ 7x + 3y - 4 = 0$,
   $D = 31 \neq 0$, $G_1 = -10$, $G_2 = -18$, d. h., die Geraden schneiden sich im Punkt $S(-10/31, -18/31)$. Sie sind nicht parallel.

Berechnung von Grundstückskoordinaten

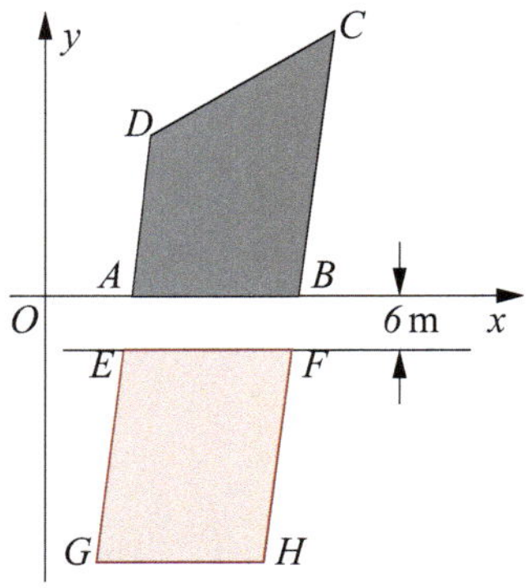

Bild 4.28 Grundstücke

Beispiel 4.32

Ein trapezförmiges Grundstück mit den parallelen Seiten $\overline{AD}$ und $\overline{BC}$ hat in einem kartesischen Koordinatensystem die Eckpunkte $A(2,0)$, $B(18,0)$, $C(21.75,25)$, $D(5,20)$ (alle Angaben in m). Die Koordinaten der Eckpunkte E, F, G, H eines flächengleichen parallelogrammförmigen Grundstücks sind zu ermitteln, wenn die Eckpunkte E und G auf der Gerade AD, die Eckpunkte F und H auf der Gerade BC und die Grundstücke mit ihren Grenzen $\overline{AB}$ und $\overline{EF}$ auf parallelen Straßenrändern im Abstand von 6 m liegen (siehe **Bild 4.28**).
Die Gerade $g_1 = AD$ hat die Parameterform

$$\overrightarrow{OX} = \begin{pmatrix} 2 \\ 0 \end{pmatrix} + \mu \begin{pmatrix} 3 \\ 20 \end{pmatrix} \quad \text{bzw. die allgemeine Form} \quad 20x - 3y - 40 = 0.$$

Die Gerade $g_2 = BC$ hat die Parameterform

$$\overrightarrow{OX} = \begin{pmatrix} 18 \\ 0 \end{pmatrix} + \lambda \begin{pmatrix} 3 \\ 20 \end{pmatrix} \quad \text{bzw. die allgemeine Form} \quad 20x - 3y - 360 = 0.$$

Zunächst wird der Flächeninhalt des trapezförmigen Grundstückes A_{ABCD} ermittelt. Ist h_T die Höhe des Trapezes $ABCD$, d. h., z. B. der Abstand des Punktes B von der Gerade g_1, so berechnet sich $A_{ABCD} = 0.5\ (|\overrightarrow{AD}| + |\overrightarrow{BC}|)\ h_\mathrm{T}$. Der Abstand des Punktes B von der Gerade g_1 wird mithilfe der Hesse-Normalform der Geradengleichung von g_1 ermittelt. Sie lautet $(20x - 3y - 40)/\sqrt{409} = 0$. Mit den Koordinaten des Punktes B folgt $h_\mathrm{T} = (20 \cdot 18 - 40)/\sqrt{409}$. Mit $|\overrightarrow{AD}| = \sqrt{409}$ und $|\overrightarrow{BC}| = \sqrt{639.0625}$ ergibt sich

$$A_{ABCD} = \frac{1}{2}\ (|\overrightarrow{AD}| + |\overrightarrow{BC}|)\ h_\mathrm{T} = \frac{1}{2}(\sqrt{409} + \sqrt{639.0625})\frac{320}{\sqrt{409}} = 360.$$

Der Punkt E ist der Schnittpunkt der Geraden g_1 und $y = -6$. Einsetzen von $y = -6$ in die allgemeine Form der Geradengleichung von g_1 ergibt $x = 1.1$. Der Punkt E hat damit die Koordinaten $E(1.1, -6)$. Der Punkt F ist der Schnittpunkt der Geraden g_2 und $y = -6$. Einsetzen von $y = -6$ in die allgemeine Form der Geradengleichung von g_2 ergibt $x = 17.1$. Der Punkt F hat damit die Koordinaten $F(17.1, -6)$. Die Fläche des Parallelogramms A_{EFGH} berechnet sich z. B. als $A_{EFGH} = |\overrightarrow{FH}|\ h_\mathrm{T}$, da Parallelogramm und Trapez dieselben Höhen haben. Weil laut Voraussetzung der Aufgabe $A_{EFGH} = A_{ABCD}$ ist, ergibt sich als Länge der Parallelogrammseite $|\overrightarrow{FH}| = 360\sqrt{409}/320 = 9\sqrt{409}/8$. Der Punkt H liegt auf der Gerade g_2. Aus ihrer Parameterform ergibt sich mit dem normierten Richtungsvektor $e_r = (3/\sqrt{409}, 20/\sqrt{409})^\top$

$$\overrightarrow{OH} = \overrightarrow{OF} - |\overrightarrow{FH}|\ e_r = \begin{pmatrix} 17.1 \\ -6 \end{pmatrix} - \frac{9}{8}\sqrt{409}\begin{pmatrix} 3/\sqrt{409} \\ 20/\sqrt{409} \end{pmatrix} = \begin{pmatrix} 13.725 \\ -28.5 \end{pmatrix}.$$

Der Punkt G ist Schnittpunkt der Geraden g_1 und $y = -28.5$. Wird $y = -28.5$ in die allgemeine Geradengleichung von g_1 eingesetzt, so ergibt sich $x = -2.275$. Der Punkt H hat die Koordinaten $H(13.725, -28.5)$, der Punkt G hat die Koordinaten $G(-2.275, -28.5)$.

4.2.2 Kurven zweiter Ordnung

Kurven zweiter Ordnung haben die allgemeine Gleichung

$$a_{11}x^2 + 2a_{12}xy + a_{22}y^2 + 2a_{01}x + 2a_{02}y + a_{00} = 0. \tag{4.30}$$

$a_{11}, a_{12}, a_{22}, a_{01}, a_{02}, a_{00}$ sind dabei gegebene reelle Zahlen.

In diesem Abschnitt werden drei Kurven zweiter Ordnung vorgestellt, die eine besondere (achsparallele) Lage im Koordinatensystem haben.

Ausgehend von ihrer Definition als geometrischer Ort werden die Gleichungen dieser Kurven hergeleitet, die Spezialfälle von Gleichung (4.30) darstellen. Geometrische Eigenschaften, Parameterformen und Tangentengleichungen werden angegeben.

Die Ellipse

Definition 4.33

Die **Ellipse** ist der geometrische Ort aller Punkte X, für die die Summe der Abstände von zwei gegebenen **Brennpunkten** F_1 und F_2 konstant gleich der vorgegebenen Länge $2a$ ist (siehe **Bild 4.29**):

$$|\overline{F_1X}| + |\overline{F_2X}| = 2a. \tag{4.31}$$

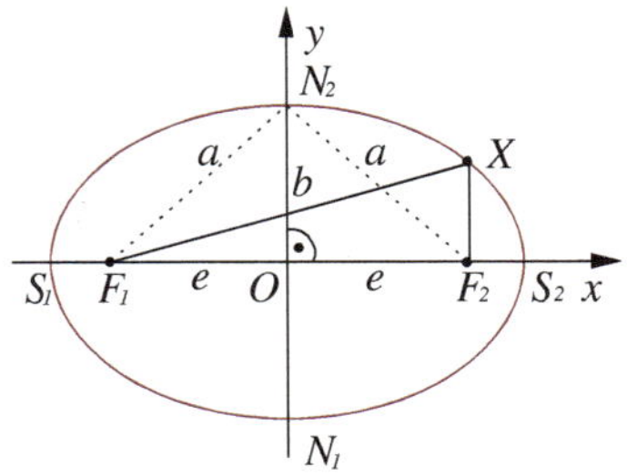

Bild 4.29 Ellipse

Ein kartesisches Koordinatensystem wird mit dem Ursprung O im Halbierungspunkt der Strecke $\overline{F_1F_2}$ und der x-Achse als Gerade F_1F_2 gewählt. Dabei ist

- O als Halbierungspunkt der Strecke $\overline{F_1F_2}$ der **Mittelpunkt** der Ellipse,
- der Abstand $|\overline{F_1O}| = |\overline{F_2O}| = e$ die **lineare Exzentrizität**,
- die Schnittpunkte S_1, S_2 der Ellipse mit der x-Achse die **Hauptscheitelpunkte** und die Abstände $|\overline{OS_1}| = |\overline{OS_2}|$ die **Hauptachsen**,
- die Schnittpunkte N_1, N_2 der Ellipse mit der y-Achse die **Nebenscheitelpunkte** und die Abstände $|\overline{ON_1}| = |\overline{ON_2}| = b$ die **Nebenachsen**.

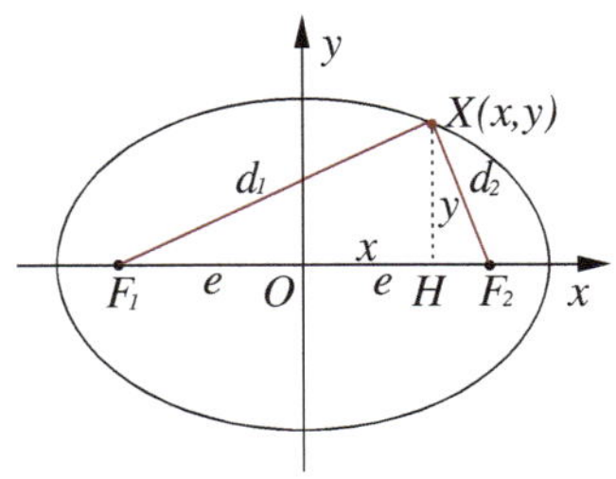

Bild 4.30 Zur Normalform

Die Abstände der Nebenscheitelpunkte zu den Brennpunkten sind nach der **Definition 4.33** der Ellipse jeweils gleich a. Im rechtwinkligen Dreieck $\triangle OF_2N_2$ gilt

$$a^2 = b^2 + e^2. \tag{4.32}$$

Der Hauptscheitelpunkt S_2 erfüllt als Punkt der Ellipse die Gleichung (4.31), d. h., es ist

$$\begin{aligned} |\overline{F_1S_2}| + |\overline{F_2S_2}| &= 2a \quad \text{und} \\ (e + |\overline{OS_2}|) + (|\overline{OS_2}| - e) &= 2a, \end{aligned}$$

woraus sich als Länge der Hauptachse $|\overline{OS_2}| = a$ ergibt.

Normalform der Ellipse

Für die Koordinaten eines Punktes $X(x, y)$ der Ellipse, der von den Brennpunkten die Abstände d_1 und d_2 hat, soll eine Bestimmungsgleichung angegeben werden.

Der Satz des Pythagoras liefert in den rechtwinkligen Dreiecken (siehe **Bild 4.30**)

$$\triangle F_1HX: \quad (e+x)^2+y^2=d_1^2,$$
$$\triangle F_2HX: \quad (e-x)^2+y^2=d_2^2.$$

Da X Punkt der Ellipse ist, gilt wegen Gleichung (4.31)

$$d_1+d_2=2a.$$

Werden die ersten beiden Gleichungen in diese eingesetzt und mit Gleichung (4.32) die lineare Exzentrizität e eliminiert, so ergibt sich die **Normalform** der Ellipsengleichung

$$\frac{x^2}{a^2}+\frac{y^2}{b^2}=1. \tag{4.33}$$

Parameterform der Ellipse

Die Beschreibung einer Kurve mit der **Parameterform** erfolgt mit Funktionen $x=\varphi(t)$ und $y=\psi(t)$ eines reellen Parameters t so, dass die Koordinaten jedes Punktes $X(x,y)$ der Kurve eineindeutig einem bestimmten Parameter t entsprechen.

Eine mögliche Parameterform der Ellipse lautet

$$\begin{aligned} x &= \varphi(t) = a\cos t, \\ y &= \psi(t) = b\sin t, \qquad 0\le t<2\pi. \end{aligned} \tag{4.34}$$

Wie durch Einsetzen der so bestimmten Koordinaten in die Normalform (4.33) überprüft wird, erfüllen sie diese Gleichung.

Tangente an die Ellipse

Die Tangente im Punkt $P(x_0,y_0)$ der Ellipse (4.33) ist die Gerade durch diesen Punkt, die mit der Ellipse *genau* diesen Punkt gemeinsam hat (siehe **Bild 4.31**). Ihre Geradengleichung lautet

$$\frac{xx_0}{a^2}+\frac{yy_0}{b^2}=1. \tag{4.35}$$

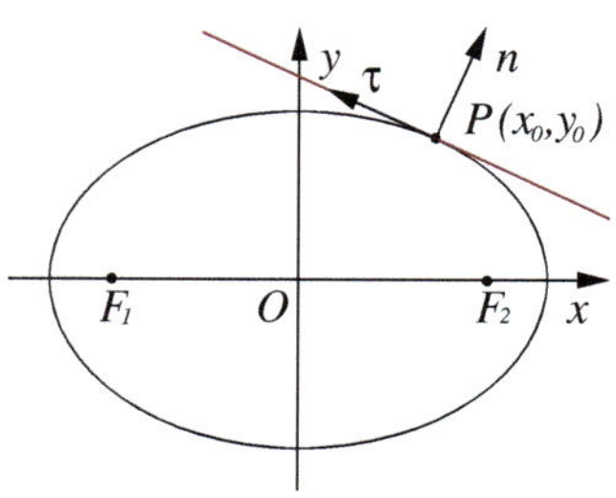

Bild 4.31 Tangente an die Ellipse

Beweis: Da P Punkt der Ellipse ist, erfüllen seine Koordinaten die Ellipsengleichung (4.33), d. h., es ist

$$\frac{x_0^2}{a^2}+\frac{y_0^2}{b^2}=1.$$

Außerdem existiert ein Parameter t_0 so, dass nach (4.34)

$$x_0=a\cos t_0 \qquad \text{und} \qquad y_0=b\sin t_0 \tag{4.36}$$

ist. Die Tangente hat den Richtungsvektor τ und demzufolge den dazu orthogonalen Normalenvektor n

$$\tau=\begin{pmatrix}\varphi'(t_0)\\ \psi'(t_0)\end{pmatrix}=\begin{pmatrix}-a\sin t_0\\ b\cos t_0\end{pmatrix}, \qquad n=\begin{pmatrix}\psi'(t_0)\\ -\varphi'(t_0)\end{pmatrix}=\begin{pmatrix}b\cos t_0\\ a\sin t_0\end{pmatrix}.$$

Dabei bedeuten $\varphi'(t_0)$ und $\psi'(t_0)$ die Ableitungen der Funktionen φ und ψ an der Stelle t_0, die in **Kapitel 6** erklärt werden. Die allgemeine Geradengleichung der Tangente lautet daher

$b \cos t_0 x + a \sin t_0 y = b \cos t_0 x_0 + a \sin t_0 y_0$.

woraus sich nach Eliminieren von $\sin t_0$ und $\cos t_0$ aus den Gleichungen (4.36) schließlich die Gleichung (4.35) ergibt. ■

Der Kreis

Der Kreis kann als Spezialfall der Ellipse für $a = b = r$ betrachtet werden (siehe **Bild 4.32**). Die Gleichung des Kreises mit dem Mittelpunkt in O und dem Radius r geht aus der Normalform (4.33) der Ellipsengleichung für $a = b = r$ hervor:

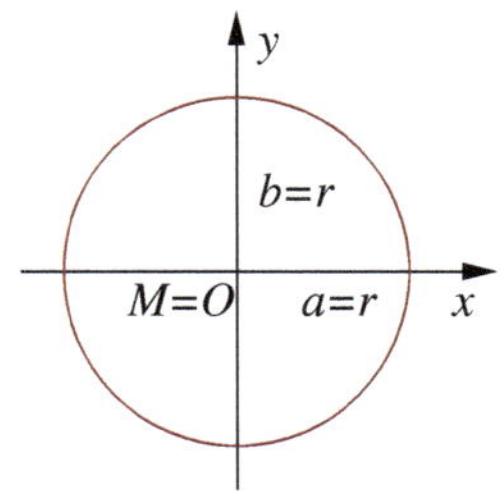

Bild 4.32 Kreis mit MittelpunktM$(0, 0)$ und Radius r

$$x^2 + y^2 = r^2.$$

Eine Parameterform des Kreises lautet

$$\begin{aligned} x &= \varphi(t) = r \cos t, \\ y &= \psi(t) = r \sin t, \qquad 0 \leq t < 2\pi. \end{aligned}$$

Achsparallele verschobene Ellipse

Die Gleichung der Ellipse mit dem Mittelpunkt $M(c, d)$, deren Achsen parallel zu den Koordinatenachsen verlaufen, lautet

$$\frac{(x-c)^2}{a^2} + \frac{(y-d)^2}{b^2} = 1. \tag{4.37}$$

Beweis: Wird ein Koordinatensystem (M, x', y') so gelegt, dass die Achsen x' und y' parallel zu den Koordinatenachsen x und y des ursprünglichen Koordinatensystems sind (siehe **Bild 4.23**), so gelten die Transformationen $x = x' + c$ und $y = y' + d$. Im Koordinatensystem (M, x', y') hat die Ellipse die Gleichung (Normalform)

$$\frac{(x')^2}{a^2} + \frac{(y')^2}{b^2} = 1.$$

Nach Elimination von $x' = x - c$ und $y' = y - d$ ergibt sich (4.37). ■

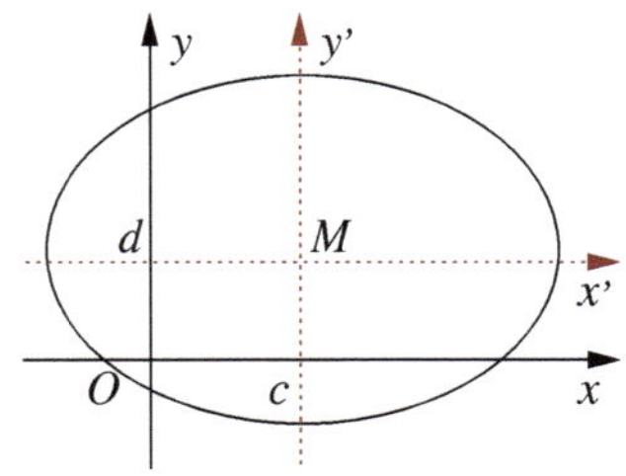

Bild 4.33 Verschobene Ellipse

Die Gleichung der Tangente im Punkt $P(x_0, y_0)$ dieser Ellipse ist

$$\frac{(x-c)(x_0-c)}{a^2} + \frac{(y-d)(y_0-d)}{b^2} = 1.$$

Tangenten an eine Ellipse

Beispiel 4.34

1. Ermittelt werden sollen die Tangenten an die Ellipse $x^2 + 4y^2 = 4$ in den Punkten der Ellipse mit der Koordinate $x = 1$ (siehe **Bild 4.34**).

   Da der Punkt P zur Ellipse gehört, erfüllen seine Koordinaten die Ellipsengleichung. Daraus folgt $1^2 + 4y_P^2 = 4$, d. h., $y_P = \pm\sqrt{3}/2$. Die Gleichung der Tangente im Punkt $(1, \sqrt{3}/2)$ lautet $x + 2\sqrt{3}y = 4$, die Gleichung der Tangente im Punkt $(1, -\sqrt{3}/2)$ lautet $x - 2\sqrt{3}y = 4$.

2. Ermittelt werden sollen die Tangenten an die Ellipse $x^2 + 4y^2 = 4$, die parallel zur Gerade $2x - 3y = 0$ verlaufen (siehe **Bild 4.34**). Die entsprechenden Berührungspunkte sind anzugeben.

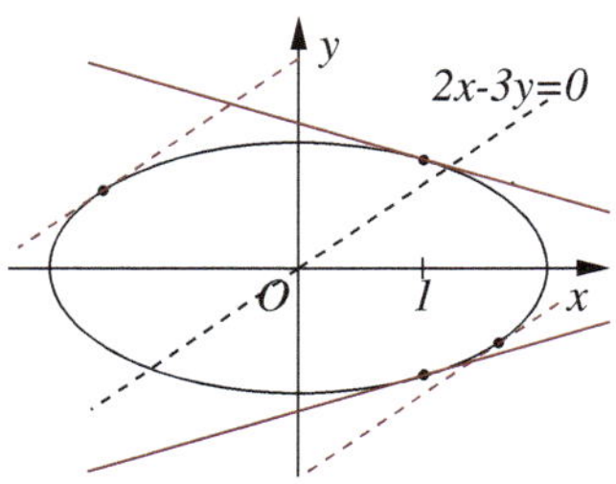

Bild 4.34 Zu **Beispiel 4.34**

Ist der Punkt $P_0(x_0, y_0)$ Berührungspunkt der Tangente, so lautet ihre Gleichung $xx_0 + 4yy_0 = 4$. Wenn sie parallel zur Gerade $2x - 3y = 0$ verläuft, so ist ihr Normalenvektor $(x_0, 4y_0)^\top$ parallel zum Normalenvektor dieser Gerade $(2, -3)^\top$, d. h., es ist $x_0 = 2\alpha$ und $4y_0 = -3\alpha$ mit $\alpha \neq 0$. Da $P_0(x_0, y_0)$ Punkt der Ellipsen ist, erfüllt er außerdem die Ellipsengleichung:

$$(2\alpha)^2 + 4\left(-\frac{3\alpha}{4}\right)^2 = 4$$

mit den Lösungen $\alpha = \pm 0.8$. Der erste Berührungspunkt ist daher $(1.6, -0.6)$, die Gleichung der Tangente lautet $2x - 3y = 5$. Der zweite Berührungspunkt ist $(-1.6, 0.6)$, die Gleichung der Tangente lautet $2x - 3y = -5$.

Die Hyperbel

Definition 4.35

Die **Hyperbel** ist der geometrische Ort aller Punkte X, für die die Differenz der Abstände von zwei gegebenen **Brennpunkten** F_1 und F_2 konstant gleich der vorgegebenen Länge $2a$ ist (siehe **Bild 4.35**):

$$|\overline{F_1X}| - |\overline{F_2X}| = 2a. \tag{4.38}$$

Ein kartesisches Koordinatensystem wird mit dem Ursprung O im Halbierungspunkt der Strecke $\overline{F_1F_2}$ und der x-Achse als Gerade F_1F_2 gewählt. Dabei ist

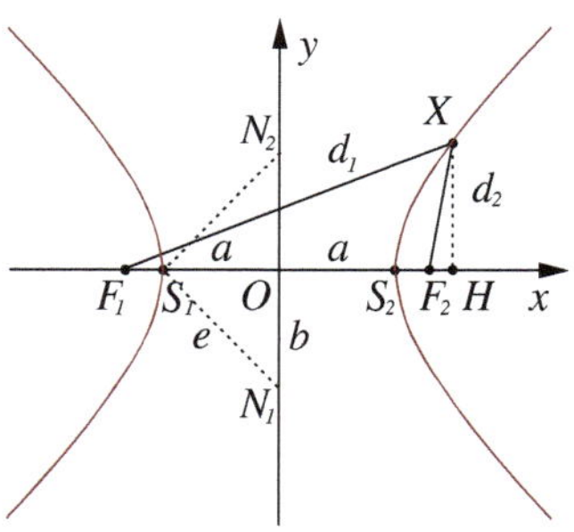

Bild 4.35 Hyperbel

- O als Halbierungspunkt der Strecke $\overline{F_1F_2}$ der **Mittelpunkt** der Hyperbel,
- der Abstand $|\overline{F_1O}| = |\overline{F_2O}| = e$ die **lineare Exzentrizität**,
- die Schnittpunkte S_1, S_2 der Hyperbel mit der x-Achse die **Hauptscheitelpunkte** und die Abstände $|\overline{OS_1}| = |\overline{OS_2}|$ die **Hauptachsen**,
- die Schnittpunkte N_1 und N_2 des Kreises um S_1 mit dem Radius e und der y-Achse die **Nebenscheitelpunkte** und ihre Abstände zum Koordinatenursprung $|\overline{ON_1}| = |\overline{ON_2}| = b$ die **Nebenachsen**.

Der Hauptscheitelpunkt S_2 erfüllt als Punkt der Hyperbel die Gleichung (4.38), d. h., es ist

$$\begin{aligned} |\overline{F_1S_2}| - |\overline{F_2S_2}| &= 2a \quad \text{und} \\ (e + |\overline{OS_2}|) - (e - |\overline{OS_2}|) &= 2a, \end{aligned}$$

woraus sich die Länge der Hauptachse $|\overline{OS_2}| = a$ ergibt. Im rechtwinkligen Dreieck $\triangle OS_1N_1$ gilt

$$e^2 = a^2 + b^2. \tag{4.39}$$

Normalform der Hyperbel

Für die Koordinaten eines Punktes X der Hyperbel, der von den Brennpunkten die Abstände d_1 und d_2 hat, soll eine Bestimmungsgleichung angegeben werden.

Der Satz des Pythagoras liefert in den rechtwinkligen Dreiecken (siehe **Bild 4.35**)

$$\triangle F_1HX: \quad (e+x)^2+y^2=d_1^2,$$
$$\triangle F_2HX: \quad (e-x)^2+y^2=d_2^2.$$

Da X Punkt der Hyperbel ist, gilt wegen Gleichung (4.38)

$$d_2-d_1=2a.$$

Werden die ersten beiden Gleichungen in diese eingesetzt und mit Gleichung (4.39) die lineare Exzentrizität e eliminiert, so ergibt sich die **Normalform** der Hyperbelgleichung

$$\frac{x^2}{a^2}-\frac{y^2}{b^2}=1. \tag{4.40}$$

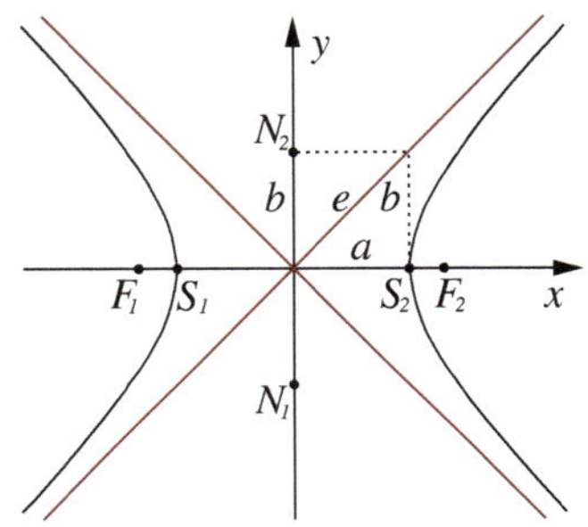

Bild 4.36 Asymptoten der Hyperbel

Die Geraden $y=\pm\frac{b}{a}x$ heißen **Asymptoten**, da sich die Punkte der Hyperbel für große x diesen Geraden „nähern" (siehe **Bild 4.36**). Aus der Hyperbelgleichung (4.40) ergibt sich durch Umstellen nach y

$$y=\pm\frac{b}{a}\sqrt{x^2-a^2},$$

und für $x\to\infty$ folgen wegen $x^2-a^2\approx x^2$ näherungsweise die Gleichungen der beiden Geraden.

Parameterform der Hyperbel

Eine mögliche Parameterform der Hyperbel ist

$$\begin{aligned} x &= \varphi(t) = a\,(\mathrm{e}^t+\mathrm{e}^{-t})/2, \\ y &= \psi(t) = b\,(\mathrm{e}^t-\mathrm{e}^{-t})/2, \qquad -\infty<t<\infty. \end{aligned} \tag{4.41}$$

Beweis: Durch Einsetzen der Koordinaten x und y aus diesen Gleichungen in die linke Seite der Hyperbelgleichung (4.40) wird überprüft, ob diese Gleichung erfüllt ist.

$$\begin{aligned} \frac{x^2}{a^2}-\frac{y^2}{b^2} &= \frac{(\mathrm{e}^t+\mathrm{e}^{-t})^2}{4}-\frac{(\mathrm{e}^t-\mathrm{e}^{-t})^2}{4} \\ &= \frac{\mathrm{e}^{2t}+2\mathrm{e}^t\mathrm{e}^{-t}+\mathrm{e}^{-2t}}{4}-\frac{\mathrm{e}^{2t}-2\mathrm{e}^t\mathrm{e}^{-t}+\mathrm{e}^{-2t}}{4}=1. \end{aligned}$$ ■

Die Funktionen auf den rechten Seiten der Parameterform (4.41) werden **Sinus hyperbolicus** bzw. **Kosinus hyperbolicus** genannt:

$$\sinh x=(\mathrm{e}^x-\mathrm{e}^{-x})/2, \qquad \cosh x=(\mathrm{e}^x+\mathrm{e}^{-x})/2.$$

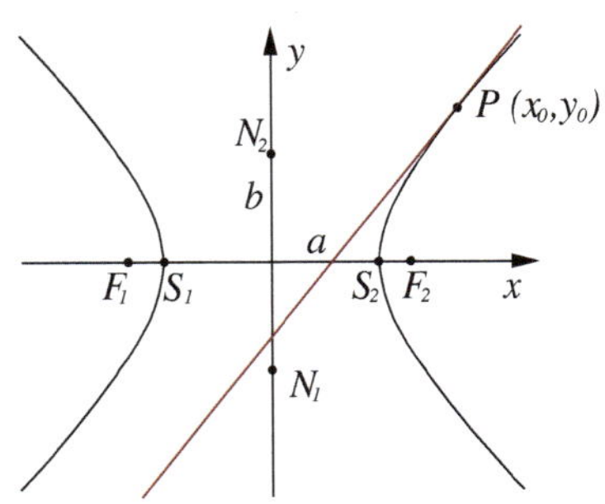

Bild 4.37 Tangente an die Hyperbel

Eine Eigenschaft dieser Funktionen folgt unmittelbar aus der Parametrisierung der Hyperbel:

$$\cosh^2 x-\sinh^2 x=1.$$

Tangente an die Hyperbel

Die Tangente im Punkt $P(x_0,y_0)$ der Hyperbel (4.40) ist die Gerade durch diesen Punkt, die mit der Hyperbel *genau* diesen Punkt gemeinsam hat (siehe **Bild 4.37**). Ihre Geradengleichung lautet

$$\frac{xx_0}{a^2} - \frac{yy_0}{b^2} = 1.$$

Achsparallele verschobene Hyperbel

Die Gleichung der Hyperbel mit dem Mittelpunkt $M(c, d)$, deren Achsen parallel zu den Koordinatenachsen verlaufen, lautet

$$\frac{(x-c)^2}{a^2} - \frac{(y-d)^2}{b^2} = 1.$$

Die Gleichung der Tangente im Punkt $P(x_0, y_0)$ dieser Hyperbel ist

$$\frac{(x-c)(x_0-c)}{a^2} - \frac{(y-d)(y_0-d)}{b^2} = 1.$$

Tangenten an eine Hyperbel

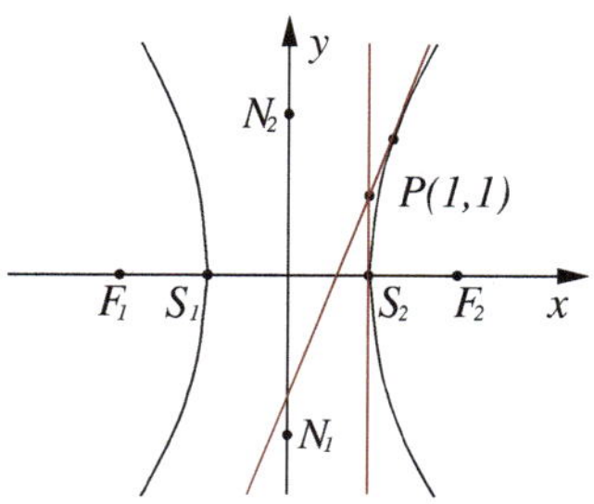

Bild 4.38 Zu **Beispiel 4.36**

Beispiel 4.36

Gesucht sind die Gleichungen der Tangenten vom Punkt $P(1, 1)$ an die Hyperbel $4x^2 - y^2 = 4$ (siehe **Bild 4.38**).

Die Gleichung der Tangente im Berührungspunkt $P_0(x_0, y_0)$ der Hyperbel lautet $4xx_0 - yy_0 = 4$. Wenn die Tangente durch den Punkt $P(1, 1)$ verläuft, so erfüllen seine Koordinaten die Tangentengleichung, d. h., es gilt $4x_0 - y_0 = 4$ bzw. nach Umstellen $y_0 = 4(x_0 - 1)$. Da der Berührungspunkt P_0 Punkt der Hyperbel ist, erfüllen seine Koordinaten die Hyperbelgleichung, d. h., es ist $4x_0^2 - y_0^2 = 4$. Wird in dieser Gleichung y_0 mithilfe der umgestellten Tangentengleichung ersetzt, so ergibt sich bezüglich x_0 die quadratische Gleichung $4x_0^2 - 16(x_0 - 1)^2 = 4$ mit den Lösungen $x_0 = 5/3$ und $x_0 = 1$. Der erste Berührungspunkt lautet $(5/3, 8/3)$, die Gleichung der Tangente $5x - 2y = 3$. Der zweite Berührungspunkt lautet $(1, 0)$, die Gleichung der zweiten Tangente $x = 1$.

Die Parabel

Definition 4.37

Die **Parabel** ist der geometrische Ort aller Punkte, die von einem **Brennpunkt** F und einer geraden **Leitlinie** l gleich weit entfernt sind (siehe **Bild 4.39**).

Dabei ist

- L der Lotfußpunkt des Lotes vom Brennpunkt F auf die Gerade l,
- O der Halbierungspunkt der Strecke $\overline{LF}$.

Der Punkt O hat als Halbierungspunkt der Strecke $\overline{LF}$ von F und l denselben Abstand und ist daher Punkt der Parabel. Er wird **Scheitelpunkt** der Parabel genannt. Die Gerade LF heißt **Achse** der Parabel.

Normalform der Parabel

Wird ein Koordinatensystem (O, x, y) so gelegt, dass sein Koordinatenursprung mit dem Scheitelpunkt O der Parabel und die x-Achse mit der Gerade LF zusammenfällt, so folgt aus der **Definition 4.37** für einen beliebigen Punkt X der Parabel

$$|\overline{XF}| = |\overline{XK}|,$$

wobei K der Lotfußpunkt des Lotes vom Punkt X auf die Gerade l ist. Sei H der Lotfußpunkt des Lotes vom Punkt X auf die x-Achse. Hat der Punkt X die Koordinaten (x, y) und der Brennpunkt F den Abstand p von der Leitlinie l, sodass F die Koordinaten $(0, p/2)$ hat, so gilt im rechtwinkligen Dreieck $\triangle FHX$ nach dem Satz des Pythagoras

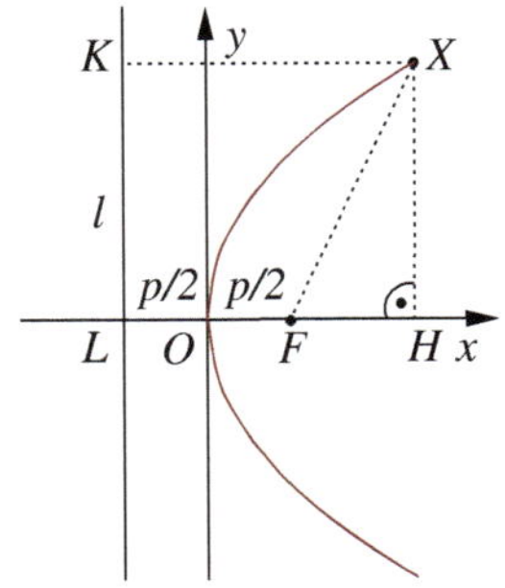

Bild 4.39 Parabel

$$(|\overline{FH}|)^2 + (|\overline{HX}|)^2 = (|\overline{XF}|)^2 \quad \text{bzw.} \quad y^2 + \left(x - \frac{p}{2}\right)^2 = \left(x + \frac{p}{2}\right)^2,$$

woraus die Normalform der Gleichung der Parabel folgt:

$$y^2 = 2px. \tag{4.42}$$

Tangente an die Parabel

Die Tangente im Punkt $P(x_0, y_0)$ der Parabel (4.42) ist die Gerade durch diesen Punkt, die mit der Parabel *genau* diesen Punkt gemeinsam hat (siehe **Bild 4.30**). Ihre Gleichung lautet

$$yy_0 = p(x + x_0). \tag{4.43}$$

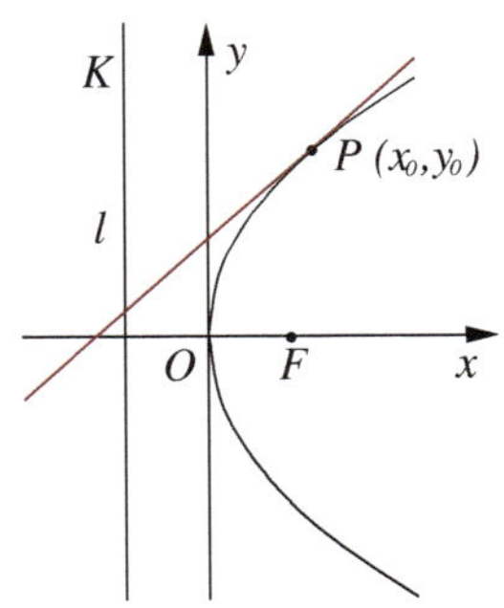

Bild 4.40 Tangente an die Parabel

Beweis: Für $p > 0$ ist eine Parameterform der Parabel (4.42)

$$x = \varphi(t) = t \geq 0,$$

$$y = \begin{cases} \psi_1(t) \\ \psi_2(t) \end{cases} = \begin{cases} \sqrt{2pt} \\ -\sqrt{2pt}. \end{cases}$$

Für $y = \psi_1(t)$ ist daher folgender Vektor τ Richtungsvektor der Tangente im Punkt $P(x_0, y_0)$ mit dem Parameter $t_0 > 0$

$$\tau = \begin{pmatrix} \varphi'(t_0) \\ \psi'(t_0) \end{pmatrix} = \begin{pmatrix} 1 \\ \sqrt{p/(2t_0)} \end{pmatrix}$$

und der dazu senkrechte Normalenvektor der Tangente

$$n = \begin{pmatrix} \sqrt{p/(2t_0)} \\ -1 \end{pmatrix}.$$

Damit lautet die allgemeine Geradengleichung der Tangente

$$\sqrt{\frac{p}{2t_0}}x - y = \sqrt{\frac{p}{2t_0}}x_0 - y_0,$$

und nach Eliminieren des Parameters t_0 aus der Parabelgleichung $y_0^2 = 2pt_0$ ergibt sich Gleichung (4.43). Analog ergibt sich diese Gleichung für $y = \psi_2(t)$. Die Gleichung der Tangente im Punkt $(0, 0)$ lautet $y = 0$. ■

Achsparallele verschobene Parabel

Die Gleichung der Parabel mit dem Scheitelpunkt $S(c, d)$, deren Achse parallel zur x-Achse verläuft, lautet

$$(y-d)^2 = 2p(x-c).$$

Die Gleichung der Tangente im Punkt $P(x_0, y_0)$ dieser Parabel ist

$$(y-d)(y_0-d) = p(x+x_0-2c).$$

Brennpunkt eines Autoscheinwerfers

Beispiel 4.38

Der Spiegel eines Autoscheinwerfers sei im Querschnitt eine Parabel. Der Durchmesser des Spiegels beträgt 20 cm, die Tiefe 10 cm (siehe **Bild 4.41**). Die Lage der Leuchtquelle (d. h., des Brennpunktes) ist zu ermitteln.

Im Koordinatensystem mit dem Ursprung im Scheitelpunkt der Parabel und der x-Achse als Symmetrieachse lautet die Gleichung der Parabel $y^2 = 2px$. Wenn die Tiefe des Spiegels 10 cm beträgt und sein Durchmesser 20 cm, so liegen die Punkte (10,10) [cm] und (10,-10) [cm] auf der Parabel, d. h., es gilt $100 = 2p \cdot 10$ [cm], also $p = 5$ cm. Der Brennpunkt der Parabel liegt daher im Abstand $p/2 = 2.5$ cm vom Scheitelpunkt entfernt.

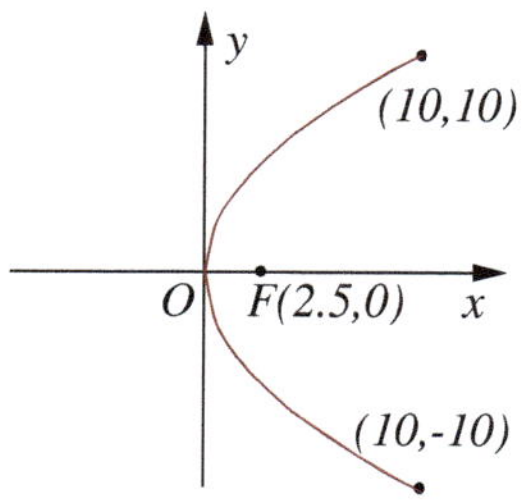

Bild 4.41 Zu **Beispiel 4.38**

4.3 Analytische Geometrie des Raumes

In diesem Abschnitt werden zwei geometrische Objekte im dreidimensionalen Raum, die Gerade und die Ebene, vorgestellt. Es werden Gleichungen für die Koordinaten der Punkte aufgestellt, die zu einer Gerade bzw. Ebene gehören. Lagebeziehungen werden erörtert und Abstands- und Winkelberechnungen durchgeführt.

4.3.1 Die Gerade

Eine Gerade im Raum kann - wie eine Gerade in der Ebene - auf verschiedene Weise festgelegt werden. Für drei unterschiedliche Aufgabenstellungen werden die Gleichungen hergeleitet, die die Koordinaten der zur Gerade zugehörigen Punkte erfüllen müssen. Die dritte Möglichkeit der Geradengleichung gestattet eine physikalische Interpretation. Der Abstand eines Punktes von einer Gerade, der Abstand windschiefer Geraden und der Winkel zwischen zwei Geraden wird berechnet.

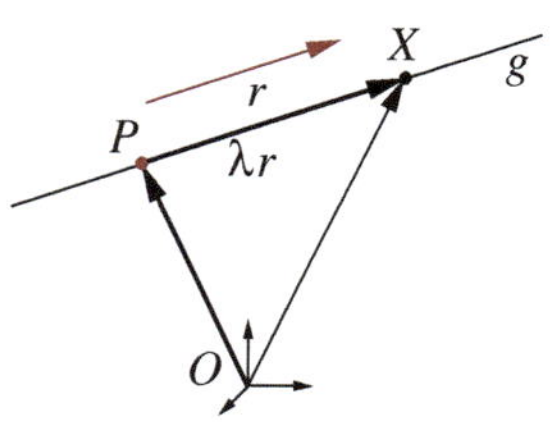

Bild 4.42 Gerade g mit $P \in g$, $g || r$

Gleichungen der Gerade

Punktrichtungsform

Gegeben ist

1. ein Punkt $P(x_p, y_p, z_p)$ der Gerade,
2. ein Richtungsvektor $r = (x_r, y_r, z_r)^\top \neq (0,0,0)^\top$.

Dann existiert genau eine Gerade g durch den Punkt P parallel zum Vektor r (siehe **Bild 4.42**). Jeder Punkt $X(x, y, z)$ der Gerade g lässt sich mit einem reellen Parameter λ folgendermaßen erreichen:

$$\overrightarrow{OX} = \overrightarrow{OP} + \lambda r,\ \lambda \in \mathbb{R}. \tag{4.44}$$

Diese Gleichung heißt **Punktrichtungsform in Parametergestalt**. Die reelle Zahl λ heißt **Parameter**. Für jede Wahl von λ wird ein bestimmter Punkt X_λ der Gerade erreicht. In Koordinatenschreibweise lautet die Gleichung

$$\begin{pmatrix} x \\ y \\ z \end{pmatrix} = \begin{pmatrix} x_p \\ y_p \\ z_p \end{pmatrix} + \lambda \begin{pmatrix} x_r \\ y_r \\ z_r \end{pmatrix}. \tag{4.45}$$

Gilt $x_r, y_r, z_r \neq 0$, so kann der Parameter λ eliminiert werden, und es ergibt sich die **parameterfreie Punktrichtungsform**, bestehend aus den zwei Gleichungen

$$\frac{x - x_p}{x_r} = \frac{y - y_p}{y_r} = \frac{z - z_p}{z_r}. \tag{4.46}$$

Zweipunkteform

Gegeben ist

1. ein Punkt $P_1(x_1, y_1, z_1)$ der Gerade,
2. ein Punkt $P_2(x_2, y_2, z_2)$ der Gerade mit $P_2 \neq P_1$.

Dann existiert genau eine Gerade g durch die Punkte P_1 und P_2 (siehe **Bild 4.43**). Ein möglicher Richtungsvektor dieser Gerade ist der Vektor $\overrightarrow{P_1P_2} = (x_2 - x_1, y_2 - y_1, z_2 - z_1)^\top$, und aus der Gleichung (4.44) ergibt sich die **Zweipunkteform in Parametergestalt**

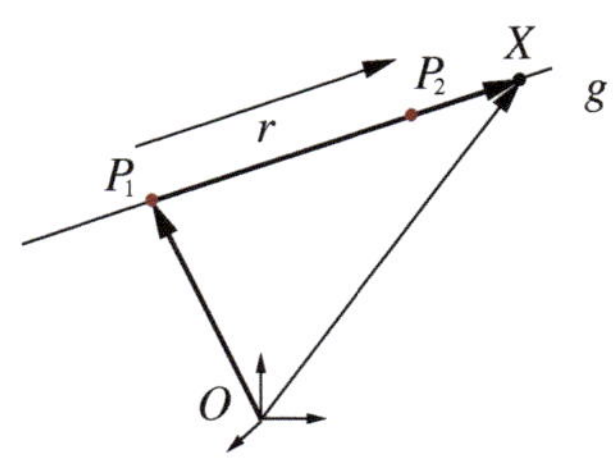

Bild 4.43 Gerade g mit $P_1, P_2 \in g$

$$\overrightarrow{OX} = \overrightarrow{OP_1} + \lambda \overrightarrow{P_1P_2},\ \lambda \in \mathbb{R} \tag{4.47}$$

und in Koordinatenschreibweise aus Gleichung (4.45)

$$\begin{pmatrix} x \\ y \\ z \end{pmatrix} = \begin{pmatrix} x_1 \\ y_1 \\ z_1 \end{pmatrix} + \lambda \begin{pmatrix} x_2 - x_1 \\ y_2 - y_1 \\ z_2 - z_1 \end{pmatrix}. \tag{4.48}$$

Momentenform

Wird die Punktrichtungsform (4.44) bzw. die Zweipunkteform (4.47) vektoriell mit dem Richtungsvektor multipliziert, so ergeben sich die parameterfreien Gleichungen in Vektorschreibweise, die **Momentenformen** genannt werden:

$$(\overrightarrow{OX} - \overrightarrow{OP}) \times r = O \quad \text{bzw.} \quad \overrightarrow{PX} \times r = O, \tag{4.49}$$

$$(\overrightarrow{OX} - \overrightarrow{OP_1}) \times \overrightarrow{P_1P_2} = O \quad \text{bzw.} \quad \overrightarrow{P_1X} \times \overrightarrow{P_1P_2} = O. \tag{4.50}$$

Die Gleichungen (4.49) und (4.50) besagen, dass das Moment der Kraft r (bzw. $\overrightarrow{P_1P_2}$), die im Punkt X der Gerade angreift, bezüglich eines Punktes P (bzw. P_1) dieser Gerade gleich dem Nullvektor ist.

Gleichungen der Gerade im Raum

Beispiel 4.39

Gegeben ist eine Gerade g durch die Punkte $P_1(-1, 3, 4)$ und $P_2(1, -2, 7)$.

Die *Zweipunkteform* (4.48) der Gerade lautet $\begin{pmatrix} x \\ y \\ z \end{pmatrix} = \begin{pmatrix} -1 \\ 3 \\ 4 \end{pmatrix} + \lambda \begin{pmatrix} 2 \\ -5 \\ 3 \end{pmatrix}$.

Die beiden Gleichungen der *parameterfreien Punktrichtungsform* (4.46) nach Elimination des Parameters sind $\dfrac{x+1}{2} = \dfrac{3-y}{5} = \dfrac{z-4}{3}$.

Die *Momentenform* (4.50) ist mit der Koordinatendarstellung des Vektorproduktes (4.11)

$$\begin{vmatrix} e^1 & e^2 & e^3 \\ x+1 & y-3 & z-4 \\ 2 & -5 & 3 \end{vmatrix} = \begin{pmatrix} 0 \\ 0 \\ 0 \end{pmatrix},$$

woraus sich unmittelbar die beiden Gleichungen der parameterfreien Punktrichtungsform ergeben.

Abstand eines Punktes von einer Gerade

Gegeben ist eine Gerade g durch

1. einen Punkt P der Gerade,
2. einen Richtungsvektor r der Gerade

und ein beliebiger Punkt Q des Raumes. Gesucht ist der Abstand d des Punktes Q von der Gerade g (siehe **Bild 4.44**).

Abstand

Der Flächeninhalt des Parallelogramms, das von den Vektoren $\overrightarrow{PQ}$ und r aufgespannt wird, ist einerseits nach **Definition 4.17** der Betrag ihres Vektorproduktes $|\overrightarrow{PQ} \times r|$ und andererseits das Produkt aus der Länge der Grundseite $|r|$ des Parallelogramms und der dazugehörigen Höhe d. Aus der sich ergebenden Gleichung

$$|\overrightarrow{PQ} \times r| = |r|\, d$$

folgt unmittelbar für den gesuchten Abstand

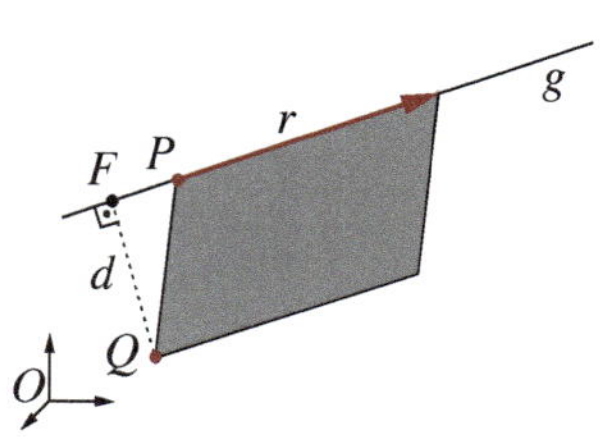

Bild 4.44 Abstand d des Punktes Q von der Gerade g

$$d = \frac{|\overrightarrow{PQ} \times r|}{|r|}. \tag{4.51}$$

Lotfußpunkt

Soll der Lotfußpunkt F des Lotes vom Punkt Q auf die Gerade g berechnet werden, so gilt, da F Punkt von g mit dem dazugehörigen Parameter λ_f ist und folglich die Geradengleichung (4.44) erfüllt,

$$\overrightarrow{QF} = \overrightarrow{QP} + \lambda_f r \tag{4.52}$$

und wegen $\overrightarrow{QF} \perp r$

$$(\overrightarrow{QF}, r) = 0. \tag{4.53}$$

Wird Gleichung (4.52) skalar mit r multipliziert, so folgt mit Gleichung (4.53)

$$0 = (\overrightarrow{QF}, r) = (\overrightarrow{QP}, r) + \lambda_f (r, r)$$

und daraus

$$\lambda_f = -\frac{(\overrightarrow{QP}, r)}{(r, r)}. \tag{4.54}$$

Damit ergibt sich der gesuchte Lotfußpunkt F aus der Geradengleichung (4.44):

$$\overrightarrow{OF} = \overrightarrow{OP} - \frac{(\overrightarrow{QP}, r)}{(r, r)}\, r. \tag{4.55}$$

Beispiel 4.40

Länge des Lotes, Lotfußpunkt

Gesucht ist der Lotfußpunkt F des Lotes vom Punkt $Q(2, -4, 3)$ auf die Gerade g durch die Punkte $P_1(-1, 3, 4)$ und $P_2(1, -2, 7)$ (siehe **Beispiel 4.39**). Welchen Abstand hat der Punkt Q von der Gerade g?

In Gleichung (4.54) für den Parameter λ_f des Punktes F der Geradengleichung mit dem Punkt $P = P_1$ und dem Richtungsvektor $r = \overrightarrow{P_1P_2} = (2, -5, 3)^\top$ sind die Skalarprodukte

$$(\overrightarrow{QP_1}, r) = \left(\begin{pmatrix} -3 \\ 7 \\ 1 \end{pmatrix}, \begin{pmatrix} 2 \\ -5 \\ 3 \end{pmatrix} \right) = -38 \quad \text{und} \quad (r, r) = \left(\begin{pmatrix} 2 \\ -5 \\ 3 \end{pmatrix}, \begin{pmatrix} 2 \\ -5 \\ 3 \end{pmatrix} \right) = 38,$$

und es folgt $\lambda_f = 1$. Damit ergibt sich der Lotfußunkt F aus Gleichung (4.55)

$$\overrightarrow{OF} = \begin{pmatrix} -1 \\ 3 \\ 4 \end{pmatrix} + \begin{pmatrix} 2 \\ -5 \\ 3 \end{pmatrix} = \begin{pmatrix} 1 \\ -2 \\ 7 \end{pmatrix}.$$

Der Abstand des Punktes Q von der Gerade g ist gleich dem Betrag des Vektors $\overrightarrow{QF}$. Mit $\overrightarrow{QF} = (-1, 2, -4)^\top$ folgt $|\overrightarrow{QF}| = \sqrt{1^2 + 2^2 + 4^2} = \sqrt{21}$. Dasselbe Resultat ergibt sich auch direkt aus Gleichung (4.51).

Abstand zweier windschiefer Geraden

Zwei Geraden im Raum heißen **windschief**, wenn sie nicht parallel sind und keinen gemeinsamen Punkt haben. Ihr Abstand ist die Länge ihres gemeinsamen Lotes (d. h., die kürzeste Verbindung eines Punktes der einen Gerade zu einem Punkt der anderen Gerade).

Abstand Gegeben seien zwei windschiefe Geraden g_1 und g_2 durch jeweils einen Punkt P_1 bzw. P_2 und einen Richtungsvektor r^1 bzw. r^2 (siehe **Bild 4.45**). Gesucht ist ihr Abstand d.

Sind F_1 bzw. F_2 die entsprechenden Lotfußpunkte auf g_1 und g_2, so ist der Betrag $d = |\overrightarrow{F_1F_2}|$ gesucht. Gemäß Gleichung (4.44) ist

$$\overrightarrow{OF_1} = \overrightarrow{OP_1} + \lambda_1 r^1 \quad \text{und} \quad \overrightarrow{OF_2} = \overrightarrow{OP_2} + \lambda_2 r^2, \tag{4.56}$$

wobei λ_1 und λ_2 die zu den Punkten F_1 bzw. F_2 gehörenden reellen Parameter sind. Die Differenz beider Gleichungen ergibt

$$\overrightarrow{F_1F_2} + \lambda_1 r^1 - \lambda_2 r^2 \quad = \quad \overrightarrow{P_1P_2}. \tag{4.57}$$

Der Vektor $\overrightarrow{F_1F_2}$ ist zu beiden Richtungsvektoren r^1 bzw. r^2 senkrecht. Damit ist er parallel zu ihrem Vektorprodukt $r^1 \times r^2$. Ist $e_{r^1\times r^2}$ der zugehörige Einheitsvektor, so gilt

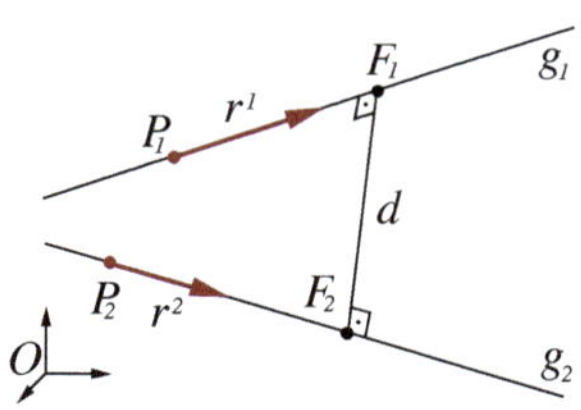

Bild 4.45 Abstand d windschiefer Geraden

$$\overrightarrow{F_1F_2} = \tilde{d}\, e_{r^1\times r^2} \qquad \text{mit} \qquad e_{r^1\times r^2} = \frac{r^1 \times r^2}{|r^1 \times r^2|}. \tag{4.58}$$

Dabei ist $d = |\tilde{d}|$ ($\tilde{d} < 0$, wenn $e_{r^1\times r^2}$ und $\overrightarrow{F_1F_2}$ entgegengesetzt gerichtet sind, sonst $\tilde{d} > 0$).

Wird Gleichung (4.57) skalar mit $e_{r^1\times r^2}$ multipliziert, so ergibt sich wegen $e_{r^1\times r^2} \perp r^1$ und $e_{r^1\times r^2} \perp r^2$

$$(\overrightarrow{P_1P_2}, e_{r^1\times r^2}) = (\overrightarrow{F_1F_2}, e_{r^1\times r^2}).$$

Auf der rechten Seite bleibt wegen Gleichung (4.58) $\tilde{d}$ übrig. Damit ist der gesuchte Abstand

$$d = \frac{|(\overrightarrow{P_1P_2}, r^1 \times r^2)|}{|r^1 \times r^2|}. \tag{4.59}$$

Bemerkung 4.41 Im Zähler der rechten Seite von Gleichung (4.59) steht das Spatprodukt der Vektoren $\overrightarrow{P_1P_2}$, r^1 und r^2.

Lotfußpunkte Zur Ermittlung der Lotfußpunkte F_1 und F_2 aus den Gleichungen (4.56) wird Gleichung (4.57) erst skalar mit r^1 und dann skalar mit r^2 multipliziert bei Beachtung, dass diese Vektoren zu $\overrightarrow{F_1F_2}$ senkrecht sind. Es folgt das lineare Gleichungssystem zur Bestimmung der noch unbekannten Parameter λ_1 und λ_2:

$$\begin{pmatrix} (r^1, r^1) & -(r^1, r^2) \\ (r^1, r^2) & -(r^2, r^2) \end{pmatrix} \begin{pmatrix} \lambda_1 \\ \lambda_2 \end{pmatrix} = \begin{pmatrix} (\overrightarrow{P_1P_2}, r^1) \\ (\overrightarrow{P_1P_2}, r^2) \end{pmatrix}. \tag{4.60}$$

Die Determinante seiner Koeffizientenmatrix beträgt

$D = (r^1, r^2)^2 - (r^1, r^1)(r^2, r^2).$

Sie ist kleiner als null genau dann, wenn die Richtungsvektoren r^1 und r^2 nicht parallel sind. In diesem Fall ist mit der Definition des Skalarproduktes und $|\cos\measuredangle(r^1, r^2)| < 1$

$|(r^1, r^2)| = |r^1||r^2||\cos\measuredangle(r^1, r^2)| \; < \; |r^1||r^2|,$

und nach Quadrieren der Ungleichung folgt $D < 0$. Das Gleichungssystem (4.60) kann z. B. mit der Regel von Cramer gelöst werden.

Bemerkung 4.42

1. Die Lösung des Gleichungssystems (4.60) ist

   $\lambda_1 = \dfrac{C_1}{D}, \; \lambda_2 = \dfrac{C_2}{D}$

   mit den Determinanten C_1 und C_2 in den Zählern

   $C_1 = (\overrightarrow{P_1P_2}, r^2)(r^1, r^2) - (r^2, r^2)(\overrightarrow{P_1P_2}, r^1) = (\overrightarrow{P_1P_2} \times r^2, r^2 \times r^1),$

   $C_2 = (\overrightarrow{P_1P_2}, r^2)(r^1, r^1) - (r^1, r^2)(\overrightarrow{P_1P_2}, r^1) = -(\overrightarrow{P_1P_2} \times r^1, r^1 \times r^2).$

   Die Umformungen folgen aus der **Identität von Lagrange** (siehe Abschnitt 4.1.7)

   Identität von Lagrange

   $$(x, z)(y, w) - (y, z)(x, w) = (x \times y, z \times w), \quad x, y, w, z \in \mathbb{R}^3,$$

   für C_1, angewendet mit $x = \overrightarrow{P_1P_2}, y = r^2, w = r^1, z = r^2$, und
   für C_2, angewendet mit $x = \overrightarrow{P_1P_2}, y = r^1, w = r^2, z = r^1$.

   Schließlich ergibt sich noch mit der Identität von Lagrange für D, angewendet mit $x = r^2, y = r^1, w = r^2, z = r^1$

   $D = (r^2 \times r^1, r^1 \times r^2) = -|r^1 \times r^2|^2.$

   Die Parameter λ_1 und λ_2 können damit wie folgt geschrieben werden:

   $$\lambda_i = \frac{(\overrightarrow{P_1P_2} \times r^{3-i}, r^1 \times r^2)}{|r^1 \times r^2|^2}, \quad i = 1, 2. \tag{4.61}$$

2. Gilt $D = (r^1, r^2)^2 - (r^1, r^1)(r^2, r^2) = 0$, d. h., sind die Geraden g_1 und g_2 parallel, so ist ihr Abstand gleich dem Abstand eines Punktes der Gerade g_2 (z. B. P_2) von der Gerade g_1. Mit Gleichung (4.51) folgt

   $d = \dfrac{|\overrightarrow{P_1P_2} \times r^1|}{|r^1|} = |\overrightarrow{P_1P_2} \times e_{r^1}|.$

Abstand zweier windschiefer Geraden

Beispiel 4.43

Gegeben ist die Gerade g_1 durch die Punkte $P_1(2,\ 4,\ -1)$ und $Q_1(5,\ 4,\ 0)$ und die Gerade g_2 durch die Punkte $P_2(0,\ 1,\ 5)$ und $Q_2(1,\ 2,\ 2)$. Gesucht ist ihr Abstand und die Lotfußpunkte des gemeinsamen Lotes.

Wie in den Gleichungen (4.57) ist mit $r^1 = \overrightarrow{P_1Q_1}$ und $r^2 = \overrightarrow{P_2Q_2}$

$$\overrightarrow{OF_1} = \begin{pmatrix} 2 \\ 4 \\ -1 \end{pmatrix} + \lambda_1 \begin{pmatrix} 3 \\ 0 \\ 1 \end{pmatrix}, \qquad \overrightarrow{OF_2} = \begin{pmatrix} 0 \\ 1 \\ 5 \end{pmatrix} + \lambda_2 \begin{pmatrix} 1 \\ 1 \\ -3 \end{pmatrix}.$$

Weiter ist

$$\overrightarrow{P_1P_2} = \begin{pmatrix} 0 \\ 1 \\ 5 \end{pmatrix} - \begin{pmatrix} 2 \\ 4 \\ -1 \end{pmatrix} = \begin{pmatrix} -2 \\ -3 \\ 6 \end{pmatrix}, \quad r^1 \times r^2 = \begin{vmatrix} e^1 & e^2 & e^3 \\ 3 & 0 & 1 \\ 1 & 1 & -3 \end{vmatrix} = \begin{pmatrix} -1 \\ 10 \\ 3 \end{pmatrix}, \quad |r^1 \times r^2| = \sqrt{110}.$$

Mit Gleichung (4.59) ergibt sich

$$\tilde{d} = \frac{1}{\sqrt{110}} \begin{vmatrix} -2 & -3 & 6 \\ 3 & 0 & 1 \\ 1 & 1 & -3 \end{vmatrix} = -\frac{10}{\sqrt{110}}.$$

Zum Aufstellen des Gleichungssystems (4.60) sind die Elemente der Koeffizientenmatrix und die rechte Seite zu berechnen. Es ist

$(r^1, r^1) = 10,\ (r^2, r^2) = 11,\ (r^1, r^2) = 0,\ (\overrightarrow{P_1P_2}, r^1) = 0,\ (\overrightarrow{P_1P_2}, r^2) = -23.$

Das Gleichungssystem (4.60) zur Ermittlung der Parameter λ_1 und λ_2 lautet damit

$$\begin{pmatrix} 10 & 0 \\ 0 & -11 \end{pmatrix} \begin{pmatrix} \lambda_1 \\ \lambda_2 \end{pmatrix} = \begin{pmatrix} 0 \\ -23 \end{pmatrix}.$$

Es hat die Lösung $\lambda_1 = 0$, $\lambda_2 = 23/11$. Damit ist $\overrightarrow{OF_1} = (2, 4, -1)^\top$ und $\overrightarrow{OF_2} = (23/11, 34/11, -14/11)^\top$. Der gesuchte Abstand beträgt $10/\sqrt{110} \approx 0.953$.

Winkel zwischen zwei Geraden

Der Winkel zwischen zwei Geraden ist der Winkel α zwischen ihren Richtungsvektoren r^1 und r^2 (siehe **Abschnitt 4.1.6** und **4.2.1**). Er wird aus folgende Gleichung ermittelt:

$$\cos\alpha = \frac{(r^1, r^2)}{|r^1||r^2|}, \quad \alpha \in [0, \pi). \tag{4.62}$$

Winkel zwischen zwei Geraden

Beispiel 4.44

Die Geraden $(2, 7, -13)^\top + t(3, 6, 2)^\top$ und $(-1, 5, 8)^\top + s(2, 2, -1)^\top$ haben die Richtungsvektoren $r^1 = (3, 6, 2)^\top$ und $r^2 = (2, 2, -1)^\top$.

Mit Gleichung (4.62) ergibt sich für den Winkel α zwischen ihnen

$$\cos\alpha = \frac{(r^1, r^2)}{|r^1||r^2|} = \frac{16}{7 \cdot 3}, \qquad \alpha \approx 0.705 \approx 40.37^\circ.$$

Lagebeziehungen zweier Geraden

Zwei Geraden g_1 und g_2 im haben entweder alle Punkte oder keinen Punkt oder genau einen Punkt gemeinsam (im ersten Fall fallen sie zusammen, im zweiten Fall sind sie parallel oder windschief, im dritten Fall schneiden sie sich). Bestimmt werden soll, welche der vier Lagebeziehungen vorliegt, wenn die Gerade g_i durch einen Punkt P_i auf ihr und einen Richtungsvektor $r^i \neq O$, $i = 1, 2$, gegeben ist:

$$g_1 : \overrightarrow{OX} = \overrightarrow{OP_1} + \lambda_1 r^1 \quad \text{und} \quad g_2 : \overrightarrow{OX} = \overrightarrow{OP_2} + \lambda_2 r^2, \quad \lambda_1, \lambda_2 \in \mathbb{R}.$$

Falls die Geraden genau einen Punkt $S(x_s, y_s)$ gemeinsam haben (Schnittpunkt), so sind dessen Koordinaten zu berechnen.

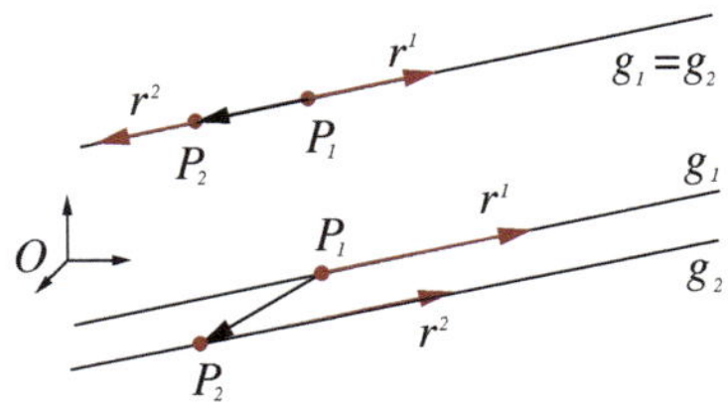

Bild 4.46 Geraden mit $r^1 \times r^2 = O$

Richtungsvektoren parallel

Die Geraden sind genau dann parallel oder fallen zusammen, wenn ihre Richtungsvektoren parallel sind (siehe **Bild 4.46**), d. h., wenn gilt

$$r^1 \times r^2 = O.$$

Dann fallen sie zusammen (haben alle Punkte gemeinsam), wenn der Vektor $\overrightarrow{P_1P_2}$ auch parallel zu den Richtungsvektoren ist (z. B. zu r^1):

$$\overrightarrow{P_1P_2} \times r^1 = O,$$

andernfalls sind sie parallel und haben keine gemeinsamen Punkte.

Richtungsvektoren nicht parallel

Die Geraden sind genau dann windschief oder haben genau einen Punkt gemeinsam, wenn ihre Richtungsvektoren nicht parallel sind (siehe **Bild 4.47**):

$$r^1 \times r^2 \neq O.$$

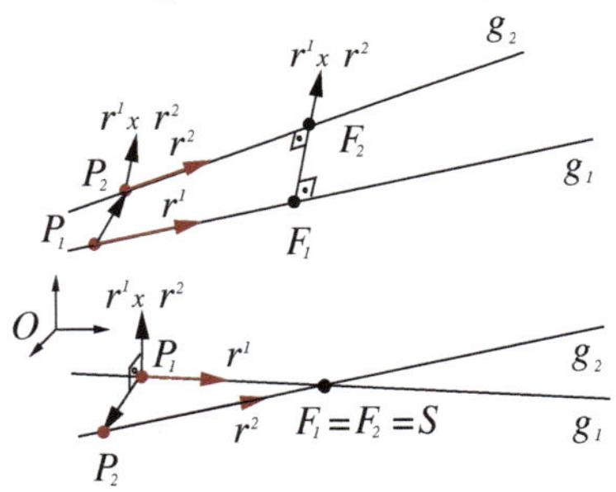

Bild 4.47 Geraden mit $r^1 \times r^2 \neq O$

Dann sind sie windschief, wenn ihr Abstand (siehe Gleichung (4.59)) größer als null ist. Daraus folgt die zusätzliche Bedingung

$$(\overrightarrow{P_1P_2}, r^1 \times r^2) \neq 0,$$

andernfalls haben beide Geraden genau einen gemeinsamen Punkt $S(x_s, y_s)$ (Schnittpunkt), da für den Abstand $d = 0$ die beiden Lotfußpunkte F_1 und F_2 zusammenfallen. Mit den Gleichungen (4.56) und den Parametern λ_i, $i = 1, 2$, aus den Gleichungen (4.61) ist

Schnittpunkt

$$\overrightarrow{OS} = \overrightarrow{OF_1} = \overrightarrow{OF_2} = \overrightarrow{OP_i} + \lambda_i r^i, \quad i = 1, 2.$$

Zusammenfassung

Tabelle 4.2 enthält eine Zusammenfassung der Kriterien für die möglichen Lagebeziehungen zweier Geraden g_1 und g_2 im Raum.

Tabelle 4.2 Lagebeziehungen zweier Geraden

Lage	Bedingungen	gem. Punkte
parallel	$r^1 \times r^2 = O$ und $\overrightarrow{P_1P_2} \times r^1 \neq O$	keine
zusammenf.	$r^1 \times r^2 = O$ und $\overrightarrow{P_1P_2} \times r^1 = O$	alle
schneiden sich	$r^1 \times r^2 \neq O$ und $(\overrightarrow{P_1P_2}, r^1 \times r^2) = 0$	Schnittpunkt S
windschief	$r^1 \times r^2 \neq O$ und $(\overrightarrow{P_1P_2}, r^1 \times r^2) \neq 0$	keine

Lagebeziehungen zweier Geraden

Beispiel 4.45

1. $g_1: P_1(4,2,5),\ r^1 = (-2,3,1)^\top, \quad g_2: P_2(8,-1,4),\ r^2 = (6,-9,3)^\top,$
$r^1 \times r^2 = (0,0,0)^\top,\ \overrightarrow{P_1P_2} \times r^1 = (0,-2,6)^\top \neq (0,0,0)^\top,$
d. h., die Geraden sind parallel und haben keine gemeinsamen Punkte.
2. $g_1: P_1(4,2,5),\ r^1 = (-2,3,1)^\top, \quad g_2: P_2(6,-1,4),\ r^2 = (6,-9,3)^\top,$
$r^1 \times r^2 = (0,0,0)^\top,\ \overrightarrow{P_1P_2} \times r^1 = (0,0,0)^\top,$
d. h., die Geraden fallen zusammen.
3. $g_1: P_1(6,2,5),\ r^1 = (-2,3,1)^\top, \quad g_2: P_2(8,-1,4),\ r^2 = (-1,5,6)^\top,$
$r^1 \times r^2 = (13,11,-7)^\top \neq (0,0,0)^\top,\ (\overrightarrow{P_1P_2}, r^1 \times r^2) = 0,$
d. h., die Geraden schneiden sich. Der Schnittpunkt ist $S(8,-1,4)$.
4. $g_1: P_1(4,2,5),\ r^1 = (-2,3,1)^\top, \quad g_2: P_2(8,-1,4),\ r^2 = (-1,5,6)^\top,$
$r^1 \times r^2 = (13,11,-7)^\top \neq (0,0,0)^\top,\ (\overrightarrow{P_1P_2}, r^1 \times r^2) = 26,$
d. h., die Geraden sind windschief.

4.3.2 Die Ebene

Eine Ebene im Raum kann auf verschiedene Weise eindeutig bestimmt werden. Ausgehend von verschiedenen Aufgabenstellungen werden Gleichungen hergeleitet, die die Koordinaten der Punkte einer solchen Ebene erfüllen müssen. Die Lagebeziehungen mehrerer Ebenen werden erläutert, Schnittwinkel zweier Ebenen und Winkel zwischen Ebene und Gerade berechnet. Der Abstand eines Punktes von einer Ebene wird bestimmt.

Gleichungen der Ebene

Allgemeine Form

Gegeben ist

1. ein Punkt $P(x_p, y_p, z_p)$ der Ebene,
2. ein **Normalenvektor** $n = (x_n, y_n, z_n)^\top \neq O$ senkrecht zur Ebene.

Dann gibt es genau eine Ebene, die den Punkt P enthält und senkrecht zum Normalenvektor n ist (siehe **Bild 4.48**). Für jeden Punkt $X(x,y,z)$ der Ebene (und nur für solche) ist $\overrightarrow{PX} \perp n$ und daher

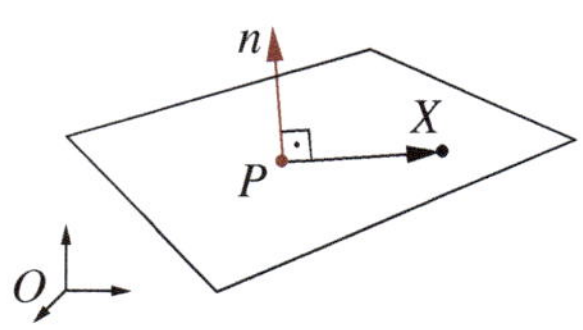

Bild 4.48 Ebene, Punkt, Normale

$$(\overrightarrow{PX}, n) = 0 \quad \text{bzw.} \quad (\overrightarrow{OX}, n) - (\overrightarrow{OP}, n) = 0. \tag{4.63}$$

Gleichung (4.63) heißt **allgemeine Form** der Ebenengleichung. In Koordinatenschreibweise lautet sie

$$x_n x + y_n y + z_n z + c = 0 \quad \text{mit} \quad c = -(x_n x_p + y_n y_p + z_n z_p).$$

Ist $|n| = 1$, so heißt Gleichung (4.63) **Hesse-Normalform** der Ebenengleichung.

Ebene durch drei Punkte

Gegeben sind drei nicht auf einer Gerade liegende Punkte

1. $P_1(x_1, y_1, z_1)$,
2. $P_2(x_2, y_2, z_2)$,
3. $P_3(x_3, y_3, z_3)$.

Dann gibt es genau eine Ebene, die diese drei Punkte enthält (siehe **Bild 4.49**). Der Vektor $n = \overrightarrow{P_1P_2} \times \overrightarrow{P_1P_3}$ ist dann Normalenvektor der Ebene, und mit Gleichung (4.63) ergibt sich

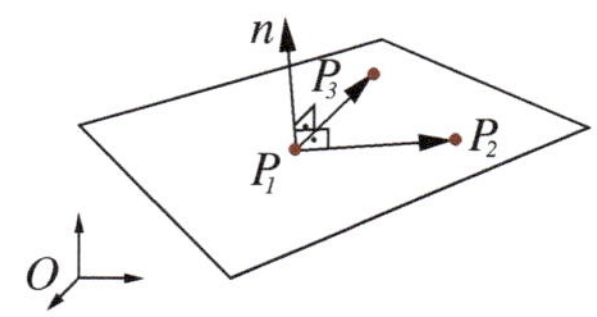

Bild 4.49 Ebene, drei Punkte

$$(\overrightarrow{P_1X}, \overrightarrow{P_1P_2} \times \overrightarrow{P_1P_3}) = 0. \tag{4.64}$$

Gleichung (4.64) ist die Vektorschreibweise der allgemeinen Form der Ebenengleichung. Die linke Seite ist das Spatprodukt der Vektoren $\overrightarrow{P_1X}$, $\overrightarrow{P_1P_2}$ und $\overrightarrow{P_1P_3}$. Die Koordinatenschreibweise von Gleichung (4.64) lautet daher

$$\begin{vmatrix} x - x_1 & y - y_1 & z - z_1 \\ x_2 - x_1 & y_2 - y_1 & z_2 - z_1 \\ x_3 - x_1 & y_3 - y_1 & z_3 - z_1 \end{vmatrix} = 0. \tag{4.65}$$

Ebene durch eine Gerade und einen Punkt

Gegeben ist

1. eine Gerade g durch einen Punkt P_1 mit dem Richtungsvektor r,
2. ein nicht auf ihr liegender Punkt P_2.

Dann gibt es genau eine Ebene, die die Gerade g und den Punkt P_2 enthält (siehe **Bild 4.50**). Der Vektor $n = \overrightarrow{P_1P_2} \times r$ ist dann Normalenvektor der gesuchten Ebene, und mit (4.63) ist die allgemeine Form ihrer Gleichung

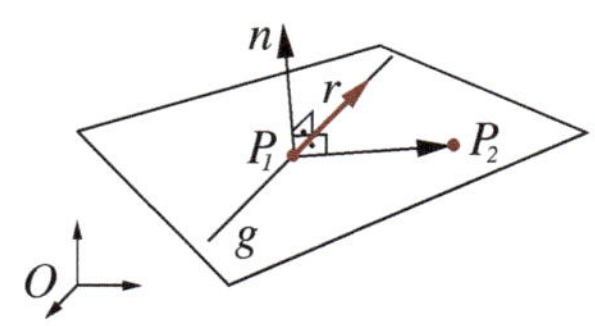

Bild 4.50 Ebene, Gerade, Punkt

$$(\overrightarrow{P_1X}, \overrightarrow{P_1P_2} \times r) = 0.$$

Parameterform

Gegeben ist

1. ein Punkt P_1,
2. zwei linear unabhängige Vektoren a und b.

Dann gibt es genau eine Ebene, die den Punkt P_1 enthält und parallel zu den Vektoren a und b ist (siehe **Bild 4.51**). Normalenvektor der Ebene ist daher der Vektor $n = a \times b$, und nach (4.63) ist die allgemeine Form der Gleichung der gesuchten Ebene

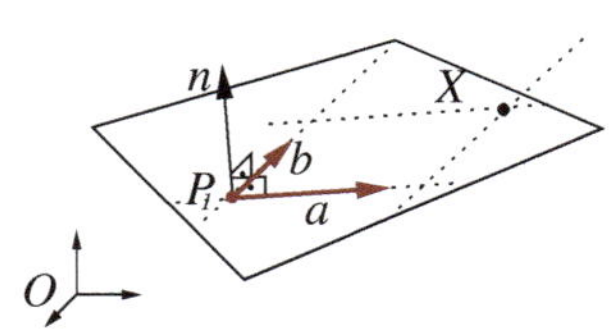

Bild 4.51 Ebene, Punkt, Vektoren

$$(\overrightarrow{P_1X}, a \times b) = 0.$$

Eine zweite Möglichkeit, eine Ebenengleichung aufzustellen, besteht in der Überlegung, dass sich für jeden Punkt X der Ebene der zugehörige Ortsvektor $\overrightarrow{P_1X}$ in eine Linearkombination der beiden linear unabhängigen Vektoren a und b zerlegen lassen muss:

$$\overrightarrow{P_1X} = \lambda a + \mu b, \ \ \lambda, \mu \in \mathbb{R}.$$

Diese Gleichung heißt **Parameterform** der Ebenengleichung.

Ebenengleichungen

Beispiel 4.46

1. Zu ermitteln ist die allgemeine Form der Gleichung der Ebene, die den Punkt $P(2, 0, -1)$ enthält und auf der der Vektor $n = (2, 1, 1)^\top$ senkrecht steht.
   Aus Gleichung (4.63) ergibt sich unmittelbar die *allgemeine Form* der Ebenengleichung
   $$\left(\begin{pmatrix} x-2 \\ y \\ z+1 \end{pmatrix}, \begin{pmatrix} 2 \\ 1 \\ 1 \end{pmatrix}\right) = 2x + y + z - 3 = 0.$$
   Nach Division durch den Betrag des Normalenvektors $|n| = \sqrt{2^2+1^2+1^2} = \sqrt{6}$ ergibt sich die *Hesse-Normalform* der Ebenengleichung
   $$\frac{2x + y + z - 3}{\sqrt{6}} = 0.$$
2. Wie lautet die allgemeine Form der Gleichung der Ebene durch die Punkte $P_1(-1, 3, 4)$, $P_2(1, -2, 7)$ und $P_3(1, 2, 3)$?
   Aus Gleichung (4.65) ergibt sich unmittelbar durch Einsetzen der gegebenen Koordinaten und anschließendem Berechnen der Determinante
   $$\begin{vmatrix} x+1 & y-3 & z-4 \\ 2 & -5 & 3 \\ 2 & -1 & -1 \end{vmatrix} = 8(x + 1) + 8(y - 3) + 8(z - 4) = 0.$$
   Nach Division durch 8 ist die gesuchte Gleichung $x + y + z - 6 = 0$.

Abstand eines Punktes von einer Ebene

Gegeben ist eine Ebene durch

1. einen Punkt P auf ihr,
2. einen normierten Normalenvektor e_n, $|e_n| = 1$.

und ein beliebiger Punkt Q des Raumes. Gesucht ist der Abstand d des Punktes Q von der Ebene (siehe **Bild 4.52**).

Abstand

Sei F der Lotfußpunkt des Lotes vom Punkt Q auf die Ebene. Dann ist $d = |\overrightarrow{FQ}|$ der gesuchte Abstand.

Da e_n Normaleneinheitsvektor ist, gilt $\overrightarrow{FQ} = \tilde{d}\, e_n$. Dabei ist $\tilde{d} = d$, wenn $\overrightarrow{FQ}$ und e_n gleichgerichtet sind und andernfalls $\tilde{d} = -d$. Kann daher $\tilde{d}$ ermittelt werden, so ist $d = |\tilde{d}|$. Daraus folgt

$$\overrightarrow{OQ} - \overrightarrow{OF} = \tilde{d}\, e_n. \tag{4.66}$$

Da F andererseits Punkt der Ebene ist, muss er ihre Ebenengleichung (4.63) erfüllen, d. h., es ist $(\overrightarrow{PF}, e_n) = 0$ oder

$$(\overrightarrow{OF} - \overrightarrow{OP}, e_n) = 0. \tag{4.67}$$

Wird Gleichung (4.66) nach $\overrightarrow{OF}$ umgestellt und in Gleichung (4.67) eingesetzt, so folgt

$$\begin{aligned} (\overrightarrow{OQ} - \tilde{d}\, e_n - \overrightarrow{OP}, e_n) &= 0 && \text{bzw.} \\ (\overrightarrow{OQ} - \overrightarrow{OP}, e_n) &= \tilde{d}(e_n, e_n) && \text{bzw. mit } (e_n, e_n) = 1 \\ (\overrightarrow{PQ}, e_n) &= \tilde{d}. \end{aligned}$$

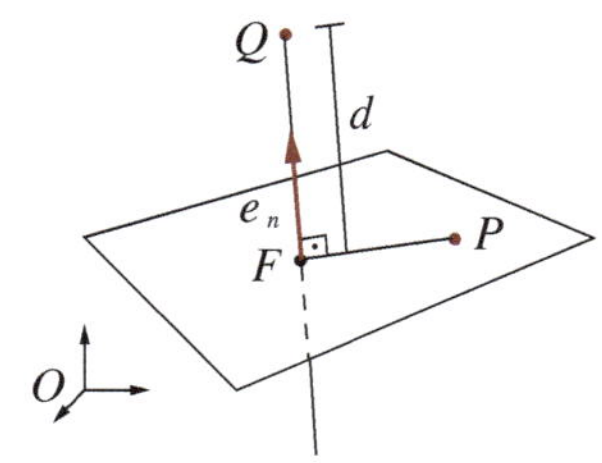

Bild 4.52 Abstand d eines Punktes Q von der Ebene

Werden die Koordinaten des Punktes Q in die linke Seite der Hesse-Normalform der Ebenengleichung eingesetzt, so ergibt sich der vorzeichenbehaftete Abstand $\tilde{d}$ des Punktes Q von der Ebene. Damit ist

$$d = |(\overrightarrow{PQ}, e_n)|. \tag{4.68}$$

Lotfußpunkt

Der Lotfußpunkt F kann aus Gleichung (4.66) ermittelt werden:

$$\overrightarrow{OF} = \overrightarrow{OQ} - \tilde{d}\, e_n = \overrightarrow{OQ} - (\overrightarrow{PQ}, e_n)\, e_n.$$

Bemerkung 4.47

Ist $n = (x_n, y_n, z_n)^\top$, $P = (x_p, y_p, z_p)$ und $Q = (x_q, y_q, z_q)$, so lautet die Koordinatenform für den Abstand (4.68)

$$d = \left| \frac{x_n x_q + y_n y_q + z_n z_q}{\sqrt{x_n^2 + y_n^2 + z_n^2}} + c \right| \quad \text{mit} \quad c = -\frac{x_n x_p + y_n y_p + z_n z_p}{\sqrt{x_n^2 + y_n^2 + z_n^2}}.$$

Beispiel 4.48

Abstand eines Punktes von einer Ebene

Gegeben ist eine Ebene durch ihre allgemeine Gleichung $3x - 5y + \sqrt{2}z = -5$.

Ein Normalenvektor ist $n = (3, -5, \sqrt{2})^\top$. Sein Betrag ist $|n| = 6$.

Ihre *Hesse-Normalform* lautet daher $-\frac{1}{2}x + \frac{5}{6}y - \frac{\sqrt{2}}{6}z - \frac{5}{6} = 0$.

Der Abstand des Koordinatenursprungs $O = (0, 0, 0)$ zur Ebene beträgt

$$\left| -\frac{1}{2} \cdot 0 + \frac{5}{6} \cdot 0 - \frac{\sqrt{2}}{6} \cdot 0 - \frac{5}{6} \right| = \frac{5}{6}.$$

Der Abstand des Punktes $Q = (4, 5, 6)$ zur Ebene beträgt

$$\left| -\frac{1}{2} \cdot 4 + \frac{5}{6} \cdot 5 - \frac{\sqrt{2}}{6} \cdot 6 - \frac{5}{6} \right| = \sqrt{2} - \frac{4}{3} \approx 0.08088.$$

Winkel zwischen zwei Ebenen

Der Winkel zwischen φ zwei Ebenen ist der Winkel zwischen ihren Normalenvektoren n^1 und n^2 (siehe **Abschnitt 4.1.6**). Er wird aus folgender Gleichung ermittelt:

$$\cos\varphi = \frac{(n^1, n^2)}{|n^1||n^2|}, \ \varphi \in [0, \pi). \tag{4.69}$$

Winkel zwischen zwei Ebenen

Beispiel 4.49

Die Ebenen $x + y + z = 2$ und $-4x - y + z = 1$ aus **Beispiel 4.50** haben die Normalenvektoren $n^1 = (1, 1, 1)^\top$ und $n^2 = (-4, -1, 1)^\top$.

Mit Gleichung (4.69) ergibt sich

$$\cos\alpha = \frac{(n^1, n^2)}{|n^1||n^2|} = -\frac{4}{\sqrt{3}\cdot\sqrt{18}}, \qquad \alpha \approx 2.146 \approx 122.98^\circ.$$

Schnittmenge mehrerer Ebenen

Soll die Menge der gemeinsamen Punkte (Schnittmenge) von m Ebenen ermittelt werden, so ergibt sich das Gleichungssystem bezüglich der Koordinaten (x_s, y_s, z_s) der Schnittpunkte S aus den entsprechenden Ebenengleichungen in allgemeiner Form

$$(\overrightarrow{P_iS}, n^i) = 0, \ i = 1, ..., m.$$

Dabei bedeutet P_i jeweils einen Punkt und n^i einen Normalenvektor der i-ten Ebene.

Ist das Gleichungssystem lösbar, so ist der gemeinsame Rang von Koeffizientenmatrix und erweiterter Koeffizientenmatrix entweder drei (dann gibt es genau einen Schnittpunkt) oder zwei (dann gibt es eine einparametrische Lösungsschar, d. h., die Ebenen schneiden sich in einer Gerade) oder eins (dann fallen die Ebenen zusammen). Ist das Gleichungssystem nicht lösbar, so haben die Ebenen keinen gemeinsamen Schnittpunkt.

Schnittmenge von Ebenen

Beispiel 4.50

1. Zu ermitteln ist die Schnittmenge der beiden Ebenen mit den Gleichungen

$$\begin{aligned} x + y + z &= 2, \\ -4x - y + z &= 1. \end{aligned}$$

Ein Punkt, der beiden Ebenen angehört, muss beide Ebenengleichungen erfüllen. Die Umformung des Gleichungssystems mit dem Gauß-Algorithmus ergibt

$$\left(\begin{array}{ccc|c} 1 & 1 & 1 & 2 \\ -4 & -1 & 1 & 1 \end{array}\right) \longrightarrow \left(\begin{array}{ccc|c} 1 & 1 & 1 & 2 \\ 0 & 1 & 5/3 & 3 \end{array}\right).$$

Der Rang der Koeffizientenmatrix und der erweiterten Koeffizientenmatrix ist jeweils $r = 2$. Daher ist das Gleichungssystem lösbar. Die Anzahl der Unbekannten ist $n = 3$ und der Freiheitsgrad daher $f = n - r = 1$. Zur Ermittlung der Lösung wird der Parameter $z = \lambda$, $\lambda \in \mathbb{R}$, benutzt. Damit folgt

$$\begin{pmatrix} x \\ y \\ z \end{pmatrix} = \begin{pmatrix} -1 \\ 3 \\ 0 \end{pmatrix} + \lambda \begin{pmatrix} 2/3 \\ -5/3 \\ 1 \end{pmatrix}.$$

Die Schnittmenge beider Ebenen ist daher eine Gerade, und die obige Gleichung ist ihre Parameterform.

2. Zu ermitteln ist die Schnittmenge der drei Ebenen mit den Gleichungen

$$\begin{aligned} x + y + z &= 2 \\ x + 3z &= -1 \\ -4x - y + z &= 1. \end{aligned}$$

Die Umformung des entsprechenden Gleichungssystems mit dem Gauß-Algorithmus ergibt

$$\left(\begin{array}{rrr|r} 1 & 1 & 1 & 2 \\ 1 & 0 & 3 & -1 \\ -4 & -1 & 1 & 1 \end{array}\right) \longrightarrow \left(\begin{array}{rrr|r} 1 & 1 & 1 & 2 \\ 0 & 1 & -2 & 3 \\ 0 & 0 & 1 & 0 \end{array}\right).$$

Der Rang der Koeffizientenmatrix und der erweiterten Koeffizientenmatrix ist jeweils $r = 3$. Da die Anzahl der Unbekannten $n = 3$ beträgt, ist das Gleichungssystem eindeutig lösbar: $(x, y, z)^\top = (-1, 3, 0)^\top$. Die drei Ebenen schneiden sich in diesem Punkt.

Lagebeziehungen zweier Ebenen

Zwei Ebenen E_1 und E_2 haben entweder alle Punkte oder keinen Punkt oder eine Gerade gemeinsam (im ersten Fall fallen sie zusammen, im zweiten Fall sind sie parallel, im dritten Fall schneiden sie sich in der Gerade). Bestimmt werden soll, welche der drei Lagebeziehungen vorliegt, wenn die Ebene E_i durch einen Punkt P_i auf ihr und einen Normalenvektor $n^i \neq O$, $i = 1, 2$, gegeben ist:

$$E_1 : (\overrightarrow{P_1X}, n^1) = 0 \quad \text{und} \quad E_2 : (\overrightarrow{P_2X}, n^2) = 0.$$

Falls die Ebenen eine Gerade g gemeinsam haben (Schnittgerade), so ist ein Punkt P auf ihr und ein Richtungsvektor r anzugeben.

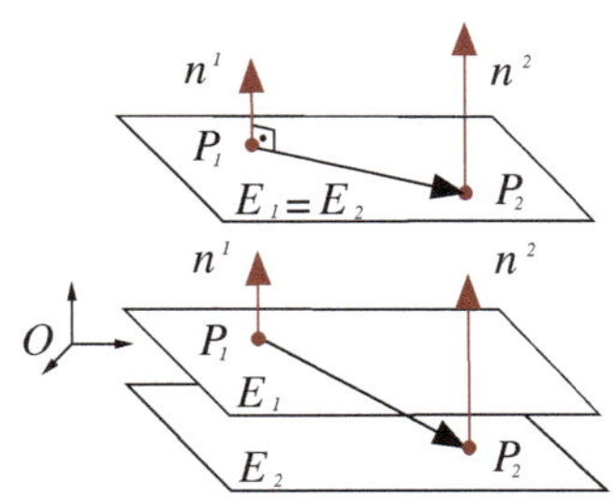

Bild 4.53 Ebenen mit $n^1 \times n^2 = O$

Normalenvektoren parallel

Die Ebenen sind genau dann parallel oder fallen zusammen, wenn ihre Normalenvektoren parallel sind (siehe **Bild 4.53**), d. h., wenn gilt

$$n^1 \times n^2 = O.$$

Dann fallen sie zusammen (haben alle Punkte gemeinsam), wenn der Vektor $\overrightarrow{P_1P_2}$ senkrecht zu den Normalenvektoren ist (z. B. zu n^1):

$$(\overrightarrow{P_1P_2}, n^1) = O,$$

andernfalls sind sie parallel und haben keine gemeinsamen Punkte.

Normalenvektoren nicht parallel

Wenn ihre Normalenvektoren der Ebenen nicht parallel sind (siehe **Bild 4.54**) so haben sie die Punkte einer Gerade g gemeinsam, deren Richtungsvektor r parallel zu E_1 und zu E_2 und somit senkrecht zu n^1 und n^2 ist:

$r = n^1 \times n^2 \neq O.$

Ein Punkt $P(x_p, y_p, z_p)$ der gemeinsamen Gerade erfüllt beide Ebenengleichungen:

$$(\overrightarrow{P_1P}, n^1) = 0 \quad \text{und} \quad (\overrightarrow{P_2P}, n^2) = 0.$$

Mit den Normalenvektoren $n^1 = (x_{n1}, y_{n1}, y_{n1})^\top$, $n^2 = (x_{n2}, y_{n2}, y_{n2})^\top$ ergibt sich das lineare Gleichungssystem bezüglich seiner Koordinaten x_p, y_p, z_p in Matrixschreibweise

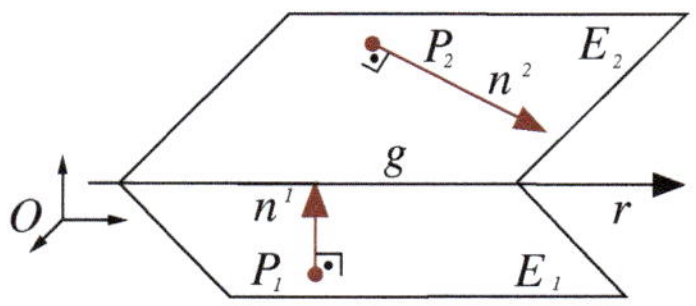

Bild 4.54 Ebenen mit $n^1 \times n^2 \neq O$

$$\left(\begin{array}{ccc|c} x_{n1} & y_{n1} & z_{n1} & (\overrightarrow{OP_1}, n^1) \\ x_{n2} & y_{n2} & z_{n2} & (\overrightarrow{OP_2}, n^2) \end{array}\right). \tag{4.70}$$

Wegen $n^1 \times n^2 \neq O$ können folgende drei Determinanten nicht gleichzeitig gleich null sein:

$$D_1 = \begin{vmatrix} x_{n1} & y_{n1} \\ x_{n2} & y_{n2} \end{vmatrix}, \quad D_2 = \begin{vmatrix} x_{n1} & z_{n1} \\ x_{n2} & z_{n2} \end{vmatrix}, \quad D_3 = \begin{vmatrix} y_{n1} & z_{n1} \\ y_{n2} & z_{n2} \end{vmatrix}.$$

Ist z. B. $D_1 \neq 0$, so folgt mit dem reellen Parameter $z_p = 0$ aus dem linearen Gleichungssystem (4.70) bezüglich der Koordinaten x_p und y_p mit der Regel von Cramer

$$x_p = \frac{C_1}{D_1}, \; y_p = \frac{C_2}{D_2}, \; C_1 = \begin{vmatrix} (\overrightarrow{OP_1}, n^1) & y_{n1} \\ (\overrightarrow{OP_2}, n^2) & y_{n2} \end{vmatrix}, \; C_2 = \begin{vmatrix} x_{n1} & (\overrightarrow{OP_1}, n^1) \\ x_{n2} & (\overrightarrow{OP_2}, n^2) \end{vmatrix}.$$

Analog kann im Fall $D_2 \neq 0$ das sich mit $y_p = 0$ aus (4.70) ergebende lineare Gleichungssystem bezüglich x_p und y_p und im Fall $D_3 \neq 0$ das sich mit $x_p = 0$ aus (4.70) ergebende lineare Gleichungssystem bezüglich y_p und z_p gelöst werden, sodass sich in jedem Fall ein Punkt $P(x_p, y_p, z_p)$ der Schnittgerade g angeben lässt. Die gesuchte Parameterform dieser Gerade ist mit $r = n^1 \times n^2 \neq O$

Schnittgerade

$$g: \; \overrightarrow{OX} = \overrightarrow{OP} + \lambda r$$

Zusammenfassung

Tabelle 4.3 enthält eine Zusammenfassung der Kriterien für die möglichen Lagebeziehungen zweier Ebenen E_1 und E_2.

Tabelle 4.3 Lagebeziehungen zweier Ebenen

Lage	Bedingungen	gem. Punkte
parallel	$n^1 \times n^2 = O$ und $(\overrightarrow{P_1P_2}, n^1) \neq 0$	keine
zusammenf.	$n^1 \times n^2 = O$ und $(\overrightarrow{P_1P_2}, n^1) = 0$	alle
schneiden sich	$r = n^1 \times n^2 \neq O$	Schnittgerade g

Lagebeziehungen zweier Ebenen

Beispiel 4.51

1. Ebene: $P_1(1, 2, 3)$, $n^1 = (4, 5, -6)^\top$, Ebene: $P_2(6, -2, 4)$, $n^2 = (2, 2.5, -3)^\top$,

$n^1 \times n^2 = O$, $(\overrightarrow{P_1P_2}, n^1) = -6 \neq 0$,
d. h., die Ebenen haben keine gemeinsamen Punkte.

2. Ebene: $P_1(1,2,3)$, $n^1 = (4,5,-6)^\top$, Ebene: $P_2(6,-2,3)$, $n^2 = (2,2.5,-3)^\top$, $n^1 \times n^2 = O$, $(\overrightarrow{P_1P_2}, n^1) = 0$, d. h., die Ebenen fallen zusammen.
3. Ebene: $P_1(1,4,-3)$, $n^1 = (1,1,1)^\top$, Ebene: $P_2(2,-6,3)$, $n^2 = (-4,-1,1)^\top$, $r = n^1 \times n^2 = (2,-5,3)^\top$, Punkt der Gerade ist $P(-1,3,0)$, d. h., die Ebenen schneiden sich in der Gerade mit dem Richtungsvektor r und dem Punkt P.

Winkel zwischen Ebene und Gerade

Ist der Normalenvektor n der Ebene und der Richtungsvektor r der Gerade g gegeben, so können beide Vektoren in den Schnittpunkt S der Gerade mit der Ebene verschoben werden. Sie spannen eine zweite Ebene auf, die die gegebene in einer Gerade g' schneidet. Der Winkel α zwischen den Geraden g und g' ist der Winkel zwischen Ebene und Gerade (siehe **Bild 4.55**). Er ist gleich der Differenz aus $\pi/2$ und dem Winkel φ zwischen dem Normalenvektor n der Ebene und dem Richtungsvektor r der Gerade:

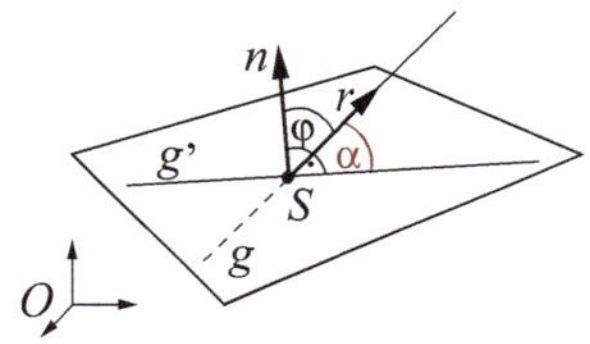

Bild 4.55 Winkel zwischen Ebene und Gerade

$$\alpha = \left|\frac{\pi}{2} - \varphi\right|, \; \alpha \in [0, \pi/2] \quad \text{mit} \quad \cos\varphi = \frac{(r,n)}{|r||n|}, \; \varphi \in [0,\pi). \quad (4.71)$$

Beispiel 4.52

Winkel zwischen Ebene und Gerade

Die Ebenen $x + y + z = 2$ hat den Normalenvektor $n = (1,1,1)^\top$.
Die Gerade $(-1,3,0)^\top + t(-3,13,1)^\top$ hat den Richtungsvektor $r = (-3,13,1)^\top$.

Mit Gleichung (4.71) ergibt sich

$$\cos\varphi = \frac{(r,n)}{|r||n|} = \frac{11}{\sqrt{3}\cdot\sqrt{179}}, \qquad \varphi \approx 1.076 \approx 61.66^\circ, \; \alpha \approx 0.495 \approx 28.34^\circ.$$

Lagebeziehungen einer Ebene und einer Gerade

Eine Ebene E und eine Gerade g haben entweder die Punkte der Gerade oder keinen Punkt oder genau einen Punkt gemeinsam (im ersten Fall liegt die Gerade in der Ebene, im zweiten Fall ist die Gerade parallel zur Ebene, im dritten Fall schneidet die Gerade die Ebene im Punkt S). Bestimmt werden soll, welche der drei Lagebeziehungen vorliegt, wenn die Ebene E durch einen Punkt P auf ihr und einen Normalenvektor $n \neq O$ und die Gerade g durch einen Punkt Q auf ihr und einen Richtungsvektor $r \neq O$ gegeben ist:

$$E: (\overrightarrow{PX}, n) = 0 \quad \text{und} \quad g: \overrightarrow{OX} = \overrightarrow{OQ} + \lambda r, \; \lambda \in \mathbb{R}. \quad (4.72)$$

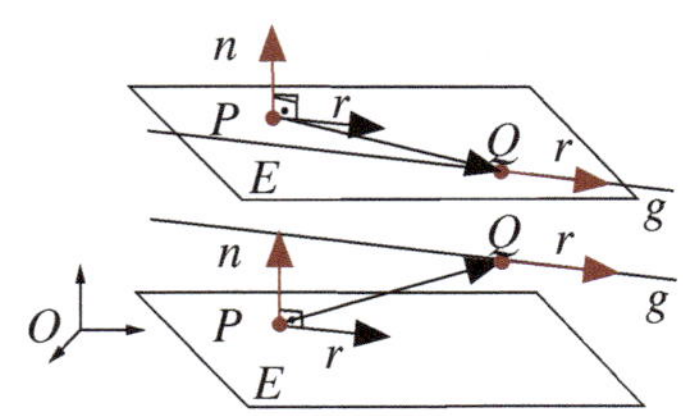

Bild 4.56 Ebene und Gerade mit $(n,r) = 0$

Falls die Gerade g die Ebene E im Punkt $S(x_s, y_s)$ schneidet, so sind dessen Koordinaten anzugeben.

Richtungsvektor der Gerade parallel zur Ebene

Die Gerade ist genau dann parallel zur Ebene oder liegt in ihr, wenn ihr Richtungsvektor r parallel zur Ebene ist (siehe **Bild 4.56**), d. h., wenn er senkrecht zum Normalenvektor n der Ebene ist:

$$(n, r) = O.$$

Dann liegt die Gerade in der Ebene, wenn ihr Punkt Q Punkt der Ebene ist und somit die Gleichung der Ebene erfüllt:

$$(\overrightarrow{PQ}, n) = O,$$

andernfalls ist die Gerade parallel zur Ebene, und es gibt keine gemeinsamen Punkte.

Richtungsvektor der Gerade nicht parallel zur Ebene

Wenn der Richtungsvektor r der Gerade nicht parallel zur Ebene, d. h., nicht senkrecht zu ihrem Normalenvektor n ist (siehe **Bild 4.57**):

$$(n, r) \neq O,$$

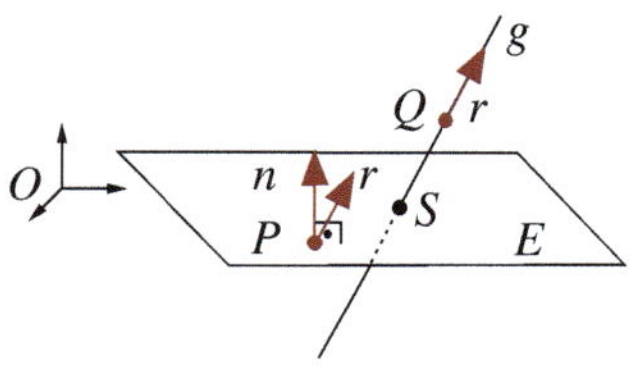

Bild 4.57 Ebene und Gerade mit $(n, r) \neq 0$

so haben sie genau einen gemeinsamen Punkt S, der beide Gleichungen (4.72) erfüllt:

$$(\overrightarrow{PS}, n) = 0 \quad \text{und} \quad \overrightarrow{OS} = \overrightarrow{OQ} + \lambda_s r, \; \lambda_s \in \mathbb{R}.$$

Wird die zweite in die erste Gleichung eingesetzt, so folgt

$$(\overrightarrow{PQ} + \lambda_s r, n) = 0 \quad \text{und daraus} \quad \lambda_s = -(\overrightarrow{PQ}, n)/(n, r).$$

Der gesuchte Schnittpunkt ergibt sich aus der Gleichung der Gerade mit dem Parameter λ_s

Schnittpunkt

$$\overrightarrow{OS} = \overrightarrow{OS} - \frac{(\overrightarrow{PQ}, n)}{(n, r)} r.$$

Zusammenfassung

Tabelle 4.4 enthält eine Zusammenfassung der Kriterien für die möglichen Lagebeziehungen einer Ebene E und einer Gerade g.

Tabelle 4.4 Lagebeziehungen einer Ebene und einer Gerade

Lage	Bedingungen	gem. Punkte
parallel	$(n, r) = 0$ und $(\overrightarrow{PQ}, n) \neq 0$	keine
g in E	$(n, r) = 0$ und $(\overrightarrow{PQ}, n) = 0$	Gerade g
schneiden sich	$(n, r) \neq O$	Schnittpunkt S

Lagebeziehungen einer Ebene und einer Gerade

Beispiel 4.53

1. Ebene: $P(1, 2, 3)$, $n = (4, 5, -6)^\top$, Gerade: $Q(2, 3, 1)$, $r = (-5, 4, 0)^\top$, $(n, r) = 0$, $(\overrightarrow{PQ}, n) = 21$,
   d. h., die Ebene und Gerade haben keine gemeinsamen Punkte.
2. Ebene: $P(1, 5, 2)$, $n = (4, 5, -6)^\top$, Gerade: $Q(6, 1, 2)$, $r = (-5, 4, 0)^\top$, $(n, r) = 0$, $(\overrightarrow{PQ}, n) = 0$, d. h., die Gerade liegt in der Ebene.
3. Ebene: $P(1, 2, 3)$, $n = (4, 5, -6)^\top$, Gerade: $Q(3, 2, 1)$, $r = (6, 5, 4)^\top$, $(n, r) = 25$, $\overrightarrow{PQ} = (2, 0, -2)^\top$, $(\overrightarrow{PQ}, n) = 20$,
   d. h., die Gerade schneidet die Ebene im Punkt $S(-1.8, -2, -2.2)$.

Beispiel 4.54

Berechnung einer Gaubendachfläche

Von einem Gaubenfenster (siehe **Bild 4.58**) sind die Koordinaten der zwei Firstpunkte F_1 und F_2 sowie der Neigungswinkel α der Dachfläche durch F_1, F_2 und P gegenüber der Bodenplatte ((x,y)-Ebene) bekannt: $F_1(1,2,15)$, $F_2(1,0,16)$ und $\alpha = 45°$. Berechnen Sie die Gaubenfläche $A_{F_1F_2P}$, wenn der Punkt $P(x_P, y_P, z_P)$ die Koordinaten $x_P = 2.5$ und $y_P = 1$ hat.

Die Gaubenfläche $A_{F_1F_2P}$ wird von den Vektoren $\overrightarrow{F_1F_2}$ und $\overrightarrow{F_1P}$ aufgespannt. Die gesuchte Gaubenfläche ergibt sich als halber Betrag des Vektorproduktes der aufspannenden Vektoren $\overrightarrow{F_1F_2}$ und $\overrightarrow{F_1P}$. Aus der Aufgabenstellung ergibt sich zunächst $\overrightarrow{F_1F_2} = (0,-2,1)^\top$ und $\overrightarrow{F_1P} = (1.5,-1,z_P-15)^\top$. Das Vektorprodukt dieser beiden Vektoren ist Normalenvektor n der Ebene, die die Gaubenfläche enthält:

$$n = \overrightarrow{F_1F_2} \times \overrightarrow{F_1P} = \begin{vmatrix} e^1 & e^2 & e^3 \\ 0 & -2 & 1 \\ 1.5 & -1 & z_P - 15 \end{vmatrix} = \begin{pmatrix} -2z_P + 31 \\ 1.5 \\ 3 \end{pmatrix}.$$

Der Neigungswinkel der Dachfläche ist gleich dem Winkel zwischen dem Normalenvektor n und dem Normalenvektor der (x,y)-Ebene, also dem Einheitsvektor $e^3 = (0,0,1)^\top$: $\cos\measuredangle(n,e^3) = (n,e^3)/|n| = \sqrt{2}/2$. Mit $(n,e^3) = 3$ ergibt sich $|n| = 6/\sqrt{2}$ und damit die gesuchte Gaubendachfläche

$$A_{F_1F_2P} = \frac{1}{2}|\overrightarrow{F_1F_2} \times \overrightarrow{F_1P}| = \frac{1}{2}|n| = \frac{3}{2}\sqrt{2}.$$

Bemerkung: Mit dem Normalenvektor n ergibt sich die Gleichung bezüglich z_P

$$\frac{3}{\sqrt{(-2z_P+31)^2 + 1.5^2 + 3^2}} = \frac{\sqrt{2}}{2}$$

mit den Lösungen $z_P \approx 14.2$ bzw. $z_P \approx 18.8$. Die zweite Lösung scheidet aus, da sonst der Punkt P über F_1 bzw. F_2 liegen würde.

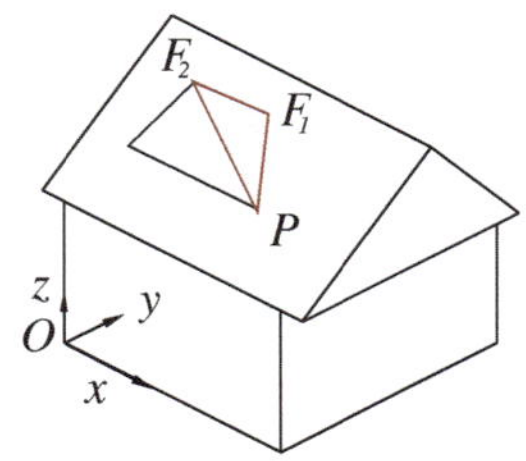

Bild 4.58 Gaubendachfläche

4.4 Koordinatensysteme und Koordinatentransformationen

Bisher wurden zur eindeutigen Identifikation eines Punktes in der Ebene bzw. des Raumes Koordinaten bezüglich eines kartesischen Koordinatensystems benutzt, dessen Achsen jeweils senkrecht zueinander sind und gleiche Einheiten in jeder Achsrichtung aufweisen. In der ebenen Geometrie werden außerdem oft Polarkoordinaten verwendet, in der räumlichen Geometrie Zylinder- oder Kugelkoordinaten. Die entsprechenden Umrechnungen der Koordinaten werden in diesem Abschnitt angegeben. - Mitunter ist es bequemer, Gleichungen von Kurven oder Flächen sowie Berechnungen der analytischen Geometrie in einem bezüglich des ursprünglichen kartesischen Koordinatensystems verschobenen oder gedrehten Koordinatensystems anzugeben. In diesem Fall ist es erforderlich, die Koordinaten eines Punktes bezüglich des ursprünglichen Koordinatensystems in das transformierte und umgekehrt umrechnen zu können.

4.4.1 Ebene Koordinatensysteme

Kartesische Koordinaten

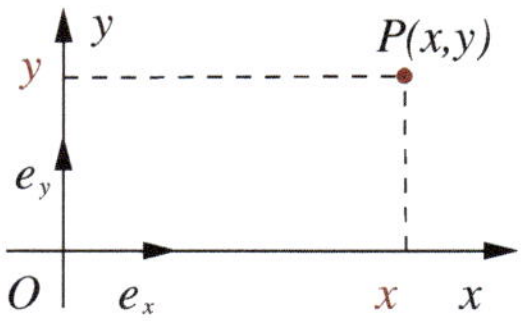

Bild 4.59 Kartesische Koordinaten

Bei der Verwendung kartesischer Koordinaten (siehe **Bild 4.59**) hat das Koordinatensystem seinen Ursprung im Punkt $O(0,0)$. Die Einheitsvektoren in Richtung der x- und y-Achse sind $e_x = (1,0)^\top$ und $e_y = (0,1)^\top$. Ein Punkt P mit den Koordinaten x und y hat den zugehörigen Ortsvektor (siehe **Abschnitte 3.1.2, 4.1.6**, Zerlegung eines Vektors bezüglich der kanonischen Basis (4.8))

$$\overrightarrow{OP} = xe_x + ye_y. \tag{4.73}$$

Polarkoordinaten

Bei der Verwendung von Polarkoordinaten ist ein Punkt (siehe **Bild 4.60**) P in der Ebene eindeutig festgelegt durch seinen Abstand $r = |\overrightarrow{OP}|$ zum Koordinatenursprung O sowie den Winkel φ, den der Einheitsvektor e_x der x-Achse mit dem Ortsvektor $\overrightarrow{OP}$ einschließt, $\varphi = \measuredangle(e_x, \overrightarrow{OP}) \in [0, 2\pi)$.

Umrechnung Polarkoordinaten in kartesische Koordinaten

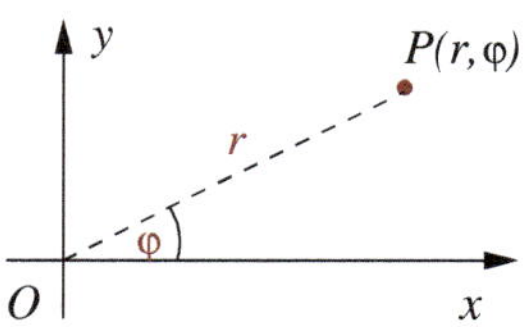

Bild 4.60 Polarkoordinaten

Für die Umrechnung von Polar- in kartesische Koordinaten wird die Koordinatendarstellung des zum Ortsvektor $\overrightarrow{OP}$ zugehörigen Einheitsvektors $e_{\overrightarrow{OP}}$ gemäß der Gleichungen (4.8) und (4.9) betrachtet:

$$\begin{aligned} e_{\overrightarrow{OP}} &= \left((e_x, e_{\overrightarrow{OP}}), (e_y, e_{\overrightarrow{OP}})\right)^\top = \left(\cos\measuredangle(e_x, \overrightarrow{OP}), \cos\measuredangle(e_y, \overrightarrow{OP})\right)^\top \\ &= (\cos\varphi, \cos(3\pi/2 + \varphi))^\top = (\cos\varphi, \sin\varphi)^\top. \end{aligned} \tag{4.74}$$

Daraus ergibt sich der Ortsvektor $\overrightarrow{OP}$

$$\overrightarrow{OP} = |\overrightarrow{OP}| e_{\overrightarrow{OP}} = r(\cos\varphi, \sin\varphi)^\top = (r\cos\varphi, r\sin\varphi)^\top \tag{4.75}$$

und somit seine kartesischen Koordinaten

$$x = r\cos\varphi, \qquad y = r\sin\varphi. \tag{4.76}$$

Umrechnung kartesische Koordinaten in Polarkoordinaten

Für die Umrechnung von kartesischen - in Polarkoordinaten folgt aus den Definitionen der Polarkoordinate $r = |\overrightarrow{OP}|$ und dem Betrag eines Vektors (4.1) unmittelbar $r = \sqrt{x^2 + y^2}$. Aus den Gleichungen (4.76) ergeben sich zur Bestimmung des Winkels φ die beiden Gleichungen $\cos\varphi = x/r$ und $\sin\varphi = y/r$. Die Gleichungen zur Umrechnung sind damit für $P \neq O$

$$r = \sqrt{x^2 + y^2}, \quad \cos\varphi = x/\sqrt{x^2 + y^2}, \ \sin\varphi = y/\sqrt{x^2 + y^2}. \tag{4.77}$$

Bemerkung 4.55

Der Winkel $\varphi \in [0, 2\pi)$ kann wegen $\cos\varphi = \cos(2\pi - \varphi)$ allein aus der Gleichung $\cos\varphi = x/\sqrt{x^2+y^2}$ i. Allg. nicht eindeutig ermittelt werden. Ebenso kann er allein aus der Gleichung $\sin\varphi = y/\sqrt{x^2+y^2}$ wegen $\sin\varphi = \sin(\pi - \varphi)$ i. Allg. nicht eindeutig ermittelt werden. Es gilt für $r \neq 0$

$$\begin{aligned} &\text{wenn } y \geq 0: && \varphi = \arccos(x/r) && \in [0, \pi] \quad \text{und} \\ &\text{wenn } y < 0: && \varphi = 2\pi - \arccos(x/r) && \in (\pi, 2\pi). \end{aligned}$$

Beispiel 4.56

Umrechnung ebener Koordinaten

1. Welche Polarkoordinaten hat der Punkt $P(-2,3)$?

   Aus der Umrechnung (4.77) folgt $r = \sqrt{(-2)^2 + 3^2} = \sqrt{13} \approx 3.6056$ sowie $\cos\varphi = -2/\sqrt{13}$ mit den beiden Lösungen $\varphi \in \{2.159, 4.124\}$ und $\sin\varphi = 3/\sqrt{13}$ mit den beiden Lösungen $\varphi \in \{0.983, 2.159\}$.
   Damit ist der gesuchte Polarwinkel $\varphi \approx 2.159$, das sind ca. $123.69°$.

2. Welche kartesischen Koordinaten hat der Punkt P mit den Polarkoordinaten $r = 3$ und $\varphi = \pi/6$?

   Aus der Umrechnung (4.76) folgt unmittelbar $x = 3\cos(\pi/6) = 3\sqrt{3}/2 \approx 2.6$ sowie $y = 3\sin(\pi/6) = 1.5$.

4.4.2 Räumliche Koordinatensysteme

Kartesische Koordinaten

Bei der Verwendung kartesischer Koordinaten (siehe **Bild 4.61**) hat das Koordinatensystem seinen Ursprung im Punkt $O(0,0,0)$. Die Einheitsvektoren in Richtung der x-, y- und z-Achse sind $e_x = (1,0,0)^\top$, $e_y = (0,1,0)^\top$ und $e_y = (0,0,1)^\top$. Ein Punkt P mit den Koordinaten x, y und z hat den zugehörigen Ortsvektor (siehe **Abschnitte 3.1.2, 4.1.6**, Zerlegung eines Vektors bezüglich der kanonischen Basis (4.8))

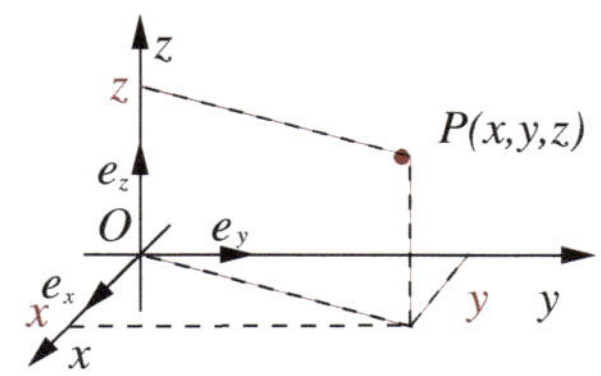

Bild 4.61 Kartesische Koordinaten

$$\overrightarrow{OP} = xe_x + ye_y + ze_z. \tag{4.78}$$

Zylinderkoordinaten

Bei der Verwendung von Zylinderkoordinaten ist ein Punkt P im Raum eindeutig festgelegt durch den Abstand $r = |\overrightarrow{OP'}|$ seiner Projektion P' in die (x,y)-Ebene zum Koordinatenursprung $O(0,0,0)$, den Winkel $\varphi = \measuredangle(e_x, \overrightarrow{OP'}) \in [0, 2\pi)$, den der Einheitsvektor e_x der x-Achse mit dem Ortsvektor $\overrightarrow{OP'}$ einschließt, sowie der z-Koordinate von P (siehe **Bild 4.62**).

Umrechnung von kartesischen in Zylinderkoordinaten

Für die Umrechnung von kartesischen in Zylinderkoordinaten ergibt sich aus den kartesischen Koordinaten des Punktes $P'(x,y,0)$ zunächst sein Abstand $r = |\overrightarrow{OP'}| = \sqrt{x^2+y^2}$ zum Koordinatenursprung O. Für $P \neq (0,0,z)$ ergeben sich aus dem zugehörigen Einheitsvektor

$$\begin{aligned} e_{\overrightarrow{OP'}} &= (x/\sqrt{x^2+y^2}, y/\sqrt{x^2+y^2}, 0)^\top \\ &= \left((e_x, e_{\overrightarrow{OP'}}), (e_y, e_{\overrightarrow{OP'}}), 0\right)^\top = (\cos\varphi, \sin\varphi, 0)^\top \end{aligned}$$

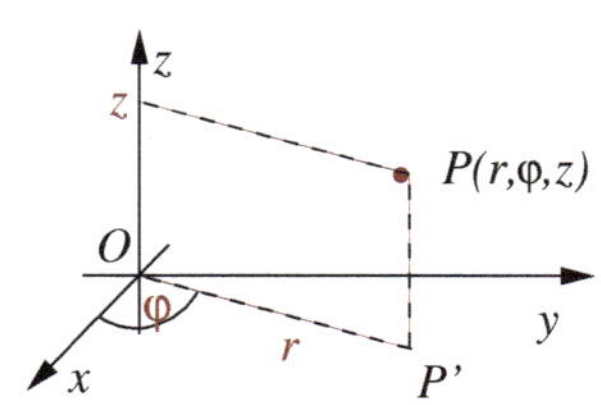

Bild 4.62 Zylinderkoordinaten

für den Winkel φ die beiden Gleichungen $\cos\varphi = x/\sqrt{x^2+y^2}$ und $\sin\varphi = y/\sqrt{x^2+y^2}$. Die Gleichungen zur Umrechnung sind damit

$$r = \sqrt{x^2+y^2}, \quad \cos\varphi = \frac{x}{\sqrt{x^2+y^2}}, \quad \sin\varphi = \frac{y}{\sqrt{x^2+y^2}}, \quad z = z. \tag{4.79}$$

Umrechnung von Zylinder- in kartesische Koordinaten

Für die Umrechnung von Zylinder- in kartesische Koordinaten folgen aus (4.79) unmittelbar die Gleichungen

$$x = r\cos\varphi, \quad x = r\sin\varphi, \quad z = z. \tag{4.80}$$

Kugelkoordinaten

Bei der Verwendung von Kugelkoordinaten ist ein Punkt P im Raum eindeutig festgelegt durch den Abstand $r = |\overrightarrow{OP}|$ zum Koordinatenursprung O, den Winkel $\varphi = \measuredangle(e_x, \overrightarrow{OP'}) \in [0, 2\pi)$, den der Einheitsvektor e_x der x-Achse mit dem Ortsvektor $\overrightarrow{OP'}$ seiner Projektion P' in die (x, y)-Ebene einschließt, sowie dem Winkel $\vartheta \in [0, \pi]$, den der Ortsvektor $\overrightarrow{OP}$ mit der positiven z-Achse einschließt (siehe **Bild 4.63**).

Umrechnung von kartesischen in Kugelkoordinaten

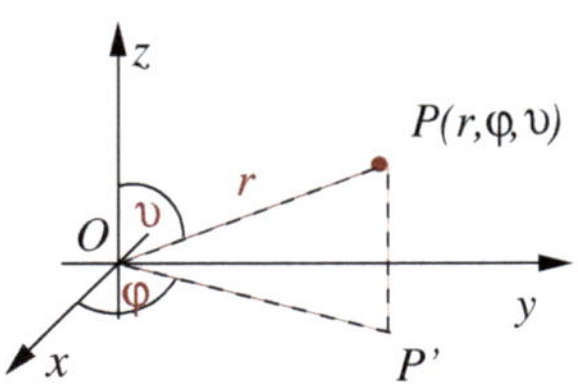

Bild 4.63 Kugelkoordinaten

Für die Umrechnung von kartesischen in Kugelkoordinaten ergibt sich aus den kartesischen Koordinaten des Punktes $P(x, y, z)$ zunächst sein Abstand $r = |\overrightarrow{OP}| = \sqrt{x^2 + y^2 + z^2}$ zum Koordinatenursprung O. Der Winkel φ ist derselbe wie bei den Zylinderkoordinaten. Der Winkel ϑ ergibt sich im rechtwinkligen Dreieck $\triangle OP'P$ eindeutig aus der trigonometrischen Beziehung $\tan\vartheta = |\overrightarrow{OP'}|/|\overrightarrow{PP'}| = \sqrt{x^2 + y^2}/z$. Die Gleichungen zur Umrechnung sind damit für $P \neq (x, y, 0),\ x, y \neq 0$

$$\begin{aligned} r &= \sqrt{x^2+y^2+z^2}, \\ \cos\varphi &= \frac{x}{\sqrt{x^2+y^2}}, \quad \sin\varphi = \frac{y}{\sqrt{x^2+y^2}}, \quad \tan\vartheta = \frac{\sqrt{x^2+y^2}}{z}. \end{aligned} \tag{4.81}$$

Umrechnung von Kugel- in kartesische Koordinaten

Für die Umrechnung von Kugel- in kartesische Koordinaten ergeben sich mit dem Einheitsvektor

$$e_{\overrightarrow{OP}} = (x/r, y/r, z/r)^\top = \left(x/r, y/r, \cos\measuredangle(e_z, e_{\overrightarrow{OP}})\right)^\top,$$

dem Winkel $\vartheta = \measuredangle(e_z, e_{\overrightarrow{OP}})$ und (4.81) und der trigonometrischen Beziehung $\sin\vartheta = \sqrt{x^2 + y^2}/r$ im rechtwinkligen Dreieck $\triangle OP'P$ die Gleichungen

$$z = r\cos\vartheta, \quad x = r\cos\varphi\sin\vartheta, \quad y = r\sin\varphi\sin\vartheta. \tag{4.82}$$

Umrechnung räumlicher Koordinaten

Beispiel 4.57

1. Der Punkt $P(2, 3, 4)$ sei Punkt der Oberfläche eines Zylinders mit der z-Achse als Achse des Zylinders. Gesucht sind die Zylinderkoordinaten vom Punkt P sowie der Radius des Grundkreises des Zylinders.

   Aus der Umrechnung (4.79) folgt $r = \sqrt{2^2 + 3^2} = \sqrt{13} \approx 3.6056$. Weiter ist $\cos\varphi = 2/\sqrt{13}$ mit den beiden Lösungen $\varphi \in \{0.983, 5.3\}$ und $\sin\varphi = 3/\sqrt{13}$ mit den beiden Lösungen $\varphi \in \{0.983, 2.159\}$, d. h., $\varphi \approx 0.983$, das sind ca. 56.31°. Die z-Koordinate ist unverändert gleich 4.

2. Der Punkt $P(2, 3, 4)$ sei Punkt der Oberfläche einer Kugel mit dem Mittelpunkt im Koordinatenursprung O. Gesucht sind die Kugelkoordinaten vom Punkt P sowie der Radius der Kugel.
   Aus der Umrechnung (4.81) folgt $r = \sqrt{2^2 + 3^2 + 4^2} = \sqrt{29} \approx 5.385$, das ist gleichzeitig Radius der Kugel. Weiter ergibt sich wie bei den Zylinderkoordinaten der Winkel $\varphi \approx 0.983 \approx 56.31°$. Schließlich ist der Winkel $\vartheta = \arctan(\sqrt{2^2 + 3^2}/4) = \arctan(\sqrt{13}/4) \approx 0.734 \approx 42.031°$.

4.4.3 Koordinatentransformationen

Seien die Vektorsysteme $\{u^1, u^2, ..., u^n\}$ und $\{v^1, v^2, ..., v^n\}$ aus Vektoren $u^j, v^i \in \mathbb{R}^n$, $i, j = 1, 2, ..., n$, jeweils Basis im Vektorraum $\mathbb{R}^n$. Dann lässt sich jeder Vektor v^i eindeutig als Linearkombination der Vektoren der Basis $\{u^1, u^2, ..., u^n\}$ mit Koeffizienten a_{ji} darstellen (siehe **Satz 3.32**):

$$v^i = \sum_{j=1}^{n} a_{ji} u^j, \ i = 1, 2, ..., n. \tag{4.83}$$

Sind die Spaltenvektoren der Matrix $U \in \mathbb{R}^{n \times n}$ die Basisvektoren u^j und entsprechend die Spaltenvektoren der Matrix $V \in \mathbb{R}^{n \times n}$ die Basisvektoren v^i, so ergibt sich aus (4.83) für den Übergang von der Basis $\{u^1, u^2, ..., u^n\}$ zur Basis $\{v^1, v^2, ..., v^n\}$ mit der Koeffizientenmatrix $A = (a_{ij}) \in \mathbb{R}^{n \times n}$ die Matrixgleichung

$$V = UA. \tag{4.84}$$

Basiswechsel

Für einen Vektor $x \in \mathbb{R}^n$ mit der Darstellung bezüglich der Basis

$$\{u^1, u^2, ..., u^n\} : \ x = \sum_{i=1}^{n} b_i u^i \ \text{ bzw. } \ x = Ub, \ b = (b_1, b_2, ..., b_n)^\top \tag{4.85}$$

$$\{v^1, v^2, ..., v^n\} : \ x = \sum_{i=1}^{n} c_i v^i \ \text{ bzw. } \ x = Vc, \ c = (c_1, c_2, ..., c_n)^\top \tag{4.86}$$

ist daher mit (4.84) $\quad x = Ub = V\left(A^{-1}b\right) = Vc.$
Aus (4.85) und (4.86) ergibt sich der Vektor c seiner Komponenten bezüglich der Basis $\{v^1, v^2, ..., v^n\}$ aus dem Vektor b seiner Komponenten bezüglich der Basis $\{u^1, u^2, ..., u^n\}$ durch Multiplikation der Inversen der Matrix A beim Basiswechsel:

$$c = A^{-1}b. \tag{4.87}$$

Koordinaten bei Basiswechsel

Basiswechsel

Beispiel 4.58

Gegeben sind zwei Basen im $\mathbb{R}^2$ durch die Matrizen U und V, die die Basisvektoren u^1, u^2 bzw. v^1, v^2 jeweils spaltenweise enthalten:

$$U = \begin{pmatrix} 2 & 3 \\ 1 & 6 \end{pmatrix}, \qquad V = \begin{pmatrix} -1 & -2 \\ 4 & -7 \end{pmatrix}..$$

Der Vektor $x \in \mathbb{R}^2$ hat bezüglich der Basis $\{u^1, u^2\}$ die Komponenten $b = (4, 9)^\top$. Gesucht ist die Transformationsmatrix A von U nach V und die Koordinaten von x bezüglich der Basis $\{v^1, v^2\}$. Welche Komponenten hat der Vektor x bezüglich der kanonischen Basis $\{e^1, e^2\}$?

Aus Gleichung (4.84) ergibt sich die Transformationsmatrix

$$A = U^{-1}V = \begin{pmatrix} -2 & 1 \\ 1 & -4/3 \end{pmatrix}.$$

Mit Gleichung (4.87) sind die Komponenten von x bezüglich der Basis $\{v^1, v^2\}$

$$c = A^{-1}b = -\frac{1}{5}\begin{pmatrix} 4 & 3 \\ 3 & 6 \end{pmatrix}\begin{pmatrix} 4 \\ 9 \end{pmatrix} = \begin{pmatrix} -8.6 \\ -13.2 \end{pmatrix}.$$

Die Transformationsmatrix A_k von der Basis $\{u^1, u^2\}$ zur kanonischen Basis $\{e^1, e^2\}$ ergibt sich aus Gleichung (4.84) mit $V = E_2$ als $A_k = U^{-1}$. Mit Gleichung (4.87) sind die Komponenten von x bezüglich der kanonischen Basis

$$c_k = A_k^{-1}b = Ub = \begin{pmatrix} 2 & 3 \\ 1 & 6 \end{pmatrix}\begin{pmatrix} 4 \\ 9 \end{pmatrix} = \begin{pmatrix} 35 \\ 58 \end{pmatrix}.$$

Analog ergeben sich die Komponenten von x bezüglich der Basis $\{e^1, e^2\}$ auch aus $c_k = Vc$.

Orthonormalbasen

Ein Sonderfall tritt ein, wenn beide Basen Orthonormalbasen sind. Dann ergibt sich aus Gleichung (4.83) nach skalarer Multiplikation mit dem Vektor u^k

$$(v^i, u^k) = \left(\sum_{j=1}^{n} a_{ji}u^j, u^k \right) = a_{ki}, \; i, k = 1, 2, .., n. \qquad (4.88)$$

Die Matrix $A \in \mathbb{R}^n$ des Basiswechsels hat damit als Elemente die Skalarprodukte jeweils aus einem Basisvektor der ersten mit einem Basisvektor der zweiten Basis.

Rotation und Verschiebung in der Ebene

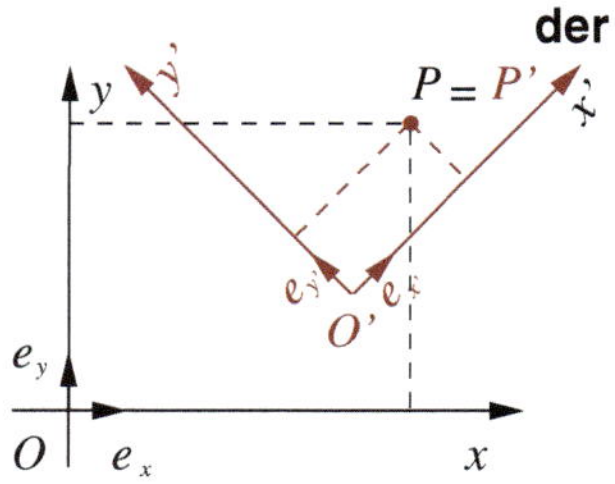

Bild 4.64 Rotation und Verschiebung in der Ebene

Bei der Koordinatentransformation eines kartesischen Koordinatensystems mit den Einheitsvektoren e_x und e_y in Richtung der Koordinatenachsen durch Rotation um den Koordinatenursprung mit dem Winkel φ ergeben sich die Einheitsvektoren $e_{x'}$ und $e_{y'}$ des gedrehten Koordinatensystems aus (4.84) mit der Matrix gemäß (4.88)

$$D = (d_{ki}) = \begin{pmatrix} (e_x, e_{x'}) & (e_x, e_{y'}) \\ (e_y, e_{x'}) & (e_y, e_{y'}) \end{pmatrix} = \begin{pmatrix} \cos\varphi & -\sin\varphi \\ \sin\varphi & \cos\varphi \end{pmatrix}. \qquad (4.89)$$

Wird das Koordinatensystem mit den Einheitsvektoren $e_{x'}$ und $e_{y'}$ in

Richtung der Achsen des gedrehten Koordinatensystems zusätzlich in den Punkt $O'(x_t, y_t)$ verschoben, so ergibt sich der Ortsvektor $\overrightarrow{O'P'}$ im gedrehten und verschobenen Koordinatensystem aus dem Ortsvektor $\overrightarrow{OP}$ im ursprünglichen Koordinatensystem mit den Einheitsvektoren e_x und e_y in Richtung der Achsen mit der **Rotationsmatrix** D wie in (4.89) wie folgt (siehe **Bild 4.64**):

$$\overrightarrow{O'P'} = D^{-1}(\overrightarrow{OP} - \overrightarrow{OO'}). \tag{4.90}$$

Umgekehrt ergibt sich der Ortsvektor $\overrightarrow{OP}$ im ursprünglichen Koordinatensystem aus dem Ortsvektor $\overrightarrow{O'P'}$ im gedrehten und verschobenen Koordinatensystem aus der Gleichung

$$\overrightarrow{OP} = D\,\overrightarrow{O'P'} + \overrightarrow{OO'}. \tag{4.91}$$

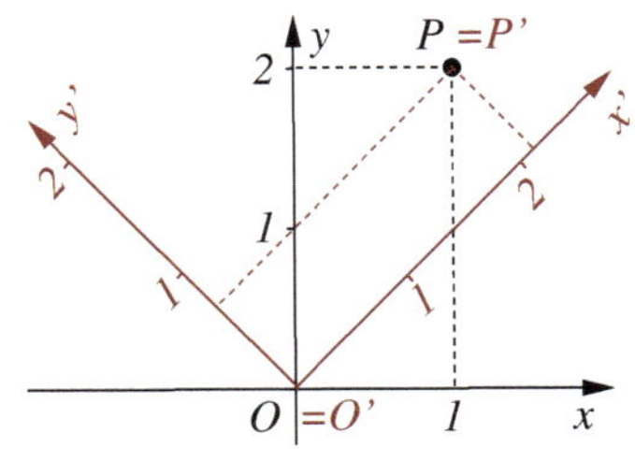

Bild 4.65 Zu Beispiel 4.59, **1.**

Beispiel 4.59

Gegeben sind die Koordinaten des Punktes $P(1, 2)$ im Koordinatensystem mit der kanonischen Basis.

1. Zu berechnen sind seine Koordinaten nach der Rotation des Koordinatensystems um den Winkel $\alpha = \pi/4$ (siehe **Bild 4.65**).
   Mit der Rotationsmatrix D aus (4.89) ergibt sich bei Berücksichtigung von $O = O'$ (keine Verschiebung des Koordinatensystems)
   $$\overrightarrow{OP'} = D^{-1}\,\overrightarrow{OP} = \begin{pmatrix} \sqrt{2}/2 & \sqrt{2}/2 \\ -\sqrt{2}/2 & 3\sqrt{2}/2 \end{pmatrix} \begin{pmatrix} 1 \\ 2 \end{pmatrix} = \begin{pmatrix} 3\sqrt{2}/2 \\ \sqrt{2}/2 \end{pmatrix}.$$
2. Zu berechnen sind seine Koordinaten nach der Verschiebung des Koordinatensystems in den Ursprung $O'(2, 3)$ und Rotation des Koordinatensystems um den Winkel $\alpha = \pi/4$ (siehe **Bild 4.66**).
   Mit der Rotationsmatrix D aus (4.89) ergibt sich
   $$\overrightarrow{O'P'} = D^{-1}(\overrightarrow{OP} - \overrightarrow{OO'}) = \begin{pmatrix} \sqrt{2}/2 & \sqrt{2}/2 \\ -\sqrt{2}/2 & 3\sqrt{2}/2 \end{pmatrix} \begin{pmatrix} -1 \\ -1 \end{pmatrix} = \begin{pmatrix} -\sqrt{2} \\ 0 \end{pmatrix}.$$

Rotation und Verschiebung in der Ebene

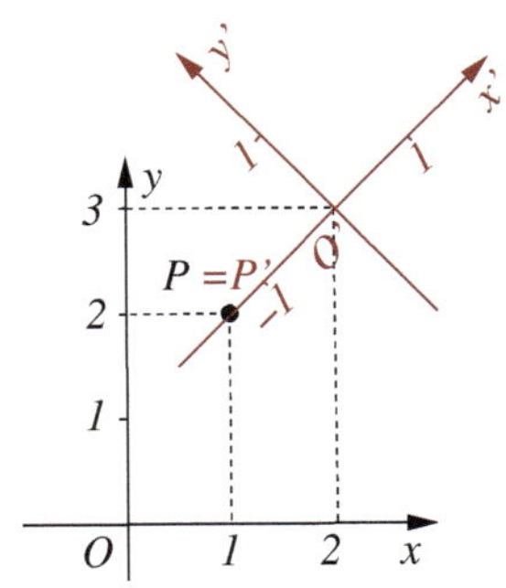

Bild 4.66 Zu Beispiel 4.59, **2.**

Bei der Koordinatentransformation eines kartesischen Koordinatensystems mit den Einheitsvektoren e_x, e_y und e_z in Richtung der Koordinatenachsen durch Rotation um den Koordinatenursprung in ein kartesischen Koordinatensystem mit den Einheitsvektoren $e_{x'}$, $e_{y'}$ und $e_{z'}$ ist die Rotationsmatrix gemäß (4.88)

$$D = (d_{ki}) = \begin{pmatrix} (e_x, e_{x'}) & (e_x, e_{y'}) & (e_x, e_{z'}) \\ (e_y, e_{x'}) & (e_y, e_{y'}) & (e_y, e_{z'}) \\ (e_z, e_{x'}) & (e_z, e_{y'}) & (e_z, e_{z'}) \end{pmatrix}. \tag{4.92}$$

Die Einheitsvektoren $e_{x'}$, $e_{y'}$ und $e_{z'}$ ergeben sich nach Ausführung folgender drei ebenen Rotationen:

Rotation und Verschiebung im Raum

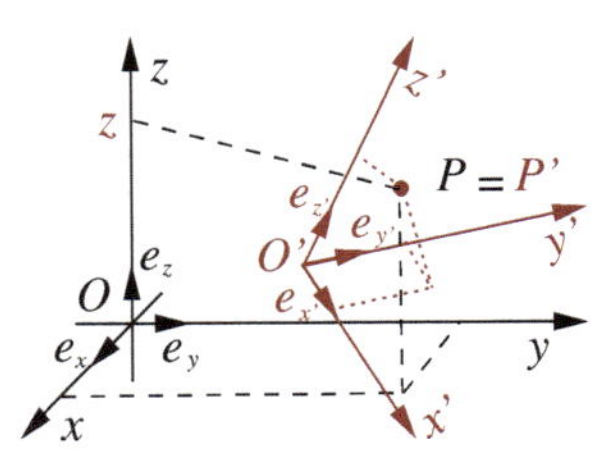

Bild 4.67 Rotation und Verschiebung im Raum

1. Rotation um den Winkel α in der (x, y)-Ebene. Dabei bleibt der Einheitsvektor $e_{z'}$ unverändert. Mit (4.89) ergeben sich die orthonormalen Einheitsvektoren

$$\begin{pmatrix} e_{\tilde{x}} & e_{\tilde{y}} & e_{\tilde{z}} \end{pmatrix} = \begin{pmatrix} e_x & e_y & e_z \end{pmatrix} D_z, \; D_z = \begin{pmatrix} \cos\alpha & -\sin\alpha & 0 \\ \sin\alpha & \cos\alpha & 0 \\ 0 & 0 & 1 \end{pmatrix}. \tag{4.93}$$

2. Rotation um den Winkel β in der $(\tilde{z}, \tilde{x})$-Ebene (bzw. um $-\beta$ in der $(\tilde{x}, \tilde{z})$-Ebene). Dabei bleibt der Einheitsvektor $e_{\tilde{y}}$ unverändert. Mit (4.89) ergeben sich die orthonormalen Einheitsvektoren

$$\begin{pmatrix} e_{\hat{x}} & e_{\hat{y}} & e_{\hat{z}} \end{pmatrix} = \begin{pmatrix} e_{\tilde{x}} & e_{\tilde{y}} & e_{\tilde{z}} \end{pmatrix} D_y, \; D_y = \begin{pmatrix} \cos\beta & 0 & \sin\beta \\ 0 & 1 & 0 \\ -\sin\beta & 0 & \cos\beta \end{pmatrix}. \tag{4.94}$$

3. Rotation um den Winkel γ in der $(\hat{y}, \hat{z})$-Ebene. Dabei bleibt der Einheitsvektor $e_{\hat{x}}$ unverändert. Mit (4.89) ergeben sich schließlich die orthonormalen Einheitsvektoren

$$\begin{pmatrix} e_{x'} & e_{y'} & e_{z'} \end{pmatrix} = \begin{pmatrix} e_{\hat{x}} & e_{\hat{y}} & e_{\hat{z}} \end{pmatrix} D_x, \; D_x = \begin{pmatrix} 1 & 0 & 0 \\ 0 & \cos\gamma & -\sin\gamma \\ 0 & \sin\gamma & \cos\gamma \end{pmatrix}. \tag{4.95}$$

Die Rotationsmatrix D aus (4.92) errechnet sich damit als Produkt der Matrizen D_z, D_y und D_x

$$D = D_z \, D_y \, D_x. \tag{4.96}$$

Bei einer zusätzlichen Verschiebung des ursprünglichen Koordinatensystems in den Koordinatenursprung $O'(x_t, y_t, z_t)$ gelten die Gleichungen (4.90) bzw.(4.91) sinngemäß (siehe **Bild 4.67**).

Rotation im Raum

Beispiel 4.60

Gegeben sind die Koordinaten des Punktes $P(1, 1, 1)$ im Koordinatensystem mit der kanonischen Basis. Zu berechnen sind seine Koordinaten nach der Rotation um den Winkel $\alpha = \pi/4$, $\beta = -\pi/3$ und $\gamma = \pi/6$ in der Reihenfolge wie oben beschrieben.

Mit der Rotationsmatrix D aus (4.96) ergibt sich

$$\overrightarrow{OP'} = D^{-1}\,\overrightarrow{OP} = \begin{pmatrix} \sqrt{2}/4 & \sqrt{2}/4 & \sqrt{3}/2 \\ -3\sqrt{6}/8 & \sqrt{6}/8 & 1/4 \\ -\sqrt{2}/8 & -5\sqrt{2}/8 & \sqrt{3}/4 \end{pmatrix} \begin{pmatrix} 1 \\ 1 \\ 1 \end{pmatrix} = \begin{pmatrix} (\sqrt{2}+\sqrt{3})/2 \\ (1-\sqrt{6})/4 \\ (\sqrt{3}-3\sqrt{2})/4 \end{pmatrix}.$$

4.5 Anwendungen an Beispielen

4.5.1 Tangentenschnittpunkt

Ausgangssituation

Bei der Trassierung von Straßen ist das Ermitteln der Lage von **Tangentenschnittpunkten**, d. h., der Schnittpunkte zweier Gradienten (Geraden) bei jeweils vorgegebenem Gradientenpunkt und Längsneigung (Steigung), erforderlich.

Lösungsweg

Wird ein kartesisches Koordinatensystem mit dem Ursprung im ersten Gradientenpunkt und der x-Achse als Gerade der Höhe 0 gewählt (siehe **Bild 4.68**), dann hat die erste Gradiente bei gegebener Steigung (Längsneigung) s_1 die Gleichung

$$y_1(x) = s_1 x. \tag{4.97}$$

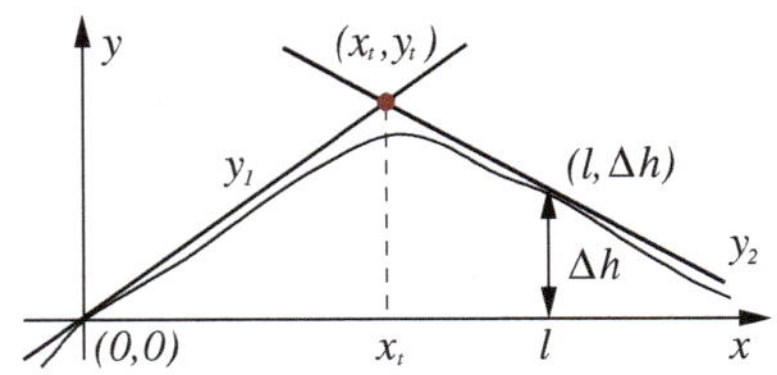

Bild 4.68 Tangentenschnittpunkt

Die Koordinaten des zweiten Gradientenpunktes seien durch den Längsabstand l und die Höhendifferenz Δh zum ersten Gradientenpunkt gegeben: $(l, \Delta h)$. Die zweite Gradiente hat dann bei gegebener Steigung (Längsneigung) s_2 die Gleichung

$$y_2(x) = \Delta h + s_2(x - l). \tag{4.98}$$

Der Schnittpunkt (x_t, y_t) der Geraden (4.97) und (4.98) erfüllt beide Gleichungen, da er beiden Geraden angehört. Durch Gleichsetzen beider Gleichungen folgt unmittelbar

Ergebnis

$$x_t = \frac{l s_2 - \Delta h}{s_2 - s_1} \qquad \text{und} \qquad y_t = s_1 \frac{l s_2 - \Delta h}{s_2 - s_1}.$$

4.5.2 Kleinpunktberechnung

Erste Aufgabe

Ausgangssituation

Eine im Vermessungswesen oft vorkommende Aufgabe ist die der **Klein-** oder **Zwischenpunktberechnung**. Dabei sind im kartesischen Koordinatensystem (O, x, y) die Koordinaten vom Anfangspunkt $A(x_a, y_a)$ und vom Endpunkt $E(x_e, y_e)$ einer Strecke bekannt. Auf der Gerade wurden weitere, als Klein- oder Zwischenpunkte bezeichnete Punkte $P_1, P_2, ..., P_{n-1}$ durch Messen der Längen der Strecken $|\overline{AP_1}| = s_1$, $|\overline{P_1P_2}| = s_2$, ..., $|\overline{P_{n-1}E}| = s_n$ bestimmt (siehe **Bild 4.69**). Berechnet werden sollen die Koordinaten (x_1, y_1), (x_2, y_2), ..., (x_{n-1}, y_{n-1}) der Punkte P_1, P_2, .., P_{n-1}.

Lösungsweg

Zunächst kann sich erweisen, dass aufgrund von Messungenauigkeiten die Summe S der gemessenen Längen s_i, $i = 1, ..., n$, der Teilstrecken nicht gleich der Gesamtstreckenlänge $s = |\overline{AE}|$ ist:

$$S = \sum_{i=1}^{n} s_i \neq s = \sqrt{(x_e - x_a)^2 + (y_e - y_a)^2}.$$

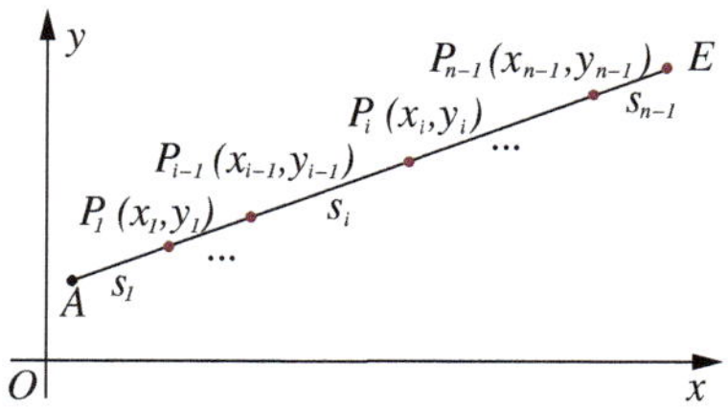

Bild 4.69 Kleinpunkte einer Strecke

Aus diesem Grund werden die Messwerte s_i um Korrekturen Δs_i so verändert, dass die Summe der erhaltenen Längen $\tilde{s}_i$ gleich der Gesamtlänge s ist

$$s = \sum_{i=1}^{n} \tilde{s}_i, \qquad \tilde{s}_i = s_i + \Delta s_i. \tag{4.99}$$

Wird die Korrektur wie folgt gewählt

$$\Delta s_i = \frac{s - S}{S}\, s_i,$$

so beträgt die korrigierte Länge

$$\tilde{s}_i = s_i + \Delta s_i = s_i + \frac{s - S}{S}\, s_i = \frac{s}{S}\, s_i,$$

und die Forderung (4.99) ist offensichtlich erfüllt.

Jetzt können die Koordinaten der Zwischenpunkte berechnet werden. Die Gleichung der Gerade $g = AE$ in Parameterform (siehe **Abschnitt 4.2.1**) lautet

$$\overrightarrow{OX} = \overrightarrow{OA} + \lambda\, e_r, \tag{4.100}$$

wobei

$$e_r = \overrightarrow{AE}/|\overrightarrow{AE}| = \overrightarrow{AE}/s \tag{4.101}$$

der normierte Richtungsvektor der Gerade g ist. Der Parameter λ in (4.100) bedeutet hierbei die (vorzeichenbehaftete) Entfernung des Punktes X der Gerade vom Punkt A, denn aus (4.100) folgt wegen $|e_r| = 1$ unmittelbar

$$|\overrightarrow{AX}| = \overrightarrow{OX} - \overrightarrow{OA} = |\lambda|\, |e_r| = |\lambda|.$$

Ergebnis Mit der Entfernung des Punktes P_i vom Anfangspunkt A

$$\lambda_i = \sum_{k=1}^{i} \tilde{s}_k = \frac{s}{S} \sum_{k=1}^{i} s_k$$

ergibt sich daher aus Gleichung (4.100) mit (4.101) schließlich

$$\overrightarrow{OP_i} = \overrightarrow{OA} + \frac{1}{S} \sum_{k=1}^{i} s_k\, \overrightarrow{AE}, \qquad i = 1, 2, ..., n-1. \tag{4.102}$$

Aus Gleichung (4.102) folgt unmittelbar

$$\overrightarrow{OP_i} = \overrightarrow{OP}_{i-1} + \frac{s_i}{S}\,\overrightarrow{AE}, \qquad i = 1, 2, ..., n-1$$

als sukzessive Möglichkeit der Berechnung der Koordinaten der Punkte P_1, ..., P_{n-1}.

Zweite Aufgabe

Ausgangssituation

Eine weitere Aufgabe besteht in der Ermittlung der Koordinaten von Punkten $P_i(x_i, y_i)$ im kartesischen Koordinatensystem (O, x, y), die sich im gemessenen Abstand h_i von der gegebenen Gerade $g = AE$ befinden und deren Lotfußpunkte L_i den gemessenen Abstand s_i vom Punkt A der Gerade haben (siehe **Bild 4.70**).

Lösungsweg

Offenbar ist für den Ortsvektor des gesuchten Punktes P_i

$$\overrightarrow{OP_i} = \overrightarrow{OL_i} + \overrightarrow{L_iP_i}.$$

Da der Lotßpunkt L_i auf der Gerade g in der Entfernung s_i vom Punkt A liegt, folgt aus Gleichung (4.100)

$$\overrightarrow{OL_i} = \overrightarrow{OA} + s_i\, e_r \qquad \text{mit} \qquad e_r = \overrightarrow{AE}/|\overrightarrow{AE}|$$

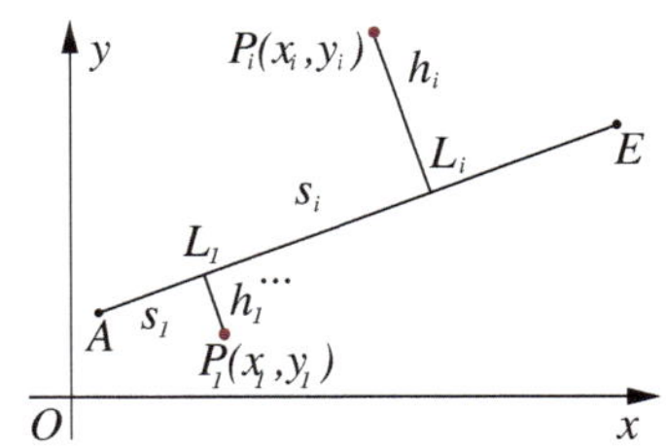

Bild 4.70 Kleinpunkte im Abstand von einer Gerade

als normiertem Richtungsvektor der Gerade g in Richtung $\overrightarrow{AE}$. Da der Vektor $\overrightarrow{L_iP_i}$ mit dem Betrag h_i senkrecht zur Gerade g und damit zu ihrem Richtungsvektor $e_r = (e_{rx}, e_{ry})^\top$ ist, ist er parallel zu ihrem normierten Normalenvektor $e_n = (e_{ry}, -e_{rx})^\top$, der bezüglich der Richtung $\overrightarrow{AE}$ nach rechts zeigt:

$$\overrightarrow{L_iP_i} = h_i\, e_n.$$

Damit ergibt sich schließlich

Ergebnis

$$\begin{aligned} \overrightarrow{OP_i} &= \overrightarrow{OA} + s_i\, e_r + h_i\, e_n \qquad \text{mit} \\ e_r &= \frac{1}{|\overrightarrow{AE}|}\begin{pmatrix} x_e - x_a \\ y_e - y_a \end{pmatrix}, \qquad e_n = \frac{1}{|\overrightarrow{AE}|}\begin{pmatrix} y_e - y_a \\ x_a - x_e \end{pmatrix}. \end{aligned}$$

4.5.3 Schnittpunkt zweier Strecken

Ausgangssituation

Die Aufgabe, den möglichen Schnittpunkt zweier Strecken $\overline{P_1P_2}$ und $\overline{P_3P_4}$ mit gegebenen Koordinaten (x_i, y_i), $i = 1, 2, 3, 4$, zu ermitteln, wird in zwei Schritte unterteilt:

1. Die Ermittlung des möglichen Schnittpunktes $S(x_s, y_s)$ der Geraden $g_1 = P_1P_2$ und $g_2 = P_3P_4$,

2. Die Entscheidung, ob S gegebenenfalls zu den *Strecken* $\overline{P_1P_2}$ und $\overline{P_3P_4}$ gehört (siehe **Bild 4.71**).

Lösungsweg

1. Die Gleichungen der Geraden g_1 und g_2 in Parameterform lauten:

$$\begin{aligned} g_1 : \overrightarrow{OX} &= \overrightarrow{OP_1} + \lambda_1 \overrightarrow{P_1P_2}, \\ g_2 : \overrightarrow{OX} &= \overrightarrow{OP_3} + \lambda_2 \overrightarrow{P_3P_4}. \end{aligned} \tag{4.103}$$

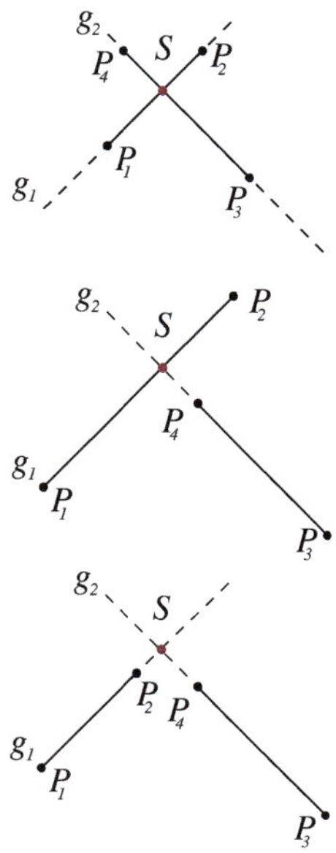

Bild 4.71 Schnittpunkt zweier Strecken

Falls ein Schnittpunkt S dieser Geraden existiert, muss er beide Gleichungen (4.103) erfüllen mit zu ermittelnden Parametern λ_{1s} und λ_{2s}:

$$\begin{aligned} \overrightarrow{OS} &= \overrightarrow{OP_1} + \lambda_{1s} \overrightarrow{P_1P_2}, \\ \overrightarrow{OS} &= \overrightarrow{OP_3} + \lambda_{2s} \overrightarrow{P_3P_4}. \end{aligned} \tag{4.104}$$

Gleichsetzen dieser beiden Gleichungen liefert folgendes lineare Gleichungssystem zur Ermittlung von λ_{1s} und λ_{2s}:

$$\begin{pmatrix} \overrightarrow{P_1P_2} & -\overrightarrow{P_3P_4} \end{pmatrix} \begin{pmatrix} \lambda_{1s} \\ \lambda_{2s} \end{pmatrix} = \begin{pmatrix} \overrightarrow{OP_3} - \overrightarrow{OP_1} \end{pmatrix}$$

bzw. in Koordinatenschreibweise

$$\begin{pmatrix} x_2 - x_1 & x_3 - x_4 \\ y_2 - y_1 & y_3 - y_4 \end{pmatrix} \begin{pmatrix} \lambda_{1s} \\ \lambda_{2s} \end{pmatrix} = \begin{pmatrix} x_3 - x_1 \\ y_3 - y_1 \end{pmatrix}.$$

Ist die Determinante der Koeffizientenmatrix verschieden von null, hat dieses Gleichungssystem eine eindeutige Lösung $(\lambda_{1s}, \lambda_{2s})^\top$, die z. B. mit der Regel von Cramer (siehe **Abschnitt 3.4.4**) ermittelt werden kann:

$$\begin{aligned} \lambda_{1s} &= \frac{1}{D} \begin{vmatrix} x_3 - x_1 & x_3 - x_4 \\ y_3 - y_1 & y_3 - y_4 \end{vmatrix}, \qquad \lambda_{2s} = \frac{1}{D} \begin{vmatrix} x_2 - x_1 & x_3 - x_1 \\ y_2 - y_1 & y_3 - y_1 \end{vmatrix}, \\ D &= \begin{vmatrix} x_2 - x_1 & x_3 - x_4 \\ y_2 - y_1 & y_3 - y_4 \end{vmatrix}. \end{aligned}$$

Durch Einsetzen in die Gleichung (4.104) ergeben sich die Koordinaten des Schnittpunktes S.

2. Die Parameterformen (4.103) liefern genau dann Punkte der *Strecken* $\overline{P_1P_2}$ bzw. $\overline{P_3P_4}$, wenn für die Parameter λ_{1s}, λ_{2s} gilt

Ergebnis

$$0 \le \lambda_{1s} \le 1 \quad \text{und} \quad 0 \le \lambda_{2s} \le 1.$$

Ist eine dieser beiden Bedingungen verletzt, so schneiden sich die Strecken nicht.

4.5.4 Absteckungsberechnungen

Ausgangssituation

Von einem Kreis mit dem Radius r ist die Tangente t im Berührungspunkt B gegeben. Die Aufgaben sind:

1. Auf dem Kreis ist ein Punkt P so abzustecken, dass der Lotfußpunkt F des Lotes von P auf die Tangente zum Punkt B den Abstand $x_p < r$ hat (siehe **Bild 4.72**).
2. Auf dem Kreis ist ein Punkt P so abzustecken, dass der Kreisbogen BP die Länge b hat (siehe ebenfalls **Bild 4.72**).

Lösungsweg

Wird ein kartesisches Koordinatensystem mit dem Ursprung in den Punkt B und der x-Achse in Richtung der Tangente t gelegt, so befindet sich der Mittelpunkt M des zum Bogen gehörigen Kreises auf der Senkrechten zur Tangente durch den Berührungspunkt B im Abstand r und hat daher die Koordinaten $(0, r)$. Die Gleichung des Kreises lautet damit (siehe **Abschnitt 4.2.2**)

$$x^2 + (y - r)^2 = r^2. \qquad (4.105)$$

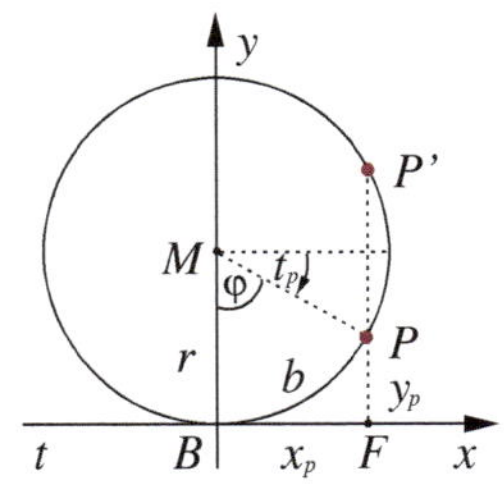

Bild 4.72 Absteckung eines Kreispunktes

1. Der Lotfußpunkt F hat im gewählten Koordinatensystem die Koordinaten $(x_p, 0)$. Die x-Koordinate des gesuchten Punktes P ist damit x_p. Zu berechnen ist noch seine y-Koordinate. Aus Gleichung (4.105) ergibt sich durch Umstellen nach y und Einsetzen von x_p:

Ergebnis

$$y_p = r \pm \sqrt{r^2 - x_p^2}.$$

Es gibt zwei Punkte auf dem Kreis mit der x-Koordinate x_p: $P(x_p,\ r - \sqrt{r^2 - x_p^2})$ und $P'(x_p,\ r + \sqrt{r^2 - x_p^2})$. Abzustecken ist jeweils die Entfernung y_p auf der Senkrechten zur Tangente t durch den Punkt F.

Bemerkung: Mithilfe der Taylor-Zerlegung (siehe **Abschnitt 6.8, Beispiel 6.52**) kann gezeigt werden, dass für kleine x die y-Koordinaten der gesuchten Punkte näherungsweise $y_p \approx x^2/(2r)$ bzw. $y_p \approx 2r - x^2/(2r)$ gesetzt werden können.

2. Mit gegebener Bogenlänge b ist der zugehörige Winkel $\varphi = \measuredangle(BMP)$ im Bogenmaß (siehe **Abschnitt 2.2.10**)

$\varphi = b/r.$

Mit der Parametrisierung des Kreises (siehe **Abschnitt 4.2.2**)

$x = r\cos t, \qquad y = r + r\sin t$

und dem Winkel $t_p = \varphi - \pi/2$ ergibt sich mit den Additionstheoremen (siehe **Abschnitt 2.2.10**)

Ergebnis

$$\begin{aligned} x_p &= r\cos(\varphi - \pi/2) &&= r\sin\varphi, \\ y_p &= r + r\sin(\varphi - \pi/2) &&= r - r\cos\varphi = 2r(\sin(\varphi/2))^2. \end{aligned}$$

4.5.5 Mengenermittlung

Ausgangssituation Bei der Ermittlung des Volumens zwischen der Geländeoberfläche und einer (i. Allg. unterschiedlich geneigten) Bezugsfläche werden charakteristische Punkte A_i, $i = 1, 2, ..., n$, der Bezugsfläche nach Lage und Höhe durch Messung bestimmt. Entsprechend werden die Höhen der Punkte B_i der Geländeoberfläche mit gleicher Orthogonalprojektion durch Messung bestimmt. Danach wird durch Verbinden der Aufnahmepunkte A_i' in der Orthogonalprojektion ein Dreiecksnetz erstellt, sodass das Volumen durch die Summe der Volumina von Dreiecksprismen näherungsweise berechnet werden kann (siehe **Bild 4.73**).

Lösungsweg Wird das Dreiecksprisma mit der Grundfläche $\triangle A_1A_2A_3$ und der Oberfläche $\triangle B_1B_2B_3$ in die drei Tetraeder $A_1A_2A_3B_1$, $B_1B_2B_3A_3$ und $A_2A_3B_2B_1$ unterteilt (siehe **Bild 4.74**), so gilt für sein Volumen V

$$V = V_{A_1A_2A_3B_1} + V_{B_1B_2B_3A_3} + V_{A_2A_3B_2B_1}. \tag{4.106}$$

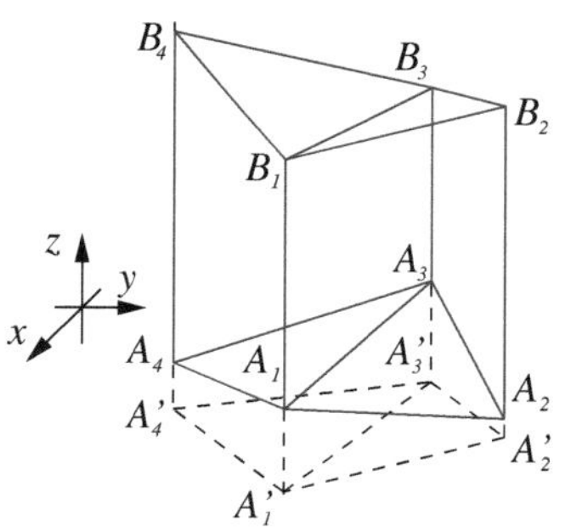

Bild 4.73 Bezugs- und Geländeoberfläche

Das Volumen eines Tetraeders ist aber gleich einem Sechstel des Betrages des Spatproduktes der aufspannenden Vektoren (siehe **Abschnitt 4.1.8**). Mit den Koordinaten der Punkte $A_i(x_i, y_i, z_{ai})$ und $B_i(x_i, y_i, z_{bi})$, $i = 1, 2, 3$, ergibt sich

$$\begin{aligned} V_{A_1A_2A_3B_1} &= \frac{1}{6}\left|(\overrightarrow{A_1A_2} \times \overrightarrow{A_1A_3}, \overrightarrow{A_1B_1})\right| \\ &= \frac{1}{6}\left|\det\begin{pmatrix} x_2-x_1 & y_2-y_1 & z_{a2}-z_{a1} \\ x_3-x_1 & y_3-y_1 & z_{a3}-z_{a1} \\ 0 & 0 & z_{b1}-z_{a1}\end{pmatrix}\right| \\ &= \frac{1}{6}(z_{b1}-z_{a1})\left|\det\begin{pmatrix} x_2-x_1 & y_2-y_1 \\ x_3-x_1 & y_3-y_1\end{pmatrix}\right|. \end{aligned} \tag{4.107}$$

Der halbe Betrag der Determinante auf der rechten Seite ist dabei gleich dem Flächeninhalt des Dreiecks $\triangle A_1'A_2'A_3'$ in der Orthogonalprojektion:

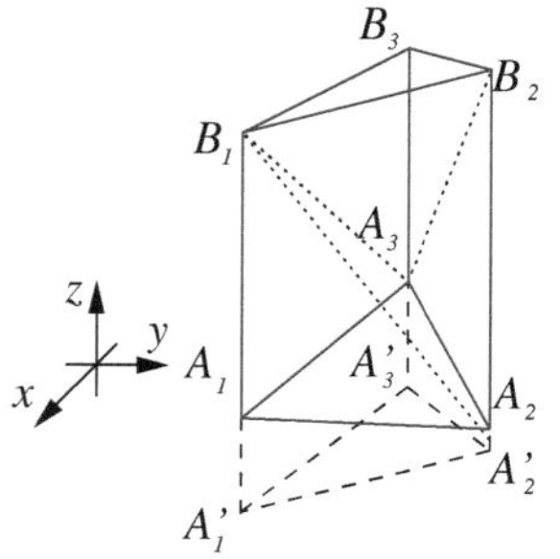

Bild 4.74 Dreiecksprisma

$$\begin{aligned} A_{A_1'A_2'A_3'} &= \frac{1}{2}\left|(\overrightarrow{A_1'A_2'}) \times (\overrightarrow{A_1'A_3'})\right| = \frac{1}{2}\left|\det\begin{pmatrix} e^1 & e^2 & e^3 \\ x_2-x_1 & y_2-y_1 & 0 \\ x_3-x_1 & y_3-y_1 & 0\end{pmatrix}\right| \\ &= \frac{1}{2}\left|\det\begin{pmatrix} x_2-x_1 & y_2-y_1 \\ x_3-x_1 & y_3-y_1\end{pmatrix}\right|. \end{aligned} \tag{4.108}$$

Aus Gleichung (4.107) folgt damit

$$V_{A_1A_2A_3B_1} = \frac{1}{3}(z_{b1}-z_{a1})A_{A_1'A_2'A_3'}. \tag{4.109}$$

Analog ergibt sich für

$$V_{B_1B_2B_3A_3} = \frac{1}{3}\left|(\overrightarrow{B_3B_1} \times \overrightarrow{B_3B_2}, \overrightarrow{B_3A_3})\right| = \frac{1}{3}(z_{b3} - z_{a3})A_{A_1'A_2'A_3'} \quad (4.110)$$

$$V_{A_2A_3B_2B_1} = \frac{1}{3}\left|(\overrightarrow{A_2A_3} \times \overrightarrow{A_2B_1}, \overrightarrow{A_2B_2})\right| = \frac{1}{3}(z_{b2} - z_{a2})A_{A_1'A_2'A_3'} \quad (4.111)$$

Mit (4.109), (4.110) und (4.111) folgt aus (4.106) die Berechnung des Volumens des Dreiecksprismas $A_1A_2A_3B_1B_2B_3$ als Produkt aus dem Flächeninhalt des Dreiecks $\triangle A_1'A_2'A_3'$ in der Orthogonalprojektion und dem arithmetischen Mittel der Höhendifferenzen der Eckpunkte mit gleicher Orthogonalprojektion:

$$V = A_{A_1'A_2'A_3'}\frac{(z_{b1} - z_{a1}) + (z_{b2} - z_{a2}) + (z_{b3} - z_{a3})}{3}.$$

Ergebnis

5 Zahlenfolgen, Grenzwerte, Stetigkeit

Bezeichnungen

Reelle Zahlenfolge $a_1, a_2, a_3, \ldots$ mit $\{a_n\}$

Grenzwert einer Zahlenfolge $\{a_n\}$ mit $\lim_{n\to\infty} a_n$,

Grenzwert einer Funktion f an der Stelle $x = a$ mit $\lim_{x\to a} f(x)$,

einseitiger Grenzwert einer Funktion f an der Stelle $x = a$ mit $\lim_{x\to a\pm 0} f(x)$,

Grenzwert einer Funktion f für $x \to \pm\infty$ mit $\lim_{x\to\pm\infty} f(x)$

Eine der wichtigsten Operationen in der Theorie der Funktionen ist der Grenzübergang. Auf seiner Grundlage werden wesentliche Eigenschaften von Funktionen wie Stetigkeit, Differenzier- und Integrierbarkeit beschrieben. Der Grenzübergang bei Funktionen basiert auf dem Begriff des Grenzwertes von Zahlenfolgen.

5.1 Einführung, Definition

Mithilfe von Zahlenfolgen lassen sich Größen, z. B. schwierig zu messende oder zu berechnende, annähern (approximieren). Einige Beispiele werden gezeigt, in denen die Glieder einer Zahlenfolge mit einer Vorschrift explizit berechnet werden können. Der Begriff der Zahlenfolge wird definiert.

Approximation der Kreisfläche

Beispiel 5.1

Bei der Bestimmung der (unbekannten) Fläche eines Kreises mit dem Radius r können als Annäherung die Flächeninhalte A_n der in diesen Kreis einbeschriebenen regelmäßigen n-Ecke, $n = 3, 4, 5, \ldots$ verwendet werden (siehe **Bild 5.1 a), b), c)**). Die Fläche eines solchen regelmäßigen n-Ecks besteht aus n gleichen Dreiecksflächen, die entstehen, wenn der Kreismittelpunkt mit den Ecken des n-Ecks verbunden wird. Da die Schenkel jedes dieser gleichschenkligen Dreiecke mit der Schenkellänge r einen Winkel von $2\pi/n$ einschließen, berechnet sich der Flächeninhalt eines Dreiecks als $0.5r^2 \sin(2\pi/n)$ und der Flächeninhalt des n-Ecks demzufolge als

$$A_n = n\frac{r^2}{2}\sin\frac{2\pi}{n}. \tag{5.1}$$

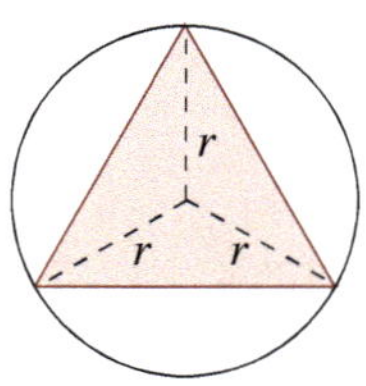

Bild 5.1 a) Dreieck n=3

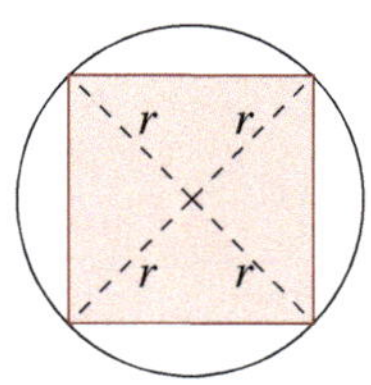

Bild 5.1 b) Quadrat n=4

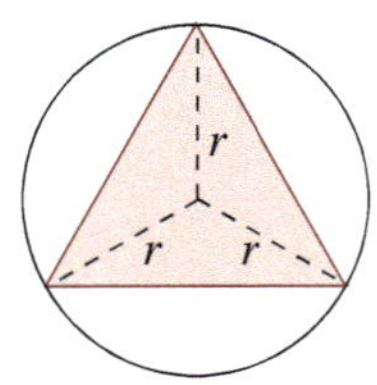

Bild 5.1 c) Fünfeck n=5

Definition 5.2

Erfolgt eine eindeutige Abbildung der Menge der natürlichen Zahlen $\mathbb{N}$ in die Menge der reellen Zahlen $\mathbb{R}$, d. h., wird jeder natürlichen Zahl n genau eine reelle Zahl a_n zugeordnet, so heißt die Menge der durchnummerierten reellen Zahlen

$a_1, a_2, a_3, \ldots$

reelle Zahlenfolge oder einfach **Folge**.

Zahlenfolgen

Beispiel 5.3

1. Bei der Zuordnung der Flächeninhalte A_n aus **Beispiel 5.1** wird der natürlichen Zahl n eindeutig die reelle Zahl A_n aus Gleichung (5.1) zugeordnet, $n = 3, 4, 5, \ldots$ (siehe **Bild 5.2**, $r = 1$).
2. In der Zuordnung

   $n = 1 \to a_1 = 1$
   $n = 2 \to a_2 = 2$
   $n = 3 \to a_3 = 3$
   $\vdots \qquad \vdots$

   wird der natürlichen Zahl n eindeutig die reelle Zahl $a_n = n$ zugeordnet (siehe **Bild 5.3**).
3. In der Zuordnung

   $n = 1 \to a_1 = 1$
   $n = 2 \to a_2 = 1/2$
   $n = 3 \to a_3 = 1/3$
   $\vdots \qquad \vdots$

   wird der natürlichen Zahl n eindeutig die reelle Zahl $a_n = 1/n$ zugeordnet (siehe **Bild 5.4**).

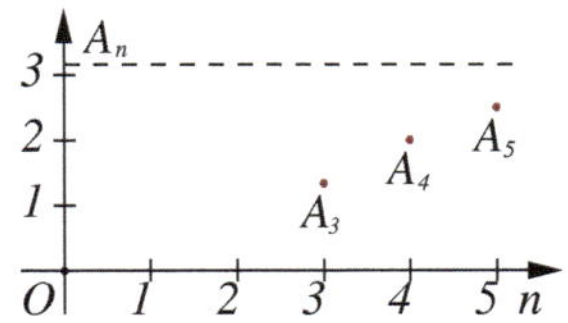

Bild 5.2 Folge $A_n = 0.5n\sin(2\pi/n)$

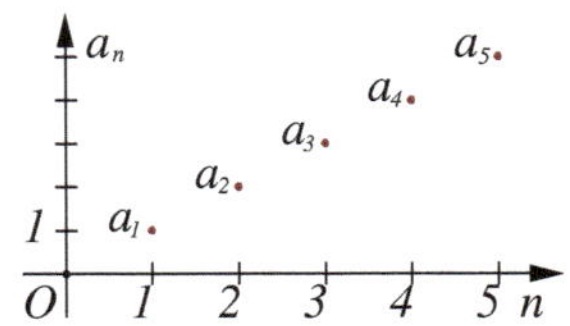

Bild 5.3 Folge $a_n = n$

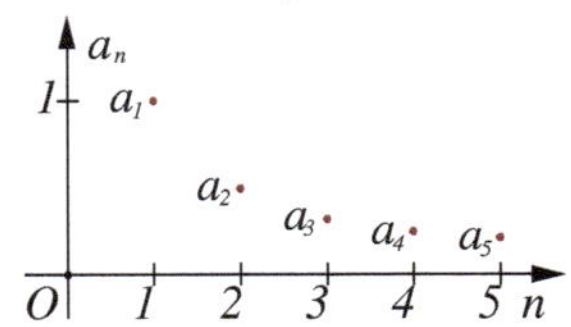

Bild 5.4 Folge $a_n = 1/n$

Die Zahlen a_n heißen **Elemente** oder **Glieder** der Zahlenfolge, und die Zahlenfolge selbst wird kurz mit $\{a_n\}$ bezeichnet. So ist die Folge der Flächeninhalte aus **Beispiel 5.1 und 5.3** die Folge $\{0.5nr^2\sin(2\pi/n)\}$, die zweite Folge aus **Beispiel 5.3** die Folge $\{n\}$ und die dritte die Folge $\{1/n\}$.

Höhe einer Stahlkugel nach mehrfachem Aufprall

Beispiel 5.4

Eine Stahlkugel fällt aus einer Höhe von $h_0 = 1$ m auf eine Glasplatte und prallt zurück. Infolge des Energieverlustes erreicht sie nicht die volle Höhe, sondern jeweils nur 3/4 der vorherigen. Berechnen Sie die Höhe h_n nach n-maligem Aufprall!

Nach dem ersten Aufprall erreicht die Kugel die Höhe $h_1 = 0.75h_0$, nach dem zweiten Aufprall die Höhe $h_2 = 0.75h_1 = (0.75)^2\,h_0$, nach dem dritten Aufprall die Höhe $h_3 = 0.75h_2 = (0.75)^3\,h_0$, usw.; nach dem n-ten Aufprall also die Höhe $h_n = (0.75)^n\,h_0$. Mit $h_0 = 1$ m ergibt sich $h_n = (0.75)^n$ m. $\{h_n\}$ stellt eine reelle Zahlenfolge dar.

5.2 Monotonie und Beschränktheit von Zahlenfolgen

Besondere Eigenschaften von Zahlenfolgen sind Monotonie und Beschränktheit. Treffen beide Eigenschaften gleichzeitig zu, „häufen" sich die Glieder einer Zahlenfolge um eine bestimmte reelle Zahl.

Definition 5.5

Eine reelle Zahlenfolge $\{a_n\}$ heißt **nach oben (unten) beschränkt**, wenn es eine reelle Zahl K (oder k) gibt, so dass für alle $n \in \mathbb{N}$ gilt

$$a_n \leq K \qquad (a_n \geq k).$$

Die Zahl K heißt **obere Schranke** der Folge $\{a_n\}$, (die Zahl k heißt **untere Schranke** der Folge $\{a_n\}$).

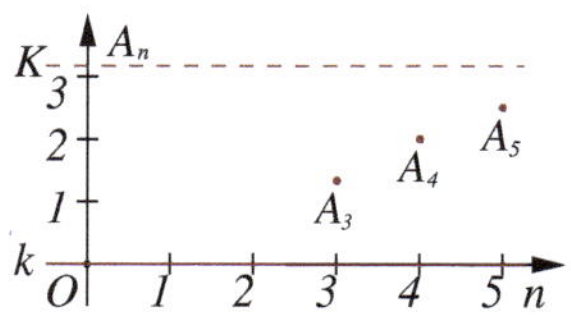

Bild 5.5 Schranken der Folge $\{0.5n\sin(2\pi/n)\}$

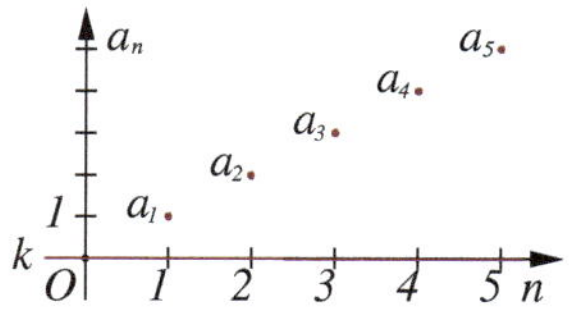

Bild 5.6 Schranken der Folge $\{n\}$

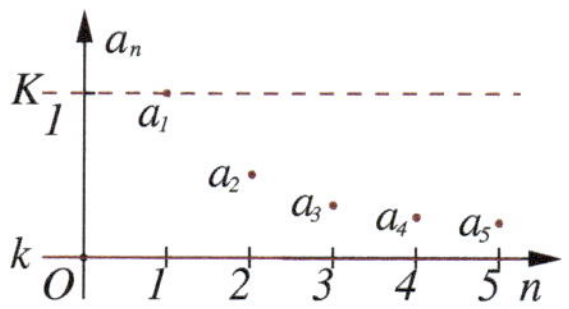

Bild 5.7 Schranken der Folge $\{1/n\}$

Beispiel 5.6

1. Die Folge $\{0.5nr^2\sin(2\pi/n)\}$ der Flächeninhalte der in den Kreis mit dem Radius r *einbeschriebenen* regelmäßigen n-Ecke (**Beispiele 5.1 und 5.3**) ist nach oben beschränkt - z. B. durch den Flächeninhalt $K = \pi r^2$ des Kreises. Sie ist nach unten beschränkt z. B. durch $k = 0$, da jedes Glied der Folge positiv ist (siehe **Bild 5.5**, r=1).
2. Die Folge $\{n\}$ (**Beispiel 5.3**) der natürlichen Zahlen ist nicht nach oben beschränkt. Sie ist aber nach unten beschränkt z. B. durch $k = 0$, da alle Glieder der Folge positiv sind, aber auch durch jede reelle Zahl $k \leq 1$, da alle Glieder der Folge gleich oder größer als 1 sind (siehe **Bild 5.6**).
3. Die Folge $\{1/n\}$ (**Beispiel 5.3**) ist nach oben beschränkt. z. B. ist $K = 1$ obere Schranke, denn es gilt für alle $n \in \mathbb{N}$ die Ungleichung $1/n \leq 1$, die aus der offensichtlichen Ungleichung $1 \leq n$ nach Division durch n folgt. Damit ist auch jede reelle Zahl größer als 1 obere Schranke dieser Folge. Die Folge ist nach unten beschränkt z. B. durch $k = 0$, da alle Glieder der Folge positiv sind (siehe **Bild 5.7**). Damit ist auch jede reelle Zahl kleiner als 0 untere Schranke dieser Zahlenfolge.

Definition 5.7

Ist eine Zahlenfolge nach oben *und* nach unten beschränkt, so heißt sie **beschränkt.**

Die Folgen $\{0.5nr^2\sin(2\pi/n)\}$ und $\{1/n\}$ (**Beispiel 5.3**) sind beschränkt, weil sie jeweils nach oben und nach unten beschränkt sind. Die Folge $\{n\}$ (**Beispiel 5.3**) ist nicht beschränkt, da sie keine obere Schranke besitzt.

Definition 5.8

Die kleinste aller oberen Schranken einer nach oben beschränkten Zahlenfolge $\{a_n\}$ heißt ihr **Supremum** und wird mit $S = \sup\{a_n\}$ bezeichnet. Die größte aller unteren Schranken einer nach unten beschränkten Zahlenfolge $\{a_n\}$ heißt ihr **Infimum** und wird mit $s = \inf\{a_n\}$ bezeichnet.

Weil das Supremum einer nach oben beschränkten Zahlenfolge $\{a_n\}$ obere Schranke ist, gilt wegen **Definition 5.5**

$$a_n \leq S = \sup\{a_n\} \text{ für alle } n \in \mathbb{N}.$$

Da es die *kleinste* aller oberen Schranken ist, findet sich für jede Zahl $\sup\{a_n\} - \varepsilon$, die kleiner als $\sup\{a_n\}$ ist, mindestens ein Glied $a_{n^\star}$ der Zahlenfolge, das diese Zahl übersteigt, d. h., es gilt für beliebiges $\varepsilon > 0$

$$a_{n^\star} > \sup\{a_n\} - \varepsilon \text{ für mindestens ein } n^\star \in \mathbb{N}. \qquad (5.2)$$

Analog gilt für das Infimum einer nach unten beschränkten Zahlenfolge $\{a_n\}$

$$a_n \geq s = \inf\{a_n\} \text{ für alle } n \in \mathbb{N} \tag{5.3}$$

und für beliebiges $\varepsilon > 0$

$$a_{n^\star} < \inf\{a_n\} + \varepsilon \text{ für mindestens ein } n^\star \in \mathbb{N}.$$

Infimum und Supremum von Zahlenfolgen

Beispiel 5.9

Für die Folge $\{a_n\} = \{1/n\}$ gilt $\inf\{1/n\} = 0$ und $\sup\{1/n\} = 1$.

Die zweite Behauptung ist sofort einzusehen, da $a_1 = 1$ selbst Folgenglied ist und alle anderen Folgenglieder kleiner als 1 sind.

Angenommen, eine beliebige Zahl $\varepsilon > 0$ wäre das $\inf\{1/n\}$. Dann müsste wegen (5.3) für alle $n \in \mathbb{N}$ gelten

$$\frac{1}{n} > \varepsilon.$$

Wird diese Gleichung mit n multipliziert und danach durch ε liegen, so folgt, dass für alle $n \in \mathbb{N}$ gelten müsste

$$\frac{1}{\varepsilon} > n,$$

was bedeuten würde, dass die Menge der natürlichen Zahlen nach oben durch $1/\varepsilon$ beschränkt wäre. Die Menge der natürlichen Zahlen ist aber nach oben unbeschränkt. Daher ist die Annahme, eine beliebige Zahl $\varepsilon > 0$ wäre das $\inf\{1/n\}$, falsch. Da in **Beispiel 5.6** bereits gezeigt wurde, dass 0 untere Schranke ist, ist auch die erste Behauptung bewiesen.

Definition 5.10

Eine reelle Zahlenfolge $\{a_n\}$ heißt **monoton steigend (fallend)**, wenn gilt

$$a_n \leq a_{n+1} \quad (a_n \geq a_{n+1}) \quad \text{für alle } n \in \mathbb{N}. \tag{5.4}$$

Monotonie von Zahlenfolgen

Beispiel 5.11

1. Die Folge $\{n\}$ ist monoton steigend, weil die Ungleichung $a_n \leq a_{n+1}$ offensichtlich wegen $n \leq n + 1$ für alle $n \in \mathbb{N}$ erfüllt ist.
2. Die Folge $\{1/n\}$ ist monoton fallend, weil die Ungleichung $a_n \geq a_{n+1}$ offensichtlich wegen $1/n > 1/(n + 1)$, d. h., $n + 1 > n$, für alle $n \in \mathbb{N}$ erfüllt ist.
3. Die Folge $\{(-1)^n\}$ ist nicht monoton steigend (siehe **Bild 5.8**). Es gilt z. B. $a_2 > a_3$. Damit ist $a_n \leq a_{n+1}$ z. B. für $n = 2$ *nicht* erfüllt.
   Die Folge $\{(-1)^n\}$ ist nicht monoton fallend. Es gilt z. B. $a_1 < a_2$. Damit ist $a_n \geq a_{n+1}$ z. B. für $n = 1$ *nicht* erfüllt.

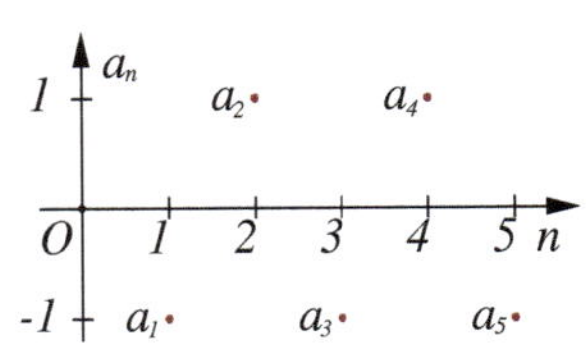

Bild 5.8 Folge $a_n = (-1)^n$

Betrachtet werden jetzt *monotone und beschränkte* Zahlenfolgen.

Monotone und beschränkte Zahlenfolge

Beispiel 5.12

Die Zahlenfolge $\{1 - 1/n\}$ (siehe**Bild 5.9**) ist monoton steigend, denn es gilt für alle $n \in \mathbb{N}$

$$1 - \frac{1}{n} < 1 - \frac{1}{n+1}, \quad \text{weil } n < n + 1 \text{ ist.}$$

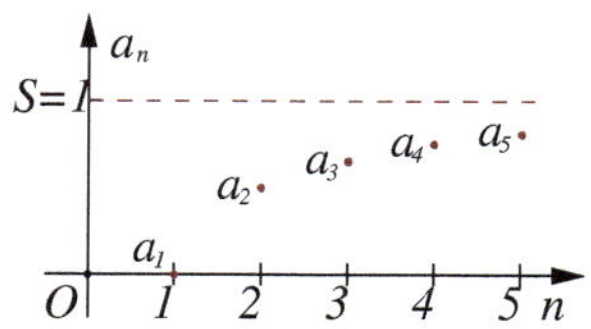

Bild 5.9 Folge $a_n = 1 - 1/n$

Sie ist außerdem nach oben beschränkt. Eine obere Schranke ist z. B. die Zahl 1, denn es gilt für alle $n \in \mathbb{N}$

$$1 - \frac{1}{n} < 1.$$

Damit sind auch alle reellen Zahlen größer 1 obere Schranken. Das Supremum diese Zahlenfolge ist $\sup\{1 - 1/n\} = 1$. Entsprechend (5.2) findet sich für jede reelle Zahl $\varepsilon > 0$ mindestens eine Nummer $n^\star \in \mathbb{N}$ so, dass

$$1 - \frac{1}{n^\star} > 1 - \varepsilon$$

ist. Offenbar ist diese Ungleichung dann erfüllt, wenn $n^\star > 1/\varepsilon$ ist. (Für $\varepsilon = 10^{-1}$ ist z. B. $n^\star \geq 11$, für $\varepsilon = 10^{-2}$ ist $n^\star \geq 101$, für $\varepsilon = 10^{-3}$ ist $n^\star \geq 1001$ usw.)

Bemerkenswert ist, dass sich für das Supremum $\sup\{a_n\}$ und eine beliebig gewählte reelle Zahl $\varepsilon > 0$ entsprechend (5.2) nicht nur *eine* Nummer $n^\star$ so findet, dass $a_{n^\star} > \sup\{a_n\} - \varepsilon$ gilt, sondern dass diese Ungleichung für *alle* Nummern n, die größer oder gleich einer von ε abhängigen „Anfangsnummer“ $N(\varepsilon)$ sind, erfüllt ist.

Im **Beispiel 5.12** ist für $\varepsilon = 10^{-1}$ die Nummer $N(\varepsilon) = 11$, für $\varepsilon = 10^{-2}$ die Nummer $N(\varepsilon) = 101$, für $\varepsilon = 10^{-3}$ die Nummer $N(\varepsilon) = 1001$ usw.

Satz 5.13

Sei $\{a_n\}$ eine monoton steigende, nach oben beschränkte Zahlenfolge.

1. Es gibt es stets eine kleinste aller oberen Schranken $S = \sup\{a_n\}$.
2. Zu jeder reellen Zahl $\varepsilon > 0$ gibt es eine Nummer $N(\varepsilon)$ so, dass für alle Nummern $n \geq N(\varepsilon)$ gilt

   $$|a_n - S| < \varepsilon.$$

Beweis : Bewiesen werden soll nur Aussage (2) des Satzes.

Da das Supremum $S = \sup\{a_n\}$ der monoton steigenden, beschränkten Zahlenfolge existiert, gibt es entsprechend (5.2) zu jeder reellen Zahl $\varepsilon > 0$ *eine* Nummer $N(\varepsilon)$ so, dass $a_{N(\varepsilon)} > S - \varepsilon$ ist. Wegen des monotonen Steigens der Zahlenfolge gilt damit

$$S - \varepsilon < a_{N(\varepsilon)} < a_{N(\varepsilon)+1} < a_{N(\varepsilon)+2} < a_{N(\varepsilon)+3} < \ldots$$

Da S *obere* Schranke der Zahlenfolge $\{a_n\}$ ist, ist andererseits

$$S - \varepsilon < a_{N(\varepsilon)} < a_{N(\varepsilon)+1} < a_{N(\varepsilon)+2} < a_{N(\varepsilon)+3} < \ldots < S.$$

Damit ist für alle Nummern $n \geq N(\varepsilon)$

$$S - \varepsilon < a_n < S$$

und damit

$$0 < S - a_n = |a_n - S| < \varepsilon.$$

■

Analog zu **Satz 5.13** gilt der

Satz 5.14

Sei $\{a_n\}$ eine monoton fallende, nach unten beschränkte Zahlenfolge.

1. Es gibt stets eine größte aller unteren Schranken $s = \inf\{a_n\}$.
2. Zu jeder reellen Zahl $\varepsilon > 0$ gibt es eine Nummer $N(\varepsilon)$ so, dass für alle Nummern $n \geq N(\varepsilon)$ gilt

   $$|a_n - s| < \varepsilon.$$

Beispiel 5.15

Monoton fallende und beschränkte Zahlenfolge

Die Zahlenfolge $\{2 + 1/2^n\}$ (siehe **Bild 5.10**) ist monoton fallend, denn es ist für alle $n \in \mathbb{N}$

$$2 + \frac{1}{2^n} > 2 + \frac{1}{2^{n+1}}.$$

Ihr Infimum ist $s = \inf\{2 + 1/2^n\} = 2$. Offenbar ist wegen $2 + 1/2^n > 2$ die untere Schranke $s = 2$. Andererseits gibt es zu jeder reellen Zahl $\varepsilon > 0$ eine Nummer $N(\varepsilon)$ so, dass für alle Nummern $n \geq N(\varepsilon)$

$$2 + \frac{1}{2^n} < 2 + \varepsilon$$

ist (d. h., angenommen, eine Zahl größer als 2 wäre Infimum, so sind ab einer Nummer $N(\varepsilon)$ alle Glieder der Zahlenfolge *größer* als diese Zahl, womit eine solche Annahme falsch ist). Diese Ungleichung ist offenbar für $N(\varepsilon) = [\log_2(1/\varepsilon)] + 1$ und alle $n \geq N(\varepsilon)$ erfüllt. (Für $\varepsilon = 10^{-1}$ ist $N(\varepsilon) = 4$, für $\varepsilon = 10^{-2}$ ist $N(\varepsilon) = 7$, für $\varepsilon = 10^{-3}$ ist $N(\varepsilon) = 10$ usw.)

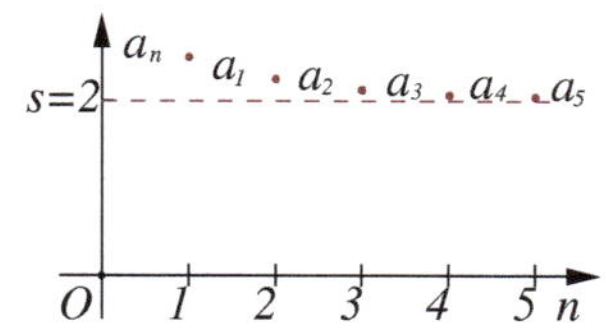

Bild 5.10 Folge $a_n = 2 + 1/2^n$

5.3 Konvergenz und Divergenz von Zahlenfolgen

Besondere Zahlenfolgen sind solche, bei denen sich „fast" alle Glieder um eine bestimmte reelle Zahl „häufen". Konvergenz und Grenzwert solcher Zahlenfolgen werden definiert und Eigenschaften konvergenter Zahlenfolgen genannt. Mithilfe von Nullfolgen lassen sich Regeln für das Ermitteln von Grenzwerten von Zahlenfolgen formulieren. Einige wichtige Grenzwerte von Zahlenfolgen werden angegeben.

Im folgenden Beispiel wird eine Zahlenfolge untersucht, die nicht monoton ist und deren Glieder ab einer bestimmten Nummer alle in einer beliebig kleinen Umgebung der Zahl 0 liegen. Sie „häufen" sich um die Zahl 0.

Beispiel 5.16

Konvergenz einer Zahlenfolge

Betrachtet wird die reelle Zahlenfolge $\{a_n\} = \{(-1)^n/n^2\}$ (siehe **Bild 5.11**). Sie hat folgende Eigenschaften:

1. Sie ist nach oben und nach unten beschränkt. Eine obere Schranke ist z. B. 1, denn es gilt für alle $n \in \mathbb{N}$

   $$(-1)^n \frac{1}{n^2} \leq 1.$$

   Für ungerade n ist die Gültigkeit der Ungleichung offenbar, denn dann sind die jeweiligen Folgenglieder negativ. Für gerade n bedeutet die Ungleichung $1 \leq n^2$, was ebenfalls offensichtlich ist.

   Analog zeigt man, dass z. B. -1 untere Schranke ist.

2. Die Folge ist weder monoton steigend noch monoton fallend.

   Sie ist nicht monoton steigend, weil z. B. $a_2 = 1/4$ und $a_3 = -1/9$ und damit $a_2 > a_3$ ist im Widerspruch zur Forderung (5.4) aus **Definition 5.10**.

   Sie ist nicht monoton fallend, weil z. B. $a_3 = -1/9$ und $a_4 = 1/16$ und damit $a_3 < a_4$ ist im Widerspruch zur Forderung (5.4) aus **Definition 5.10**.

3. Mit wachsendem n werden die Folgenglieder betragsmäßig kleiner, sie „nähern sich der Zahl $a = 0$". Genauer gesagt, zu jeder reellen Zahl $\varepsilon > 0$ (vorgegebener Abstand von der Zahl $a = 0$) gibt es eine Nummer $N(\varepsilon)$ so, dass ab dieser

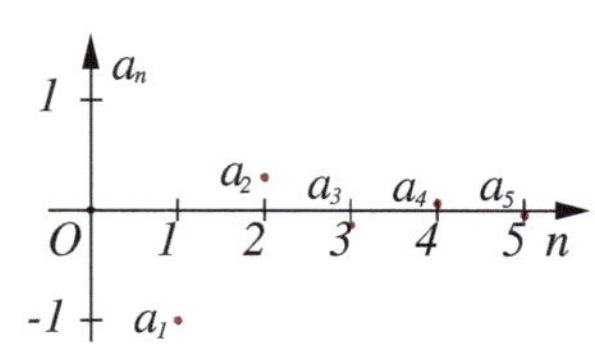

Bild 5.11 Folge $a_n = (-1)^n/n^2$

Nummer *alle* Folgenglieder einen Abstand kleiner als ε von der Zahl $a = 0$ haben, d. h., dass für alle $n \geq N(\varepsilon)$ gilt

$$\left|(-1)^n \frac{1}{n^2} - 0\right| < \varepsilon.$$

Diese Ungleichung ist gleichbedeutend mit

$$\frac{1}{n^2} < \varepsilon \quad \text{bzw.} \quad \frac{1}{\sqrt{\varepsilon}} < n,$$

d. h., sie ist erfüllt für $N(\varepsilon) = \left[1/\sqrt{\varepsilon}\right] + 1$ und *alle* $n > N(\varepsilon)$. (Für $\varepsilon = 10^{-1}$ ist z. B. $N(\varepsilon) = 4$, für $\varepsilon = 10^{-2}$ ist $N(\varepsilon) = 11$, für $\varepsilon = 10^{-3}$ ist $N(\varepsilon) = 32$ usw.)

Definition 5.17 Eine Zahl $a \in \mathbb{R}$ heißt **Grenzwert** oder **Limes** der reellen Zahlenfolge $\{a_n\}$, wenn es zu jeder reellen Zahl $\varepsilon > 0$ eine Nummer $N(\varepsilon)$ so gibt, dass für alle $n \geq N(\varepsilon)$ gilt

$|a_n - a| < \varepsilon.$ Man schreibt $\lim\limits_{n \to \infty} a_n = a.$

Eine Zahlenfolge heißt **konvergent**, wenn sie einen Grenzwert hat. Andernfalls heißt sie **divergent**.

Eigenschaften konvergenter Zahlenfolgen

1. Eine konvergente Zahlenfolge besitzt *genau einen* Grenzwert.

Angenommen, eine konvergente Zahlenfolge besäße zwei verschiedene Grenzwerte a und b. Wird $\varepsilon > 0$ so gewählt, dass sich die Intervalle $(a - \varepsilon, a + \varepsilon)$ und $(b - \varepsilon, b + \varepsilon)$ nicht überschneiden, so müssten aufgrund der **Definition 5.17** des Grenzwertes ab einer Nummer $N_a(\varepsilon)$ *alle* Glieder der Zahlenfolge innerhalb des Intervalls $(a - \varepsilon, a + \varepsilon)$ liegen. Außerhalb dieses Intervalls befänden sich damit nur endlich viele Glieder. Damit würden auch im Intervall $(b - \varepsilon, b + \varepsilon)$ nur endlich viele Glieder der Folge liegen können. Gleichzeitig müssen wegen der **Definition 5.17** des Grenzwertes aber ab einer Nummer $N_b(\varepsilon)$ *alle* Glieder der Zahlenfolge innerhalb des Intervalls $(b - \varepsilon, b + \varepsilon)$ liegen. Das ist ein Widerspruch.

2. Eine monoton steigende und nach oben beschränkte Zahlenfolge ist konvergent, und es gilt $\lim\limits_{n \to \infty} a_n = \sup\{a_n\}$.
Eine monoton fallende und nach unten beschränkte Zahlenfolge ist konvergent, und es gilt $\lim\limits_{n \to \infty} a_n = \inf\{a_n\}$.

Der Beweis der Eigenschaften ergibt sich unmittelbar aus **Satz 5.13** und **5.14**.

3. Jede konvergente Zahlenfolge ist beschränkt.

Für vorgegebenes $\varepsilon > 0$ liegen aufgrund der **Definition 5.17** des Grenzwertes ab einer Nummer $N(\varepsilon)$ *alle* Glieder a_n der Zahlenfolge innerhalb des Intervalls $(a - \varepsilon, a + \varepsilon)$ und daher nur endlich viele, die Glieder $a_1, \ldots, a_{N(\varepsilon)-1}$, außerhalb. Offenbar ist die Zahl $\min(a_1, \ldots, a_{N(\varepsilon)-1}, a - \varepsilon)$ eine untere Schranke und die Zahl $\max(a_1, \ldots, a_{N(\varepsilon)-1}, a + \varepsilon)$ eine obere Schranke.

Eine äquivalente Formulierung dieses Satzes lautet:

Jede nicht beschränkte Zahlenfolge ist divergent.

Beispiele nicht beschränkter Zahlenfolgen sind $\{n\}$ (siehe **Beispiel 5.6**), $\{n^2 - n\}$, $\{2^n\}$.

4. Nicht jede beschränkte Zahlenfolge ist konvergent.

Die Zahlenfolge $\{(-1)^n\} = -1, 1, -1, 1, \ldots$ (siehe **Bild 5.12**) ist offenbar durch -1 nach unten und durch 1 nach oben beschränkt. Sie hat keinen Grenzwert:

Die Zahl 1 kommt als Grenzwert nicht in Frage. Z. B. liegen für $\varepsilon = 0.25$ *unendlich viele* Glieder der Zahlenfolge *nicht* im Intervall $(1-\varepsilon, 1+\varepsilon) = (0.75, 1.25)$ im Widerspruch zur **Definition 5.17** des Grenzwertes.

Analog kommt die Zahl -1 als Grenzwert nicht in Frage.

Jede andere Zahl a verschieden von 1 oder -1 kommt auch nicht als Grenzwert in Frage, denn wird $\varepsilon > 0$ so gewählt, dass weder 1 noch -1 im Intervall $(a-\varepsilon, a+\varepsilon)$ liegt, so befindet sich *kein* Glied der Zahlenfolge in diesem Intervall im Widerspruch zur **Definition 5.17** des Grenzwertes.

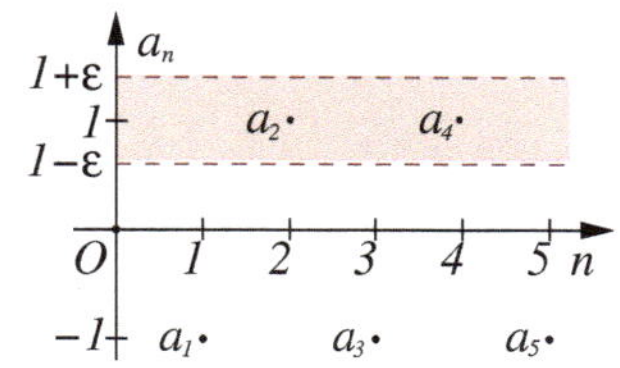

Bild 5.12 Folge $a_n = (-1)^n$

Definition 5.18

Eine reelle Zahlenfolge heißt **Nullfolge**, wenn ihr Grenzwert die Zahl 0 ist (sie konvergiert gegen null).

Beispiele für Nullfolgen sind $\{1/n\}$ (siehe **Beispiel 5.3, 5.6**), $\{(-1)^n/n^2\}$ (siehe **Beispiel 5.16**).

Rechenregeln für Grenzwerte von Zahlenfolgen

1. Sind $\{a_n\}$ und $\{b_n\}$ Nullfolgen, so sind es auch die Folgen $\{a_n \pm b_n\}$.

Summe und Differenz von Nullfolgen

Beispiel 5.19

Die Folgen $\{a_n\} = \{1/n\}$ und $\{b_n\} = \{(-1)^n/n^2\}$ sind Nullfolgen (vgl. **Beispiele 5.6, 5.16**). Daher ist auch die Folge $\left\{1/n + (-1)^n/n^2\right\}$ Nullfolge.

2. Ist $\{a_n\}$ eine Nullfolge und $\{b_n\}$ eine beschränkte Folge, so ist die Folge $\{a_n \cdot b_n\}$ eine Nullfolge.

Produkt beschränkter Folge und Nullfolge

Beispiel 5.20

Die Folge $\{a_n\} = \{1/n\}$ ist Nullfolge, die Folge $\{b_n\} = \{\sin n\}$ ist eine beschränkte Folge, denn es ist $-1 \leq \sin n \leq 1$ für alle $n \in \mathbb{N}$. Daher ist auch die Folge $\{\sin n/n\}$ eine Nullfolge.

3. Gilt für die Glieder der Folgen $\{a_n\}$ und $\{b_n\}$ für alle $n \in \mathbb{N}$ die Ungleichung $|b_n| \leq |a_n|$ und ist die Folge $\{a_n\}$ Nullfolge, so ist es auch die Folge $\{b_n\}$.

Majorantenkriterium

Beispiel 5.21

Die Folge $\{a_n\} = \{1/n\}$ ist Nullfolge. Für die Glieder der Folge $\{b_n\} = \{1/n^2\}$ gilt offenbar stets $1/n^2 \leq 1/n$. Daher ist auch $\{1/n^2\}$ Nullfolge.

4. Hat die Folge $\{a_n\}$ den Grenzwert a und die Folge $\{b_n\}$ den Grenzwert b so konvergieren die Folgen

$$\begin{array}{lll} \{a_n \pm b_n\} & \text{mit} & \lim\limits_{n\to\infty} a_n \pm b_n = a \pm b, \\ \{a_n \cdot b_n\} & \text{mit} & \lim\limits_{n\to\infty} a_n \cdot b_n = a \cdot b, \\ \dfrac{a_n}{b_n} & \text{mit} & \lim\limits_{n\to\infty} \dfrac{a_n}{b_n} = \dfrac{a}{b},\ b \neq 0. \end{array}$$

Grenzwertregeln für konvergente Folgen

Beispiel 5.22

1. Die Folge $\{a_n\} = \left\{\frac{n^2+2n}{n^4+8}\right\}$ ist eine Nullfolge. Nach Kürzen mit n^4 ist

$$a_n = \frac{1/n^2 + 2/n^3}{1 + 8/n^4} \leq \frac{1}{n^2} + \frac{2}{n^3}.$$

Die Folgen $\{1/n^2\}$ und $\{1/n^3\}$ sind aber Nullfolgen. Nach dem Majorantenkriterium ist damit auch $\{a_n\}$ Nullfolge.

2. Die Folge $\{b_n\} = \left\{\frac{n}{n^2-5}\right\}$ ist eine Nullfolge. Nach Kürzen mit n^2 ist

$$b_n = \frac{1/n}{1 - 5/n^2}.$$

Die Folgen $\{1/n\}$ und $\{5/n^2\}$ sind Nullfolgen. Daher konvergiert die Folge im Nenner gegen eins, die Folge im Zähler gegen null. Aufgrund der Grenzwertregel für Quotienten von Zahlenfolgen ergibt sich $\lim\limits_{n\to\infty} b_n = 0$.

---

5. Sind $\{a_n\}$, $\{b_n\}$ und $\{c_n\}$ Folgen mit $a_n \leq b_n \leq c_n$ für alle $n \in \mathbb{N}$. Konvergieren die Folgen $\{a_n\}$ und $\{c_n\}$ gegen a, so konvergiert die Folge $\{b_n\}$ ebenfalls gegen a.

Vergleichskriterium

Beispiel 5.23

Die Folge $\{\sqrt[n]{x}\}$ konvergiert für beliebiges $x \in \mathbb{R}$, $x > 0$ mit dem Grenzwert 1.

Zuerst wird die Behauptung für $x \geq 1$ gezeigt. Es gilt die Ungleichungskette

$$x = (\sqrt[n]{x})^n = (1 + (\sqrt[n]{x} - 1))^n \geq 1 + n(\sqrt[n]{x} - 1) \geq n(\sqrt[n]{x} - 1),$$

woraus sich $\sqrt[n]{x} \leq 1 + x/n$ ergibt. Wegen $x \geq 1$ ist damit

$$1 \leq \sqrt[n]{x} \leq 1 + \frac{x}{n}.$$

Die Folge $\{a_n\} = \{1\}$ hat offensichtlich den Grenzwert 1, ebenso die Folge $\{c_n\} = \{1 + x/n\}$, da $\{x/n\}$ gegen null konvergiert. Daher hat auch die Folge $\{b_n\} = \sqrt[n]{x}$ den Grenzwert 1.

Für $0 < x < 1$ ist $1/x > 1$ und daher wegen der soeben gezeigten Behauptung $\lim\limits_{n\to\infty} \sqrt[n]{1/x} = 1$. Wegen $1 = \lim\limits_{n\to\infty} \sqrt[n]{1/x} = 1/\lim\limits_{n\to\infty} \sqrt[n]{x}$ ist aufgrund der Grenzwertregel für Quotienten von Zahlenfolgen $\lim\limits_{n\to\infty} \sqrt[n]{x} = 1$.

---

6. Es gilt

$$\lim_{n\to\infty} x^n = \begin{cases} 0, & |x| < 1, \\ 1, & x = 1. \end{cases}$$

Für $x = -1$ ist die Zahlenfolge $\{x^n\}$ divergent und beschränkt, da die Glieder der Folge abwechselnd -1 und 1 sind. Für $|x| > 1$ ist sie ebenfalls divergent, aber unbeschränkt.

7. Es gilt $\lim\limits_{n\to\infty} \sqrt[n]{n} = 1.$

8. Die Zahlenfolge $\{a_n\} = \{(1+1/n)^n\}$ (siehe **Bild 5.13**) ist monoton steigend und beschränkt. Daher konvergiert sie, und es gilt

$$\lim_{n\to\infty}\left(1+\frac{1}{n}\right)^n = \mathrm{e}.$$

Der Grenzwert e wird **Euler-Zahl** genannt. Die Euler-Zahl ist ein unendlicher nichtperiodischer Dezimalbruch, deren erste 24 Stellen nach dem Komma wie folgt lauten:

e = 2.71828 18284 59045 23536 0287...

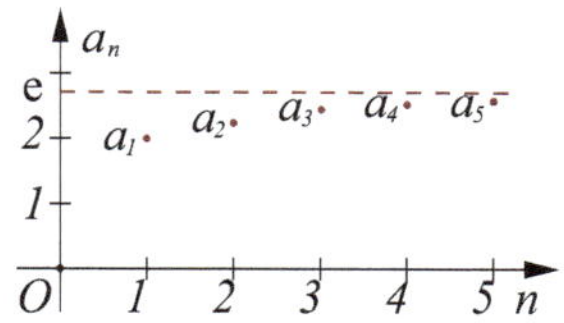

Bild 5.13 Folge $a_n = (1+1/n)^n$

Grenzwert mit der Euler-Zahl

Beispiel 5.24

Die Zahlenfolge $\{a_n\} = \{(1+1/3n)^n\}$ ist ebenfalls konvergent. Wegen

$$a_n = \left(\left(1+\frac{1}{3n}\right)^{3n}\right)^{\frac{1}{3}}$$

konvergiert diese Folge gegen $e^{\frac{1}{3}}$.

Nachweis der Konvergenz

Um zu zeigen, dass eine Zahlenfolge konvergent ist, können folgende Methoden angewendet werden:

1. Nachgewiesen wird, dass die Folge monoton und beschränkt ist (siehe **Satz 5.13** und **5.14**). Allerdings ist damit der Grenzwert der Folge nicht unbedingt bekannt bzw. ermittelt.

2. Die Rechenregeln für Grenzwerte von Zahlenfolgen und die Kenntnis von Grenzwerten bekannter Zahlenfolgen werden verwendet.

3. Der Grenzwert einer Zahlenfolge wird „erraten". Der Nachweis wird anschließend mithilfe der **Definition 5.17** geführt.

Leonhard Euler (* 15. April 1707 in Riehen (Schweiz), † 18. September 1783 in St. Petersburg)

schweizerischer Mathematiker, Professor für Physik und Mathematik in St. Petersburg, Direktor der Berliner Akademie der Wissenschaften, Mitglied der Akademie St. Petersburg

Bahnbrecher auf vielen Gebieten der Wissenschaften, einer der bedeutendsten Mathematiker aller Zeiten, Begründer der Analysis (Begriff der Funktion), u. a. Arbeiten auf den Gebieten: Variationsrechnung, Differenzial- und Integralrechnung, Differenzialgleichungen, Algebra, Graphentheorie („Königsberger Brückenproblem"), Anwendung mathematischer Methoden in den Sozial- und Wirtschaftswissenschaften (Rentenrechnung, Lebenserwartung, Lotterien), physikalische Arbeiten auf den Gebieten Mechanik (Balkentheorie, Eulersche Bewegungsgleichungen), Hydrodynamik, Optik (Wellentheorie des Lichtes, Linsen), philosophische und theologische Schriften

hier: Euler-Zahl e

Beispiel 5.25

Die Zahlenfolge $\{a_n\}$ mit den Gliedern a_0, $a_1 \in \mathbb{N}$ beliebig und $a_{n+2} = a_{n+1}+a_n$, $n = 2, 3, \ldots$, wird **verallgemeinerte Fibonacci-Folge** genannt. Als Spezialfall ergibt sich für $a_0 = a_1 = 1$ die **Fibonacci-Folge** $1, 1, 2, 3, 5, 8, 13, 21, 34, 55, \ldots$ Daraus wird die Folge $\{b_n\}$ mit den Gliedern $b_n = a_{n+1}/a_n$, $n = 1, 2, \ldots$, gebildet. Ihr Grenzwert $b = \lim_{n\to\infty} b_n$ ist zu ermitteln.

Aus dem Bildungsgesetz $a_{n+2} = a_{n+1}+a_n$ der Folge $\{a_n\}$ ergibt sich nach Division durch a_{n+1}

$$\frac{a_{n+2}}{a_{n+1}} = 1 + \frac{a_n}{a_{n+1}}, \qquad \text{d. h.,} \qquad b_{n+1} = 1 + \frac{1}{b_n}.$$

Aus dieser Rekursion folgt mit der Grenzwertregel für Summen von Zahlenfolgen $\lim_{n\to\infty} b_{n+1} = 1 + 1/\lim_{n\to\infty} b_n$. Daraus ergibt sich die quadratische Gleichung $b = 1 + 1/b$ mit der positiven Lösung $b = (1+\sqrt{5})/2$. Die Folge $\{b_n\}$ hat diesen Grenzwert unabhängig von der Wahl der ersten beiden Glieder a_0, $a_1 \in \mathbb{N}$ der verallgemeinerten Fibonacci-Folge.

5.4 Grenzwerte von Funktionen

Der Grenzwert einer Funktion an einer Stelle und im Unendlichen wird mithilfe von Grenzwerten von Zahlenfolgen erklärt. Rechenregeln zur Ermittlung von Grenzwerten von Funktionen basieren auf den Rechenregeln für Grenzwerte von Zahlenfolgen.

Definition 5.26

Eine Funktion f hat **an der Stelle $x = a$ den Grenzwert** b, wenn für jede beliebige Folge $\{x_n\}$, die gegen a konvergiert, die Folge der zugehörigen Funktionswerte $\{f(x_n)\}$ gegen b konvergiert:

$$\lim_{x \to a} f(x) = b.$$

Beispiel 5.27

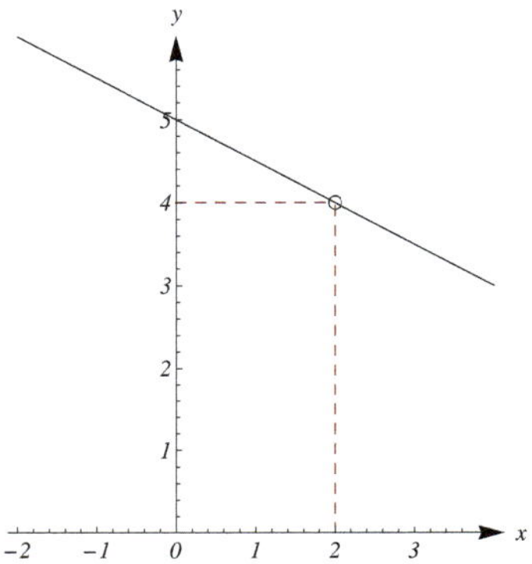

Bild 5.14 $f(x) = -0.5x + 5$

Betrachtet wird die Funktion $f(x) = -0.5x + 5$ und die Stelle $x = 2$ (siehe **Bild 5.14**). Für jede Zahlenfolge $\{x_n\}$ mit dem Grenzwert 2 konvergiert die Folge der zugehörigen Funktionswerte $\{-0.5x_n + 5\}$ gegen 4 aufgrund der Rechenregeln für Grenzwerte von Folgen. Daher gilt $\lim\limits_{x \to 2} (-0.5x + 5) = 4$.

Beispiel 5.28

Die Funktion

$$f(x) = \operatorname{sgn} x = \begin{cases} 1, & x > 0, \\ 0, & x = 0, \\ -1, & x < 0 \end{cases}$$

(siehe **Bild 5.15**) hat an der Stelle $x = 0$ keinen Grenzwert. Für Folgen $\{x_n\}$ mit dem Grenzwert 0, für die $x_n < 0$ gilt, ist z. B. $\lim\limits_{x \to 0} \operatorname{sgn} x = -1$; für Folgen $\{x_n\}$ mit dem Grenzwert 0, für die $x_n > 0$ gilt, ist hingegen $\lim\limits_{x \to 0} \operatorname{sgn} x = 1$. Nach **Definition 5.26** muss aber für *jede* gegen 0 konvergierende Folge $\{x_n\}$ die Folge der zugehörigen Funktionswerte $\{\operatorname{sgn} x_n\}$ gegen *dieselbe* Zahl konvergieren.

Definition 5.29

Die Zahl b heißt **links-** bzw. **rechtsseitiger Grenzwert** der Funktion f an der Stelle $x = a$, wenn für jede beliebige gegen a konvergierende Folge $\{x_n\}$, deren Glieder kleiner (größer) als a sind, die Folge der zugehörigen Funktionswerte $\{f(x_n)\}$ gegen b konvergiert:

$$\lim_{x \to a-0} f(x) = b \qquad \text{linksseitiger Grenzwert,}$$

$$\lim_{x \to a+0} f(x) = b \qquad \text{rechtsseitiger Grenzwert.}$$

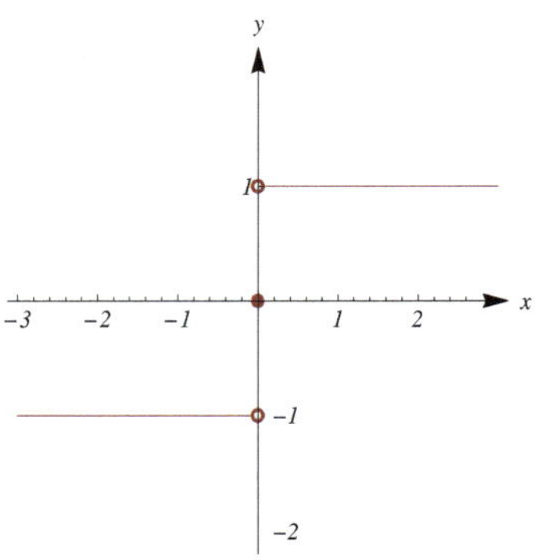

Bild 5.15 $f(x) = \operatorname{sgn} x$

Offenbar erfüllt die Funktion $f(x) = \operatorname{sgn} x$ aus **Beispiel 5.28** an der Stelle $x = 0$, an der sie *keinen* Grenzwert hat, doch die Kriterien der **Definition 5.29** für einen links- und rechtsseitigen Grenzwert mit

$$\lim_{x \to 0-0} \operatorname{sgn} x = -1 \qquad \text{und} \qquad \lim_{x \to 0+0} \operatorname{sgn} x = 1.$$

Aus der Existenz des Grenzwertes b einer Funktion f an der Stelle x_0 folgt dort die Existenz von links- und rechtsseitigem Grenzwert, beide sind dann gleich b. Andererseits zeigt **Beispiel 5.28**, dass die Umkehrung dieses Satzes nicht richtig ist, d. h., aus der Existenz von links-

und rechtsseitigem Grenzwert folgt noch nicht die Existenz des Grenzwertes nach **Definition 5.26**. Erst dann, wenn links- und rechtsseitiger Grenzwert übereinstimmen, existiert der Grenzwert $\lim\limits_{x \to a} f(x)$.

Definition 5.30

Die Zahl b heißt **Grenzwert der Funktion f für $x \to \infty$** bzw. **für $x \to -\infty$**, wenn für jede monoton steigende (fallende), nach oben (unten) unbeschränkte Folge $\{x_n\}$ die Folge der zugehörigen Funktionswerte $\{f(x_n)\}$ gegen b konvergiert:

$$\lim_{x \to \infty} f(x) = b \quad \text{bzw.} \quad \lim_{x \to -\infty} f(x) = b.$$

Definition 5.31

Eine Funktion f heißt **für $x \to \pm\infty$ divergent**, wenn nicht für jede monoton steigende (fallende), nach oben (unten) unbeschränkte Folge $\{x_n\}$ die Folge der zugehörigen Funktionswerte $\{f(x_n)\}$ gegen ein- und dieselbe reelle Zahl b konvergiert.

Beispiel 5.32 **Konvergenz und Divergenz**

1. Die Funktion $f(x) = 1/(1+x) + 2$ (siehe **Bild 5.16**) konvergiert für $x \to \infty$ gegen 2, denn für jede monoton steigende, nach oben unbeschränkte Folge $\{x_n\}$ ist die Folge $\{1/(1+x_n)\}$ eine Nullfolge (Beweis mit **Definition 5.18**), und aufgrund der Rechenregeln für Grenzwerte von Zahlenfolgen ist

   $$\lim_{x \to \infty} \frac{1}{1+x} + 2 = 2.$$

2. Die Funktion $f(x) = x^2 - 4$ (siehe **Bild 5.17**) ist für $x \to \infty$ divergent, denn z. B. für die monoton steigende, nach oben unbeschränkte Folge $\{x_n\} = \{n\}$ ist die Folge der zugehörigen Funktionswerte $\{n^2 - 4\}$ unbeschränkt und damit divergent (siehe Eigenschaften konvergenter Zahlenfolgen in **Abschnitt 5.3**).

   Da dies sogar für *jede* monoton steigende, nach oben unbeschränkte Folge $\{x_n\}$ der Fall ist, wird hier von **bestimmter Divergenz** gesprochen und dafür $\lim\limits_{x \to \infty} f(x) = \infty$ geschrieben.

3. Die Funktion $f(x) = \sin x$ (siehe **Bild 5.18**) ist für $x \to \infty$ divergent. Für die monoton steigende, nach oben unbeschränkte Folge $\{x_n\} = \pi n$ ist $\lim\limits_{n \to \infty} \sin(\pi n) = 0$, für die monoton steigende, nach oben unbeschränkte Folge $\{x_n\} = \pi/2 + 2\pi n$ hingegen gilt $\lim\limits_{n \to \infty} \sin(\pi/2 + 2\pi n) = 1$, für die monoton steigende, nach oben unbeschränkte Folge $\{x_n\} = -\pi/2 + 2\pi n$ hingegen gilt $\lim\limits_{n \to \infty} \sin(-\pi/2 + 2\pi n) = -1$ usw.

   Da für *jede* Zahl $b \in [-1, 1]$ die Folge der zugehörigen Funktionswerte der Zahlenfolge $\{x_n\} = \{\arcsin b + 2\pi n\}$ gegen b konvergiert ($\lim\limits_{n \to \infty} \sin x_n = b$), wird hierbei von **unbestimmter Divergenz** gesprochen.

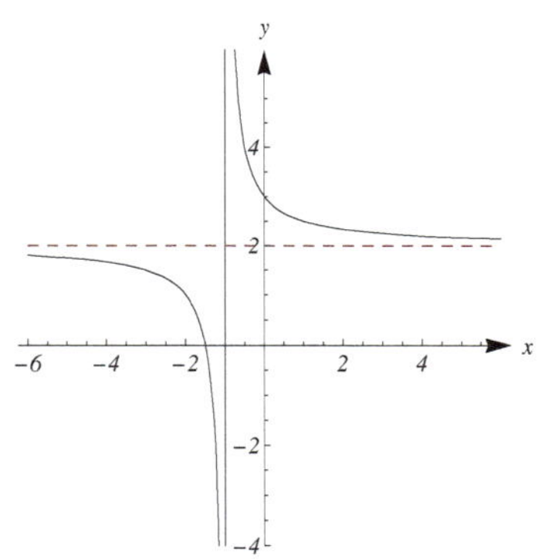

Bild 5.16 $f(x) = 1/(1+x) + 2$

Rechenregeln für Grenzwerte von Funktionen

Mit Grenzwerten von Funktionen wird wie mit Grenzwerten von Zahlenfolgen gerechnet. Die folgenden Grenzwertregeln gelten sowohl für Grenzwerte von Funktionen für $x \to \infty$ oder $x \to -\infty$ als auch für Grenzwerte von Funktionen an einer Stelle $x = x_0$, also für $x \to x_0$, $x_0 \in \mathbb{R}$.

Grenzwertregeln

Sei $\lim f(x) = a$ und $\lim g(x) = b$. Dann ist

$$\begin{aligned}
\lim(\alpha f(x) \pm \beta g(x)) &= \alpha a \pm \beta b, \quad \alpha, \beta \in \mathbb{R}, \\
\lim(f(x) \cdot g(x)) &= a \cdot b, \\
\lim \frac{f(x)}{g(x)} &= \frac{a}{b}, \qquad b \neq 0,\ g(x) \neq 0, \\
\lim f(x)^{g(x)} &= a^b, \qquad a \geq 0,\ f(x) > 0,\ ab \neq 0.
\end{aligned}$$

Anwendung der Grenzwertregeln

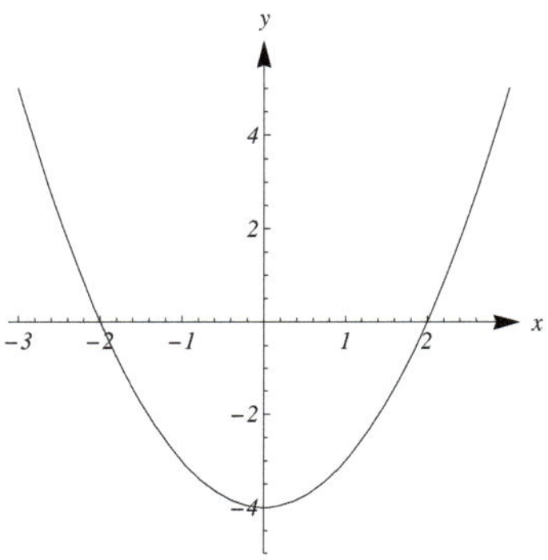

Bild 5.17 $f(x) = x^2 - 4$

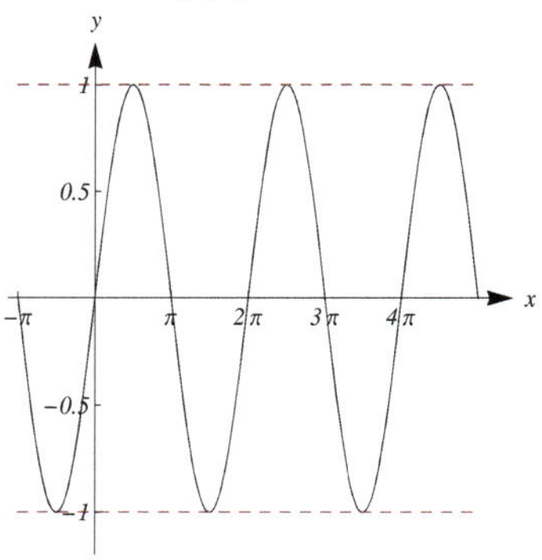

Bild 5.18 $f(x) = \sin x$

Beispiel 5.33

1. Mit den Grenzwertregeln für Summen und Quotienten gilt für $x \to \infty$
$$\lim_{x\to\infty} \frac{x^2+2}{5x^2+1} = \lim_{x\to\infty} \frac{1+2/x^2}{5+1/x^2} = \frac{1}{5},$$
da $\lim\limits_{x\to\infty} 2/x^2 = 0$ und $\lim\limits_{x\to\infty} 1/x^2 = 0$ ist.
2. Mit den Grenzwertregeln für Differenzen und Quotienten gilt für $x \to 0,\ x > 0$
$$\lim_{\substack{x\to 0\\ x>0}} \frac{x - \sqrt{x^3}}{x} = \lim_{\substack{x\to 0\\ x>0}} (1 - \sqrt{x}) = 1.$$
3. Nach Kürzen mit $x(x+3)$ und der Grenzwertregel für Differenzen gilt
$$\lim_{x\to -3} \frac{x^3 - 9x}{x^2 + 3x} = \lim_{x\to -3} (x - 3) = -6.$$
4. Für den folgenden Grenzwert ist nach der Grenzwertregel für Potenzen und geeignetem Kürzen mit $x - 4$ im Exponenten
$$\lim_{x\to 4} x^{\frac{x^2-16}{x-4}} = 4^8.$$

5.5 Stetigkeit

Ein Weg-Zeit-Gesetz, mit dem die Position eines Körpers zu einem bestimmten Zeitpunkt ausgerechnet werden kann, drückt die physikalische Vorstellung der Kontinuität der Bewegung aus: Nähert sich die Zeit diesem Zeitpunkt, so bewegt sich der Körper auf seiner Bahn dieser berechneten Position zu, unabhängig davon, in welchen Abständen die Annäherung an den Zeitpunkt erfolgt. Diese physikalische Anschauung wird allgemein auf Funktionen übertragen. Die Erwartung, dass sich bei Näherung mit einer Folge von Argumenten an eine bestimmte Stelle auch die Folge der entsprechenden Funktionswerte dem Funktionswert an dieser Stelle nähert, wird durch die Eigenschaft der Stetigkeit charakterisiert. Klassen stetiger Funktionen werden genannt, Unstetigkeitsstellen klassifiziert und Eigenschaften stetiger Funktionen angegeben.

Definition 5.34

Eine Funktion f heißt an der Stelle $x = x_0$ **stetig**, wenn

1. der Funktionswert $f(x_0)$ an der Stelle x_0 existiert,
2. der Grenzwert $\lim\limits_{x \to x_0} f(x)$ existiert,
3. der Grenzwert gleich dem Funktionswert ist: $\lim\limits_{x \to x_0} f(x) = f(x_0)$.

Wenn eine Funktion f an einer Stelle x_0 nicht stetig ist, so heißt x_0 **Unstetigkeitsstelle** der Funktion.

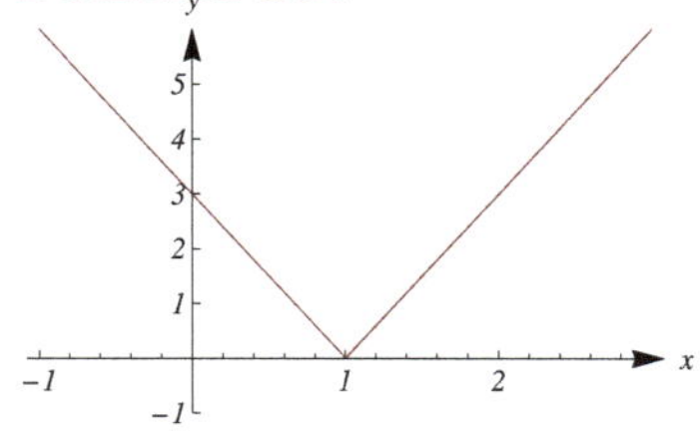

Bild 5.19 $f(x) = 3|x-1|$

Stetigkeit und Unstetigkeit

Beispiel 5.35

1. Die Funktion $f(x) = 3|x-1|$ (siehe **Bild 5.19**) ist an der Stelle $x = 1$ stetig, denn
   1. es existiert der Funktionswert $f(1) = 0$,
   2. es existiert der Grenzwert $\lim\limits_{x \to 1} f(x) = 0$,
   3. Grenzwert und Funktionswert an der Stelle $x = 1$ sind beide gleich 0.
2. Die Funktion $f(x) = \dfrac{x^3 - 9x}{x^2 + 3x}$ (siehe **Beispiel 5.33**) ist an der Stelle $x = -3$ *nicht* stetig, denn der Funktionswert dort existiert nicht (der Nenner des Bruches ist 0). Allerdings existiert dort der Grenzwert. Würde an der Stelle $x = -3$ der Funktionswert -6 festgelegt, so wäre die auf diese Weise definierte Funktion $\tilde{f}$ auch dort stetig (siehe **Bild 5.20**).

$$\tilde{f}(x) = \begin{cases} \dfrac{x^3 - 9x}{x^2 + 3x}, & x \neq -3, \\ -6, & x = -3 \end{cases}$$

3. Hingegen ist die Funktion

$$\bar{f}(x) = \begin{cases} \dfrac{x^3 - 9x}{x^2 + 3x}, & x \neq -3, \\ 0, & x = -3 \end{cases}$$

   an der Stelle $x = -3$ *nicht* stetig, da Grenzwert -6 und Funktionswert 0 dort nicht gleich sind (siehe **Bild 5.21**). Die Stelle $x = -3$ ist Unstetigkeitsstelle dieser Funktion.
4. Die Funktion $f(x) = \operatorname{sgn} x$ hat an der Stelle $x = 0$ keinen Grenzwert (siehe **Beispiel 5.28**) und ist daher dort nicht stetig. Die Stelle $x = 0$ ist Unstetigkeitsstelle dieser Funktion.
   An jeder anderen Stelle $x \neq 0$ hingegen ist diese Funktion stetig.

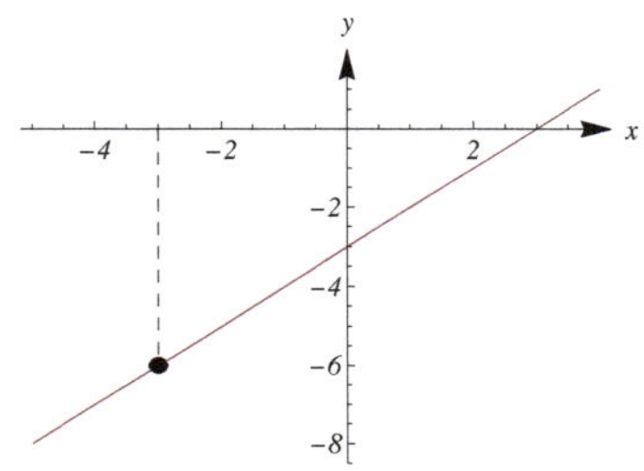

Bild 5.20 $\tilde{f}(x)$

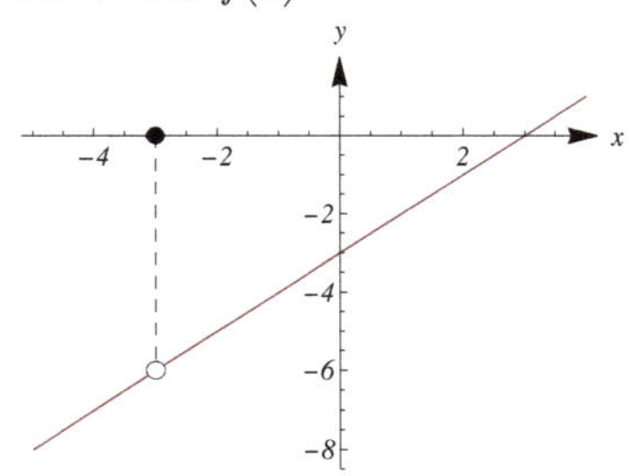

Bild 5.21 $\bar{f}(x)$

Definition 5.36

Eine Funktion f heißt an der Stelle $x = x_0$ **links-** bzw. **rechtsseitig stetig**, wenn

1. der Funktionswert $f(x_0)$ existiert,
2. der links- bzw. rechtsseitige Grenzwert existiert, d. h.

$$\lim_{x \to x_0 - 0} f(x) \quad \text{bzw.} \quad \lim_{x \to x_0 + 0} f(x),$$

3. der Grenzwert gleich dem Funktionswert ist, d. h., wenn gilt

$$\lim_{x \to x_0 - 0} f(x) = f(x_0) \quad \text{bzw.} \quad \lim_{x \to x_0 + 0} f(x) = f(x_0).$$

Einseitige Stetigkeit

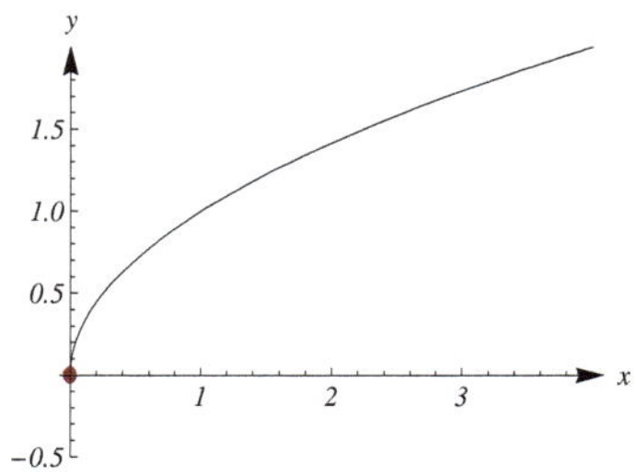

Bild 5.22 $f(x) = \sqrt{x}$

Beispiel 5.37

1. Die Funktion $f(x) = \sqrt{x}$ (siehe **Bild 5.22**) ist an der Stelle $x = 0$ rechtsseitig stetig, denn

   a) es existiert der Funktionswert $f(0) = \sqrt{0} = 0$,

   b) es existiert der rechtsseitige Grenzwert $\lim\limits_{x \to x_0 + 0} \sqrt{x} = 0$,

   c) Funktionswert und Grenzwert stimmen überein.

   Die Funktion $f(x) = \sqrt{x}$ ist an allen Stellen $x > 0$ stetig. An der Stelle $x = 0$ ist sie nicht stetig nach **Definition 5.34**, da der linksseitige Grenzwert $\lim\limits_{x \to x_0 - 0} \sqrt{x} = 0$ nicht existiert (die Funktion ist für $x < 0$ nicht erklärt).

2. Die Funktion $f(x) = x^2 - 2, \ -1 \leq x \leq 5$ (siehe **Bild 5.23**) ist an der Stelle $x = -1$ rechtsseitig stetig, denn es ist $f(-1) = \lim\limits_{x \to -1+0} (x^2 - 2) = -1$.

   Der linksseitige Grenzwert an dieser Stelle existiert nicht, da der Definitionsbereich von f linksseitig abgeschlossen ist.
   An der Stelle $x = 5$ ist f linksseitig stetig, denn es ist $f(5) = \lim\limits_{x \to 5-0} (x^2 - 2) = 23$.

   An allen anderen Stellen des Definitionsbereiches ist f beidseitig stetig und stetig nach **Definition 5.34**.

Definition 5.38

Eine Funktion f heißt

1. **auf dem offenen Intervall** (a, b) **stetig**, wenn f für jedes Argument $x \in (a, b)$ stetig ist.
2. **auf dem abgeschlossenen Intervall** $[a, b]$ **stetig**, wenn f auf (a, b) stetig und für a bzw. b rechts- bzw. linksseitig stetig ist.
3. **(global) stetig**, wenn f an jeder Stelle des Definitionsbereiches stetig ist.

Klassifikation von Unstetigkeitsstellen

Hebbare Unstetigkeit (Lücke)

Eine **hebbare Unstetigkeitsstelle** oder **Lücke** der Funktion f für $x = x_0$ liegt dann vor, wenn

1. f für $x = x_0$ nicht definiert ist, aber
2. links- und rechtsseitiger Grenzwert an dieser Stelle gleich sind:

   $$\lim_{x \to x_0 - 0} f(x) = \lim_{x \to x_0 + 0} f(x) = a.$$

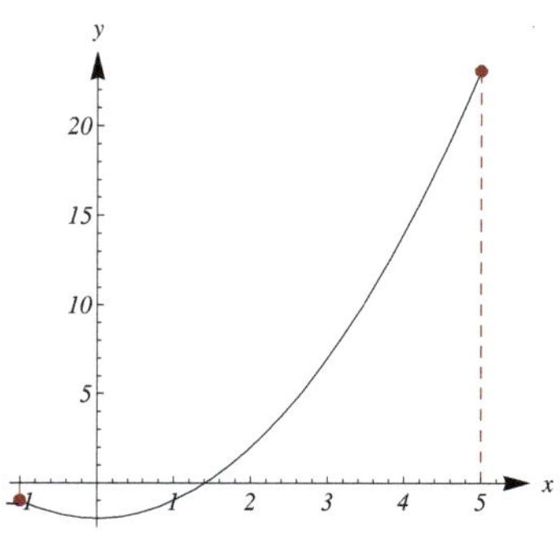

Bild 5.23 $f(x) = x^2 - 2, \ -1 \leq x \leq 5$

Die Funktion

$$\tilde{f}(x) = \begin{cases} f(x), & x \neq x_0 \\ a, & x = x_0, \end{cases}$$

die sich von f lediglich um die zusätzliche Definition an der Stelle $x = x_0$ unterscheidet, ist offenbar dort stetig nach **Definition 5.34**, d. h., die vorhandene Unstetigkeit wurde „behoben“.

Beispiel 5.39

Lücke

Die Funktion $f(x)=\dfrac{x^3-9x}{x^2+3x}$ aus **Beispiel 5.35** hat an der Stelle $x_0=-3$ eine Lücke.

Sprungstelle

Die Funktion hat an der Stelle $x=x_0$ eine **Sprungstelle**, wenn rechts- und linksseitiger Grenzwert an dieser Stelle existieren, aber verschieden sind:

$$\lim_{x\to x_0-0} f(x)=a,\quad \lim_{x\to x_0+0} f(x)=b,\qquad a\neq b,\ a,b\in\mathbb{R}.$$

Beispiel 5.40

Sprungstelle

Die Funktion $f(x)=\operatorname{sgn} x$ hat an der Stelle $x_0=0$ eine Sprungstelle, denn der linksseitige Grenzwert beträgt -1 und der rechtsseitige 1 (siehe **Beispiel 5.28, Beispiel 5.35**).

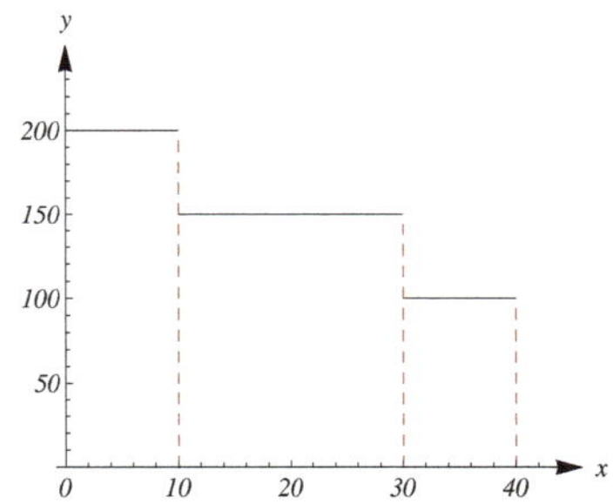

Bild 5.24 Eigenlastfunktion q

Beispiel 5.41

Die Eigenlastfunktion q [N/m] eines Balkens mit konstantem Querschnitt, der aus drei Teilstücken der Länge 10 dm mit der Masse 20 kg, 20 dm mit der Masse 30 kg und 10 dm mit der Masse 10 kg zusammengesetzt ist, hat zwei Sprünge an den Übergängen der Teilstücke (siehe **Bild 5.24**). Es ist

$$q(x)=\begin{cases}200, & 0\le x<10,\\ 150, & 10\le x<30,\\ 100, & 30\le x\le 40.\end{cases}\qquad [\text{N/m}]$$

Unendlichkeitsstelle

Gilt für eine Funktion $\lim\limits_{x\to x_0-0} f(x)=\pm\infty$ oder $\lim\limits_{x\to x_0+0} f(x)=\pm\infty$, d. h., ein- oder zweiseitige bestimmte Divergenz, so heißt die Stelle x_0 **Unendlichkeitsstelle**.

Beispiel 5.42

Die rationale Funktion $f(x)=1/x$ (siehe **Bild 5.25**) hat an der Stelle $x_0=0$ eine Unendlichkeitsstelle (Polstelle, siehe **Abschnitt 2.2.8**), denn dort verschwindet der Nenner, der Zähler ist gleich 1 und damit verschieden von null, und außerdem ist

$$\lim_{x\to x_0-0} 1/x=-\infty \text{ und } \lim_{x\to x_0+0} 1/x=\infty.$$

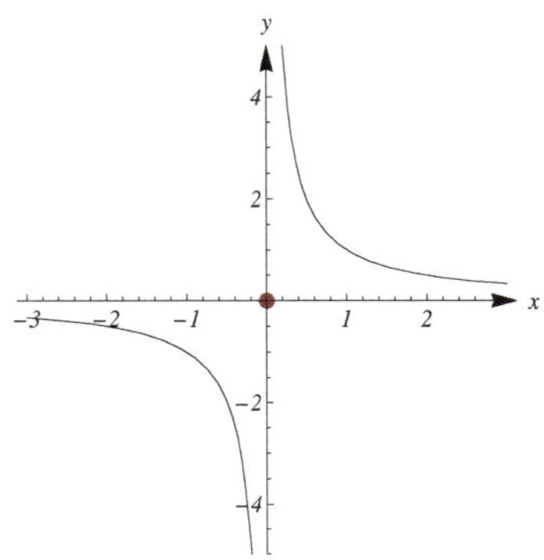

Bild 5.25 $f(x)=1/x$

Klassen stetiger Funktionen

1. Jede konstante Funktion $f(x)=c,\ c\in\mathbb{R}$ ist stetig.
2. Die Funktion $f(x)=x$ ist stetig.
3. Die Funktion $f(x)=a\,x$ ist stetig für beliebiges $a\in\mathbb{R}$.
4. Sind zwei Funktionen auf demselben Intervall stetig, so gilt dies auch für ihre Summe, ihre Differenz und ihr Produkt. Es gilt für

Karl Weierstraß (* 31. Oktober 1815 in Ostenfelde bei Enningerloh/Münster, † 19. Februar 1897 in Berlin)

deutscher Mathematiker, Professor für Mathematik an der Universität Berlin

Begründung und logisch korrekte Fundierung der Analysis, Entwicklung der Funktionentheorie auf der Basis der Potenzreihenentwicklungen, Beiträge zur Theorie der elliptischen Funktionen, Differenzialgeometrie, Variationsrechnung, auch: Studium von Rechtswissenschaften und Finanzwesen

hier: Satz von Weierstraß

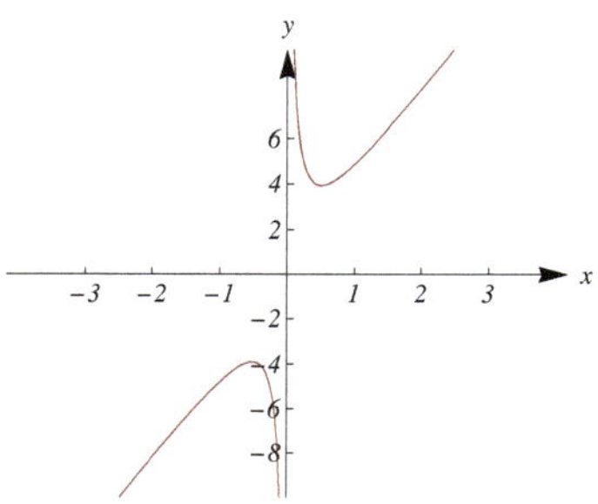

Bild 5.26 $f(x) = \sin x/x^2 + 4x$

den Quotienten, sofern die Nennerfunktion auf dem Intervall keine Nullstelle hat.

5. Daraus folgt, dass jedes Polynom vom Grade $n \in \mathbb{N}$

$$P_n(x) = a_n x^n + a_{n-1} x^{n-1} + \ldots + a_1 x + a_0$$

mit reellen Koeffizienten $a_n, a_{n-1}, \ldots, a_1, a_0$ eine stetige Funktion ist.

6. Die Exponentialfunktion $f(x) = \mathrm{e}^x$ ist stetig.

Die Logarithmusfunktion $f(x) = \ln x$ ist stetig (ihr Definitionsbereich ist $x \in (0, \infty)$).

Die trigonometrischen Funktionen $\sin x$ und $\cos x$ sind stetig.

Die trigonometrische Funktion $\tan x$ ist stetig. Ihr Definitionsbereich ist $x \in (-\pi/2 + k\pi, \pi/2 + k\pi), k = 0, \pm 1, \pm 2, \ldots$ An den Stellen $\pi/2 + k\pi$ hat die Funktion $\tan x$ Unendlichkeitsstellen.

Analog ist die Funktion $\cot x$ stetig. Ihr Definitionsbereich ist $x \in (k\pi, \pi + k\pi), k = 0, \pm 1, \pm 2, \ldots$ An den Stellen $\pi + k\pi$ hat die Funktion $\cot x$ Unendlichkeitsstellen.

Beispiel 5.43

Die Funktion $f(x) = x^2\,\mathrm{e}^x$ ist als Produkt des Polynoms x^2 und der Exponentialfunktion e^x eine stetige Funktion auf $\mathbb{R}$.

Die Funktion $f(x) = \sin x/x^2 + 4x$ (siehe **Bild 5.26**) ist auf $x \in \mathbb{R}\backslash\{0\}$ stetig. Sie hat an der Stelle $x = 0$ eine Unendlichkeitsstelle wegen $\lim\limits_{x \to 0-0} (\sin x/x^2 + 4x) = -\infty$ und $\lim\limits_{x \to 0+0} (\sin x/x^2 + 4x) = \infty$.

Eigenschaften stetiger Funktionen

Beschränktheit

Eine auf einem *abgeschlossenen* Intervall $[a, b]$ stetige reelle Funktion f ist dort beschränkt, d. h., es gibt Zahlen s, S mit

$$s \leq f(x) \leq S \quad \text{für alle} \quad x \in [a, b].$$

Bemerkung 5.44

Dieser Satz gilt nicht für offene Intervalle. So ist z. B. die Funktion $f(x) = \tan x$ auf $(-\pi/2, \pi/2)$ stetig, aber dort unbeschränkt.

Satz 5.45
Satz von Weierstraß

Eine auf einem *abgeschlossenen* Intervall $[a, b]$ stetige reelle Funktion f nimmt dort sowohl ihr Supremum als auch ihr Infimum an, d. h., es gibt Stellen $x_{\min}, x_{\max} \in [a, b]$ mit

$$f_{\min} = f(x_{\min}) = \inf_{x \in [a,b]} f(x) \quad \text{und} \quad f_{\max} = f(x_{\max}) = \inf_{x \in [a,b]} f(x).$$

Bemerkung 5.46

Dieser Satz gilt ebenfalls nicht für offene Intervalle. Die Funktion $f(x) = 1/x$ ist stetig auf dem halboffenen Intervall $[1, \infty)$. Es ist $\inf\limits_{x \in [1,\infty)} 1/x = 0$, aber auf $[1, \infty)$ existiert keine Stelle $x_{\min}$ derart, dass $f(x_{\min}) = 0$ wäre, da alle Funktionswerte positiv sind.

Satz 5.47
Satz von Bolzano

Eine auf einem *abgeschlossenen* Intervall $[a, b]$ stetige reelle Funktion f nimmt dort jeden Wert zwischen $f(a)$ und $f(b)$ an, d. h., für jedes y zwischen $f(a)$ und $f(b)$ gibt es ein $x_0 \in [a, b]$ mit $y = f(x_0)$.

Bemerkung 5.48

Ist die Funktion f *nicht stetig* auf dem Intervall $[a, b]$, so ist die Existenz einer solchen Stelle x_0 nicht garantiert. Die Funktion $f(x) = \operatorname{sgn} x$ ist z. B. auf dem Intervall $[-2, 2]$ nicht stetig, da an der Stelle $x = 0$ eine Unstetigkeitsstelle (Sprung) vorliegt. Weiter sind die Funktionswerte an den Intervallrändern $f(-2) = -1$ und $f(2) = 1$. Beispielsweise gibt es zum Wert $y = 0.5$ zwischen $f(-2)$ und $f(2)$ offenbar kein Argument x_0 auf dem Intervall $[-2, 2]$ derart, dass $f(x_0) = \operatorname{sgn} x_0 = 0.5$ wäre.

Bernardus Placidus Johann Nepomuk Bolzano (*5. Oktober 1781 in Prag, † 18. Dezember 1848 in Prag)

tschechischer Philosoph, Theologe und Mathematiker, Professor für Religionsphilosophie an der Karl-Universität Prag

Grundlagenforschung in der Analysis (Konstruktion einer überall stetigen, aber nirgends differenzierbaren Funktion), unendlich große und kleine Zahlen, Gegner des Philosophen Immanuel Kant

hier: Satz von Bolzano

Haben die Funktionswerte $f(a)$ und $f(b)$ an den Intervallrändern unterschiedliche Vorzeichen, so bedeutet der Satz von Bolzano, dass die auf dem Intervall $[a, b]$ stetige Funktion dort (mindestens) eine Nullstelle x_0 hat (siehe **Bild 5.27**). Da die Funktionswerte an den Intervallrändern unterschiedliche Vorzeichen haben, ist $y = 0$ auf jeden Fall ein Wert *zwischen* $f(a)$ und $f(b)$, und folglich existiert eine Stelle x_0 auf dem Intervall $[a, b]$ so, dass $f(x_0) = 0$ ist. Da x_0 mit keinem der Intervallränder zusammenfallen kann, liegt die Nullstelle x_0 sogar im Intervallinneren.

5.6 Anwendungen an Beispielen

5.6.1 Noch einmal Zinsen

Ausgangssituation

Ein zukünftiger Bauherr möchte Geld für einen Hausbau ansparen und vereinbart mit der Bank für sein dort angelegtes Kapital K_0 einen jährlichen Zinssatz i. Dabei zahlt die Bank die Zinsen am Ende des jeweiligen Jahres und rechnet sie dem vorhandenen Kapital zu, sodass sie mitverzinst werden. Der Bauherr ist interessiert zu wissen, wie groß sein Kapital K_n nach n Jahren ist.

Lösungsweg

Das Kapital K_j nach dem j-ten Jahr errechnet sich als Summe aus dem im Vorjahr vorhandenen Kapital K_{j-1} und den von der Bank darauf gezahlten Zinsen in Höhe von iK_{j-1}:

$$K_j = K_{j-1} + iK_{j-1} = K_{j-1}(1 + i), \; j = 1, 2, \ldots$$

Durch sukzessives Einsetzen ergibt sich

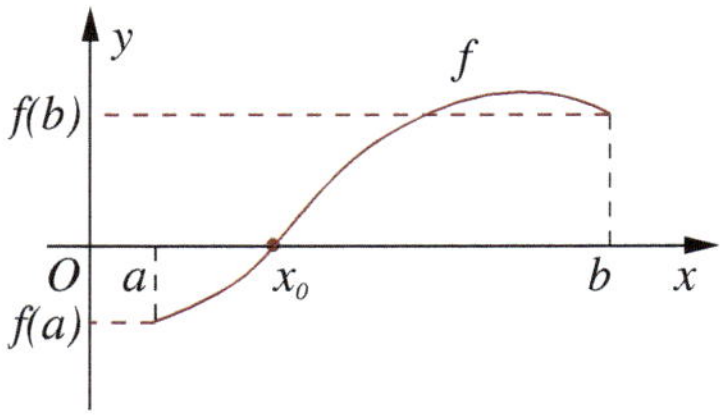

Bild 5.27 Nullstelle x_0 einer auf $[a, b]$ stetigen Funktion

$$
\begin{aligned}
K_1 &= K_0(1+i), \\
K_2 &= K_1(1+i) \quad = K_0(1+i)^2, \\
K_3 &= K_2(1+i) \quad = K_0(1+i)^3, \ \ldots, \\
K_n &= K_{n-1}(1+i) = K_0(1+i)^n.
\end{aligned}
$$

$\{K_n\}$ stellt eine Folge dar, deren allgemeines Glied das nach n Jahren angesparte Kapital ist. So hat der Bauherr bei einer Ansparsumme von $K_0 = 100\,000$ € nach $n = 10$ Jahren bei einem jährlichen Zinssatz $i = 5\%$ die stattliche Summe von $162\,889{,}46$ € auf seinem Konto!

Der Bauherr, der sein Kapital der Bank ständig zur Verfügung stellt, verlangt jetzt, dass die Zinsen monatlich gezahlt und dem Kapital zugerechnet werden, sodass ihre Verzinsung früher als bisher erfolgt. Der monatlich Zinssatz beträgt $i/12$. Wird das nach n Jahren, d. h., $12n$ Monaten, vorhandene Kapital mit analogen Überlegungen wie oben berechnet, so ergibt sich jetzt

Ergebnis

$$K_n = K_0\left(1+\frac{i}{12}\right)^{12n}.$$

Der Bauherr hätte bei monatlicher Verzinsung $164\,700{,}95$ € auf seinem Konto, also $1\,811{,}49$ € mehr als bei jährlicher Verzinsung. Das bringt den Bauherrn auf die Idee, den Zeitraum der Verzinsung erneut zu verkürzen. Wird das Jahr in m gleiche Zeitabschnitte unterteilt, so ist der Zinssatz dafür i/m, und das Kapital nach n Jahren, d. h., mn Zeitabschnitten, beträgt

$$K_n = K_0\left(1+\frac{i}{m}\right)^{mn}. \tag{5.5}$$

Werden die Zeitabschnitte der Verzinsung verkürzt, so entspricht das der Untersuchung des Grenzwertes in Gleichung (5.5) für $m \to \infty$. Mit dem Grenzwert $\mathrm{e} = \lim\limits_{n\to\infty}(1+1/n)^n$ (siehe **Abschnitt 5.3)** folgt

$$\lim_{m\to\infty}\left(1+\frac{i}{m}\right)^m = \left(\lim_{m/i\to\infty}\left(1+\frac{1}{m/i}\right)^{m/i}\right)^i = \mathrm{e}^i$$

und damit

$$K_n = K_0 \lim_{m\to\infty}\left(1+\frac{i}{m}\right)^{mn} = K_0\left(\lim_{m\to\infty}\left(1+\frac{i}{m}\right)^m\right)^n = K_0\,\mathrm{e}^{in}$$

als Kapital nach n Jahren bei so genannter *stetiger Verzinsung*. Der Bauherr hätte demnach $164\,872{,}13$ € auf seinem Konto!

5.6.2 Stabilität eines Ziegelstapels und Zahlenfolgen

Ausgangssituation

Es sollen n gleich große, übereinander gestapelte Ziegel der Länge l nach einer Seite hin soweit wie möglich verschoben werden, ohne dass der Stapel umkippt (siehe **Bild 5.28**). Die maximale Verschiebung v_n des obersten Ziegels gegenüber dem n-ten ist anzugeben. Was lässt sich über die Folge der Verschiebungen für $n \to \infty$ aussagen, und welche Konsequenz hat das für das Bauen von Mauerwerken?

Lösungsweg

Ein Koordinatensystem wird so gelegt, dass eine Ecke des ersten Ziegels im Koordinatenursprung liegt und die x-Achse in Richtung seiner Längskante weist. Seine Verschiebung gegenüber dem Koordinatenursprung in x - Richtung ist $a_1 = 0$. Die Verschiebung des zweiten gegenüber dem ersten Ziegel sei mit a_2, die des dritten gegenüber dem zweiten mit a_3 usw., die des $(n-1)$-ten gegenüber dem n-ten mit a_n bezeichnet, sodass für die Gesamtverschiebung v_n gilt

$$v_n = \sum_{i=1}^{n} a_i. \tag{5.6}$$

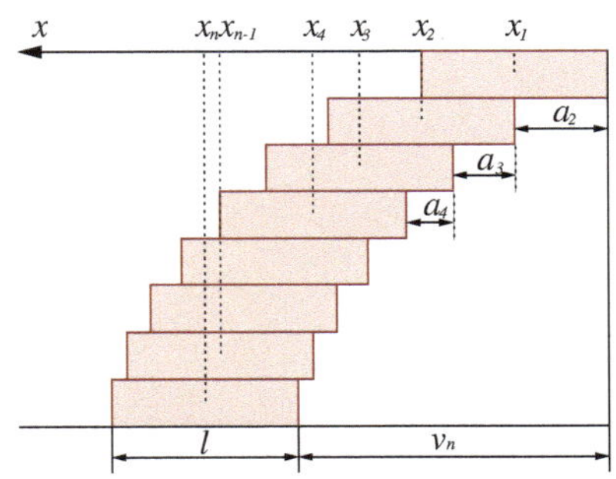

Bild 5.28 Stapel mit Ziegeln

Die Bedingungen dafür, dass der Stapel aus Ziegeln nicht umkippt, lauten folgendermaßen:

1. Die x-Koordinate $s_1 = x_1$ des Schwerpunktes des ersten Ziegels muss „über" dem zweiten Ziegel liegen, d. h., im Intervall $[a_2, l + a_2]$.
2. Die x-Koordinate s_2 des Schwerpunktes des aus dem ersten und zweiten Ziegel gebildeten Aufbaus muss „über" dem dritten Ziegel liegen, d. h., im Intervall $[a_2 + a_3, l + a_2 + a_3]$ usw.

Das bedeutet: Die x-Koordinate s_{k-1} des Schwerpunktes des aus dem ersten bis $(k-1)$-ten Ziegel gebildeten Aufbaus muss „über" dem k-ten Ziegel liegen, d. h., er muss die Ungleichung

$$\sum_{i=2}^{k} a_i \leq s_{k-1} \leq l + \sum_{i=2}^{k} a_i \tag{5.7}$$

erfüllen, $k = 2, 3, ..., n$. Mithilfe der Bedingungen (5.7) soll es gelingen, die maximal möglichen Verschiebungen $a_i, i = 2, ..., n$, zu ermitteln.

Für die x-Koordinate x_i des Schwerpunktes des i-ten Ziegels gilt

$$x_i = \frac{l}{2} + \sum_{j=1}^{i} a_j, \; i = 2, .., n. \tag{5.8}$$

Dann berechnet sich die x-Koordinate s_{k-1} des Schwerpunktes des aus dem ersten bis $(k-1)$-ten Ziegel gebildeten Aufbaus als arithmetisches Mittel der x-Koordinaten x_i der Schwerpunkte dieser Ziegel:

$$s_{k-1} = \frac{1}{k-1} \sum_{i=1}^{k-1} x_i. \tag{5.9}$$

Mit Gleichung (5.8) folgt daraus unter Beachtung von $a_1 = 0$

$$\begin{aligned} s_{k-1} &= \frac{1}{k-1}\sum_{i=1}^{k-1}\left(\frac{l}{2}+\sum_{j=1}^{i} a_j\right) \\ &= \frac{l}{2}+\frac{1}{k-1}\left(a_2+(a_2+a_3)+\ldots+(a_2+a_3+\ldots+a_{k-1})\right) \\ &= \frac{l}{2}+\frac{1}{k-1}\left((k-2)a_2+(k-3)a_3+\ldots+(k-1)a_{k-1}\right). \end{aligned}$$

Wird s_{k-1} aus (5.9) in die Forderung (5.7) eingesetzt, so ergibt sich

- für $k = 2$ $\quad a_2 \le \frac{l}{2} \le l + a_2.$

  Aus der linken Ungleichung folgt $a_2 \le l/2$, die rechte Ungleichung ist offenbar automatisch erfüllt. Die maximal mögliche Verschiebung ist daher $a_2 = l/2$.

- für $k = 3$ $\quad a_2 + a_3 \le \frac{l}{2} + \frac{1}{2}a_2 \le l + a_2 + a_3.$

  Aus der linken Ungleichung folgt

  $a_3 \le \frac{l}{2} + \frac{1}{2}a_2 - a_2$

  und mit $a_2 = l/2$ schließlich $a_3 \le l/4$. Die rechte Ungleichung ist wieder automatisch erfüllt. Die maximal mögliche Verschiebung ist daher $a_3 = l/4$.

- für $k = 4$ $\quad a_2 + a_3 + a_4 \le \frac{l}{2} + \frac{1}{3}(2a_2 + a_3) \le l + a_2 + a_3 + a_4.$

  Aus der linken Ungleichung folgt

  $a_4 \le \frac{l}{2} + \frac{1}{3}(-a_2 - 2a_3)$

  und mit $a_2 = l/2$, $a_3 = l/4$ schließlich $a_4 \le l/6$. Die rechte Ungleichung ist wieder automatisch erfüllt. Die maximal mögliche Verschiebung ist daher $a_4 = l/6$.

Diese drei Beispiele legen die Vermutung nahe, dass allgemein

$$a_i = \frac{l}{2}\frac{1}{i-1} \tag{5.10}$$

die maximal mögliche Verschiebung des i-ten Ziegels bezüglich des vorherigen ist, $i = 2, \ldots, n$. Angenommen, diese Behauptung ist richtig für Ziegel bis zu einer beliebigen Nummer $k-1$. Es wird gezeigt, dass dann auch die maximale Verschiebung des k-ten Ziegels gemäß Gleichung (5.10) zu ermitteln ist.

Wird die in (5.9) berechnete x-Koordinate s_{k-1} des Schwerpunktes in die linke Ungleichung der Forderung (5.7) eingesetzt, so ergibt sich

$$a_2 + a_3 + \ldots + a_k \le \frac{l}{2} + \frac{1}{k-1}\left((k-2)a_2 + (k-3)a_3 + \ldots + (k-1)a_{k-1}\right)$$

und daraus mit Verwendung der Voraussetzung über die Gültigkeit von (5.10) für $i = 2, ..., k-1$

$$\begin{aligned} a_k &\leq \frac{l}{2} + \frac{1}{k-1}\left(-a_2 - 2a_3 - ... - (k-2)a_{k-1}\right) \\ &= \frac{l}{2} + \frac{1}{k-1}\frac{l}{2}\left(-1 - \frac{2}{2} - \frac{3}{3} - ... - \frac{k-2}{k-2}\right) \\ &= \frac{l}{2}\left(1 - \frac{k-2}{k-1}\right) = \frac{l}{2}\frac{1}{k-1}. \end{aligned}$$

Damit ist die Vermutung (5.10) richtig für $i = 1, ..., n$.

Ergebnis

Die gesuchte maximale Verschiebung v_n des obersten Ziegels gegenüber dem n-ten ergibt sich damit aus Gleichung (5.6) zu

$$v_n = \frac{l}{2}\sum_{i=2}^{n}\frac{1}{i-1} = \frac{l}{2}\left(1 + \frac{1}{2} + \frac{1}{3} + ... + \frac{1}{n-1}\right).$$

Wird diese Summen mit $l = 1$ z. B. für $n = 10$ Ziegel berechnet, so ist $v_{10} \approx 1.41$. Für $n = 50$ Ziegel ist $v_{50} \approx 2.24$, für $n = 100$ Ziegel $v_{100} \approx 2.58$, für $n = 1000$ Ziegel $v_{1000} \approx 3.74$. Für die Folge v_n der Verschiebungen, die **harmonische Reihe** heißt, gilt

$$\lim_{n\to\infty} v_n \to \infty,$$

allerdings divergiert diese Reihe recht langsam, wie die Zahlenbeispiele zeigen. Dieses Resultat bedeutet, dass mit den genannten maximalen Verschiebungen und einer hinreichend großen Anzahl von Ziegeln theoretisch beliebig große stabile Spannweiten erzeugt werden können!

Bemerkung 5.49

Die rechte Ungleichung (5.7) ist mit der in (5.9) berechneten x-Koordinate s_{k-1} des Schwerpunktes automatisch erfüllt, denn es ist

$$\begin{aligned} s_{k-1} &= \frac{l}{2} + \frac{1}{k-1}\left((k-2)a_2 + (k-3)a_3 + ... + a_{k-1}\right) \\ &\leq l + a_2 + a_3 + ... + a_k \\ &= s_{k-1} + \frac{l}{2} + \frac{1}{k-1}a_2 + \frac{2}{k-1}a_3 + ... + \frac{k-2}{k-1}a_{k-1} + a_k. \end{aligned}$$

6 Differenzialrechnung für Funktionen einer Veränderlichen

Bezeichnungen

Der Differenzenquotient einer Funktion $f(x)$ an der Stelle $x = x_0$ wird mit $\frac{\Delta y}{\Delta x} = \frac{f(x) - f(x_0)}{x - x_0}$ bezeichnet.

Ableitungen einer Funktion f werden mit $f', f'', f''', ..., f^{(n)}, ...$ bezeichnet.

Die erste bzw. zweite Ableitung nach der Zeit oder dem Parameter t werden auch mit $\dot{f}, \ddot{f}$ bezeichnet.

Das Differenzial einer Funktion f wird mit $\mathrm{d}f$ bezeichnet.

Die Differenzialrechnung hat das Charakterisieren des Verhaltens von Funktionen in „unendlich" kleinen Intervallen zum Gegenstand. Solange endliche Intervalle vorliegen, kann z. B. das Wachstum der Funktionswerte auf diesem Intervall näherungsweise durch das Verhältnis der Differenz der Funktionswerte zur Intervalllänge zum Ausdruck gebracht werden. Im Grenzübergang zu unendlich kleinen Intervallen ergibt sich die Ableitung als Maß für das Wachstum der Funktion, die graphisch die Steigung der Tangente bedeutet. Ableitungsregeln für differenzierbare Funktionen werden genannt. Höhere Ableitungen werden mithilfe des Ableitungsbegriffes erklärt. Das Differenzial einer Funktion ist eine Näherung für den Funktionszuwachs und kann mithilfe der Ableitung an der entsprechenden Stelle berechnet werden. Die Fehlerrechnung ist davon eine direkte Anwendung. Mit der Regel von l'Hospital werden bestimmte Grenzwerte von Funktionen mithilfe ihrer Ableitungen ermittelt. Das Feststellen von Monotonie- und Krümmungsintervallen differenzierbarer Funktionen sowie lokaler bzw. globaler Extremwerte ist ebenfalls eine Anwendung der Differenzialrechnung. Der Mittelwertsatz der Differenzialrechnung beinhaltet eine zentrale Eigenschaft differenzierbarer Funktionen. Taylor-Polynome, deren Koeffizienten mit Ableitungen berechnet werden, dienen der Funktionsapproxmation. Beispiele der Statik und des Straßenbaus verdeutlichen die Anwendung der Differenzialrechnung.

6.1 Einführung

Der Begriff der Ableitung entstand geometrisch aus dem Tangentenproblem, das in diesem Abschnitt erläutert wird. Die Ableitung als Grenzwert des Differenzenquotienten hat als graphische Interpretation die Steigung der Tangente. Nicht jede Funktion ist überall differenzierbar. Der Zusammenhang von Stetigkeit und Differenzierbarkeit wird erklärt.

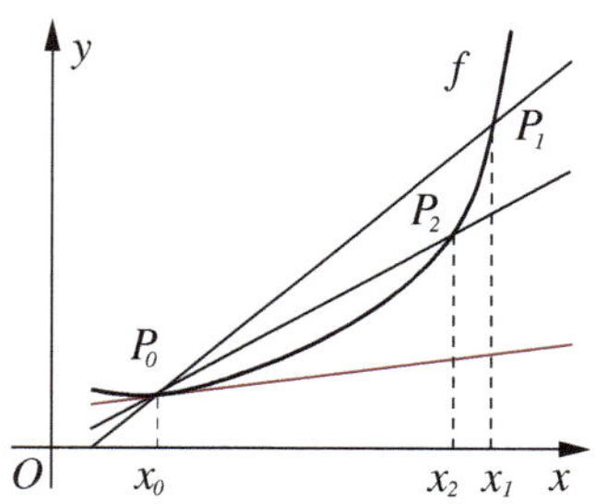

Bild 6.1 Tangente und Sekanten durch den Punkt P_0

Betrachtet wird der Graph einer stetigen Funktion f, wobei die Steigung der Tangente in einem beliebigen Punkt der Kurve $P_0(x_0, f(x_0))$ bestimmt werden soll. Ist $P_1(x_1, f(x_1))$ ein weiterer Punkt der Kurve, so ist der Quotient $\frac{f(x_1) - f(x_0)}{x_1 - x_0}$ die Steigung der Gerade (Sekante) P_0P_1. Für einen Punkt $P_2(x_2, f(x_2))$, dessen Abszisse x_2 „näher" an x_0 liegt als x_1, ist $\frac{f(x_2) - f(x_0)}{x_2 - x_0}$ die Steigung der Gerade P_0P_2 usw., und desto mehr „nähert" sich die entsprechende Gerade durch den Punkt P_0 der Tangente im Punkt P_0 (siehe **Bild 6.1**).

Definition 6.1

Der **Differenzenquotient** einer Funktion $y = f(x)$ an der Stelle $x = x_0$ ist der Quotient

$$\frac{f(x) - f(x_0)}{x - x_0}, \quad x \neq x_0$$

bzw. mit den Bezeichnungen $\Delta x = x - x_0$, $\Delta y = f(x_0 + \Delta x) - f(x_0)$

$$\frac{\Delta y}{\Delta x} = \frac{f(x_0 + \Delta x) - f(x_0)}{\Delta x}, \quad \Delta x \neq 0, \; x_0 + \Delta x \in D_f.$$

Bemerkung 6.2

Der Differenzenquotient hängt sowohl von der Wahl der Stelle x_0 als auch von der Größe Δx, der Entfernung von der Stelle x_0, ab.

Definition 6.3

Die Funktion $y = f(x)$ heißt **differenzierbar** an der Stelle $x = x_0$, wenn x_0 ein innerer Punkt des Definitionsbereiches ist und der Grenzwert

$$f'(x_0) = \lim_{\Delta x \to 0} \frac{\Delta y}{\Delta x} = \lim_{\Delta x \to 0} \frac{f(x_0 + \Delta x) - f(x_0)}{\Delta x} = \lim_{x \to x_0} \frac{f(x) - f(x_0)}{x - x_0}$$

existiert. Der Grenzwert $f'(x_0)$ heißt **Ableitung** der Funktion f an der Stelle $x = x_0$. Die Zahl $m = f'(x_0)$ heißt **Steigung** des Graphen der Funktion f im Punkt $P_0(x_0, f(x_0))$.

Die Gleichung der Tangente an den Graph der Funktion f im Punkt $P(x_0, f(x_0))$ lautet damit

$$y_t(x) = f(x_0) + f'(x_0)(x - x_0). \tag{6.1}$$

Beispiel 6.4

Ableitung an einer Stelle

Ermittelt werden soll die Ableitung der Funktion $f(x) = \sqrt{x}$ an der Stelle $x_0 = 1$. Mit der **Definition 6.3** ergibt sich

$$f'(x_0) = \lim_{x \to x_0} \frac{f(x) - f(x_0)}{x - x_0} = \lim_{x \to 1} \frac{\sqrt{x} - \sqrt{1}}{x - 1}$$
$$= \lim_{x \to 1} \frac{\sqrt{x} - 1}{(\sqrt{x} - 1)(\sqrt{x} + 1)} = \lim_{x \to 1} \frac{1}{\sqrt{x} + 1} = \frac{1}{2}.$$

Die Gleichung der Tangente an den Graph von $f(x) = \sqrt{x}$ lautet nach (6.1) $y_t(x) = 0.5x + 0.5$ (siehe **Bild 6.2**).

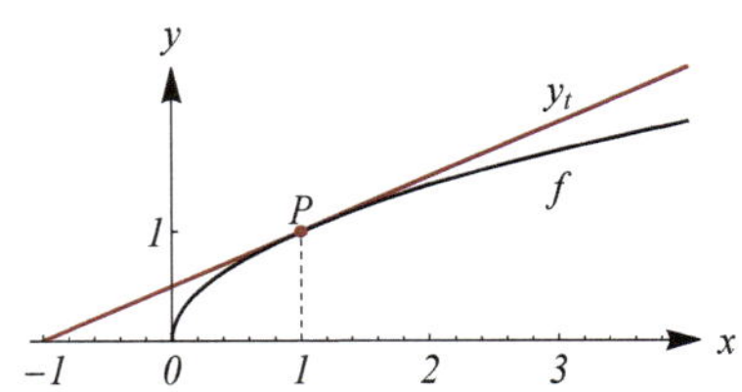

Bild 6.2 Tangente $y_t(x) = 0.5x + 0.5$ im Punkt $P(1, 1)$ an $f(x) = \sqrt{x}$

Bemerkung 6.5

Die Tangente an den Graph der Funktion f im Punkt $P(x_0, f(x_0))$ kann den Graph von f schneiden.

Beispiel 6.6

Schnittpunkte der Tangente mit dem Funktionsgraph

Die Tangente an den Graph der Funktion $f(x) = x^3$ hat im Punkt $P(1, 1)$ die Gleichung $y_t(x) = 3x - 2$. Um mögliche gemeinsame Punkte der Kurve und der

Tangente zu ermitteln, ist die Gleichung $x^3 = 3x - 2$ zu lösen, von der eine Lösung $x = 1$ bereits bekannt ist, weil der Punkt $P(1, 1)$ sowohl Punkt der Kurve als auch Punkt der Tangente ist. Die Lösungen der nach Abdividieren dieser Nullstelle verbleibenden quadratischen Gleichung sind -2 und 1. Damit ist $S(-2, -8)$ Schnittpunkt von Kurve und Tangente im Punkt $(1, 1)$ an die Kurve (siehe **Bild 6.5**).

Definition 6.7

Die Funktion f heißt an der Stelle $x = x_0$ **links-** bzw. **rechtsseitig differenzierbar**, wenn folgender einseitiger Grenzwert existiert:

$$\lim_{x \to x_0 - 0} \frac{f(x) - f(x_0)}{x - x_0} \quad \text{bzw.} \quad \lim_{x \to x_0 + 0} \frac{f(x) - f(x_0)}{x - x_0}.$$

Einseitige Differenzierbarkeit

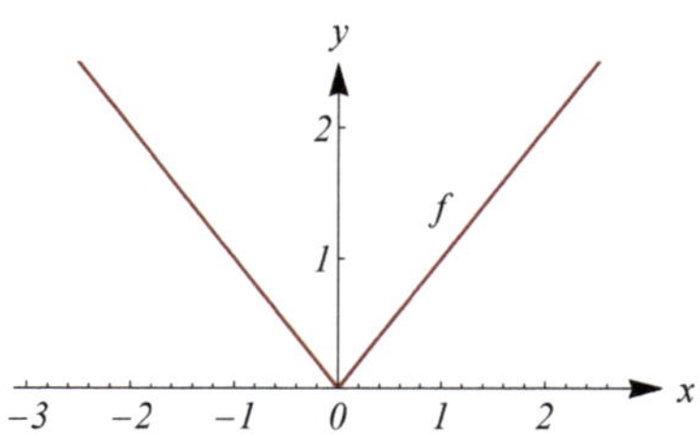

Bild 6.3 $f(x) = |x|$

Beispiel 6.8

Betrachtet wird die Funktion

$$f(x) = |x| = \begin{cases} x, & x \geq 0 \\ -x, & x < 0 \end{cases}$$

an der Stelle $x_0 = 0$ (siehe **Bild 6.3**). Für den linksseitigen Grenzwert des Differenzenquotienten gilt

$$\lim_{x \to 0-0} \frac{f(x) - 0}{x - 0} = \lim_{x \to 0-0} \frac{-x}{x} = -1$$

und für den rechtsseitigen Grenzwert des Differenzenquotienten

$$\lim_{x \to 0+0} \frac{f(x) - 0}{x - 0} = \lim_{x \to 0+0} \frac{x}{x} = 1.$$

Da diese beiden einseitigen Grenzwerte zwar existieren, aber voneinander verschieden sind, konvergiert der Differenzenquotient an der Stelle $x_0 = 0$ nicht. Die Funktion $f(x) = |x|$ ist daher an der Stelle $x_0 = 0$ nicht differenzierbar, sondern lediglich links- bzw. rechtsseitig differenzierbar.

Querkraft- und Momentenlinie

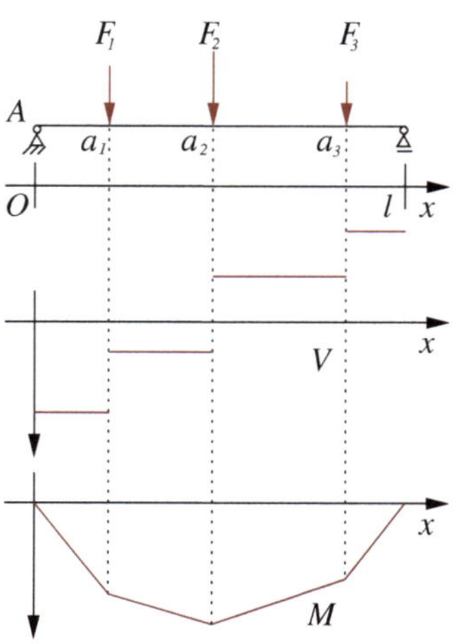

Bild 6.4 Querkraft- und Momentenverlauf beim Balken

Beispiel 6.9

Wird ein gelenkig gelagerter Balken der Länge l mit Einzelkräften F_1, F_2, F_3 an den Stellen $x = a_1$, $x = a_2$, $x = a_3$ vom linken Auflager A, $x_A = 0$ aus belastet, so ist der Querkraftverlauf $V(x)$ stückweise konstant und der Biegemomentenverlauf $M(x)$ stückweise linear und stetig (siehe **Bild 6.4**). Die Funktion V existiert an den Stellen $x = a_1$, $x = a_2$, $x = a_3$ nicht und ist daher dort weder stetig noch differenzierbar. Die Funktion M ist an diesen Stellen nach **Definition 6.7** links- und rechtsseitig differenzierbar, nicht jedoch differenzierbar nach **Definition 6.3**. An allen anderen Stellen $0 < x < l$ sind diese Funktionen differenzierbar.
Für Querkraft- und Biegemomentenverlauf gilt

$$V(x) = \begin{cases} F_A, & x \in [0, a_1), \\ F_A - F_1, & x \in (a_1, a_2), \\ F_A - F_1 - F_2, & x \in (a_2, a_3), \\ F_A - F_1 - F_2 - F_3, & x \in (a_3, l], \end{cases}$$

$$M(x) = \begin{cases} F_A x, & x \in [0, a_1), \\ (F_A - F_1)x + F_1 a_1, & x \in [a_1, a_2), \\ (F_A - F_1 - F_2)x + F_1 a_1 + F_2 a_2, & x \in [a_2, a_3), \\ (F_A - F_1 - F_2 - F_3)x + F_1 a_1 + F_2 a_2 + F_3 a_3, & x \in [a_3, l], \end{cases}$$

$$F_A = \frac{1}{l}\left(F_1(l - a_1) + F_2(l - a_2) + F_3(l - a_3)\right).$$

Es gelten folgende Eigenschaften:

1. Eine Funktion f ist an einer Stelle $x = x_0$ genau dann differenzierbar, wenn sie dort links- und rechtsseitig differenzierbar ist und die einseitigen Ableitungen übereinstimmen.

2. Wenn eine Funktion f an einer Stelle $x = x_0$ differenzierbar ist, so ist sie dort stetig.

3. Wenn eine Funktion f an einer Stelle $x = x_0$ stetig ist, so muss sie dort nicht differenzierbar sein (siehe **Beispiel 6.8**).

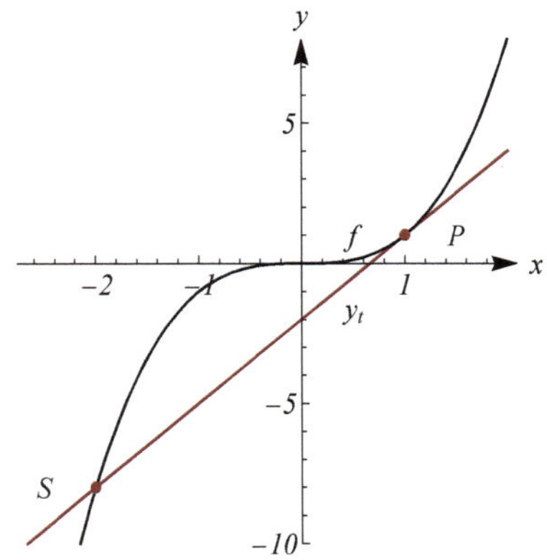

Bild 6.5 Tangente y_t im Punkt P schneidet Graph von f im Punkt S

6.2 Ableitungsregeln

Die Verallgemeinerung der Bestimmung der Ableitungen mit dem Differenzenquotienten nach **Definition 6.3** führt zu den Ableitungsregeln. Faktor-, Summen-, Produkt-, Quotienten- und Kettenregel werden angegeben. Regeln für die Ableitung der Umkehrfunktion und das logarithmische Ableiten werden angegeben und begründet. Regeln für das Ableiten spezieller Funktionen werden in einer Ableitungstabelle zusammengefasst. Die Ableitungsregeln werden an Beispielen angewendet.

Für die reellen Funktionen f, g, h gilt im jeweiligen Definitionsbereich:

1. Für $f(x) = c$ ist $f'(x) = 0, \; c \in \mathbb{R}$. — **Ableitung der Konstanten**
2. Für $f(x) = x^\alpha$ ist $f'(x) = \alpha x^{\alpha-1}, \alpha \in \mathbb{R}$. — **Potenzregel**
3. Für $g(x) = c \cdot f(x)$ ist $g'(x) = c \cdot f'(x), \; c \in \mathbb{R}$. — **Faktorregel**
4. Für $h(x) = f(x) + g(x)$ ist $h'(x) = f'(x) + g'(x)$. — **Summenregel**
5. Für $h(x) = f(x) \cdot g(x)$ ist $h'(x) = f'(x)g(x) + g'(x)f(x)$. — **Produktregel**
6. Für $h(x) = \dfrac{f(x)}{g(x)}$ ist $h'(x) = \dfrac{f'(x)g(x) - g'(x)f(x)}{g^2(x)}$. — **Quotientenregel**
7. Für $h(x) = g(f(x))$ ist $h'(x) = g'(f(x)) \cdot f'(x)$. — **Kettenregel**
8. Sei $y = f(x)$ eine differenzierbare Funktion und $f^{-1}(y)$ ihre Umkehrfunktion. Ihre Ableitung ist $(f^{-1}(y))' = 1/f'(x)$. — **Ableitung der Umkehrfunktion**
9. Für $f(x) = g(x)^{h(x)}$ ist $f'(x) = f(x)\left(h'(x)\ln g(x) + h(x)\dfrac{g'(x)}{g(x)}\right)$. — **Logarithmisches Ableiten**

Die Herleitungen für die Quotientenregel, die Ableitung der Umkehrfunktion und das logarithmische Ableiten sind nachstehend beispielhaft angegeben.

Beweise:

Quotientenregel

1. Der Differenzenquotient der Funktion h an der Stelle x ist nach **Definition 6.1**

$$\begin{aligned}\frac{h(x+\Delta x)-h(x)}{\Delta x} &= \frac{1}{\Delta x}\left(\frac{f(x+\Delta x)}{g(x+\Delta x)}-\frac{f(x)}{g(x)}\right)\\ &= \frac{1}{\Delta x}\,\frac{f(x+\Delta x)g(x)-g(x+\Delta x)f(x)}{g(x+\Delta x)g(x)}\\ &= \frac{1}{g(x+\Delta x)g(x)}\,\frac{f(x+\Delta x)g(x)-f(x)g(x)+f(x)g(x)-g(x+\Delta x)f(x)}{\Delta x}\\ &= \frac{1}{g(x+\Delta x)g(x)}\left(g(x)\frac{f(x+\Delta x)-f(x)}{\Delta x}-f(x)\frac{g(x+\Delta x)-g(x)}{\Delta x}\right).\end{aligned}$$

Die rechte Seite enthält jetzt die Differenzenquotienten der Funktionen f und g an der Stelle x. Mit dem Grenzübergang für $\Delta x \to 0$ ergibt sich die Quotientenregel

$$h'(x) = \frac{f'(x)g(x)-g'(x)f(x)}{g^2(x)}.$$ ■

Ableitung der Umkehrfunktion

2. Wird die Funktionsgleichung $y = f(x)$ nach x umgestellt, so folgt

$$f^{-1}(y) = x$$

und nach Ableiten nach x unter Beachtung der Kettenregel (y hängt von x ab)

$$(f^{-1}(y))' \cdot y' = 1,$$

woraus sich die Ableitungsregel für die Umkehrfunktion ergibt. ■

Logarithmisches Ableiten

3. Das logarithmische Ableiten wird benötigt, wenn die Funktion f eine Potenz ist, deren Basis und Exponent jeweils Funktionen sind:

$$f(x) = g(x)^{h(x)}.$$

Logarithmieren und Ableiten nach x mit der Produktregel ergibt

$$\ln f(x) = h(x)\ln g(x), \qquad \text{bzw.} \qquad \frac{f'(x)}{f(x)} = h'(x)\ln g(x) + h(x)\frac{g'(x)}{g(x)}$$

und nach Multiplikation mit $f(x)$

$$f'(x) = f(x)\left(h'(x)\ln g(x) + h(x)\frac{g'(x)}{g(x)}\right).$$ ■

Ableitungsregeln für trigonometrische und Exponentialfunktionen

Weitere Ableitungsregeln für trigonometrische Funktionen und für Exponentialfunktionen sowie deren Umkehrfunktionen enthält die folgende **Tabelle 6.1**.

Tabelle 6.1 Tabelle der Ableitungen

$f(x)$	$f'(x)$	$f(x)$	$f'(x)$
e^x	e^x	a^x	$a^x \ln a, \quad a > 0$
$\ln x$	$\frac{1}{x}, \quad x > 0$	$\log_a x$	$\frac{1}{\ln a}\frac{1}{x}, \quad a > 0, x > 0$
$\sin x$	$\cos x$	$\cos x$	$-\sin x$
$\tan x$	$\frac{1}{\cos^2 x} = 1 + \tan^2 x, \; x \neq \frac{\pi}{2} + k\pi$	$\cot x$	$-\frac{1}{\sin^2 x} = -(1 + \cot^2 x), \; x \neq k\pi$
$\arcsin x$	$\frac{1}{\sqrt{1-x^2}}, \quad \lvert x\rvert < 1$	$\arccos x$	$-\frac{1}{\sqrt{1-x^2}}, \quad \lvert x\rvert < 1$
$\arctan x$	$\frac{1}{1+x^2}$	$\operatorname{arccot} x$	$-\frac{1}{1+x^2}$

Beispiel 6.10

Anwendung der Ableitungsregeln

1. Für die Funktion $f(x) = x$ ist nach der *Ableitung der Potenz* $f'(x) = 1$.
2. Für die Funktion $f(x) = x^3$ ist nach der *Ableitung der Potenz* $f'(x) = 3x^2$.
   Für die Funktion $f(x) = \sqrt{x}$ ist nach der *Ableitung der Potenz* $f'(x) = 1/(2\sqrt{x})$, $x > 0$.
3. Für die Funktion $f(x) = 4 \cdot x^{-2}$ ist nach der *Faktorregel* $f'(x) = 4 \cdot (x^{-2})' = 4 \cdot (-2) \cdot x^{-3} = -8x^{-3}$, $x > 0$.
4. Für die Funktion $h(x) = x^2 + \dfrac{1}{x^2}$ ist nach der *Summenregel*
   $$h'(x) = (x^2)' + \left(\frac{1}{x^2}\right)' = 2x - 2x^{-3} = 2x - \frac{2}{x^3}, \quad x \neq 0.$$
5. Für die Funktion $h(x) = (x^2 - 3)(x^7 - 2x)$ ist nach der *Produktregel* $h'(x) = (x^2-3)'(x^7-2x)+(x^2-3)(x^7-2x)' = 2x(x^7-2x)+(x^2-3)(7x^6-2)$.
6. Für die Funktion $h(x) = \dfrac{x}{x+1}$ ist nach der *Quotientenregel*
   $$h'(x) = \frac{x'(x+1) - x(x+1)'}{(x+1)^2} = \frac{x+1-x}{(x+1)^2} = \frac{1}{(x+1)^2}, \quad x \neq -1.$$
   Für die Funktion $h(x) = \dfrac{\sqrt{x}}{x^2-1}$ ist nach der *Quotientenregel*
   $$h'(x) = \frac{(\sqrt{x})'(x^2-1) - \sqrt{x}(x^2-1)'}{(x^2-1)^2} = \frac{\frac{1}{2\sqrt{x}}(x^2-1) - 2x\sqrt{x}}{(x^2-1)^2}$$
   $$= -\frac{3x^2+1}{2\sqrt{x}(x^2-1)^2}, \quad x > 0, \ x \neq 1.$$
7. Für die Funktion $h(x) = \sqrt{x^2+1}$ ist die äußere Funktion $g(y) = \sqrt{y}$ und die innere Funktion $f(x) = x^2 + 1$. Daher ergibt sich mit der *Kettenregel*
   $$h'(x) = \frac{1}{2\sqrt{x^2+1}} \cdot 2x = \frac{x}{\sqrt{x^2+1}}.$$
8. Für die *Ableitung der Umkehrfunktion* von $y = x^2$ ergibt sich für $x > 0$ aus $x = \sqrt{y}$ durch Differenzieren nach x die Gleichung $1 = (\sqrt{y})' \cdot y' = (\sqrt{y})' \cdot 2x$ und nach Ersetzen von $x = \sqrt{y}$
   $$(\sqrt{y})' = \frac{1}{2\sqrt{y}}, \quad y > 0.$$
9. Für die *Ableitung der Umkehrfunktion* von $y = \sin x$ ergibt sich aus $x = \arcsin y$ durch Differenzieren nach x die Gleichung $1 = (\arcsin y)'y' = (\arcsin y)' \cos x$ und nach Ersetzen von $\cos x = \sqrt{1 - \sin^2 x} = \sqrt{1 - y^2}$
   $$(\arcsin y)' = \frac{1}{\cos x} = \frac{1}{\sqrt{1-y^2}}, \quad |y| < 1.$$
10. *Logarithmischen Ableiten* der Funktion $f(x) = x^x$, $x > 0$, ergibt zunächst durch Logarithmieren $\ln f(x) = x \cdot \ln x$ und nach Differenzieren
   $$\frac{f'(x)}{f(x)} = \ln x + 1 \quad \text{bzw} \quad f'(x) = f(x)(\ln x + 1) = x^x(\ln x + 1), \quad x > 0.$$

Eine Anwendung der Ableitungen ist im folgenden Beispiel gezeigt.

Beispiel 6.11

Glatter Straßenverlauf

Ein Straßenverlauf hat im Intervall $[0, 1]$ die Gestalt des Graphen der Funktion $y_1(x) = x^3$ und im Intervall $[2, 3]$ die Gestalt des Graphen der Funktion $y_2(x) = 0.1(x-3)^2 + 1.1$. Im Intervall $[1, 2]$ soll die Straße so ergänzt werden, dass

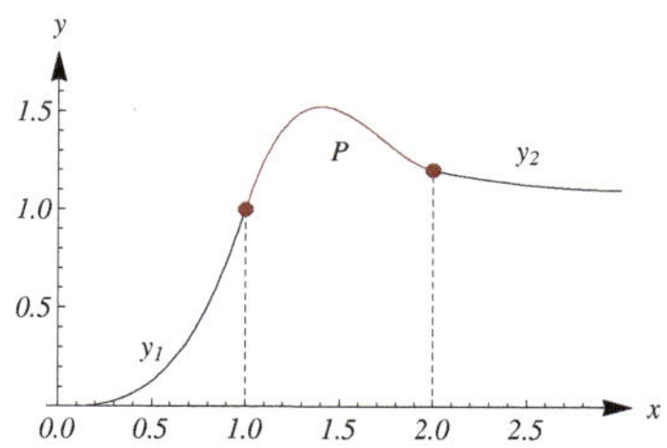

Bild 6.6 Straßenverlauf P zwischen den Graphen von y_1 und y_2

sie stetig und ohne Knicke an die vorhandenen Verläufe angeschlossen wird. Gesucht ist das Polynom geringsten Grades, dessen Graph diese Bedingungen erfüllt.

Das gesuchte Polynom wird mit P bezeichnet. Die Bedingung, dass P „stetig" an y_1 bzw. y_2 anschließen soll, bedeutet, dass der Funktionswert von P an der Stelle 1 mit dem Funktionswert von y_1 und an der Stelle 2 mit dem Funktionswert von y_2 übereinstimmt:

$$P(1) = y_1(1) = 1 \quad \text{und} \quad P(2) = y_2(2) = 1.2.$$

Die Bedingung, dass P „ohne Knicke" an y_1 bzw. y_2 anschließen soll, bedeutet Differenzierbarkeit an den Stellen 1 und 2, also

$$P'(1) = y_1'(1) = 3 \quad \text{und} \quad P'(2) = y_2'(2) = -0.2.$$

Das sind vier Bedingungen an das gesuchte Polynom P. Der Ansatz eines Polynoms dritten Grades

$$P(x) = ax^3 + bx^2 + cx + d$$

liefert mit diesen Bedingungen das lineare Gleichungssystem bezüglich der Koeffizienten a, b, c, d in folgender Gestalt:

$$\begin{array}{lclclclclcl} P(1) & = & 1 & = & a & + & b & + & c & + & d \\ P'(1) & = & 3 & = & 3a & + & 2b & + & c & & \\ P(2) & = & 1.2 & = & 8a & + & 4b & + & 2c & + & d \\ P'(2) & = & -0.2 & = & 12a & + & 4b & + & c & & \end{array}$$

Es hat die Lösung $a = 2.4$, $b = -12.4$, $c = 20.6$, $d = -9.6$. Das gesuchte Polynom lautet $P(x) = 2.4x^3 - 12.4x^2 + 20.6x - 9.6$ (siehe **Bild 6.6**).

6.3 Höhere Ableitungen

Höhere Ableitungen entstehen durch das mehrfache Ableiten der ersten Ableitung einer Funktion. Mitunter können für die höheren Ableitungen von Funktionen explizite Terme angegeben werden. In der Statik werden höhere Ableitungen z. B. beim Zusammenhang von Belastungsfunktion, Querkraft, Biegemoment, Verdrehung und Verformung eines Balkens angetroffen.

Die Ableitung $f'(x)$ einer differenzierbaren Funktion $y = f(x)$ ist ebenfalls eine Funktion des Argumentes x. Wenn diese differenzierbar ist, so kann von ihr die Ableitung gebildet werden:

$$f''(x) = \left(f'(x)\right)'.$$

Die Funktion $f''(x)$ wird **zweite Ableitung** der Funktion $f(x)$ genannt. Andere Bezeichnungen der zweiten Ableitung sind

$$f''(x) = y'' = \frac{\mathrm{d}^2 y}{\mathrm{d}x^2}.$$

Analog ergibt sich die **dritte Ableitung** $f'''(x)$ als Ableitung der zweiten Ableitung, die **vierte Ableitung** $f^{IV}(x)$ als Ableitung der dritten Ableitung usw.

Beispiel 6.12

Gegeben ist die Funktion (Polynom dritten Grades)

$$f(x) = x^3 - 3x^2 + 3x + 12, \ x \in \mathbb{R}.$$

Ihre Ableitungen ergeben sich mit den Ableitungsregeln:

$$\begin{aligned} f'(x) &= 3x^2 - 6x + 3, \\ f''(x) &= 6x - 6 \\ f'''(x) &= 6, \\ f^{IV}(x) &= 0, \\ f^{V}(x) &= 0, \\ &\ldots. \end{aligned}$$

$f(x)$ ist unendlich oft differenzierbar, und ab der vierten Ableitung sind alle weiteren Ableitungen gleich null.

Offensichtlich gilt für Polynome P_n vom Grade n, dass sie unendlich oft differenzierbar sind und dass ihre Ableitungen ab der $(n+1)$-ten gleich null sind.

Beispiel 6.13

Die Funktion $f(x) = \ln x,\ x \in \mathbb{R},\ x > 0$ ist ebenfalls unendlich oft differenzierbar. Ihre Ableitungen sind:

$$\begin{aligned} f'(x) &= x^{-1}, \\ f''(x) &= (-1)\, x^{-2}, \\ f'''(x) &= 2\, x^{-3}, \\ f^{IV}(x) &= (-6)\, x^{-4}, \\ &\ldots \\ f^{(n)}(x) &= (-1)^{n-1}(n-1)!\, x^{-n}. \end{aligned}$$

Hier sind die höheren Ableitungen nicht identisch null wie in **Beispiel 6.12**. Für die n-te Ableitung konnte ein expliziter Term angegeben werden.

Beispiel 6.14

Für die Biegelinie w eines Balkens mit konstanter Biegesteifigkeit EI, seine Verdrehung φ, die Momentenlinie M, die Querkraftlinie V und die Elementlast q gelten bei kleinen Durchbiegungen die Gleichungen

$$w''(x) = -\frac{M(x)}{EI}, \ M'(x) = V(x), \ V'(x) = -q(x), \ w'(x) = \varphi(x).$$

Ist z. B. die Biegelinie eines beidseits gelenkig gelagerten Balkens der Länge l als $w(x) = q_0 \left(l^3 x - 2lx^3 + x^4\right)/(24EI)$ bekannt, so ergibt sich mit diesen Beziehungen durch sukzessives Ableiten (siehe **Bild 6.7 - 6.11**)

$$\begin{array}{llll} \text{die Verdrehung} & \varphi(x) = w'(x) & = q_0 \left(l^3 - 6lx^2 + 4x^3\right)/(24EI), \\ \text{die Momentenlinie} & M(x) = -EIw''(x) & = -0.5q_0 \left(-lx + x^2\right), \\ \text{die Querkraftlinie} & V(x) = -EIw'''(x) & = -0.5q_0\,(-l + 2x), \\ \text{die Elementlast} & q(x) = EIw^{IV}(x) & = q_0. \end{array}$$

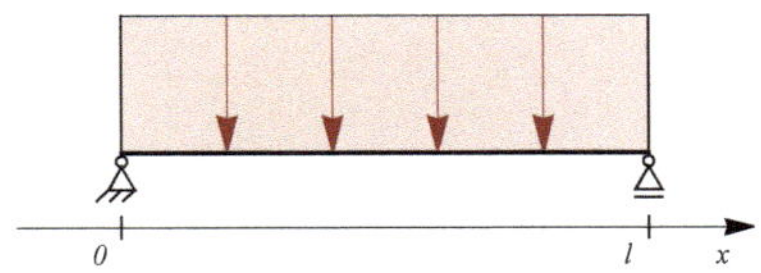

Bild 6.7 Elementlast $q(x) = q_0$

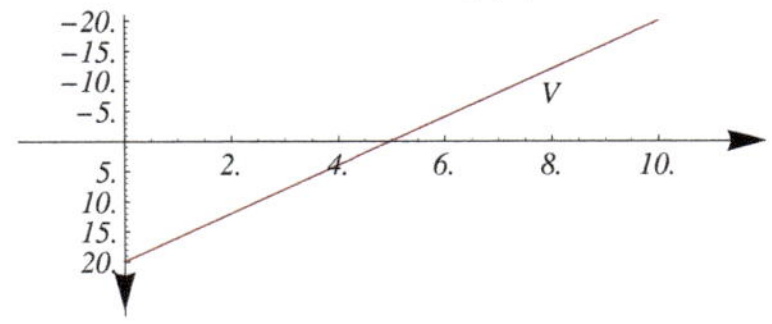

Bild 6.8 Querkraft V

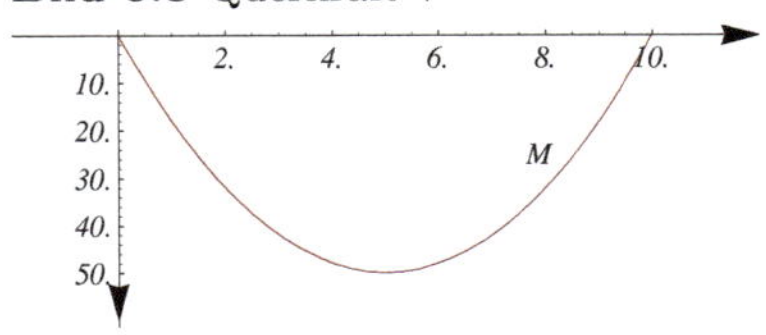

Bild 6.9 Biegemoment M

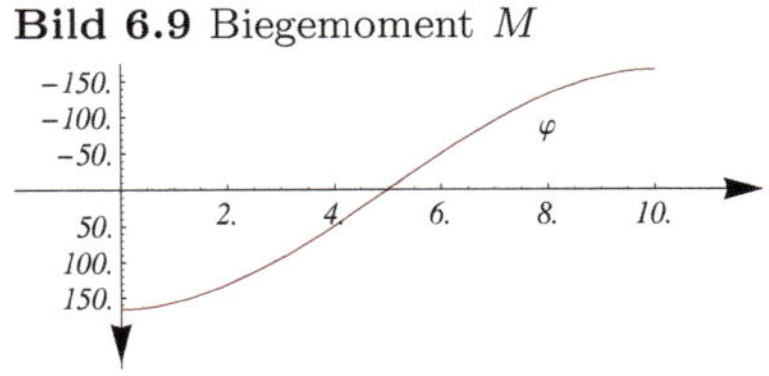

Bild 6.10 Verdrehung φ

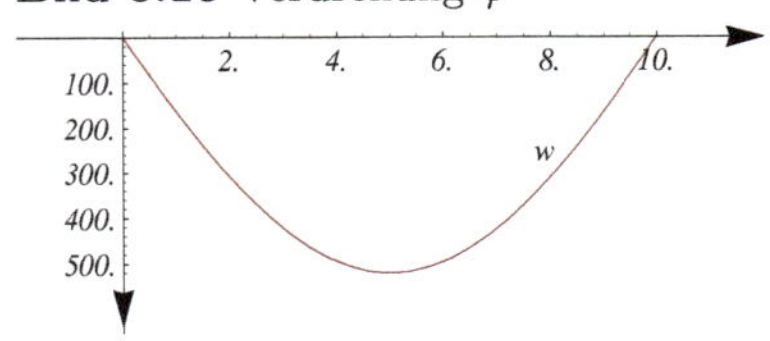

Bild 6.11 Biegelinie w

$l = 10,\ EI = 1,\ q_0 = 4$

6.4 Das Differenzial und Fehlerrechnung

Das Differenzial einer Funktion dient der näherungsweisen Berechnung von Funktionswerten in der Umgebung einer bestimmten Stelle unter der Voraussetzung, dass an dieser Stelle Funktionswert und Ableitung bekannt sind. Es findet bei der Berechnung von absolutem und relativem Fehler bei der Funktionswertbestimmung infolge ungenauer Messung Anwendung.

Differenzial

Mithilfe des Differenzials einer Funktion f lässt sich ausgehend vom Funktionswert $f(x_0)$ an der Stelle $x = x_0$ eine Näherung für den Funktionswert $f(x_0+\Delta x)$ bzw. eine Näherung für die Differenz dieser Funktionswerte $\Delta y = f(x_0 + \Delta x) - f(x_0)$ berechnen.

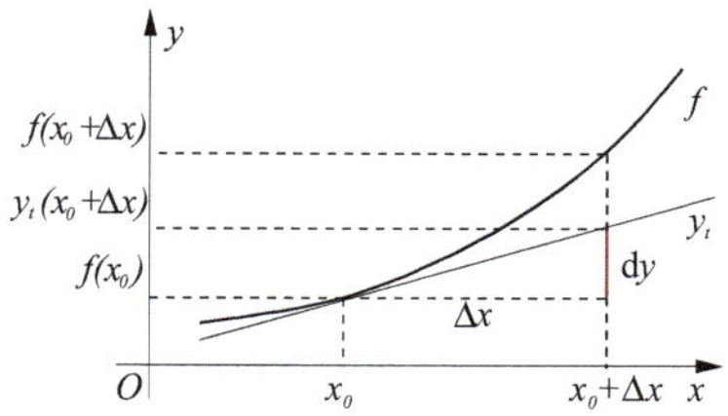

Bild 6.12 Differenzial von f an der Stelle x_0

Dazu wird der Funktionsverlauf $f(x)$ im Intervall $[x_0, x_0 + \Delta x]$ durch die Tangente im Punkt $P(x_0, f(x_0))$ mit der Gleichung

$$y_t(x) = f(x_0) + f'(x_0)(x - x_0)$$

angenähert (siehe **Bild 6.12**). An der Stelle $x_0 + \Delta x$ ergibt sich daraus der genäherte Funktionswert

$$y_t(x_0 + \Delta x) = f(x_0) + f'(x_0)\Delta x. \tag{6.2}$$

Definition 6.15

Das **Differenzial** $\mathrm{d}y$ einer an der Stelle $x = x_0$ differenzierbaren Funktion $y = f(x)$ ist gegeben durch die Gleichung

$$\mathrm{d}y = f'(x_0)\Delta x. \tag{6.3}$$

Lineare Näherung

Der Funktionswert $f(x_0 + \Delta x)$ wird nach (6.2) genähert durch

$$f(x_0 + \Delta x) \approx f(x_0) + \mathrm{d}y = f(x_0) + f'(x_0)\Delta x, \tag{6.4}$$

was als **lineare Näherung** bezeichnet wird.

Die „Güte" dieser Näherung lässt sich bewerten durch den

absoluten Fehler $|\mathrm{d}y - \Delta y|$ bzw. den

relativen Fehler $\dfrac{|\mathrm{d}y - \Delta y|}{|\mathrm{d}y|}$

des exakten Funktionswertzuwachses $\Delta y = f(x_0 + \Delta x) - f(x_0)$. In der Praxis ist jedoch oft $f(x_0+\Delta x)$ nicht genau bekannt, sodass eine solche Bewertung nicht durchgeführt werden kann.

Näherung eines Funktionswertes

Beispiel 6.16

Die Zahl $\ln 1.2$ ist in linearer Näherung anzugeben. Welcher absolute bzw. relative Fehler entsteht dabei?

Die Funktion $f(x) = \ln x$ hat an der Stelle $x_0 = 1$ den Funktionswert $f(x_0) = \ln 1 = 0$. Mit der linearen Näherung (6.4) ergibt sich für $\Delta x = 0.2$ mit dem Differenzial $\mathrm{d}y = (\ln x_0)'\Delta x$ und der Ableitung $(\ln x_0)' = 1/x_0 = 1$

$$\ln(1 + 0.2) \approx \ln 1 + 1 \cdot 0.2 = 0.2.$$

Der „exakte" Funktionswert, der hier gleichzeitig der exakte Funktionswertzuwachs Δy ist, beträgt $\ln 1.2 \approx 0.1823216$.
Der absolute Fehler bei der Berechnung des Funktionswertzuwachses beträgt $|\mathrm{d}y - \Delta y| \approx |0.1823216 - 0.2| \approx 0.0176784$.
Der relative Fehler bei der Berechnung des Funktionswertzuwachses beträgt $|\mathrm{d}y - \Delta y|/|\mathrm{d}y| \approx 0.0176784/0.2 \approx 0.0883922 \approx 8.8\%$.

Fehlerrechnung

Differenzial und lineare Näherung bei der Funktionswertberechnung finden Anwendung in der Fehlerrechnung. Dabei wird anstelle des wahren Wertes x der Näherungswert x_0 mit dem Messfehler Δx gemessen. Gefragt ist die Angabe des maximal möglichen absoluten und relativen Fehlers bei der Berechnung des Funktionswertes $f(x)$.

Absoluter Fehler

Der absolute Fehler bei der Funktionswertberechnung ergibt sich als Differenz von genauem Funktionswert $f(x)$ und genähertem Funktionswert $f(x_0)$. Dabei ist aufgrund des Messfehlers $x \in [x_0 - \Delta x, x_0 + \Delta x]$. Mit Gleichung (6.4) ergibt sich

$$|f(x) - f(x_0)| \approx |f'(x_0)(x - x_0)| \leq |f'(x_0)||\Delta x| = |\mathrm{d}y|. \qquad (6.5)$$

Relativer Fehler

Der relative Fehler ist der Quotient aus absolutem Fehler und genauem Funktionswert. Mit (6.5) ergibt sich

$$\left|\frac{f(x) - f(x_0)}{f(x_0)}\right| \approx \left|\frac{f'(x_0)(x - x_0)}{f(x_0)}\right| \leq \frac{|f'(x_0)\Delta x|}{|f(x_0)|} = \frac{|\mathrm{d}y|}{|f(x_0)|}. \qquad (6.6)$$

Beispiel 6.17

Fehler bei einer Dreiecksfläche

Ermittelt wird der Flächeninhalt eines Dreieckes $\triangle ABC$, wobei die Seiten b und c gegeben sind und der von ihnen eingeschlossene Winkel α gemessen wurde: $\alpha = 45^\circ \pm 0.1^\circ$ (siehe **Bild 6.13**). Welcher maximale relative Fehler ist bei der Berechnung des Flächeninhaltes möglich?

Die Gleichung zur Ermittlung des Flächeninhaltes lautet $A(\alpha) = 0.5\, bc \sin\alpha$, und das Differenzial an der Stelle α mit dem Argumentezuwachs $\Delta\alpha$ ist nach (6.3)
$\mathrm{d}A = 0.5\, bc\, \cos\alpha\, \Delta\alpha$.
Der maximale relative Fehler ergibt sich nach (6.6) näherungsweise zu

$$\frac{|\mathrm{d}A|}{|A|} = \frac{|\cos\alpha\, \Delta\alpha|}{|\sin\alpha|} = |\cot\alpha||\Delta\alpha| = 1 \cdot \frac{\pi}{180} \cdot 0.1 \approx 0.00174 = 0.17\%.$$

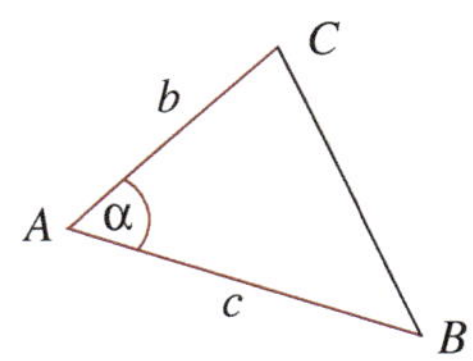

Bild 6.13 Dreieck $\triangle ABC$

6.5 Die Regel von l'Hospital

Mithilfe der Regel von **l'Hospital** ist die Berechnung von Grenzwerten bei so genannten unbestimmten Ausdrücken, bei denen die Rechenregeln (siehe **Abschnitt 5.3**) versagen, möglich. Insbesondere versagt die Quotientenregel, wenn die Nennerfunktion gegen null konvergiert.

Satz 6.18

Regel von l'Hospital

Für die Funktion $h(x) = \dfrac{f(x)}{g(x)}$ mit folgenden Voraussetzungen:

1. Die Funktionen f und g sind in einer Umgebung einer Stelle $x = x_0$ differenzierbar.
2. Es gilt $\lim\limits_{x \to x_0} f(x) = \lim\limits_{x \to x_0} g(x) = 0$, d. h., Zähler- und Nennerfunktion konvergieren *gleichzeitig* gegen null.

3. Es ist $g(x) \neq 0$ in einer Umgebung von x_0 (mit Ausnahme von x_0).

4. Es existiert der Grenzwert $\lim\limits_{x \to x_0} \dfrac{f'(x)}{g'(x)}$.

gilt für den Grenzwert

$$\lim_{x \to x_0} h(x) = \lim_{x \to x_0} \frac{f(x)}{g(x)} = \lim_{x \to x_0} \frac{f'(x)}{g'(x)}. \tag{6.7}$$

Die Regel von l'Hospital gilt sinngemäß auch für $x \to \infty$, $x \to -\infty$.

Grenzwertberechnung mit der Regel von l'Hospital

Beispiel 6.19

Zu ermitteln ist der Grenzwert der Funktion $f(x) = \dfrac{x}{\sin x}$ für $x \to 0$.

Die Quotientenregel für das Rechnen mit Grenzwerten versagt, da die Nennerfunktion gegen null konvergiert, wobei eine Aussage über Divergenz ebenfalls nicht möglich ist, weil auch die Zählerfunktion gegen null konvergiert. Die Überprüfung der Voraussetzungen der Regel von l'Hospital ergibt:

1. Die Funktionen x und $\sin x$ sind differenzierbar.
2. Es ist $\lim\limits_{x \to 0} x = \lim\limits_{x \to 0} \sin x = 0$.
3. Es ist $\sin x \neq 0$ in einer Umgebung von 0 (z. B. $(-\pi/4, \pi/4)$) mit Ausnahme der Stelle $x = 0$.
4. Es existiert der Grenzwert $\lim\limits_{x \to 0} \dfrac{f'(x)}{g'(x)} = \lim\limits_{x \to 0} \dfrac{1}{\cos x} = 1$.

Die Regel von l'Hospital ist anwendbar, und der gesuchte Grenzwert ist gleich 1.

Guillaume François Antoine, Marquis de l'Hospital (* 1661 in Paris, † 13. Februar 1704 in Paris)

französischer Mathematiker

Differenzialrechnung, Autor des ersten Lehrbuches über Differenzial- und Integralrechnung

hier: Regel von l'Hospital

Die Regel von l'Hospital ist auch dann richtig, wenn Zähler- und Nennerfunktion gleichzeitig gegen ∞ konvergieren:

$$\lim_{x \to \left\{ \begin{smallmatrix} x_0 \\ \infty \\ -\infty \end{smallmatrix} \right.} f(x) = \lim_{x \to \left\{ \begin{smallmatrix} x_0 \\ \infty \\ -\infty \end{smallmatrix} \right.} g(x) = \infty.$$

Zähler- und Nennerfunktion konvergieren gegen ∞

Beispiel 6.20

1. Die Funktion $h(x) = \dfrac{\ln x}{x}$ soll für $x \to \infty$ untersucht werden. Zähler- und Nennerfunktion konvergieren gleichzeitig gegen ∞ für $x \to \infty$. Die Regel von l'Hospital ist anwendbar, und es gilt

$$\lim_{x \to \infty} \frac{\ln x}{x} = \lim_{x \to \infty} \frac{1/x}{1} = 0.$$

2. Die Funktion $h(x) = \dfrac{\ln x}{x^{-2}} = -\dfrac{-\ln x}{x^{-2}}$ soll für $x \to 0$ untersucht werden. Zähler- und Nennerfunktion konvergieren gleichzeitig gegen ∞ für $x \to 0$. Mit der Regel von l'Hospital ergibt sich

$$\lim_{x \to 0} -\frac{-\ln x}{x^{-2}} = \lim_{x \to 0} -\frac{-x^{-1}}{-2x^{-3}} = \lim_{x \to 0} -2x^2 = 0.$$

Die Regel von l'Hospital findet ebenfalls Anwendung bei verschiedenen anderen Unbestimmtheiten. Die entsprechenden Funktionen werden dabei äquivalent so umgeformt, dass letztendlich Grenzwerte von Quotienten zu bestimmen sind, für die die Voraussetzungen der Regel von l'Hospital zutreffen.

Unbestimmtheit $0 \cdot \infty$

1. Bestimmt werden soll der Grenzwert des Produktes $f(x)g(x)$, wobei $\lim f(x) = \infty$ und $\lim g(x) = 0$ gilt. Die Produktregel zur Bestimmung von Grenzwerten von Funktionen ist nicht anwendbar, da der Grenzwert $\lim f(x)$ nicht existiert. Es gilt

$$f(x)g(x) = \frac{f(x)}{1/g(x)},$$

wobei jetzt rechts ein Quotient steht, für den sowohl Zähler- als auch Nennerfunktion gegen ∞ konvergieren (wegen $\lim g(x) = 0$ ist $\lim 1/g(x) = \infty$).

Z. B. ist $\lim\limits_{x\to\infty} x\mathrm{e}^{-x} = \lim\limits_{x\to\infty} \frac{x}{\mathrm{e}^x} = \lim\limits_{x\to\infty} \frac{1}{\mathrm{e}^x} = 0.$

Unbestimmtheit 1^∞

2. Bestimmt werden soll der Grenzwert der Funktion $f(x)^{g(x)}$ mit $\lim f(x) = 1$ und $\lim g(x) = \infty$. Die Potenzregel zur Bestimmung von Grenzwerten von Funktionen ist nicht anwendbar, da der Grenzwert der Exponentenfunktion nicht existiert. Es gilt

$$f(x)^{g(x)} = \mathrm{e}^{g(x)\ln f(x)},$$

wobei im Exponenten rechts jetzt eine Unbestimmtheit der Gestalt $0 \cdot \infty$ steht ($\lim \ln f(x) = 0$).

Z. B. ist

$$\lim_{x\to\infty}\left(1+\frac{2}{x}\right)^x = \lim_{x\to\infty} \mathrm{e}^{x\ln\left(1+\frac{2}{x}\right)} = \mathrm{e}^{\lim\limits_{x\to\infty} x\ln\left(1+\frac{2}{x}\right)} \quad \text{und}$$

$$\lim_{x\to\infty} x\ln\left(1+\frac{2}{x}\right) = \lim_{x\to\infty}\frac{\ln\left(1+\frac{2}{x}\right)}{x^{-1}} = \lim_{x\to\infty}\frac{\left(1+\frac{2}{x}\right)^{-1}\left(-2x^{-2}\right)}{-x^{-2}} = 2$$

und daher $\lim\limits_{x\to\infty}\left(1+\frac{2}{x}\right)^x = \mathrm{e}^2.$

Unbestimmtheit 0^0

3. Bestimmt werden soll der Grenzwert der Funktion $f(x)^{g(x)}$ mit $\lim f(x) = 0$ und $\lim g(x) = 0$. Die Potenzregel zur Bestimmung von Grenzwerten von Funktionen ist nicht anwendbar. Es gilt

$$f(x)^{g(x)} = \mathrm{e}^{g(x)\ln f(x)},$$

wobei im Exponenten rechts jetzt eine Unbestimmtheit der Gestalt $0 \cdot \infty$ steht ($\lim \ln f(x) = -\infty$).

Es gilt z. B.

$$\lim_{x\to 0} x^x = \lim_{x\to 0} \mathrm{e}^{x \ln x} = \mathrm{e}^{\lim\limits_{x\to 0} x \ln x} \quad \text{und}$$

$$\lim_{x\to 0} x \ln x = \lim_{x\to 0} \frac{\ln x}{x^{-1}} = \lim_{x\to 0} \frac{x^{-1}}{-x^{-2}} = \lim_{x\to 0} -x = 0 \quad \text{und daher}$$

$$\lim_{x\to 0} x^x = 1.$$

Unbestimmtheit ∞^0

4. Bestimmt werden soll der Grenzwert der Funktion $f(x)^{g(x)}$ mit $\lim f(x) = \infty$ und $\lim g(x) = 0$. Die Potenzregel zur Bestimmung von Grenzwerten von Funktionen ist nicht anwendbar.

Wieder gilt die Umformung wie in den obigen beiden Fällen, und der Exponent rechts ist ebenfalls eine Unbestimmtheit der Gestalt $0 \cdot \infty$ ($\lim \ln f(x) = -\infty$).

Es gilt z. B.

$$\lim_{x\to 0} \left(\frac{1}{x}\right)^x = \lim_{x\to 0} \mathrm{e}^{x \ln \frac{1}{x}} = \mathrm{e}^{\lim\limits_{x\to 0} x \ln \frac{1}{x}} \quad \text{und}$$

$$\lim_{x\to 0} x \ln \frac{1}{x} = \lim_{x\to 0} \frac{\ln \frac{1}{x}}{x^{-1}} = \lim_{x\to 0} \frac{x \cdot \left(-x^{-2}\right)}{-x^{-2}} = 0 \quad \text{und daher}$$

$$\lim_{x\to 0} \left(\frac{1}{x}\right)^x = 1.$$

6.6 Kurvendiskussionen

Das Ziel von Kurvendiskussionen besteht in der Untersuchung solcher Eigenschaften der gegebenen Funktion, mit deren Hilfe sich ihr Verhalten und das Aussehen ihres Graphen genau bestimmen lässt. Diese sind z. B.

1. der Definitions- und der Wertebereich,
2. Symmetrieeigenschaften wie $f(x) = f(-x)$ (gerade Funktion) und $f(-x) = -f(x)$ (ungerade Funktion),
3. der Stetigkeits- und Differenzierbarkeitsbereich,
4. das Verhalten an Unstetigkeitsstellen x_0, d. h., die Untersuchung des $\lim\limits_{x\to x_0} f(x)$,
5. die Bestimmung von Nullstellen x_N, d. h., das Lösen der Gleichung $f(x) = 0$,
6. das Verhalten der Funktion im Unendlichen, Vorhandensein von Asymptoten, d. h., die Untersuchung des $\lim\limits_{x\to\pm\infty} f(x)$,
7. das Bestimmen von Extremstellen,
8. das Bestimmen von Monotonieintervallen,
9. das Bestimmen des Krümmungsverhaltens,
10. das Bestimmen von Wendestellen.

Die Eigenschaften 1. bis 6. wurden bereits in den Kapiteln 2 und 5 erwähnt. Monotonie- und Krümmungsintervalle von differenzierbaren

Funktionen lassen sich mit der Differenzialrechnung finden. Außerdem können Extremwerte solcher Funktionen mithilfe der Ableitungen berechnet werden. In entsprechenden Sätzen werden notwendige bzw. hinreichende Bedingungen für das Monotonieverhalten, die Existenz lokaler Extremwerte und Stellen der Änderung des Krümmungsverhaltens (Wendestellen) angegeben.

6.6.1 Extremstellen

Definition 6.21

Sei die Funktion $y = f(x)$ auf dem Intervall $[a, b]$ definiert. Dann besitzt sie an der Stelle $x = x_0$ genau dann ein **lokales Maximum (Minimum)**, wenn es eine Umgebung $(x_0 - \varepsilon, x_0 + \varepsilon) \in [a, b]$ gibt, sodass für alle $x \in (x_0 - \varepsilon, x_0 + \varepsilon)$ gilt

$$f(x) \leq f(x_0) \qquad (f(x) \geq f(x_0)).$$

Definition 6.22

Sei die Funktion $y = f(x)$ auf dem Intervall $[a, b]$ definiert. Dann besitzt sie an der Stelle $x = x_0$ genau dann ein **globales Maximum (Minimum)**, wenn für *alle* $x \in [a, b]$ gilt

$$f(x) \leq f(x_0) \qquad (f(x) \geq f(x_0)).$$

Bemerkung 6.23

Nach dem **Satz 5.45 von Weierstraß** (siehe **Abschnitt 5.5**) existiert für Funktionen, die auf dem Intervall $[a, b]$ stetig sind, das globale Maximum und das globale Minimum.

Beispiel 6.24

Globales Maximum einer Biegelinie

Die Gleichung der Biegelinie eines einseitig eingespannten Kragarms der Länge l mit der Biegesteifigkeit EI und der Einzelkraft F am freien Ende lautet

$$w(x) = \frac{F}{6EI}\left(3lx^2 - x^3\right), \quad x \in [0, l].$$

Diese Funktion hat an der Stelle $x = l$ ein globales Maximum der Größe $Fl^3/(3EI)$, da alle anderen Funktionswerte auf dem angegebenen Intervall kleiner als dieser sind (siehe **Bild 6.14**). Ein lokales Maximum besitzt diese Funktion an der Stelle $x = l$ jedoch nicht, da keine Umgebung $(l - \varepsilon, l + \varepsilon)$ dieser Stelle existiert, in der Funktionswerte von w überhaupt erklärt wären.
Bei Betrachtung der angegebenen Funktion für $x \in (-\infty, \infty)$ erweist sich zudem, dass in jeder Umgebung $(l - \varepsilon, l + \varepsilon)$, $\varepsilon < l$, gilt

$$w(x) < w(l), \; x \in (l - \varepsilon, l), \qquad \text{und} \qquad w(x) > w(l), \; x \in (l, l + \varepsilon),$$

d. h., für $x \in (-\infty, \infty)$ liegt an der Stelle $x = l$ weder ein lokales Maximum noch ein globales Maximum vor.

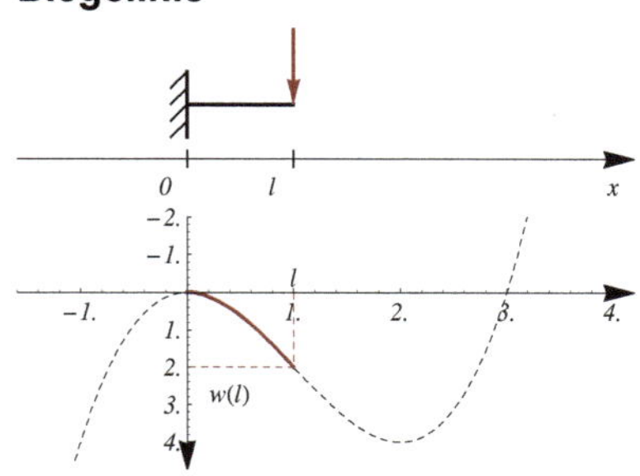

Bild 6.14 Globales Maximum der Biegelinie w, $l = 1$, $F/(6EI) = 1$

Satz 6.25

Notwendige Bedingung für lokale Extremwerte

Hat eine an der Stelle $x = x_0$ differenzierbare Funktion f dort ein lokales Extremum, so gilt

$$f'(x_0) = 0. \tag{6.8}$$

Stellen x_0 mit der Eigenschaft (6.8) werden **kritische Stellen** genannt.

Bemerkung 6.26

Die Voraussetzung der Differenzierbarkeit der Funktion ist wesentlich für die Gültigkeit der Behauptung. Die Funktion $f(x) = |x - 1|$ hat z. B. an der Stelle $x_0 = 1$ ein lokales Minimum, da für alle $x \in \mathbb{R}$ gilt $f(x) \geq f(1) = 0$ (daher ist dieses Minimum gleichzeitig ein globales). Allerdings existiert die erste Ableitung an dieser Stelle nicht (vgl. **Beispiel 6.8**). Daher kann dort auch nicht Gleichung (6.8) gelten.

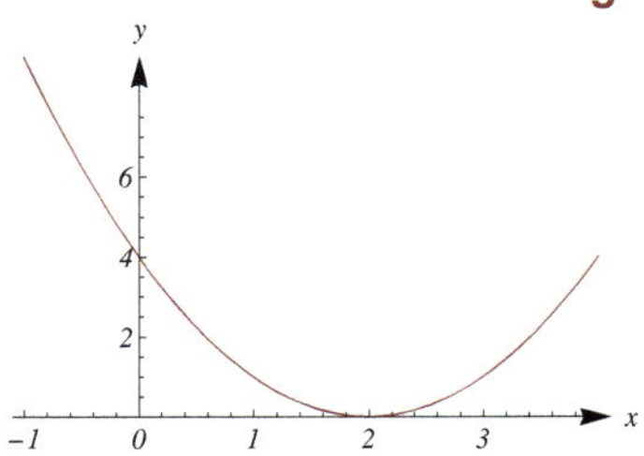

Bild 6.15 $f(x) = (x-2)^2$

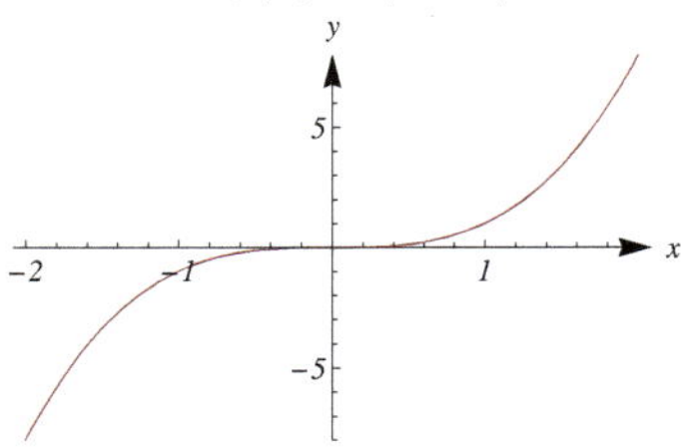

Bild 6.16 $f(x) = x^3$

Beispiel 6.27

1. Die Funktion $f(x) = (x-2)^2$ (siehe **Bild 6.15**) hat an der Stelle $x_0 = 2$ ein lokales (und gleichzeitig globales) Minimum, da für alle Argumente $x \neq 2$ gilt $f(x) = (x-2)^2 > 0$. Außerdem ist $f'(2) = 2(x-2)|_2 = 0$, d. h., Gleichung (6.8) ist erfüllt.
2. Die Funktion $f(x) = x^3$ (siehe **Bild 6.16**) hat an der Stelle $x_0 = 0$ kein lokales Extremum. Für $x < 0$ ist $f(x) < 0$, für $x > 0$ ist $f(x) > 0$. Trotzdem ist Gleichung (6.8) erfüllt, denn es gilt $f'(0) = 0$.

Beispiel 6.27 zeigt, dass die Bedingung (6.8) an eine Extremstelle *notwendig*, aber nicht *hinreichend* ist.

6.6.2 Monotonie

Definition 6.28

Eine Funktion $f(x)$ heißt an einer Stelle $x = x_0$ **monoton steigend (fallend)**, wenn eine Umgebung $(x_0 - \varepsilon, x_0 + \varepsilon)$ so existiert, dass für alle

$$x \in (x_0 - \varepsilon, x_0) \text{ gilt: } f(x) \leq f(x_0) \qquad (f(x) \geq f(x_0)), \tag{6.9}$$

$$x \in (x_0, x_0 + \varepsilon) \text{ gilt: } f(x) \geq f(x_0) \qquad (f(x) \leq f(x_0)). \tag{6.10}$$

Zwischen dem Monotonieverhalten einer *differenzierbaren* Funktion und ihrer ersten Ableitung besteht folgender Zusammenhang:

Satz 6.29

Ist f eine auf dem Intervall (a, b) differenzierbare Funktion, so ist sie dort genau dann monoton steigend (fallend), wenn gilt

$$f'(x) \geq 0 \quad (f'(x) \leq 0) \quad \text{für} \quad x \in (a, b).$$

Differenzierbarkeit und Monotonie

Beispiel 6.30

1. Die Funktion $f(x) = x^2 - x - 6$ (siehe **Bild 6.17**) ist differenzierbar und hat die Ableitung $f'(x) = 2x - 1$. Wegen (6.9) und (6.10) ist sie monoton steigend für $2x - 1 \geq 0$, d. h., für $x \geq 0.5$, und monoton fallend für $2x - 1 \leq 0$, d. h., für $x \leq 0.5$.
2. Die Funktion $f(x) = 1/x$, $x \neq 0$, (siehe **Bild 6.18**) ist auf den Teilintervallen $(-\infty, 0)$ und $(0, \infty)$ ihres Definitionsbereiches differenzierbar. Ihre Ableitung ist $f'(x) = -1/x^2$. Daher ist sie auf diesen Teilintervallen monoton fallend.

3. Die Funktion $f(x) = \sin x$ (siehe **Bild 6.19**) ist differenzierbar und hat die Ableitung $f'(x) = \cos x$. Nach (6.9) und (6.10) ist sie
monoton steigend für $\cos x \geq 0$, d. h., für $x \in [-\pi/2 + 2k\pi, \pi/2 + 2k\pi]$ und
monoton fallend für $\cos x \leq 0$, d. h., für $x \in [\pi/2 + 2k\pi, 3\pi/2 + 2k\pi]$,
$k = 0, \pm 1, \pm 2, \ldots$

Mithilfe des Monotonieverhaltens einer Funktion an einer kritischen Stelle x_0 kann eine *hinreichende* Bedingung für die Existenz eines lokalen Extremwertes an dieser Stelle formuliert werden.

Satz 6.31

Erste hinreichende Bedingung für einen lokalen Extremwert

Gilt für eine differenzierbare Funktion f an der Stelle $x = x_0$ die Gleichung $f'(x_0) = 0$ und existiert außerdem eine Umgebung $(x_0 - \varepsilon, x_0 + \varepsilon)$ so, dass

$$f'(x) > 0 \quad (f'(x) < 0) \quad \text{für} \quad x \in (x_0 - \varepsilon, x_0),$$
$$f'(x) < 0 \quad (f'(x) > 0) \quad \text{für} \quad x \in (x_0, x_0 + \varepsilon)$$

ist, so liegt an der Stelle x_0 ein lokales Maximum (Minimum) vor.

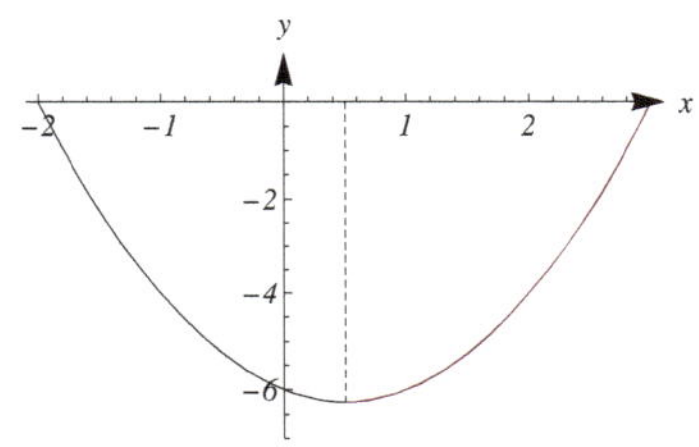

Bild 6.17 $f(x) = x^2 - x - 6$

Ein Vorzeichenwechsel der ersten Ableitung f' von „+ nach −" garantiert die Existenz eines lokalen Maximums an der kritischen Stelle, von „− nach +" die eines lokalen Minimums.

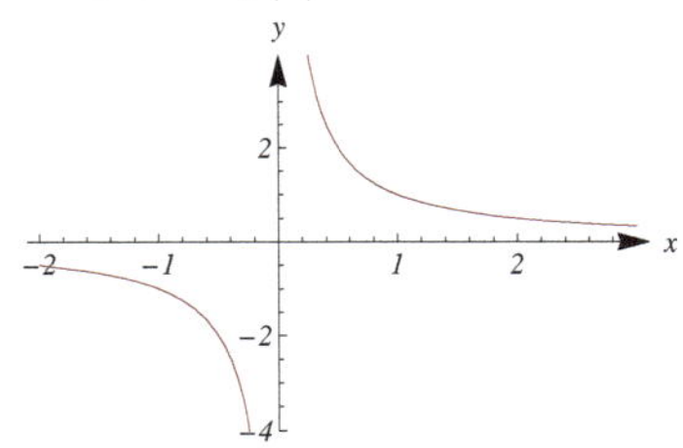

Bild 6.18 $f(x) = 1/x$

Beispiel 6.32

1. Die Funktion $f(x) = (x - 2)^2$ (siehe **Bild 6.15**) hat eine kritische Stelle bei $x = 2$, denn ihre erste Ableitung $f'(x) = 2(x - 2)$ ist an dieser Stelle gleich 0. Weiter ist $f'(x) = 2(x - 2) < 0$ für $x < 2$, also links von der kritischen Stelle, und $f'(x) = 2(x - 2) > 0$ für $x > 2$, also rechts von der kritischen Stelle. Das bedeutet einen Vorzeichenwechsel der ersten Ableitung von „− nach +" , und folglich liegt an der Stelle $x = 2$ ein lokales Minimum vor.
2. Die Momentenlinie eines beidseits gelenkig gelagerten Balkens der Länge l mit konstanter Streckenlast q_0 (siehe **Beispiel 6.14**) lautet
$$M(x) = -0.5\, q_0 \left(-lx + x^2\right).$$
Sie hat eine kritische Stelle für
$$M'(x) = Q(x) = -0.5\, q_0\, (l - 2x) = 0,$$
d. h., für $x = l/2$. Für $x < l/2$ ist $M'(x) > 0$, für $x > l/2$ ist $M'(x) < 0$. Das bedeutet einen Vorzeichenwechsel der ersten Ableitung von „+ nach −" , und folglich liegt an der Stelle $x = l/2$ ein lokales Maximum vor. Es beträgt $M(l/2) = q_0 l^2/8$.

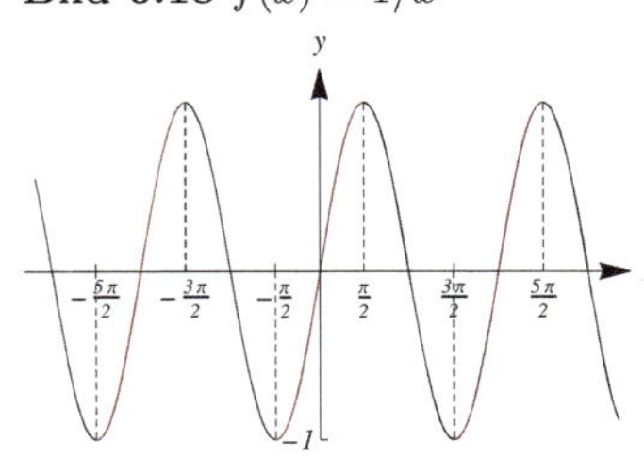

Bild 6.19 $f(x) = \sin x$

6.6.3 Krümmungsverhalten und Wendepunkte

Betrachtet wird der Graph einer Funktion f auf dem Intervall $[a, b]$. Befindet sich für zwei beliebig in diesem Intervall gewählte Argumente $x_1 < x_2$ die Verbindungsstrecke vom Punkt $P_1(x_1, f(x_1))$ zum Punkt $P_2(x_2, f(x_2))$ oberhalb des Funktionsgraphen, so heißt die Funktion auf dem Intervall $[a, b]$ **konvex** (siehe **Bild 6.20**).

Die Gerade durch die Punkte $P_1(x_1, f(x_1)$ und $P_2(x_2, f(x_2)$ hat die Gleichung

$$y - f(x_1) = \frac{f(x_2) - f(x_1)}{x_2 - x_1}(x - x_1).$$

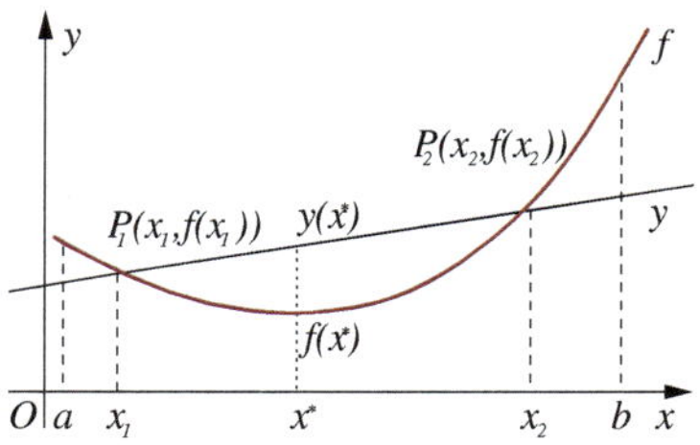

Bild 6.20 Konvexe Funktion f

Eine beliebige x-Koordinate $x^\star$ zwischen x_1 und x_2 ist

$x^\star = x_1 + \lambda(x_2 - x_1) = \lambda x_2 + (1-\lambda)x_1,\ 0 \le \lambda \le 1.$

Der Punkt der Stecke $\overline{P_1P_2}$ mit der x-Koordinate $x^\star$ hat somit die y-Koordinate

$$\begin{aligned} y(x^\star) &= f(x_1) + \frac{f(x_2)-f(x_1)}{x_2-x_1}(\lambda x_2 + (1-\lambda)x_1 - x_1) \\ &= f(x_1) + \lambda(f(x_2)-f(x_1)) \;=\; (1-\lambda)f(x_1) + \lambda f(x_2). \end{aligned}$$

Der $x^\star$ entsprechende Funktionswert ist $f(x^\star)$. Er soll kleiner als $y(x^\star)$ sein. Daraus ergibt sich folgende Definition:

Definition 6.33

Der Graph einer Funktion f heißt **konvex (konkav)** auf einem Intervall $[a,b]$ genau dann, wenn für je zwei beliebige Stellen x_1 und x_2 aus $[a,b]$ und für beliebiges reelles $\lambda \in [0,1]$ gilt

$$(1-\lambda)f(x_1)+\lambda f(x_2) \ge (\le) f((1-\lambda)x_1+\lambda x_2) \text{ konvex (konkav)}. \quad (6.11)$$

Gesucht ist zunächst ein Kriterium, mit dem das Krümmungsverhalten einer Funktion f bestimmt werden kann.

Satz 6.34

Der Graph einer auf dem Intervall (a,b) differenzierbaren Funktion f ist dort konvex (konkav) genau dann, wenn ihre erste Ableitung f' auf (a,b) monoton steigt (fällt).

Wenn eine auf dem Intervall (a,b) differenzierbare Funktion f hingegen monoton steigt (fällt), so ist nach **Satz 6.29** ihre erste Ableitung dort nicht negativ (nicht positiv). Die erste Ableitung von f' ist aber die zweite Ableitung von f. Deshalb gilt

Satz 6.35

Der Graph einer auf dem Intervall (a,b) differenzierbaren Funktion f ist dort konvex (konkav) genau dann, wenn $f''(x) \ge 0$ ($f''(x) \le 0$) für alle $x \in (a,b)$ gilt.

Krümmungsverhalten

Beispiel 6.36

1. Welches Krümmungsverhalten weist die Funktion $f(x) = x^3$ (siehe **Bild 6.16**) auf? Es ist $f''(x) = 6x$ und demzufolge $f''(x) \ge 0$ für $x \ge 0$ (x^3 ist dort konvex) und $f''(x) \le 0$ für $x \le 0$ (x^3 ist dort konkav).
2. Die Funktion $f(x) = 1/x^2$, $x \ne 0$ (siehe **Bild 6.21**) hat die zweite Ableitung $f''(x) = 6/x^4$. Weil $f''(x) > 0$ ist, ist sie auf ihrem gesamten Definitionsbereich konvex.

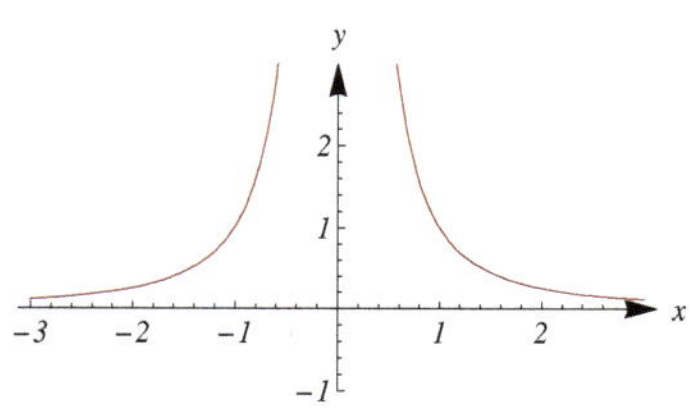

Bild 6.21 $f(x) = x^2 - x - 6$

Aus der Überlegung, dass die Funktion f nur dort, wo sie streng konvex (streng konkav) ist (d. h., in (6.11) gilt die strenge Ungleichheit), ein lokales Minimum (Maximum) haben kann, folgt der Satz

Satz 6.37

Zweite hinreichende Bedingung für einen lokalen Extremwert

Ist eine Funktion f auf dem Intervall (a,b) zweimal differenzierbar und gilt für eine Stelle $x_0 \in (a,b)$ $f'(x_0) = 0$ (kritische Stelle), so hat f in x_0 ein lokales Maximum (Minimum), wenn gilt $f''(x_0) < 0$ ($f''(x_0) > 0$).

Beispiel 6.38

Die Funktion $f(x) = 3 - x^2$ (siehe **Bild 6.22**) soll auf lokale Extrema untersucht werden. Ihre erste Ableitung ist $f'(x) = -2x$. Eine kritische Stelle liegt vor bei $x_0 = 0$. Die zweite Ableitung ist $f''(x) = -2$. Sie ist offenbar immer negativ, also auch an der kritischen Stelle $x_0 = 0$. Daher hat die Funktion f an der Stelle $x_0 = 0$ ein lokales Maximum. Es beträgt $f(0) = 3$.

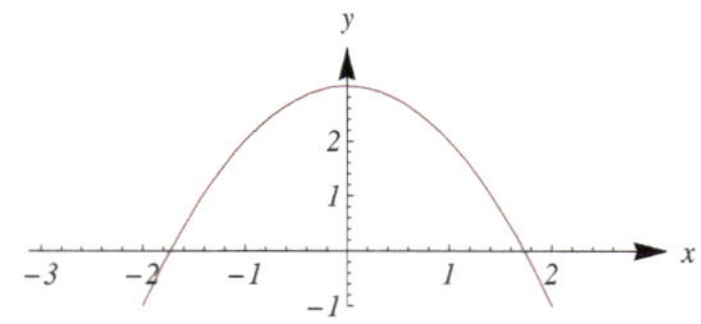

Bild 6.22 $f(x) = 3 - x^2$

Beispiel 6.39

Bewegung mit Reibung

Ein Quader der Masse m liegt auf einer horizontalen Unterlage (siehe **Bild 6.23**). Der Betrag R der einer Verschiebung des Quaders entgegenwirkenden Reibungskraft ist proportional zum Betrag der vertikal wirkenden Auflagekraft. Der Proportionalitätsfaktor ist der Reibungskoeffizient μ. Unter welchem Winkel α zur Horizontalen muss eine Kraft mit dem Betrag F im Schwerpunkt des Quaders angreifen, wenn sie den Quader verschieben soll und dabei minimal werden soll? Die Erdbeschleunigung sei g.

Der Betrag der Auflagekraft des Quaders ist $mg-F\sin\alpha$. Der Betrag der Reibungskraft R ist proportional zur Auflagekraft mit dem Proportionalitätsfaktor μ. Er beträgt $\mu(mg-F\sin\alpha)$. Der Quader setzt sich in Bewegung, wenn der Betrag der einwirkenden Horizontalkraft $F\cos\alpha$ größer als der Betrag R der Reibungskraft ist. Der Grenzfall tritt ein für

$$F\cos\alpha = \mu(mg - F\sin\alpha).$$

Für den Betrag der angreifenden Kraft F in Abhängigkeit vom Winkel α folgt

$$F(\alpha) = \frac{\mu mg}{\cos\alpha + \mu\sin\alpha}$$

Notwendig für ein lokales Minimums ist $F'(\alpha) = 0$. Es folgt

$$F'(\alpha) = -\frac{\mu mg(-\sin\alpha + \mu\cos\alpha)}{(\cos\alpha + \mu\sin\alpha)^2}.$$

Die kritische Stelle $\alpha^\star$ ist daher Lösung der Gleichung

$$\mu\cos\alpha^\star = \sin\alpha^\star, \qquad \text{d. h.,} \qquad \alpha^\star = \arctan\mu.$$

Hinreichend für ein lokales Minimums ist $F''(\alpha^\star) > 0$. Für $F''(\alpha)$ ergibt sich

$$F''(\alpha) = \mu mg\frac{(\cos\alpha + \mu\sin\alpha)^2 + 2(-\sin\alpha + \mu\cos\alpha)^2}{(\cos\alpha + \mu\sin\alpha)^3} \quad \text{und daher}$$

$$F''(\alpha^\star) = \frac{\mu mg}{(\cos\alpha^\star + \mu\sin\alpha^\star)} = \frac{\mu mg}{\cos\alpha^\star(1 + \mu^2)} > 0$$

für $0 \leq \alpha^\star < \pi/2$. Daher muss die Kraft mit dem Betrag F im Winkel $\alpha^\star = \arctan\mu$ angreifen, wenn sie den Körper verschieben und dabei minimal werden soll.

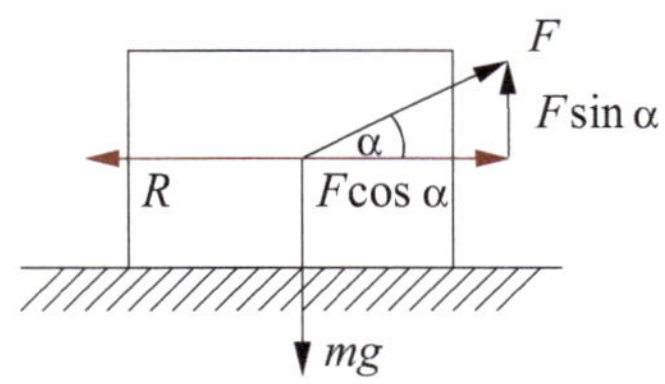

Bild 6.23 Quader und wirkende Kräfte

Von Bedeutung sind diejenigen Argumente einer Funktion, an denen eine Änderung des Krümmungsverhaltens eintritt.

Definition 6.40

Der Punkt $W(x_w, f(x_w))$ heißt **Wendepunkt** der Funktion f, wenn es eine Umgebung $(x_w - \varepsilon, x_w + \varepsilon)$ der Stelle x_w so gibt, dass die Funktion f dort links und rechts von x_w verschiedenes Krümmungsverhalten aufweist.

Aus dieser Definition und **Satz 6.35** (Krümmungskriterium) ergeben sich für zweimal differenzierbare Funktionen die folgenden Sätze:

Satz 6.41

Notwendige Bedingung für einen Wendepunkt

Hat die an der Stelle x_w zweimal differenzierbare Funktion f dort eine Wendestelle, so gilt $f''(x_w) = 0$.

Satz 6.42
Hinreichende Bedingung für einen Wendepunkt

Sei f eine zweimal differenzierbare Funktion und sei außerdem $f''(x_w) = 0$. Dann ist x_w Wendestelle von f, wenn es eine Umgebung $(x_w - \varepsilon, x_w + \varepsilon)$ so gibt, dass die zweite Ableitung f'' dort ihr Vorzeichen wechselt.

Wendepunkt

Beispiel 6.43

Für die Funktion $f(x) = x^3$ (siehe **Beispiel 6.36**) ist $f''(x) = 6x$. Die Funktion f hat an der Stelle $x_w = 0$ einen Wendepunkt, da ihre zweite Ableitung dort gleich null ist und weil sie in einer Umgebung dieser Stelle ihr Vorzeichen wechselt, wie in **Beispiel 6.36** bereits gezeigt wurde.

6.7 Der Mittelwertsatz der Differenzialrechnung

Der Mittelwertsatz der Differenzialrechnung hat zentrale Bedeutung für die Differenzial-, aber auch die Integralrechnung. Aus ihm folgt unmittelbar die Existenz einer kritischen Stelle einer differenzierbaren Funktion zwischen zwei Nullstellen. Zwei Schlussfolgerungen für die Integralrechnung werden abgeleitet.

Satz 6.44
Mittelwertsatz der Differenzialrechnung

Eine Funktion f sei auf dem Intervall $[a, b]$ differenzierbar. Dann existiert mindestens eine Stelle $\xi \in [a, b]$, sodass gilt

$$f'(\xi) = \frac{f(b) - f(a)}{b - a}. \tag{6.12}$$

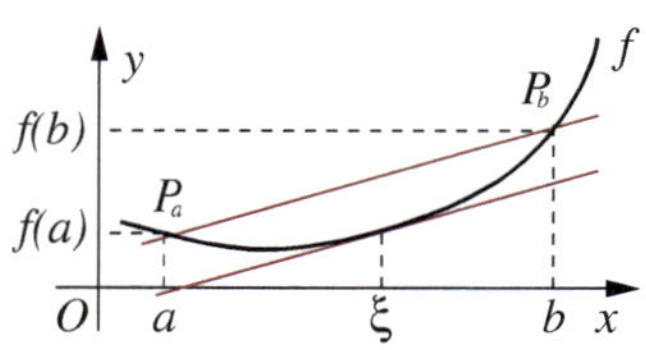

Bild 6.24 Sekante und Tangente

Dieser Satz besitzt folgende geometrische Interpretation: Werden die beiden Endpunkte $P_a(a, f(a))$ und $P_b(b, f(b))$ des Graphen von f auf dem Intervall $[a, b]$ durch eine Gerade (Sekante) verbunden, so gibt es eine Stelle $\xi \in [a, b]$, bei der die Tangente an den Graph der Funktion parallel zu dieser Verbindungsgeraden P_aP_b verläuft (siehe **Bild 6.24**). Auf der rechten Seite von (6.12) steht die Steigung der Verbindungsgeraden, und $f'(\xi)$ ist die Steigung der Tangente an den Graph der Funktion an der Stelle ξ.

Der Mittelwertsatz der Differenzialrechnung hat drei unmittelbare Folgerungen.

Satz 6.45
Satz von Rolle

Ist eine Funktion f auf dem Intervall $[a, b]$ differenzierbar und gilt $f(a) = f(b) = 0$, so existiert mindestens eine Stelle $\xi \in [a, b]$, sodass gilt $f'(\xi) = 0$.

Der Beweis dieses Satzes ergibt sich unmittelbar aus (6.12). Er bedeutet, dass im Intervall $[a, b]$ mindestens eine kritische Stelle existiert, falls die Funktionswerte an den Rändern des Intervalls gleich null sind.

Existenz einer kritischen Stelle

Beispiel 6.46

Die Funktion $f(x) = x^4 + 2x^3 - 2x^2 + 2x - 3$ hat genau die beiden Nullstellen

$x_1 = -3$ und $x_2 = 1$, was mithilfe des Horner-Schemas überprüft werden kann. Sie ist als Polynom vierten Grades unendlich oft differenzierbar. Nach dem Satz von Rolle hat sie im Intervall $[-3, 1]$ eine kritische Stelle.

Die notwendige Bedingung für lokale Extrema lautet $f'(x) = 4x^3+6x^2-4x+2 = 0$. Diese Gleichung dritten Grades kann z. B. mit einem Intervallverfahren (siehe [20]) mit dem Startintervall $[-3, 1]$ gelöst werden, wobei sich die kritische Stelle $x^\star \approx -2.09219$ ergibt. Dort hat die Funktion f das lokale (und gleichzeitig globale) Minimum $f(x^\star) \approx -15.0946$ (siehe **Bild 6.25**).

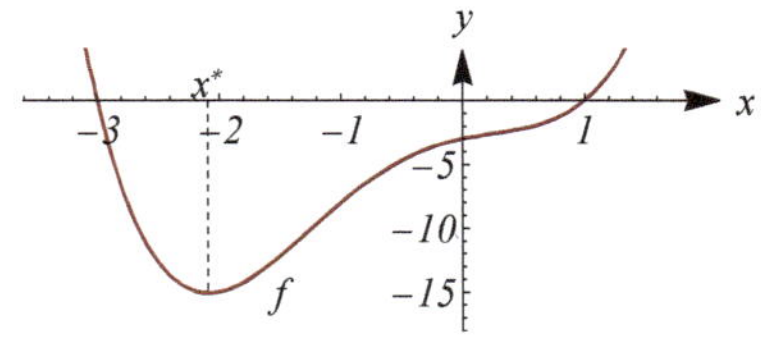

Bild 6.25 Kritische Stelle $x^\star$

Satz 6.47

Ist eine Funktion f auf dem Intervall $[a, b]$ differenzierbar und gilt $f'(x) = 0$ für alle $x \in [a, b]$, so ist f auf $[a, b]$ konstant, d. h., ist die Ableitung einer Funktion auf einem Intervall gleich null, so handelt es sich um die konstante Funktion.

Beweis: Für eine beliebige, aber feste Stelle $x_0 \in [a, b]$ und *jede beliebige* weitere Stelle $x \in [a, b]$ existiert nach **Satz 6.45** eine Stelle $\xi \in [x_0, x]$ so, dass gilt

$$f'(\xi) = \frac{f(x_0) - f(x)}{x_0 - x}.$$

Wegen der Voraussetzung $f'(x) = 0$ für alle $x \in [a, b]$ aus **Satz 6.47** ergibt sich für *jede beliebige* weitere Stelle $x \in [a, b]$ $f(x) = f(x_0) = const.$ ■

Satz 6.48

Sind zwei Funktionen f_1 und f_2 auf dem Intervall $[a, b]$ differenzierbar und gilt $f_1'(x) = f_2'(x)$ für alle $x \in [a, b]$, so gilt $f_1(x) = f_2(x) + c$ mit $c \in \mathbb{R}$, d. h., stimmen die Ableitungen zweier Funktionen überein, so unterscheiden sich die Funktionen um eine additive Konstante.

Der Beweis dieses Satzes ergibt sich unmittelbar aus dem vorhergehenden für $f(x) = f_1(x) - f_2(x)$. ■

Michel Rolle (* 21. April 1652 in Ambert, Basse-Auvergne, † 8. November 1719 in Paris)

französischer Mathematiker, Mitglied der Académie des Sciences
Grundlagen der Analysis, Diophantische Analysis, algebraische Gleichungen höheren Grades
hier: Satz von Rolle

6.8 Taylor-Polynome und Funktionsapproximation

Taylor-Polynome werden zur Näherung von komplizierten Funktionen verwendet. Die Berechnung der Ableitungen von Polynomen ist problemlos möglich (siehe **Abschnitt 6.3**), außerdem sind sie unendlich oft differenzierbar. Die Berechnung ihrer Funktionswerte ist (z. B. mit dem Horner-Schema) ebenfalls einfach. Die Koeffizienten des Taylor-Polynoms lassen sich mit den Ableitungen der Funktion berechnen. Das Restglied nach Lagrange dient zur Abschätzung des Fehlers bei der Näherung mit dem Taylor-Polynom.

Oft erweist sich die Berechnung des Funktionswertes einer Funktion f in der Umgebung einer Stelle x_0 aufwändig. Gesucht wird nach Möglichkeiten, diese Berechnung auf einfachere Art und Weise durchzuführen. Eine dieser Möglichkeiten besteht z. B. darin, den Funktionsverlauf in der Umgebung der Stelle x_0 durch die Tangente an den Funktionsgraphen an der Stelle x_0 mit der Gleichung (vergl. (6.1))

$$g(x) = f(x_0) + f'(x_0)(x - x_0)$$

anzunähern. An der Stelle x_0 sind dann Funktionswert der Funktion f und Funktionswert der Tangente g gleich, in einer Umgebung der

Brook Taylor (* 18. August 1685 in Edmonton, Middlesex, England, † 29. Dezember 1731 in Somerset House, London, England)

britischer Mathematiker und Künstler, Sekretär der Royal Society

Taylor-Formel als Basis der Differenzialrechnung, Methode der Finiten Differenzen bei der Berechnung von Oszillationen (vibrierende Saiten), Beschreibung der Grundlagen der perspektivischen Darstellung und des Fluchtpunktes

hier: Taylor-Polynom, Taylor-Reihe

Stelle x_0 können sie sich je nach Gestalt der Funktion f unterscheiden. Je größer die Entfernung von der Stelle x_0 ist, desto schlechter nähert die Tangente unter Umständen den Funktionsverlauf.

Die Frage ist daher, ob z. B. ein Polynom höheren Grades (vom Grad $n \geq 2$) besser geeignet für die Näherung ist. Dabei können an ein solches Polynom

$$P_n(x) = \sum_{k=0}^{n} a_k x^k$$

mit seinen $n+1$ wählbaren Koeffizienten $a_0, a_1, ..., a_n$ folgende $n+1$ Forderungen gestellt werden: Übereinstimmen sollen an der Stelle x_0 sowohl die Funktionswerte von f und P_n als auch die Ableitungen bis zur Ordnung n:

$$\begin{aligned} f(x_0) &= P_n(x_0), \\ f'(x_0) &= P_n'(x_0), \\ &\vdots \\ f^{(n)}(x_0) &= P_n^{(n)}(x_0). \end{aligned} \tag{6.13}$$

Zerlegungsstelle $x_0 = 0$

Für den Fall $x_0 = 0$ ergeben sich aus (6.13) die Gleichungen

$$\begin{aligned} P_n(0) &= a_0 &&= f(0), \\ P_n'(0) &= a_1 &&= f'(0), \\ P_n''(0) &= 2a_2 &&= f''(0), \\ P_n'''(0) &= 3 \cdot 2 \cdot a_3 &&= f'''(0), \\ &\vdots \\ P_n^{(n)}(0) &= n!\, a_n &&= f^{(n)}(0), \end{aligned}$$

woraus unmittelbar die Koeffizienten

$$a_0 = f(0),\ a_1 = f'(0),\ a_2 = \frac{f''(0)}{2},\ a_3 = \frac{f'''(0)}{6},\ ...,\ a_n = \frac{f^{(n)}(0)}{n!}$$

berechnet werden. Das approximierende Polynom ist damit

Taylor-Polynom

$$P_n(x) = f(0) + \frac{f'(0)}{1!}x + \frac{f''(0)}{2!}x^2 + \frac{f'''(0)}{3!}x^3 + \cdots + \frac{f^{(n)}(0)}{n!}x^n \tag{6.14}$$

Zerlegungsstelle $x_0 \neq 0$

Im Fall $x_0 \neq 0$ wird die lineare Koordinatentransformation $\tilde{x} = x - x_0$ verwendet. Bezüglich des neuen Koordinatensystems $(O, \tilde{x}, y)$ gewinnt die Funktion f die Gestalt $g(\tilde{x})$ mit $f(x) = g(\tilde{x}) = g(x - x_0)$. Die Aufgabe, für die Funktion f ein Näherungspolynom an der Stelle $x = x_0$ zu ermitteln, ist identisch damit, eins für die Funktion $g(\tilde{x}) = g(x - x_0)$ an der Stelle $\tilde{x} = 0$ zu ermitteln. Nach (6.14) lautet es

$$\tilde{P}_n(\tilde{x}) = g(0) + \frac{g'(0)}{1!}\tilde{x} + \frac{g''(0)}{2!}\tilde{x}^2 + \frac{g'''(0)}{3!}\tilde{x}^3 + \cdots + \frac{g^{(n)}(0)}{n!}\tilde{x}^n$$

bzw. mit $\tilde{x}=x–x_0$ und $g(0)=f(x_0),\ g'(0)=f'(x_0), ..., \ g^{(n)}(0)=f^{(n)}(x_0)$

Taylor-Polynom

$$\tilde{P}_n(x-x_0) = f(x_0) + \frac{f'(x_0)}{1!}(x-x_0) + \frac{f''(x_0)}{2!}(x-x_0)^2 + \cdots + \frac{f^{(n)}(x_0)}{n!}(x-x_0)^n. \tag{6.15}$$

Definition 6.49

Das Polynom $P_n(x) = \tilde{P}_n(x-x_0)$ aus (6.15) heißt **Taylor-Polynom** der Funktion f an der Stelle $x = x_0$. Die Stelle x_0 heißt **Zerlegungsstelle**.

Restgliedformel von Lagrange

Die Güte der Approximation an einer Stelle $x \neq x_0$ wird bestimmt durch die Differenz $f(x) - P_n(x)$, die **Restglied** $R_n(x)$ genannt wird:

$$R_n(x) = f(x) - P_n(x). \tag{6.16}$$

Satz 6.50

Sei f eine Funktion, die mindestens $(n+1)$-mal differenzierbar ist. Dann existiert eine Stelle ξ zwischen x_0 und x so, dass gilt

$$R_n(x) = \frac{f^{(n+1)}(\xi)}{(n+1)!}(x-x_0)^{n+1}. \tag{6.17}$$

Joseph Louis Lagrange (* 25. Januar 1736 in Turin, † 10. April 1813 in Paris)
britischer Mathematiker und Künstler, Sekretär der Royal Society
Arbeiten zur Analysis (Restglied des Taylor-Polynoms, Multiplikatorenregel), Variationsrechnung und der Theorie der komplexen Funktionen, Begründer der analytischen Mechanik, Dreikörperproblem der Himmelsmechanik
hier: Restglied von Lagrange

Kann das Restglied abgeschätzt werden (z. B. für alle x aus der zugrunde gelegten Umgebung der Stelle x_0), so ergeben sich Schranken für den absoluten Fehler beim Ersetzen der Funktion f durch das Näherungspolynom P_n.

Wird andererseits ein maximaler absoluter Fehler vorgegeben, so kann der mindestens benötigte Grad n des Polynoms P_n (sowie das Polynom P_n selber) bestimmt werden, das die Funktion f mit diesem maximalen Fehler nähert.

Beispiel 6.51

1. Gesucht sind Näherungspolynome für die Funktion $f(x) = \mathrm{e}^x$ an der Stelle $x_0 = 0$ im Intervall $[-1, 1]$ (siehe **Bild 6.26**). Mit Gleichung (6.14) ist

$$P_1(x) = \mathrm{e}^0 + \frac{\mathrm{e}^0}{1!}x = 1 + x,$$

$$P_2(x) = \mathrm{e}^0 + \frac{\mathrm{e}^0}{1!}x + \frac{\mathrm{e}^0}{2!}x^2 = 1 + x + \frac{1}{2}x^2,$$

$$P_3(x) = \mathrm{e}^0 + \frac{\mathrm{e}^0}{1!}x + \frac{\mathrm{e}^0}{2!}x^2 + \frac{\mathrm{e}^0}{3!}x^3 = 1 + x + \frac{1}{2}x^2 + \frac{1}{6}x^3.$$

Für die entsprechenden Restglieder ergeben sich bei $x \in [-1, 1]$ und folglich auch $\xi \in [-1, 1]$ sowie mit $f^{(k)}(x) = \mathrm{e}^x$ mit (6.17) folgende Abschätzungen:

$$|R_1(x)| = \left|\frac{f''(\xi)}{2!}x^2\right| \le \frac{\mathrm{e}}{2} \approx 1.3591,$$

$$|R_2(x)| = \left|\frac{f'''(\xi)}{3!}x^3\right| \le \frac{\mathrm{e}}{6} \approx 0.4530,$$

$$|R_3(x)| = \left|\frac{f^{(IV)}(\xi)}{4!}x^4\right| \le \frac{\mathrm{e}}{24} \approx 0.1132.$$

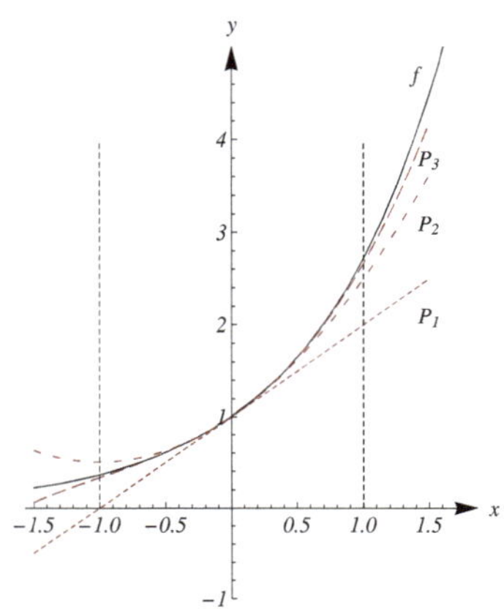

Bild 6.26 Taylor-Polynome P_1, P_2, P_3 für $f(x) = e^x$ an der Stelle $x_0 = 0$

Mit steigendem Grad des Taylor-Polynoms wird die Approximation auf dem Intervall $[-1, 1]$ besser. Die Restgliedabschätzungen bestätigen die graphischen Resultate.

2. Zerlegt werden soll die Funktion $f(x) = \mathrm{e}^x$ an der Stelle $x_0 = 1$ im Intervall $[-1, 2]$ (siehe **Bild 6.27**). Mit Gleichung (6.15) ist

$$P_1(x) = f(1) + \frac{f'(1)}{1!}(x-1) = \mathrm{e} + \mathrm{e}(x-1),$$
$$P_2(x) = P_1(x) + \frac{f'(1)}{2!}(x-1)^2 = \mathrm{e} + \mathrm{e}(x-1) + \frac{1}{2}\mathrm{e}(x-1)^2,$$
$$P_3(x) = P_2(x) + \frac{f'(1)}{3!}(x-1)^3 = \mathrm{e} + \mathrm{e}(x-1) + \frac{1}{2}\mathrm{e}(x-1)^2 + \frac{1}{6}\mathrm{e}(x-1)^3,$$

und für die entsprechenden Restglieder ergeben sich mit $\xi \in [1, x]$, $x \in [-1, 2]$ die Abschätzungen

$$|R_1(x)| = \left|\frac{f''(\xi)}{2!}(x-1)^2\right| \leq \frac{\mathrm{e}^2}{2} \cdot 4 \leq 2\mathrm{e}^2 \approx 14.7781,$$
$$|R_2(x)| = \left|\frac{f'''(\xi)}{3!}(x-2)^3\right| \leq \frac{\mathrm{e}^2}{6} \cdot 8 \leq \frac{4}{3}\mathrm{e}^2 \approx 9.8520,$$
$$|R_3(x)| = \left|\frac{f^{(IV)}(\xi)}{4!}(x-1)^4\right| \leq \frac{\mathrm{e}^2}{24} \cdot 16 \leq \frac{2}{3}\mathrm{e}^2 \approx 4.9260.$$

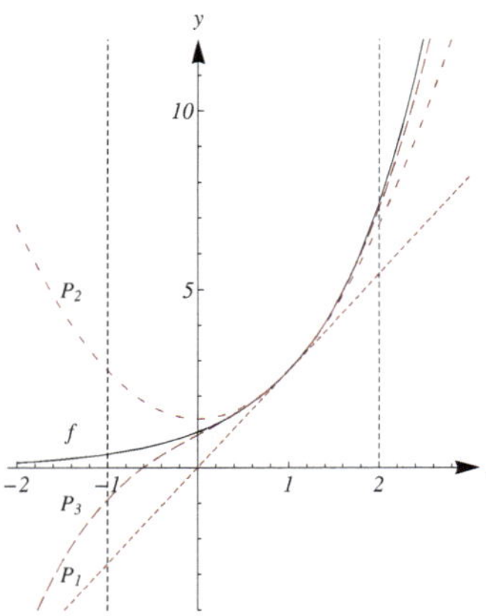

Bild 6.27 Taylor-Polynome P_1, P_2, P_3 für $f(x) = e^x$ an der Stelle $x_0 = 1$

3. Zerlegt werden soll die Funktion $f(x) = 7x^2 - 5x + 4$ (Polynom 2. Grades) an der Stelle $x_0 = 4$ in ein Taylor-Polynom 2. Grades.
Mit Gleichung (6.15) findet man

$$P_2(x) = f(4) + \frac{f'(4)}{1!}(x-4) + \frac{f''(4)}{2!}(x-4)^2.$$

Mit $f(4) = 96$, $f'(4) = 51$, $f''(4) = 14$ ergibt sich das Taylor-Polynom

$$P_2(x) = 96 + 51(x-4) + 7(x-4)^2,$$

und da das Restglied $R_2(x)$ gleich 0 ist (die dritte Ableitung eines Polynoms 2. Grades ist identisch 0), gilt sogar $P_2(x) = f(x)$, d. h., das Taylor-Polynom ist exakt die Funktion f.

Diese Zerlegung ist z. B. sinnvoll, wenn Funktionswertberechnungen in einer Umgebung der Zerlegungsstelle erfolgen. An der Stelle $x = 4.1$ ergibt sich z. B. mit dem Taylor-Polynom $f(4.1) = P_2(4.1) = 96 + 5.1 + 0.07 = 101.17$. Die Berechnung ist stabiler (da kleinere Zahlen auftreten) und schneller als diejenige nach der ursprünglichen Funktionsgleichung.

Berechnung von Absteckungspunkten mit dem Taylor-Polynom

Beispiel 6.52

Bei der Berechnung von Absteckungspunkten auf einem Kreis mit dem Radius r und dem Mittelpunkt $M(0, r)$ (siehe **Abschnitt 4.5.4**) werden bei gegebener x-Koordinate ihre y-Koordinaten y_1 bzw. y_2 aus der Kreisgleichung

$$y_1(x) = r - \sqrt{r^2 - x^2} \quad \text{bzw.} \quad y_2(x) = r + \sqrt{r^2 - x^2}$$

berechnet. Für kleine x kann dabei das Taylor-Polynom 2. Grades mit der Zerlegungsstelle 0 verwendet werden (siehe **Bild 6.28**). Es ist

$$y_1(x) \approx y_1(0) + y_1'(0)x + 0.5y_1''(0)x^2.$$

Mit den Ableitungen

$$y_1'(x) = x/\sqrt{r^2 - x^2}, \quad y_1'(0) = 0,$$
$$y_1''(x) = r^2/\left(\sqrt{r^2 - x^2}\right)^3, \quad y_1''(0) = 1/r$$

ergibt sich

$$y_1(x) \approx P_{21}(x) = x^2/(2r), \quad \text{und analog} \quad y_2(x) \approx P_{22}(x) = 2r - x^2/(2r).$$

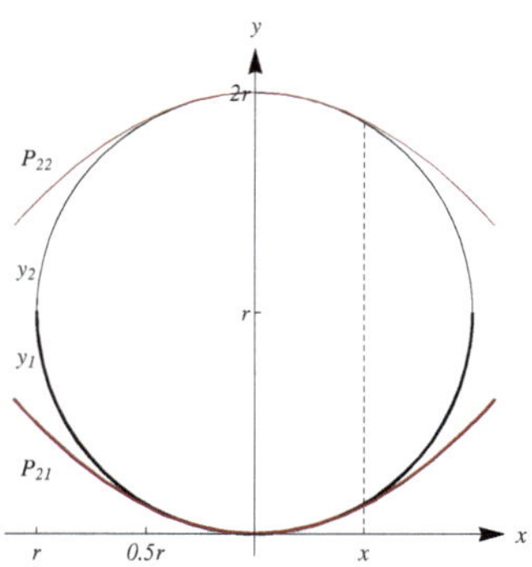

Bild 6.28 Kreisfunktionen y_1, y_2 und Polynome P_{21}, P_{22}

Bemerkung 6.53

Nicht für alle Funktionen f konvergiert das Restglied R_n gegen null für $n \to \infty$.

Beispiel 6.54

Die Funktion

$$f(x) = \begin{cases} e^{-1/x^2}, & x \neq 0, \\ 0, & x = 0 \end{cases}$$

(siehe **Bild 6.29**) hat die Eigenschaft, dass an der Stelle $x_0 = 0$ ihre sämtlichen Ableitungen verschwinden, d. h., es gilt $f^{(k)}(0) = 0$, $k > 0$. Daher ist *jedes* Taylor-Polynom P_n für diese Funktion mit der Zerlegungsstelle $x_0 = 0$ identisch null, unabhängig von seinem Grad n. Die Funktionswerte von f sind aber bis auf die Stelle $x = 0$ von null verschieden. Das Restglied R_n als Differenz von Funktions- und Polynomwert (siehe (6.16)) ist daher bis auf die Stelle $x = 0$ verschieden von null und für fixiertes x konstant bei $n \to \infty$.

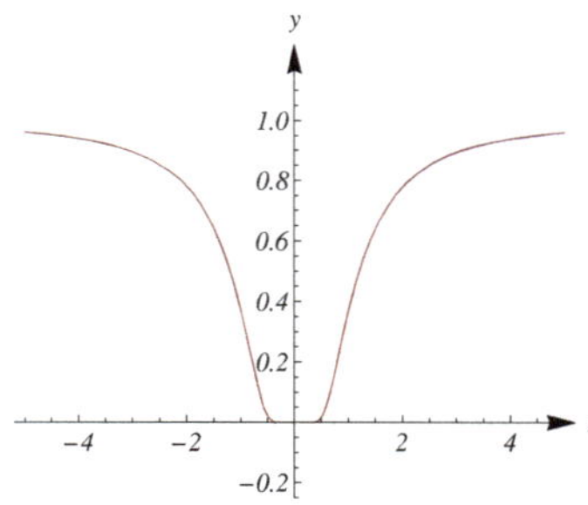

Bild 6.29 $f(x) = e^{-1/x^2}$

Bemerkung 6.55

Lässt sich zeigen, dass für eine beliebig oft differenzierbare Funktion f das Restglied R_n gegen null für $n \to \infty$ konvergiert, d. h., dass gilt

$$\lim_{n\to\infty} R_n(x) = 0,$$

so ergibt sich aus (6.16)

$$\begin{aligned} \lim_{n\to\infty} f(x) &= \lim_{n\to\infty} P_n(x) + \lim_{n\to\infty} R_n(x) \quad \text{bzw.} \\ f(x) &= \lim_{n\to\infty} P_n(x) = \lim_{n\to\infty} \sum_{k=0}^{n} \frac{f^{(k)}(x_0)}{k!}(x-x_0)^k \quad \text{oder einfach} \\ f(x) &= \sum_{k=0}^{\infty} \frac{f^{(k)}(x_0)}{k!}(x-x_0)^k. \end{aligned}$$

Dieser Term heißt **Taylor-Reihe** der Funktion f an der Stelle $x = x_0$.

Taylor-Reihe

Beispiel 6.56

Für die Funktion $f(x) = e^x$ ergibt sich die Taylor-Reihenzerlegung

$$e^x = 1 + x + \frac{x^2}{2!} + \frac{x^3}{3!} + \ldots + \frac{x^n}{n!} + \ldots$$

Das Restglied für das Taylor-Polynom P_n lautet nach (6.17)

$$R_n(x) = \frac{e^\xi}{(n+1)!}x^{n+1}, \qquad \xi \text{ zwischen 0 und } x.$$

Es konvergiert bei beliebigem $x \in \mathbb{R}$ gegen null für $n \to \infty$.

6.9 Kurve, Tangente, Normale, Krümmung

Die Trassierung in der Staßenplanung, d. h., das Festlegen der Linienführung für einen Verkehrsweg, erfordert den Umgang mit vorwiegend ebenen Kurven wie z. B. bei der Erarbeitung des Lage- oder Höhenplans. Wichtige Elemente einer Kurve wie die Tangente, die Normale, die Krümmung und der Krümmungsradius in einem Punkt der Kurve werden erklärt und an Beispielen erläutert. Dabei spielen die ersten beiden Ableitungen der bei der Parameterdarstellung der Kurve benötigten Funktionen eine entscheidende Rolle.

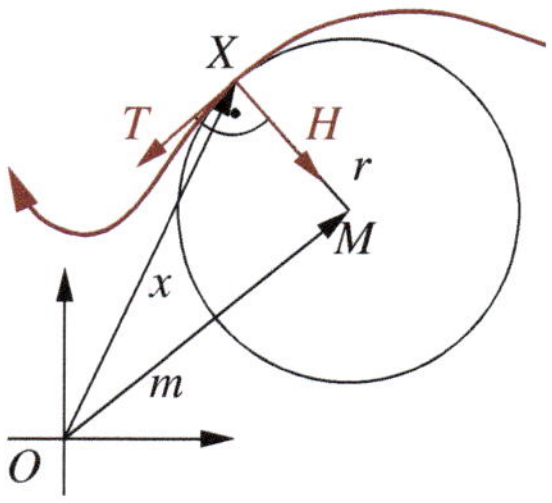

Bild 6.30 Kurve, Punkt X, Tangenteneinheitsvektor T, Hauptnormaleneinheitsvektor H

Sei eine Kurve durch ihre Parameterdarstellung mithilfe von zweimal differenzierbaren Funktionen $x_1(t), x_2(t)$ gegeben . Der Ortsvektor eines Punktes X der Kurve (siehe **Bild 6.30**) ist

$$x(t) = (x_1(t), x_2(t))^\top, \; t \in [t_A, t_B]. \tag{6.18}$$

Die Vektoren $\dot{x}$ und $\ddot{x}$ sind die Vektoren der ersten bzw. zweiten Ableitungen:

$$\dot{x}(t) = (\dot{x}_1(t), \dot{x}_2(t))^\top, \quad \ddot{x}(t) = (\ddot{x}_1(t), \ddot{x}_2(t))^\top, \quad t \in [t_A, t_B]. \tag{6.19}$$

Tangentenvektor

Der Vektor $\dot{x}$ heißt Tangentenvektor. Der zugehörige Einheitsvektor T (siehe **Bild 6.30**) heißt Tangenteneinheitsvektor T:

$$T = \frac{\dot{x}}{|\dot{x}|}. \tag{6.20}$$

Er weist in Richtung der Entwicklung der Kurve bei steigenden Parameterwerten. Die Gerade durch den Punkt X der Kurve mit dem Tangentenvektor als Richtungsvektor ist die Tangente an die Kurve in diesem Punkt. Ein Punkt der Tangente mit dem Ortsvektor $g_\lambda(t)$ erfüllt daher die Geradengleichung mit einem Parameter $\lambda \in \mathbb{R}$ (siehe **Abschnitt 4.2.1**):

$$g_\lambda(t) = x(t) + \lambda \dot{x}(t). \tag{6.21}$$

Hauptnormalenvektor

Wird der Tangenteneinheitsvektor T differenziert, so ergibt sich der Vektor

$$\dot{T} = \frac{\ddot{x}(\dot{x}, \dot{x}) - \dot{x}(\dot{x}, \ddot{x})}{|\dot{x}|^3}.$$

Der Vektor $\dot{T}$ ist zum Tangenteneinheitsvektor T orthogonal, denn Differenzieren der Identität $T^2 = 1$ ergibt unmittelbar $(T, \dot{T}) = 0$. Der zu $\dot{T}$ zugehörige Einheitsvektor heißt Hauptnormaleneinheitsvektor H (siehe **Bild 6.30**):

$$H = \frac{\dot{T}}{|\dot{T}|}. \tag{6.22}$$

Bogendifferenzial

Das Bogendifferenzial ds ist definiert als Grenzwert des Abstandes Δs zweier Punkte der Kurve mit den Ortsvektoren $x(t)$ und $x(t+\Delta t)$ für $\Delta t \to 0$ (siehe **Bild 6.31**):

$$\mathrm{d}s = \lim_{\Delta t\to 0} \Delta s = \lim_{\Delta t\to 0} |x(t+\Delta t)-x(t)| = \lim_{\Delta t\to 0} \frac{|x(t+\Delta t)-x(t)|}{\Delta t}\Delta t, \text{ d. h.}$$

$$\mathrm{d}s = |\dot{x}(t)|\,\mathrm{d}t. \tag{6.23}$$

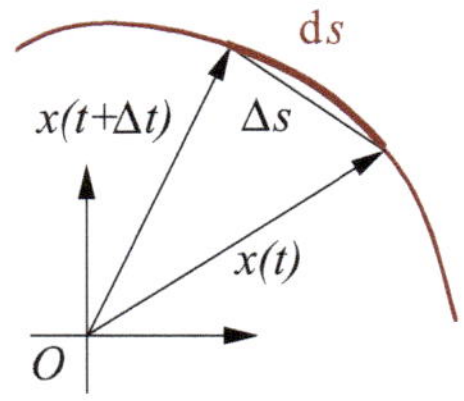

Bild 6.31 Definition des Bogendifferenzials

Der Betrag des Vektors $\dot{x}$ gibt somit die „Geschwindigkeit" der Vergrößerung der Bogenlänge der Kurve mit steigendem Parameter t an.

Krümmung, Krümmungsradius

Die Krümmung κ ist definiert als Geschwindigkeit der Veränderung des Winkels γ (bzw. des Betrages der Differenz) zwischen den Tangenteneinheitsvektoren $T(t)$ und $T(t+\Delta t)$ zweier Punkte der Kurve mit den Ortsvektoren $x(t)$ und $x(t+\Delta t)$ bezüglich ihres Abstandes Δs (siehe **Bild 6.32**):

$$\kappa = \lim_{\Delta t\to 0} \frac{|T(t+\Delta t)-T(t)|}{\Delta s} = \left|\frac{\mathrm{d}T}{\mathrm{d}s}\right| = \left|\frac{\mathrm{d}T}{\mathrm{d}t}\right| \frac{\mathrm{d}t}{\mathrm{d}s}, \tag{6.24}$$

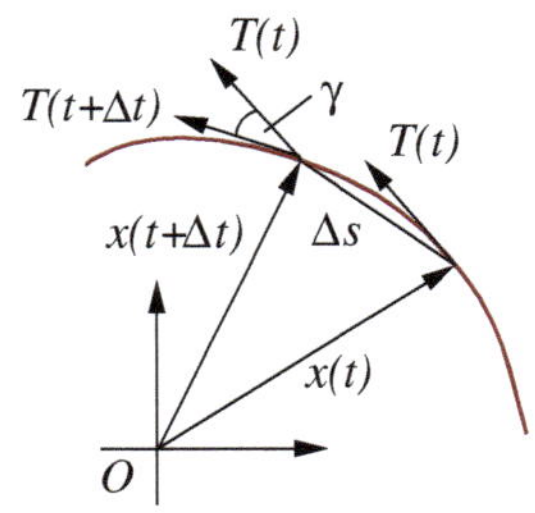

Bild 6.32 Definition der Krümmung

wenn noch die Kettenregel der Differenziation verwendet wird. Mit Gleichung (6.20) und (6.23) folgt nach dem Differenzieren

$$\kappa = \frac{\sqrt{(\dot{x},\dot{x})(\ddot{x},\ddot{x})-(\dot{x},\ddot{x})^2}}{|\dot{x}|^3}. \tag{6.25}$$

Die Krümmung ist damit ein Maß für die Abweichung der Kurve von der geradlinigen Tangentenrichtung. Der Krümmungsradius ist für $\kappa \neq 0$ die Zahl

$$\rho = 1/\kappa. \tag{6.26}$$

Krümmungskreis

Der Krümmungskreis befindet sich in der von dem Tangenten- und Hauptnormaleneinheitsvektor aufgespannten Ebene. Er hat dieselbe Tangente und dieselbe Krümmung (6.21) wie die Kurve im Punkt $X(t)$. Sein Berührungsradius ist zur Tangente orthogonal (siehe **Bild 6.30**). Der Ortsvektor m des Mittelpunktes M des Krümmungskreises ist demzufolge

$$m = x + \rho H. \tag{6.27}$$

Die Gleichungen (6.20), (6.22) (6.23), (6.25), (6.26) und (6.27) gelten auch für Raumkurven $x(t) = (x_1(t), x_2(t), x_3(t))^\top$.

Ebene Kurven Für ebene Kurven ergibt sich aus den genannten Gleichungen

$$T=\frac{1}{\sqrt{\dot{x}_1^2+\dot{x}_2^2}}\begin{pmatrix}\dot{x}_1\\ \dot{x}_2\end{pmatrix},\ H=\frac{\operatorname{sgn}(\dot{x}_1\ddot{x}_2-\dot{x}_2\ddot{x}_1)}{\sqrt{\dot{x}_1^2+\dot{x}_2^2}}\begin{pmatrix}-\dot{x}_2\\ \dot{x}_1\end{pmatrix},\ \mathrm{d}s=\sqrt{\dot{x}_1^2+\dot{x}_2^2}\,\mathrm{d}t,$$

$$\kappa=\frac{|\dot{x}_1\ddot{x}_2-\dot{x}_2\ddot{x}_1|}{\sqrt{\dot{x}_1^2+\dot{x}_2^2}^3},\qquad m=\begin{pmatrix}x_1\\ x_2\end{pmatrix}+\frac{\operatorname{sgn}(\dot{x}_1\ddot{x}_2-\dot{x}_2\ddot{x}_1)(\dot{x}_1^2+\dot{x}_2^2)}{|\dot{x}_1\ddot{x}_2-\dot{x}_2\ddot{x}_1|}\begin{pmatrix}-\dot{x}_2\\ \dot{x}_1\end{pmatrix}.$$

In Abhängigkeit vom Vorzeichen $\operatorname{sgn}(\dot{x}_1\ddot{x}_2-\dot{x}_2\ddot{x}_1)=1(-1)$ ist die Kurve mit steigendem Parameter nach links (rechts) gekrümmt.

Graph einer Funktion Ist die Kurve der Graph einer Funktion $y=f(x)$, so liegt eine spezielle Parametrisierung der Kurve vor mit den Funktionen

$x_1(t)=t,\ x_2(t)=f(t)$ sowie den Vektoren

$\dot{x}=(1,f'(t))^\top$ bzw. $\ddot{x}=(0,f''(t))^\top$.

Polarkoordinaten Ist die Kurve in Polarkoordinaten $r=r(\varphi)$ gegeben, so liegt ebenfalls eine spezielle Parametrisierung der Kurve vor mit den Funktionen

$x_1(\varphi)=r(\varphi)\cos\varphi$ bzw. $x_2(\varphi)=r(\varphi)\sin\varphi$ sowie den Vektoren

$\dot{x}=(r'\sin\varphi+r\cos\varphi,r'\cos\varphi-r\cos\varphi)^\top$ bzw.

$\ddot{x}=((r''-r)\sin\varphi+2r'\cos\varphi,(r''-r)\cos\varphi-2r'\sin\varphi)^\top$.

Die **Tabelle 6.2** enthält die Formeln in allen drei Fällen. κ_v ist die Krümmung mit Vorzeichen. Es gilt $\kappa=|\kappa_v|$.

Tabelle 6.2 Ebene Kurven, Differenzialgeometrie

Koordinaten	kartesisch	Parameterform	Polarkoordinaten
Kurve	$y=f(x)$	$x=(x_1(t),x_2(t))^\top$	$r=r(\varphi)$
Ableitungen	$y'=f'(x)$ $y''=f''(x)$	$\dot{x}=(\dot{x}_1,\dot{x}_2)^\top$ $\ddot{x}=(\ddot{x}_1,\ddot{x}_2)^\top$	$r'=r'(\varphi)$ $r''=r''(\varphi)$
Steigung	y'	$\dfrac{\dot{x}_2}{\dot{x}_1}$	$\dfrac{r'\sin\varphi+r\cos\varphi}{r'\cos\varphi-r\sin\varphi}$
Tangentenvektor	$\begin{pmatrix}1\\ y'\end{pmatrix}$	$\begin{pmatrix}\dot{x}_1\\ \dot{x}_2\end{pmatrix}$	$\begin{pmatrix}r'\cos\varphi-r\sin\varphi\\ r'\sin\varphi+r\cos\varphi\end{pmatrix}$
Normalenvektor	$\begin{pmatrix}-y'\\ 1\end{pmatrix}$	$\begin{pmatrix}-\dot{x}_2\\ \dot{x}_1\end{pmatrix}$	$\begin{pmatrix}-r'\sin\varphi-r\cos\varphi\\ r'\cos\varphi-r\sin\varphi\end{pmatrix}$
Bogendifferenzial $\mathrm{d}s$	$\sqrt{1+y'^2}\,\mathrm{d}x$	$\sqrt{\dot{x}_1^2+\dot{x}_2^2}\,\mathrm{d}t$	$\sqrt{r^2+r'^2}\,\mathrm{d}\varphi$
Krümmung mit Vorzeichen κ_v $\left(\text{Krümmungsradius } \rho=\dfrac{1}{\lvert\kappa_v\rvert}\right)$	$\dfrac{y''}{\sqrt{1+y'^2}^3}$	$\dfrac{\dot{x}_1\ddot{x}_2-\dot{x}_2\ddot{x}_1}{\sqrt{\dot{x}_1^2+\dot{x}_2^2}^3}$	$\dfrac{r^2+2r'^2-rr''}{\sqrt{r^2+r'^2}^3}$

Beispiel 6.57

Ebene Kurven

In der **Tabelle 6.3** sind für einen Kreis, eine Ellipse und eine Klothoide die entsprechenden differenzialgeometrischen Größen angegeben. Zusätzlich enthält die Tabelle

1. den Polarwinkel $\sigma \in [0, 2\pi)$, den die positive x-Achse mit dem Ortsvektor $x(t)$ des Punktes X der Kurve einschließt,
2. den Tangentenwinkel $\alpha \in [0, 2\pi)$, den die positive x-Achse mit der Tangente im Punkt X einschließt,
3. die Bogenlänge s vom Anfangspunkt der Kurve im Koordinatenursprung $(0, 0)$ zum Punkt X der Kurve mit dem Ortsvektor $x(t) = (x_1(t), x_2(t))^\top$. Sie errechnet sich i. Allg mithilfe des bestimmten Integrals (siehe **Abschnitt 7.9.1**):
$$s = \int_0^t \mathrm{d}s = \int_0^t \sqrt{\dot{x}_1^2(t) + \dot{x}_2^2(t)}\,\mathrm{d}t.$$

Tabelle 6.3 Ebene Kurven, Beispiele

Kurve $x(t) = (x_1(t), x_2(t))^\top$	Kreis Mittelpunkt $(0,0)$, Radius r	Ellipse Mittelpunkt $(0,0)$, Achsen a, b	Klothoide Anfang in $(0,0)$, Parameter $a > 0$
Parameterform	$x_1(t) = r\cos t$ $x_2(t) = r\sin t$ $t \in [0, 2\pi)$	$x_1(t) = a\cos t$ $x_2(t) = b\sin t$ $t \in [0, 2\pi)$	$x_1(t) = \int_0^t \cos \frac{x^2}{2a^2}\,\mathrm{d}x$ $x_2(t) = \int_0^t \sin \frac{x^2}{2a^2}\,\mathrm{d}x$ $t \geq 0$
Polarwinkel σ	t	$\sin\sigma = b\sin t/\lvert x(t)\rvert$ $\cos\sigma = a\cos t/\lvert x(t)\rvert$	$\sin\sigma = x_2(t)/\lvert x(t)\rvert$ $\cos\sigma = x_1(t)/\lvert x(t)\rvert$
Tangentenvektor	$\begin{pmatrix} -\sin t \\ \cos t \end{pmatrix}$	$\begin{pmatrix} -a\sin t \\ b\cos t \end{pmatrix}$	$\left(\cos\frac{t^2}{2a^2}, \sin\frac{t^2}{2a^2}\right)^\top$
Tangentenwinkel α	$t+\pi/2,\ t\in[0, 3\pi/2)$ $t-3\pi/2,\ t\in[3\pi/2, 2\pi)$	$\sin\alpha = b\cos t/\lvert x(t)\rvert$ $\cos\alpha = -a\sin t/\lvert x(t)\rvert$	$\frac{t^2}{2a^2}$
Normalenvektor	$\begin{pmatrix} -\cos t \\ -\sin t \end{pmatrix}$	$\begin{pmatrix} -b\cos t \\ -a\sin t \end{pmatrix}$	$\left(-\sin\frac{t^2}{2a^2}, \cos\frac{t^2}{2a^2}\right)^\top$
Bogendifferenzial $\mathrm{d}s$	$r\,\mathrm{d}t$	$\sqrt{a^2\cos t^2 + b^2\sin t^2}\,\mathrm{d}t$	$\mathrm{d}t$
Bogenlänge s	rt	$\int_0^t \mathrm{d}s$	t
Krümmung κ	$\frac{1}{r}$	$\frac{ab}{\sqrt{a^2\cos t^2 + b^2\sin t^2}^3}$	$\frac{t}{a^2}$

6.10 Anwendungen an Beispielen

6.10.1 Berechnung der Biegelinie eines Balkens

Ausgangssituation

Ein einseitig eingespannter und an seinem anderen Ende gelenkig gelagerter homogener Balken der Länge $l = 10$ m weist eine maximale Durchbiegung von $w_{\max} = 2$ cm auf (siehe **Bild 6.33**). Es ist die Biegelinie w des Balkens als Polynom geringsten Grades zu finden, das diesen Bedingungen genügt.

Lösungsweg

Offenbar hat die Biegelinie des Balkens an seinen Rändern Nullstellen, d. h., es gilt

$$w(0) = 0 \qquad \text{und} \qquad w(l) = 0. \tag{6.28}$$

Die Bedingung des Einspannens am linken Balkenende bedeutet, dass dort die Ableitung der Biegelinie (Verdrehung) verschwindet:

$$w'(0) = 0. \tag{6.29}$$

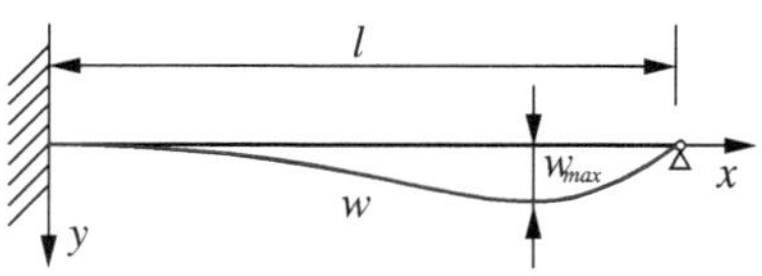

Bild 6.33 Balken mit Biegelinie w

Gelenkige Lagerung am rechten Balkenende hat zur Folge, dass dort keine Biegespannungen im Balkenquerschnitt und demzufolge auch kein Biegemoment auftritt. Zwischen Durchbiegung $w(x)$ und Biegemoment $M(x)$ an der Stelle x besteht der Zusammenhang $w''(x) = -M(x)/EI$ (siehe **Beispiel 6.14**). Daher folgt am rechten Balkenende (Stelle $x = l$) die Bedingung

$$w''(l) = 0. \tag{6.30}$$

Das sind vier Bedingungen an die Koeffizienten des zu ermittelnden Polynoms w. Außerdem soll es ein lokales Maximum $w_{\max}$ haben, das ist die fünfte Bedingung. Der Grad des gesuchten Polynoms beträgt daher mindestens vier, da mit den fünf Bedingungen fünf Koeffizienten des Polynoms bestimmt werden.

Mit Berücksichtigung der Nullstellen (6.28), d. h., seiner Linearfaktoren x und $x - l$, wird das Polynom in der Gestalt

$$w(x) = x(x-l)(ax^2+bx+c) = ax^4+(b-al)x^3+(c-bl)x^2-clx \tag{6.31}$$

mit zu bestimmenden Koeffizienten a, b, c gesucht. Zur Auswertung der Bedingungen (6.29) und (6.30) ist zunächst die Berechnung der ersten und zweiten Ableitung von w erforderlich. Aus (6.31) ergibt sich

$$w'(x) = 4ax^3 + 3(b-al)x^2 + 2(c-bl)x - cl, \tag{6.32}$$

$$w''(x) = 12ax^2 + 6(b-al)x + 2(c-bl). \tag{6.33}$$

Wird $x = 0$ in Gleichung (6.32) eingesetzt, so folgt mit Bedingung (6.29) unmittelbar

$$c = 0. \tag{6.34}$$

Wird $x = l$ in Gleichung (6.33) eingesetzt, so ergibt sich mit Gleichung (6.34) und Bedingung (6.30) der Zusammenhang zwischen den Koeffizienten a und b:

$$b = -1.5\,al. \tag{6.35}$$

Damit folgt zunächst für die gesuchte Funktion w

Ergebnis

$$w(x) = ax^4 - 2.5\,alx^3 + 1.5\,al^2x^2 = ax^2(x-l)(x-1.5\,l). \tag{6.36}$$

Jetzt ist noch der verbleibende Koeffizient a zu berechnen. Die Bedingung an das lokale Maximum der Funktion w an einer Stelle $x_{\max}$ bedeutet, dass dort notwendig ihre erste Ableitung gleich null ist. Aus (6.32) folgt für $x = x_{\max}$ mit Berücksichtigung von (6.34) und (6.35)

$$0 = w'(x_{\max}) = a\,x_{\max}(4x_{\max}^2 - 7.5l\,x_{\max} + 3l^2).$$

Da die kritische Stelle $x_{\max}$ im Intervall $(0, l)$ liegt, kommt dafür nur die Nullstelle des quadratischen Polynoms in Frage, die in dieses Intervall fällt. Mit der Lösungsformel für quadratische Gleichungen ergibt sich

$$x_{\max} = \frac{15 - \sqrt{33}}{16}l. \tag{6.37}$$

Aus der Funktionsgleichung (6.36) berechnet sich unter Berücksichtigung von $w(x_{\max}) = w_{\max}$ der verbleibende Koeffizient a:

$$a = \frac{w_{\max}}{x_{\max}^2(x_{\max}^2 - 2.5\,lx_{\max} + 1.5\,l^2)}. \tag{6.38}$$

Für $l = 10$ m und $w_{\max} = 0.02$ m folgt aus (6.37) und (6.38)

$$x_{\max} \approx 5.78 \text{ m}, \qquad a \approx 0.1538 \cdot 10^{-4}\ \text{m}^{-4}. \tag{6.39}$$

Die gesuchte Biegelinie ergibt sich aus Gleichung (6.36) mit dem Koeffizienten a aus (6.39).

6.10.2 Fahrbahnverziehung im Straßenbau

Ausgangssituation

Für die Konstruktion der Verziehungen der Fahrbahnränder einer Straße werden oft zwei als S-Bogen aneinandergesetzte quadratische Parabeln benutzt (**lineare Verziehung**). Die Gesamtlänge der Verziehungsstrecke wird mit L_z bezeichnet, die zu erreichende Verziehung am Ende der Verziehungsstrecke mit i (siehe **Bild 6.34**). Die Scheitel der Parabeln liegen dabei im Anfangspunkt bzw. Endpunkt der Verziehung auf dem Fahrbahnrand. Die Kopplung der Parabeln soll in der Mitte der Verziehungsstrecke so erfolgen, dass ein glatter Fahrbahnrandverlauf gewährleistet ist.

Lösungsweg

Ein kartesisches Koordinatensystem wird mit dem Ursprung in den

Scheitelpunkt der ersten Parabel und der y-Achse in Richtung ihrer Symmetrieachse gelegt. Auf der x-Achse wird die Verziehungslänge L_z und auf der y-Achse die Verziehung abgetragen (siehe **Bild 6.34**). Die Gleichung der ersten Parabel mit dem Scheitelpunkt $(0,0)$ ist (siehe **Abschnitt 4.2.2**)

$$y_1(x) = ax^2, \tag{6.40}$$

die Gleichung der zweiten Parabel mit dem Scheitelpunkt (L_z, i)

$$y_2(x) - i = b\,(x - L_z)^2 \tag{6.41}$$

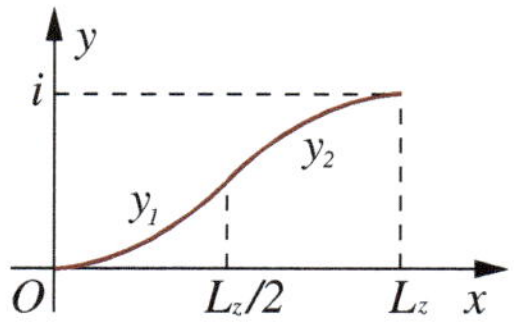

Bild 6.34 Lineare Verziehung

mit zu bestimmenden Koeffizienten a und b. Die Kopplungsbedingung („glatter Fahrbahnrand") bedeutet einerseits *Stetigkeit* der Verziehung an der Kopplungsstelle, d. h., das Übereinstimmen der beiden Funktionswerte von $y_1(x)$ und $y_2(x)$ an der Stelle $x = L_z/2$:

$$y_1\left(\frac{L_z}{2}\right) = y_2\left(\frac{L_z}{2}\right), \tag{6.42}$$

und andererseits *Differenzierbarkeit* der Verziehungsfunktion, d. h., das Übereinstimmen der beiden Ableitungen $y_1'(x)$ und $y_2'(x)$ an der Stelle $x = L_z/2$:

$$y_1'\left(\frac{L_z}{2}\right) = y_2'\left(\frac{L_z}{2}\right). \tag{6.43}$$

Die Gleichungen (6.42) und (6.43) bedeuten zwei Bedingungen an die beiden zu bestimmenden Koeffizienten a und b. Mit den Funktionsgleichungen (6.40) und (6.41) ergibt sich aus Gleichung (6.42)

$$a\frac{L_z^2}{4} = i + b\left(\frac{L_z}{2} - L_z\right)^2. \tag{6.44}$$

Mit den Ableitungen

$$y_1'(x) = 2ax \qquad \text{und} \qquad y_2'(x) = 2b\,(x - L_z)$$

folgt aus Gleichung (6.43)

$$2a\frac{L_z}{2} = 2b\left(\frac{L_z}{2} - L_z\right).$$

Aus dieser Gleichung ergibt sich $a = -b$ und damit nach Einsetzen in Gleichung (6.44)

$$a = \frac{2i}{L_z^2} \qquad \text{und} \qquad b = -\frac{2i}{L_z^2}.$$

Ergebnis

Die gesuchte Verziehungsfunktion lautet damit

$$y(x) = \begin{cases} y_1(x) = \dfrac{2i}{L_z^2}x^2, & 0 \le x \le \dfrac{L_z}{2}, \\ y_2(x) = i - \dfrac{2i}{L_z^2}(x - L_z)^2, & \dfrac{L_z}{2} \le x \le 1. \end{cases}$$

Bemerkung: Oft findet die so genannte **Einheitsverziehung** Verwendung, d. h., die Funktion $y(x)$ wird für $L_z = 1$ und $i = 1$ mit $y_e(x)$ bezeichnet und tabelliert:

$$y_e(x) = \begin{cases} 2x^2, & 0 \leq x \leq 0.5, \\ 1 - 2(x-1)^2, & 0.5 \leq x \leq 1. \end{cases}$$

Beide Funktionen sind verknüpft durch die Gleichung

$$y(x) = i\, y_e\left(\frac{x}{L_z}\right).$$

Um an einer Stelle $x^* \in [0, L_z]$ den Wert der Verziehung $y(x^*)$ mithilfe der Tabelle zu ermitteln, wird daher zuerst $x_e = x^*/L_z$ berechnet, danach $y_e(x_e)$ als Tabellenwert abgelesen und dieser anschließend mit i multipliziert.

6.10.3 Kuppen- und Wannenausrundung im Straßenbau

Ausgangssituation

Tritt im Höhenplan eines Straßenverlaufs ein Neigungswechsel auf, wird dieser mit einer so genannten **Kuppen-** bzw. **Wannenausrundung** ausgeglichen. Das bedeutet, dass die gerade Straßenachse g_1 mit der Neigung s_1 und die gerade Straßenachse g_2 mit der (davon verschiedenen) Neigung s_2 durch einen parabelförmigen Verlauf $y(x)$ so verbunden werden, dass sich ein glatter, d. h., stetiger und differenzierbarer, Verlauf der Straßenachse ergibt. Dabei wird der **Ausrundungshalbmesser** H als Radius des Krümmungskreises im Scheitelpunkt $S(x_s, y_s)$ der ausrundenden Parabel vorgegeben (siehe **Bild 6.35**). Für Kuppen ist $H < 0$ und für Wannen $H > 0$. Wird ein kartesisches Koordinatensystem mit dem Koordinatenursprung in den Berührungspunkt der Gerade g_1 mit der Parabel und der x-Achse als Gerade der Höhe 0 gelegt, so soll die Parabel achsparallel zur y-Achse sein. Außerdem sollen die x-Koordinaten vom Berührungspunkt der Gerade g_1 mit der Parabel, des **Tangentenschnittpunktes** T der berührenden Geraden g_1 und g_2 und vom Berührungspunkt der Gerade g_2 mit der Parabel im gleichen Abstand x_t voneinander liegen. Ermittelt werden sollen bei gegebenen Neigungen s_1, s_2 und Ausrundungshalbmesser H die Gleichung der Parabel y, ihr Scheitelpunkt $S(x_s, y_s)$, ihre Steigung s, der Abstand x_t, die Pfeilhöhe f als Differenz der y-Koordinaten des Tangentenschnittpunktes T und des Punktes $(x_t, y(x_t))$ auf der Parabel mit derselben x-Koordinaten x_t.

Lösungsweg

Die Gleichung der ausrundenden Parabel in Scheitelpunktsform (siehe **Abschnitt 4.2.2**) lautet

$$y(x) - y_s = p(x - x_s)^2. \tag{6.45}$$

Ihre Steigung ist die erste Ableitung der Funktion $y(x)$:

$$s(x) = y'(x) = 2p(x - x_s). \tag{6.46}$$

Die Gleichung der Gerade g_1 durch den Koordinatenursprung $(0, 0)$ mit der Steigung s_1 lautet (siehe **Abschnitt 4.2.1**)

$$y(x) = s_1 x. \tag{6.47}$$

Der Punkt T gehört der Gerade g_1 an. Seine y-Koordinate berechnet sich an der Stelle x_t aus Gleichung (6.47) als $y_t = s_1 x_t$. Die Gleichung der Gerade g_2 durch den Punkt $T(x_t, s_1 x_t)$ mit der Steigung s_2 lautet (siehe **Abschnitt 4.2.1**)

$$y(x) - s_1 x_t = s_2(x - x_t).$$

Der Punkt $(0,0)$ gehört wegen des *stetigen* Verlaufes der Straßenachse zur Parabel (6.45). Seine Koordinaten erfüllen diese Gleichung:

$$-y_s = p x_s^2. \tag{6.48}$$

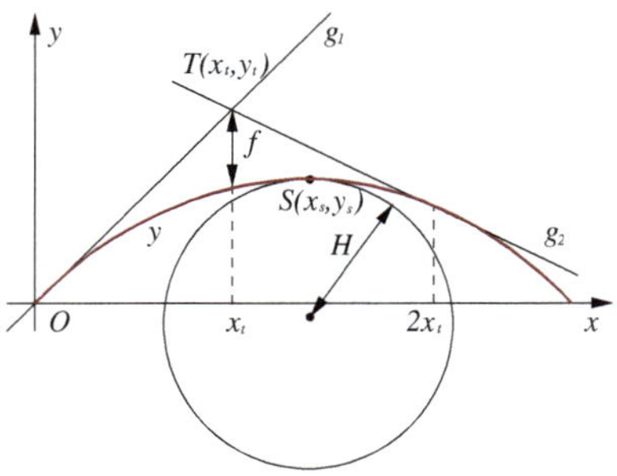

Bild 6.35 Kuppen- bzw. Wannenausrundung durch Parabel y

Die Steigung der Gerade g_1 und die Steigung $s(x)$ der Parabel im Punkt $(0,0)$ stimmen wegen des *glatten*, d. h., *differenzierbaren* Verlaufes der Straßenachse überein. Mit Gleichung (6.46) folgt

$$s_1 = -2p x_s. \tag{6.49}$$

Entsprechendes gilt für den Berührungspunkt der Gerade g_2 mit der Parabel an der Stelle $2x_t$. Mit Gleichung (6.46) ergibt sich

$$s_2 = 2p(2x_t - x_s). \tag{6.50}$$

Der Radius r des **Krümmungskreises** an den Graph einer Funktion y an der Stelle x ist (siehe z. B. [14])

$$r = \frac{\sqrt{(1 + y'(x)^2)^3}}{y''(x)}, \tag{6.51}$$

sein Mittelpunkt $(x, y(x) - r)$. An der Stelle x_s soll der Radius des Krümmungskreises an die Parabel gleich H sein. Mit der ersten Ableitung aus Gleichung (6.46) und der zweiten Ableitung $y''(x) = 2p$ folgt aus Gleichung (6.51) an der Stelle $x = x_s$

$$p = 1/(2H). \tag{6.52}$$

Ergebnis

Die Koordinaten des Scheitelpunktes S ergeben sich unmittelbar durch Einsetzen von (6.52) in (6.49) bzw. (6.48):

$$x_s = s_1 H \qquad \text{und} \qquad y_s = -s_1^2 H/2. \tag{6.53}$$

Aus Gleichung (6.50) berechnet sich x_t nach Einsetzen von (6.53):

$$x_t = H(s_2 - s_1)/2.$$

Die gesuchten Gleichungen der Parabel y und ihrer Steigung s ergeben sich aus den Gleichungen (6.45) und (6.46) mit p aus (6.52) und x_s, y_s aus (6.53):

$$y(x) = \frac{x^2}{2H} + s_1 x \qquad \text{und} \qquad s(x) = \frac{x}{H} + s_1.$$

Die Pfeilhöhe f ergibt sich schließlich aus (6.52) zu

$$f = -H(s_2 - s_1)^2/8.$$

6.10.4 Übergangsbogen und Überhöhungsrampen im Schienenbau

Ausgangssituation

Bei der Trassierung von Gleisen im Schienenbau dient die **Überhöhung** u dazu, die bei der Bogenfahrt auftretende Fliehbeschleunigung abzumindern, den Fahrkomfort zu verbessern und die Gleisbeanspruchung zu reduzieren. Als Form der Überhöhungsrampen kommen z. B. **geschwungene Rampen** in Frage, bei denen die Querschnittslinie über der Bemessungslänge l als Polynom so angesetzt wird, dass dort der Höhenunterschied u_h überwunden wird und außerdem ein glatter Übergang von der Höhe 0 zur Höhe u_h realisiert wird (Rampe nach *Bloss*, siehe **Bild 6.36**).

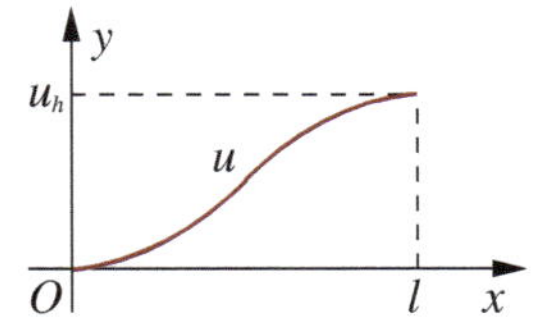

Bild 6.36 Überhöhungsrampe nach *Bloss*

Für das zu ermittelnde Polynom u ergeben sich auf diese Weise die Bedingungen

$$u(0) = 0,\ u(l) = u_h \quad \text{und} \quad u'(0) = 0,\ u'(l) = 0. \tag{6.54}$$

Die Festlegung von **Übergangsbögen** zwischen geradem und kreisbogenförmigem Gleisverlauf erfolgt so, dass die Krümmung der Gleiskurve stetig ist. Da die Fliehkraft proportional von der Krümmung der Gleiskurve abhängt, wird so ein „Ruck" bei der Fahrt entlang des Übergangsbogens vermieden. Der Krümmungsverlauf k kann über die Entwurfslänge l_U des Übergangsbogens ebenfalls als Polynom angesetzt werden, das im Anfangspunkt denselben Wert hat wie die Krümmung der Gerade (also 0) und im Endpunkt denselben Wert wie die Krümmung des Kreisbogens. Hat dieser den Radius r, so beträgt seine Krümmung $1/r$. *Bloss* fordert auch hier zusätzlich einen glatten (d. h., differenzierbaren) Krümmungsverlauf (siehe **Bild 6.37**).

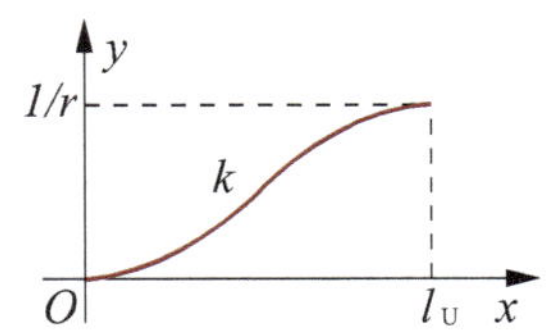

Bild 6.37 Krümmungsverlauf des Übergangsbogens nach *Bloss*

Damit ergeben sich an das gesuchte Polynom k folgende Bedingungen:

$$k(0) = 0,\ k(l_\text{U}) = 1/r \quad \text{und} \quad k'(0) = 0,\ k'(l_\text{U}) = 0. \tag{6.55}$$

Lösungsweg

In beiden Fällen ergeben sich an das gesuchte Polynom vier analoge Bedingungen. Daher kann ein Polynom dritten Grades mit vier zu bestimmenden Koeffizienten angesetzt werden:

$$y(x) = a_3x^3 + a_2x^2 + a_1x + a_0. \tag{6.56}$$

Die Bedingungen aus (6.54) bzw. (6.55) lauten

$$y(0) = 0,\ y(l) = y_l \quad \text{und} \quad y'(0) = 0,\ y'(l) = 0 \tag{6.57}$$

mit $y_l = u$ für die Überhöhungsrampe und $y_l = 1/r$, $l = l_\text{U}$ für den Übergangsbogen. Die Bedingungen (6.57) erfordern das Auswerten der Ableitung y'. Es ist

$$y(x) = 3a_3x^2 + 2a_2x + a_1. \tag{6.58}$$

Aus $y(0) = 0$ folgt nach Einsetzen von $x = 0$ in (6.56) unmittelbar

$$a_0 = 0, \tag{6.59}$$

und aus $y'(0) = 0$ folgt nach Einsetzen von $x = 0$ in (6.58) unmittelbar

$$a_1 = 0. \tag{6.60}$$

Wird jetzt $x = l$ in Gleichung (6.56) unter Berücksichtigung der gefundenen Koeffizienten (6.59) und (6.60) eingesetzt, so ist

$$y_l = a_3 l^3 + a_2 l^2, \tag{6.61}$$

analog ergibt sich aus (6.58) für $x = l$

$$0 = 3a_3 l^2 + 2a_2 l. \tag{6.62}$$

Die Gleichungen (6.61) und (6.62) bilden ein lineares Gleichungssystem mit den beiden Unbekannten a_3 und a_2:

$$\begin{pmatrix} l^3 & l^2 \\ 3l^2 & 2l \end{pmatrix} \begin{pmatrix} a_3 \\ a_2 \end{pmatrix} = \begin{pmatrix} y_l \\ 0 \end{pmatrix}.$$

Zu seiner Lösung kann z. B. die Regel von Cramer angewendet werden (siehe **Abschnitt 3.4.4**). Die Lösung ist

$$a_3 = -\frac{2y_l}{l^3} \quad \text{und} \quad a_2 = \frac{3y_l}{l^2}.$$

Die gesuchte Funktion $y(x)$ lautet damit

$$y(x) = -\frac{2y_l}{l^3}x^3 + \frac{3y_l}{l^2}x^2.$$

Ergebnis

Für die Überhöhung u ergibt sich daraus

$$u(x) = -\frac{2u_h}{l^3}x^3 + \frac{3u_h}{l^2}x^2, \; x \in [0, l],$$

und für die Krümmung k des Übergangsbogens

$$k(x) = -\frac{2}{rl_U^3}x^3 + \frac{3}{rl_U^2}x^2, \; x \in [0, l_U].$$

6.10.5 Berechnung von Punkten einer Klothoide

Ausgangssituation

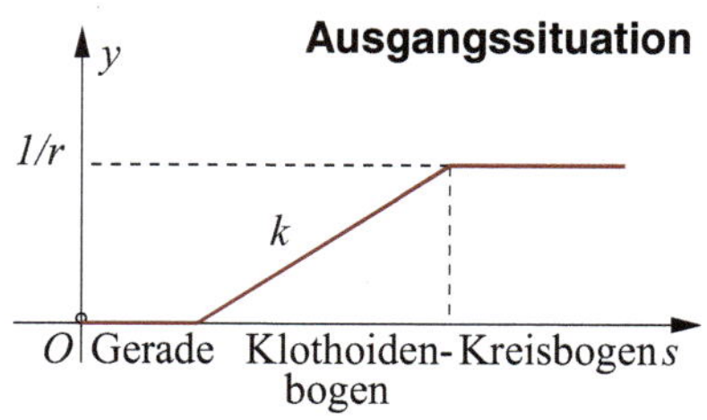

Bild 6.38 Krümmungsverlauf

Im Straßen- und Schienenbau werden als Verbindung von geraden- und kreisförmigen Fahrbahnachsen oft Klothoidenbögen verwendet. Ihre Krümmung k ist proportional zur Bogenlänge s mit dem Proportionalitätsfaktor $1/a^2$, $a > 0$. Damit wird ein stetiger Krümmungsverlauf entlang der Fahrbahnachse erreicht, beginnend mit der Gerade der Krümmung 0 bis zum Kreisbogen mit dem Radius r und der Krümmung $1/r$ (siehe **Bild 6.38**). Da die Beträge vom Beschleunigungsvektor und damit auch der Fliehkraft proportional zur Krümmung sind, wird so gewährleistet, dass kein „Ruck“ beim Durchfahren von einem geraden in einen kreisförmigen Fahrbahnverlauf entsteht (siehe auch **Abschnitt 6.10.4**). Die Verbindung durch einen Klothoidenbogen hat gegenüber der polynomialen den Vorteil, dass der Einschlagwinkel beim Lenken entlang der Klothoide ebenfalls proportional zur Bogenlänge zunimmt, sodass der Fahrer eine gleichmäßige Lenkradbewegung ausführen kann.

Lösungsweg

Beim Abstecken von Punkten $P_i,\ i = 1, 2, ..., n$, der Klothoide, die den Bogenlängen $0 < l_1 < l_2 < ... < l_n$ entsprechen (siehe **Bild 6.39**), ist die Ermittlung ihrer Koordinaten (x_i, y_i) im lokalen Koordinatensystem mit dem Ursprung im Anfangspunkt der Klothoide und der x-Achse in Richtung der Gerade erforderlich. Für ihre Ermittlung wird die *Parameterdarstellung* der Klothoide verwendet:

$$\begin{cases} x_i = x(l_i) = \displaystyle\int_0^{l_i} \cos\frac{s^2}{2a^2}\,ds = a\int_0^{l_i/a} \cos\frac{s^2}{2}\,ds \\ y_i = y(l_i) = \displaystyle\int_0^{l_i} \sin\frac{s^2}{2a^2}\,ds = a\int_0^{l_i/a} \sin\frac{s^2}{2}\,ds \end{cases} \qquad (6.63)$$

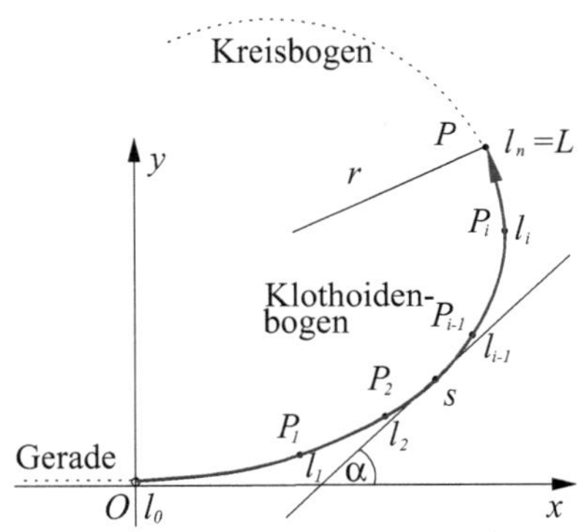

Bild 6.39 Klothoidenbogen und Zwischenpunkte

Für die Bestimmung der Koordinaten x_i und y_i ist die Auswertung von *bestimmten Integralen* erforderlich, die in **Kapitel 7** erklärt werden. Die analytische (genaue) Berechnung der Integrale in (6.63) ist aufgrund der Integranden $\cos(s^2/2)$ und $\sin(s^2/2)$ nicht möglich. Problemlos integriert werden können hingegen Polynome. Die Integranden sollen daher näherungsweise durch Polynome ersetzt werden. Dabei wird die Zerlegung der Funktionen $\sin x$ und $\cos x$ in ein Taylor-Polynom (siehe **Abschnitt 6.8**) benutzt.

Für die Funktion $f(x) = \cos x$ lauten die Ableitungen

$$f'(x) = -\sin x,\ f''(x) = -\cos x,\\ f'''(x) = \sin x,\quad f^{IV}(x) = \cos x,\ ..., \qquad (6.64)$$

und mit dem Taylor-Polynom (6.15) an der Stelle $x_0 = 0$ ergibt sich

$$\cos x = 1 - \frac{x^2}{2!} + \frac{x^4}{4!} - \frac{x^6}{6!} + ... + (-1)^n\frac{x^{2n}}{(2n)!} + R_{2n+1}(x), \qquad (6.65)$$

wobei für das Restglied nach Lagrange $R_{2n}(x)$ gemäß (6.17)

$$R_{2n+1}(x) = \frac{f^{(2n+2)}(\xi)}{(2n+2)!}x^{2n+2} \text{ mit } \xi \in [0, x]$$

und wegen der Beschränktheit der Beträge der Ableitungen (6.64)

$$R_{2n+1}(x) \le \frac{x^{2n+2}}{(2n+2)!}$$

gilt. Damit ist für beliebiges $x \in \mathbb{R}$

$$\lim_{n\to\infty} R_{2n+1}(x) = 0,$$

sodass der Funktionswert $\cos x$ mit dem Taylor-Polynom (6.65) bei genügend großer Wahl von n hinreichend genau bestimmt werden kann.

Ergebnis

Bei Verwendung des Taylor-Polynoms (6.65) für $x = s^2/2$ folgt

$$\cos\frac{s^2}{2} \approx 1 - \frac{s^4}{2!\,2^2} + \frac{s^8}{4!\,2^4} - \frac{s^{12}}{6!\,2^6} + \ldots + (-1)^n \frac{(s^2)^{2n}}{(2n)!\,2^{2n}} \tag{6.66}$$

als Näherung des Interganden $\cos\frac{s^2}{2}$ durch ein Polynom. Analog ist

$$\sin\frac{s^2}{2} \approx \frac{s^2}{2} - \frac{s^6}{3!\,2^3} + \frac{s^{10}}{5!\,2^5} + \ldots + (-1)^n \frac{(x^2)^{2n+1}}{(2n+1)!\,2^{2n+1}}. \tag{6.67}$$

Bemerkung: Bei Benutzung der Taylor-Zerlegungen (6.66)und (6.67) für $n=2$, d. h., jeweils mit drei Gliedern, ergibt sich nach dem Integrieren mit der Bezeichnung $l = l_i/a$

$$x_i = a\int_0^l \cos\frac{s^2}{2}\,ds \approx a\left(l - \frac{l^5}{5\cdot 2!\,2^2} + \frac{l^9}{9\cdot 4!\,2^4}\right) = a\,l\left(1 + l^4\left(\frac{l^4}{3456} - \frac{1}{40}\right)\right),$$

$$y_i = a\int_0^l \sin\frac{s^2}{2}\,ds \approx a\left(\frac{l^3}{3\cdot 2} - \frac{l^7}{7\cdot 3!\,2^3} + \frac{l^{11}}{11\cdot 5!\,2^5}\right) = a\,l^3\left(\frac{1}{6} + l^4\left(\frac{l^4}{42\,240} - \frac{1}{336}\right)\right).$$

7 Integralrechnung für Funktionen einer Veränderlichen

Der Begriff des bestimmten Integrals ist verbunden mit der Berechnung des Inhaltes der Fläche zwischen dem Graph einer Funktion auf einem Intervall $[a, b]$, der x-Achse und den begrenzenden Geraden $x = a$ und $x = b$. Mithilfe des bestimmten Integrals wird die Stammfunktion und der Zusammenhang von Differenzial- und Integralrechnung erklärt. Der Hauptsatz der Differenzial- und Integralrechnung zeigt die Berechnung des bestimmten Integrals mit einer beliebigen Stammfunktion. Eine Tabelle unbestimmter Integrale sowie einige Integrationsmethoden werden angegeben. An typischen Anwendungsbeispielen wie der Berechnung von Flächen und Bogenlängen, Volumina und Oberflächen von Rotationskörpern, Schwerpunkten und Querschnittswerten wird mithilfe der Bildung der Riemannschen Summe gezeigt, wie entsprechende bestimmte Integrale für die jeweilige physikalischen Größe abgeleitet werden.

Bezeichnungen

Das unbestimmte Integral einer Funktion f wird mit $\int f(x)\,dx$ bezeichnet. Das bestimmte Integral einer Funktion f auf dem Intervall $[a, b]$ wird mit $\int_a^b f(x)\,dx$ bezeichnet.

7.1 Einführung

Untersucht werden soll die Möglichkeit der Berechnung von Inhalten ebener Flächen, z. B. des Flächenstücks zwischen der x-Achse, dem Graph einer Funktion f und den beiden Geraden $x = a$, $x = b$ (siehe **Bild 7.1**).

Als Beispiel soll die Funktion $f(x) = x$ betrachtet werden. Sei $a = 0$. Dann ist der gesuchte Flächeninhalt F der eines rechtwinkligen Dreiecks mit der Grundseite b und der Höhe b, sodass $F = b^2/2$ beträgt.

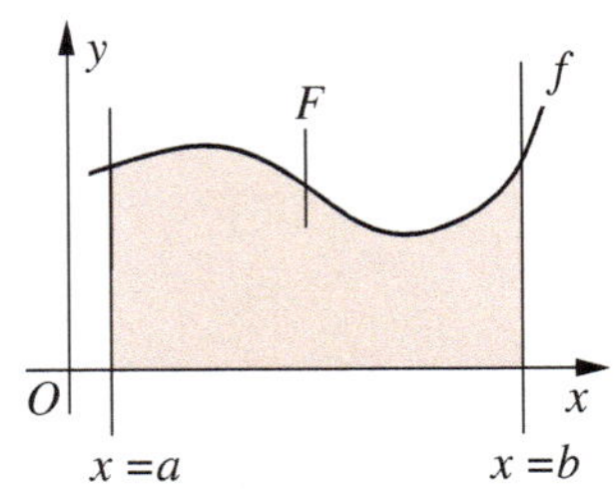

Bild 7.1 Flächeninhalt

Da für beliebige Funktionen f eine direkte Berechnung des Flächeninhaltes nicht unbedingt möglich ist, soll versucht werden, den gesuchten Flächeninhalt F durch eine Summe von Flächeninhalten von Rechtecken anzunähern (siehe **Bild 7.2**). Dazu wird das Intervall $[0, b]$ in n gleiche Teilintervalle $[x_k, x_{k+1}]$ der Länge $x_{k+1} - x_k = b/n$ geteilt. Die Teilpunkte sind

$$x_k = k\,\frac{b}{n}, \quad k = 0, ..., n.$$

Einerseits kann die Annäherung der Fläche F als Summe der Flächen von Rechtecken innerhalb des Dreiecks erfolgen:

$$s_n = \sum_{k=0}^{n-1} (x_{k+1} - x_k) f(x_k), \tag{7.1}$$

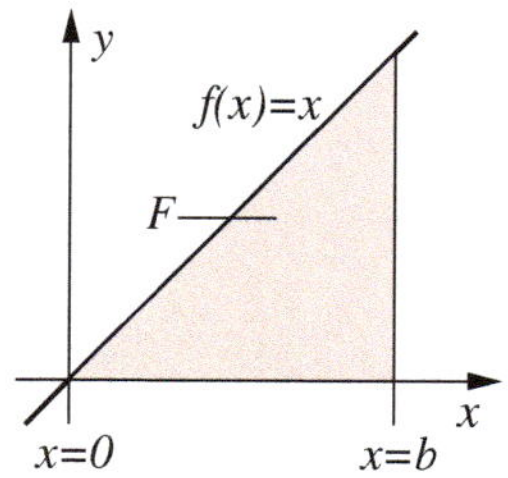

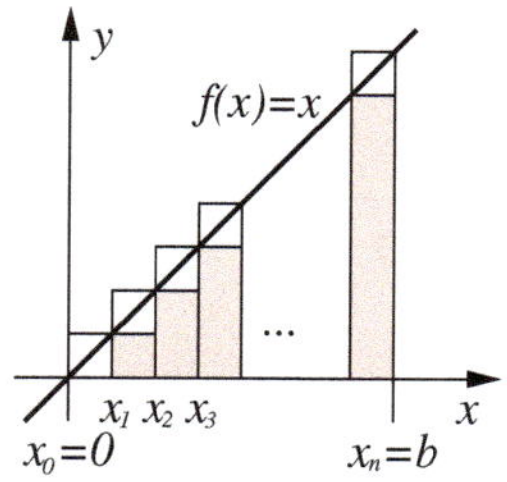

Bild 7.2 Annäherung des Flächeninhaltes

andererseits als Summe der Flächen von Rechtecken, die das Dreieck vollständig bedecken:

$$S_n = \sum_{k=0}^{n-1} (x_{k+1} - x_k) f(x_{k+1}). \tag{7.2}$$

Dann gilt offensichtlich

$$s_n \leq F \leq S_n.$$

Für die Funktion $f(x) = x$ folgen mit (7.1), (7.2), $x_{k+1} - x_k = b/n$ und $f(x_k) = x_k = kb/n$ der Reihe nach die Ungleichungen

$$\begin{aligned}
\frac{b}{n}\sum_{k=0}^{n-1} f(x_k) \quad &\leq F \leq \frac{b}{n}\sum_{k=0}^{n-1} f(x_{k+1}),\\
\frac{b}{n}\sum_{k=0}^{n-1} k\,\frac{b}{n} \quad &\leq F \leq \frac{b}{n}\sum_{k=0}^{n-1} (k+1)\,\frac{b}{n},\\
\frac{b^2}{n^2}\,\frac{n(n-1)}{2} &\leq F \leq \frac{b^2}{n^2}\,\frac{n(n+1)}{2},\\
\frac{b^2}{2}\left(1 - \frac{1}{n}\right) \quad &\leq F \leq \frac{b^2}{2}\left(1 + \frac{1}{n}\right).
\end{aligned}$$

Die Folge $0.5b^2\,(1 - 1/n)$ ist monoton steigend und beschränkt nach oben durch F, sie konvergiert gegen den Grenzwert $0.5b^2$. Die Folge $0.5b^2\,(1 + 1/n)$ ist monoton fallend und beschränkt nach unten durch F, sie konvergiert ebenfalls gegen den Grenzwert $0.5b^2$. Nach dem Vergleichskriterium (siehe **Abschnitt 5.2**) ist daher $F = 0.5b^2$.

7.2 Obersumme, Untersumme, Zwischensumme

Die Idee der Annäherung der gesuchten Fläche durch eine Summe von Flächen von Rechtecken, deren Vereinigung vollständig in ihr enthalten ist bzw. sie vollständig einschließt, wird verallgemeinert. Die Riemann-Summe als Näherung für die gesuchte Fläche wird eingeführt.

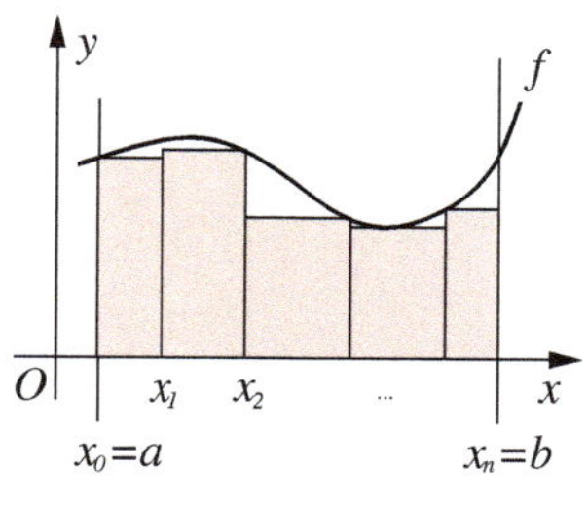

Bild 7.3 Untersumme

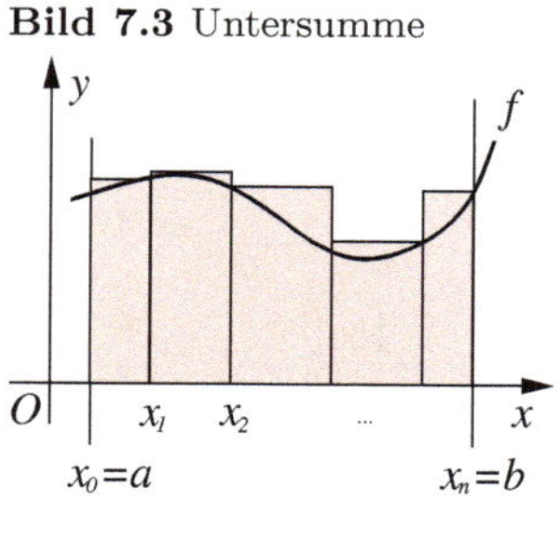

Bild 7.4 Obersumme

Gewählt wird eine beliebige (nicht unbedingt äquidistante) Zerlegung des Intervalls $[a, b]$

$$a = x_0 < x_1 < x_2 < ... < x_{n-1} < x_n = b \tag{7.3}$$

in n Teilintervalle $[x_k, x_{k+1}],\ k = 0, ..., n-1$.

Auf jedem der k Teilintervalle existiert für stetige Funktionen f nach dem **Satz 5.45 von Weierstraß** jeweils das Infimum und das Supremum

$$m_k = \inf_{x \in [x_k, x_{k+1}]} f(x), \qquad M_k = \sup_{x \in [x_k, x_{k+1}]} f(x). \tag{7.4}$$

Die Summen

$$s_n = \sum_{k=0}^{n-1} m_k(x_{k+1} - x_k) \quad \text{bzw.} \quad S_n = \sum_{k=0}^{n-1} M_k(x_{k+1} - x_k) \qquad (7.5)$$

werden **Untersumme** (siehe **Bild 7.3**) bzw. **Obersumme** (siehe **Bild 7.4**) genannt.

Wird auf jedem der k Teilintervalle ein *beliebiger* Zwischenpunkt $t_k \in [x_k, x_{k+1}]$ gewählt und der Funktionswert $f(t_k)$ als Höhe des Rechtecks benutzt, so ergibt sich eine **Zwischensumme** oder **Riemann-Summe** Z_n (siehe **Bild 7.5**) :

$$Z_n = \sum_{k=0}^{n-1} f(t_k)(x_{k+1} - x_k). \qquad (7.6)$$

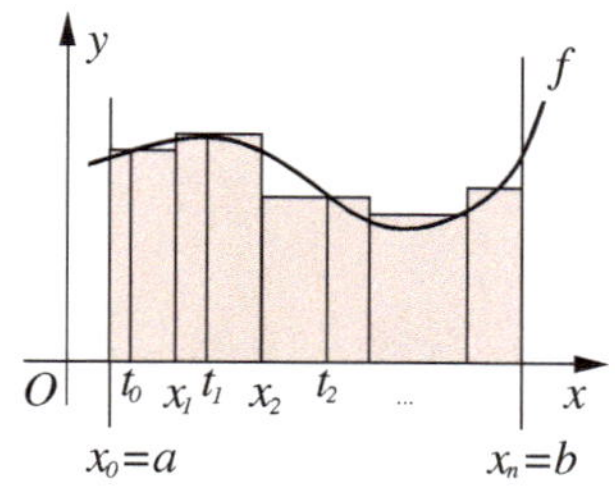

Bild 7.5 Riemann-Summe

Weil $m_k \leq f(t_k) \leq M_k$ ist, liegt eine Zwischensumme stets zwischen Ober- und Untersumme. Mit $m = \inf\limits_{x\in[a,b]} f(x)$ und $M = \sup\limits_{x\in[a,b]} f(x)$ als Infimum und Supremum auf dem gesamten Intervall ergibt sich damit

$$m(b-a) \leq s_n \leq Z_n \leq S_n \leq M(b-a). \qquad (7.7)$$

Bei feiner werdender Unterteilung ($n \to \infty$), bei der stets Teilpunkte hinzugefügt werden, ist die Folge s_n der Untersummen monoton steigend und die Folge S_n der Obersummen monoton fallend. Beide Folgen sind außerdem aufgrund der Ungleichung (7.7) beschränkt und konvergieren daher (siehe **Satz 5.13**, **Abschnitt 5**). Konvergiert bei diesem Grenzprozess die maximale Länge der Teilintervalle gegen null, so ist für stetige Funktionen $\lim\limits_{n\to\infty} m_k = \lim\limits_{n\to\infty} M_k$ und damit $\lim\limits_{n\to\infty} s_n = \lim\limits_{n\to\infty} S_n$. Aufgrund der Ungleichung (7.7) und des Vergleichskriteriums für konvergente Folgen (siehe **Abschnitt 5.2**) konvergieren daher die Folgen s_n der Untersummen, die Folge S_n der Obersummen und die Folge Z_n der Zwischensummen gegen dieselbe Zahl.

Bernhard Georg Friedrich Riemann (* 17. September 1826 in Breselenz bei Dannenberg (Elbe), † 20. Juli 1866 in Selasca am Lago Maggiore)

deutscher Mathematiker, Professor für Mathematik in Göttingen

Begründer der Riemann-Geometrie, Wegbereiter von Einsteins allgemeiner Relativitätstheorie, einer der Begründer der Theorie der Funktionen komplexer Veränderlicher, Integralrechnung, Arbeiten zu Differenzialgleichungen (Variationsansatz, Abbildungssatz) und Anwendungen auf physikalische Fragen (Mechanik, Elektrizität, Magnetismus), Zahlentheorie (Verteilung der Primzahlen, bis heute unbewiesene Riemann-Vermutung über die Nullstellen der Zeta-Funktion, die von tragender Bedeutung für die Zahlentheorie ist)

hier: Riemann-Summe

Der bisher betrachtete Grenzprozess schränkte die betrachteten Folgen von Unter-, Ober- und Zwischensummen auf solche ein, bei denen die Teilpunkte einer Zerlegung stets erhalten blieben (und nur Teilpunkte hinzugefügt, nicht aber verschoben wurden). Außerdem wurde dabei die Funktion $f(x)$ als stetig vorausgesetzt.

7.3 Das bestimmte Integral

Die Definition des bestimmten Integrals erfordert die Konvergenz beliebiger Folgen von Zwischensummen gegen ein- und dieselbe Zahl. Einige Klassen integrierbarer Funktionen werden angegeben. Nicht nur stetige Funktionen sind integrierbar.

Definition 7.1

Sei f eine auf dem Intervall $[a, b]$ beschränkte Funktion. Sie heißt **integrierbar** auf $[a, b]$, falls jede Folge von Zwischensummen Z_n aus (7.6) unabhängig von der Zerlegung des Intervalls $[a, b]$ und der Wahl von Zwischenpunkten t_k gegen dieselbe Zahl I konvergiert, wobei die maximale Länge der Teilintervalle gegen null konvergiert:

$$\lim_{n\to\infty} Z_n = I = \int_a^b f(x)\,\mathrm{d}x.$$

Die Zahl I heißt **bestimmtes Integral** der Funktion f auf dem Intervall $[a, b]$.

Bemerkung 7.2

1. Ist f stetig und gilt $f(x) \geq 0$ auf $[a, b]$, so ist das Integral gleich dem Inhalt des vom Graph von f, der x-Achse und den Geraden $x = a$, $x = b$ eingeschlossenen Flächenstücks.
2. Die Intervallgrenzen a und b heißen **untere** bzw. **obere Integrationsgrenze**, x heißt **Integrationsvariable**. Die Änderung der Integrationsvariablen entspricht der Änderung der Bezeichnung der horizontalen Achse des Koordinatensystems und spielt daher für die Definition des Integrals keine Rolle. Es ist z. B.

$$\int_a^b f(x)\,\mathrm{d}x = \int_a^b f(t)\,\mathrm{d}t.$$

Das folgende Beispiel zeigt, dass integrierbare Funktionen nicht unbedingt stetig sein müssen.

Integrierbarkeit

Beispiel 7.3

Ist die folgende Funktion (siehe **Bild 7.6**)

$$f(x) = \begin{cases} 0, & x \neq p,\ p \in (a, b), \\ c, & x = p,\ c > 0, \end{cases} \quad x \in [a, b]$$

mit einer Lücke an der Stelle p integrierbar?

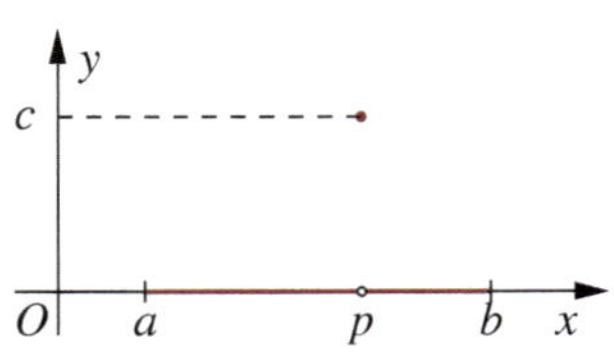

Bild 7.6 Funktion f mit Lücke

Sei $x_0, x_1, \ldots, x_n$ eine beliebige Zerlegung des Intervalls $[a, b]$ so, dass die Stelle p innerhalb des i-ten Teilintervalls liegt: $p \in [x_{i-1}, x_i]$. Dann ist offenbar für alle Teilintervalle außer dem i-ten $m_k = M_k = 0$. Dort gilt $m_k = 0$ und $M_k = c$. Folgende Unter- und Obersumme ergibt sich:

$$s_n = \sum_{k=0}^{n-1} m_k(x_{k+1} - x_k) = 0, \qquad S_n = \sum_{k=0}^{n-1} M_k(x_{k+1} - x_k) = c\,(x_i - x_{i-1}).$$

Konvergiert für $n \to \infty$ die Länge des *maximalen* Teilintervalls gegen null, so auch die Länge $(x_i - x_{i-1})$ des i-ten, und es ist

$$\lim_{n\to\infty} s_n = \lim_{n\to\infty} S_n = 0.$$

Die Folge jeder Zwischensumme konvergiert wegen der Ungleichung (7.7) ebenfalls gegen null.

Integrierbare Funktionen

Funktionen mit folgenden Eigenschaften sind integrierbar:

1. Ist eine Funktion f auf dem Intervall $[a, b]$ stetig, so ist sie dort integrierbar.
2. Ist eine Funktion f auf dem Intervall $[a, b]$ nur in endlich vielen Stellen von 0 verschieden (und daher auf $[a, b]$ *nicht stetig*), so ist f integrierbar, und es gilt
   $$\int_a^b f(x)\,\mathrm{d}x = 0.$$
3. Wird eine integrierbare Funktion in endlich vielen Stellen abgeändert, so bleibt die Funktion integrierbar, und der Wert des Integrals ändert sich dabei nicht.
4. Stückweise stetige (d. h., auf endlich vielen Teilintervallen stetige) Funktionen sind integrierbar.

Weil für integrierbare Funktionen *jede* Folge der Zwischensummen gegen dieselbe Zahl konvergiert, kann das bestimmte Integral als Grenzwert der Folge der Zwischensummen bei *spezieller* Wahl der Teilintervalle und der Zwischenpunkte berechnet werden. Im folgenden Beispiel wird so das bestimmte Integral einer linearen Funktion ermittelt.

Beispiel 7.4

Bestimmtes Integral der linearen Funktion

Die Funktion $f(x) = \alpha x + \beta$ (siehe **Bild 7.7**) ist auf dem Intervall $[a, b]$ stetig und daher integrierbar. Ihr Integral ist zu berechnen.

Die Teilpunkte x_k der Zerlegung Z_n werden so gewählt, dass das Intervall $[a, b]$ in n gleiche Teile unterteilt wird. Als Zwischenpunkte t_k werden die Halbierungspunkte der Teilintervalle $[x_k, x_{k+1}]$ genommen:

$$x_k = a + kh, \quad t_k = x_k + \frac{h}{2}, \quad h = \frac{b-a}{n}, \quad k = 0, 1, \ldots, n, \quad x_0 = a.$$

Die Berechnung der Summe Z_n liefert

$$\begin{aligned} Z_n &= \sum_{k=0}^{n-1} f(t_k)(x_{k+1} - x_k) = h \sum_{k=0}^{n-1} \left(\alpha\left(x_k + \frac{h}{2}\right) + \beta\right) \\ &= h \sum_{k=0}^{n-1} \left(\alpha\left(a + kh + \frac{h}{2}\right) + \beta\right) = \beta hn + \alpha h\left(na + n\frac{h}{2} + h\frac{n(n-1)}{2}\right) \\ &= \beta(b-a) + \alpha hn\left(a + \frac{h}{2} + h\frac{(n-1)}{2}\right) = \beta(b-a) + \alpha(b-a)\frac{2a + hn}{2} \\ &= \alpha\frac{b^2 - a^2}{2} + \beta(b-a). \end{aligned}$$

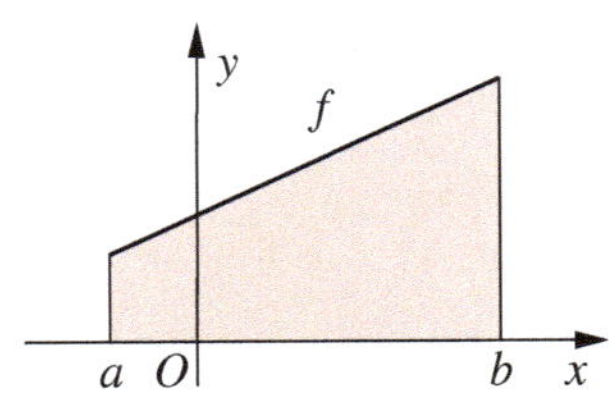

Bild 7.7 Lineare Funktion f

7.4 Eigenschaften des bestimmten Integrals

Das bestimmte Integral hat eine Reihe von Eigenschaften, die bei seiner Berechnung Anwendung finden. Insbesondere kann der Integrationsbereich unterteilt werden, und das Integrieren einer Linearkombination von

Funktionen kann auf das Integrieren dieser Funktionen zurückgeführt werden. Ungleichungen für bestimmte Integrale geben die Möglichkeit, ihre Werte abzuschätzen. Der Mittelwertsatz der Integralrechnung vergleicht das bestimmte Integral mit der Fläche eines Rechtecks, dessen Grundseite mit der des Integrationsbereiches übereinstimmt.

Unterteilung des Integrationsintervalls

1. Die Funktion f ist genau dann auf dem Intervall $[a,b]$ integrierbar, wenn sie auf den Intervallen $[a,c]$ und $[c,b]$ integrierbar ist, wobei $c \in [a,b]$ ist. Dabei gilt

$$\int_a^b f(x)\,\mathrm{d}x = \int_a^c f(x)\,\mathrm{d}x + \int_c^b f(x)\,\mathrm{d}x. \tag{7.8}$$

Der Satz bleibt auch dann richtig, wenn $[a,b]$ in *endlich viele* Teilintervalle zerlegt wird.

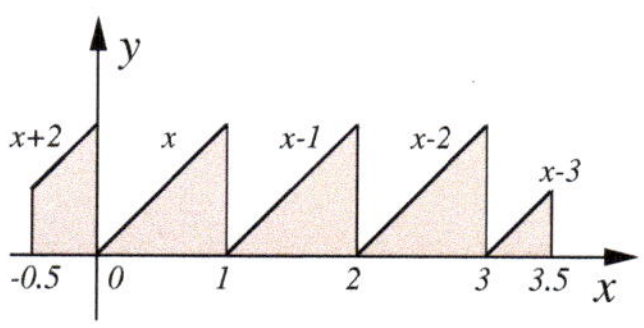

Bild 7.8 Funktion $f(x) = x - |x|$

Integriert werden soll die stückweise stetige Funktion $f(x) = x - [x]$ auf dem Intervall $[a,b] = [-0.5, 3.5]$ (siehe **Bild 7.8**). Dabei bedeutet $[x]$ diejenige ganze Zahl g, für die $g \le x < g+1$ ist. Z. B. ist $[3.2] = 3$, $[-2.7] = -3$, $[11] = 11$.

Mit mehrfacher Anwendung von (7.8) ergibt sich

$$\int_{-0.5}^{3.5} f(x)\,\mathrm{d}x = \int_{-0.5}^{0} (x+1)\,\mathrm{d}x + \int_0^1 x\,\mathrm{d}x + \int_1^2 (x-1)\,\mathrm{d}x + \int_2^3 (x-2)\,\mathrm{d}x + \int_3^{3.5} (x-3)\,\mathrm{d}x = 2.$$

Gleiche Integrationsgrenzen
Tausch der Integrationsgrenzen

2. Vereinbarungsgemäß ist

$$\int_a^a f(x)\,\mathrm{d}x = 0 \quad \text{und} \quad \int_a^b f(x)\,\mathrm{d}x = -\int_b^a f(x)\,\mathrm{d}x. \tag{7.9}$$

Linearität

3. Seien f und g auf dem Intervall $[a,b]$ integrierbare Funktionen und $\lambda \in \mathbb{R}$ eine beliebige reelle Zahl. Dann sind die Funktionen $f+g$ und $\lambda\, f$ integrierbar, und es ist

$$\begin{aligned} \int_a^b (f(x)+g(x))\,\mathrm{d}x &= \int_a^b f(x)\,\mathrm{d}x + \int_a^b g(x)\,\mathrm{d}x \quad \text{bzw.} \\ \int_a^b \lambda\, f(x)\,\mathrm{d}x &= \lambda \int_a^b f(x)\,\mathrm{d}x. \end{aligned} \tag{7.10}$$

Folgerung: Jede endliche Linearkombination von auf dem Intervall $[a,b]$ integrierbaren Funktionen ist dort integrierbar mit

$$\int_a^b \left(\sum_{i=1}^n \alpha_i f_i(x) \right) \mathrm{d}x = \sum_{i=1}^n \alpha_i \int_a^b f_i(x)\,\mathrm{d}x.$$

Ungleichungen für Integrale

4. Seien f und g auf dem Intervall $[a, b]$ integrierbare Funktionen. Dann haben folgende Ungleichungen bzw. Abschätzungen für Integrale Gültigkeit:

Die Funktion $|f|$ ist auf dem Intervall $[a, b]$ integrierbar, und es ist

$$\left|\int_a^b f(x)\,\mathrm{d}x\right| \leq \int_a^b |f(x)|\,\mathrm{d}x. \tag{7.11}$$

Falls $f(x) \geq 0$ für alle $x \in [a, b]$ ist, gilt

$$\int_a^b f(x)\,\mathrm{d}x \geq 0.$$

Aus $f(x) \leq g(x)$ für alle $x \in [a, b]$ folgt

$$\int_a^b f(x)\,\mathrm{d}x \leq \int_a^b g(x)\,\mathrm{d}x.$$

Sei $m \leq f(x) \leq M$ für alle $x \in [a, b]$. Dann gilt

$$m(b-a) \leq \int_a^b f(x)\,\mathrm{d}x \;\leq\; M(b-a). \tag{7.12}$$

Aus $|f(x)| \leq c$ für alle $x \in [a, b]$ folgt mit (7.11) und (7.12) unmittelbar

$$\left|\int_a^b f(x)\,\mathrm{d}x\right| \leq c(b-a).$$

Bild 7.9 illustriert diese Ungleichungen.

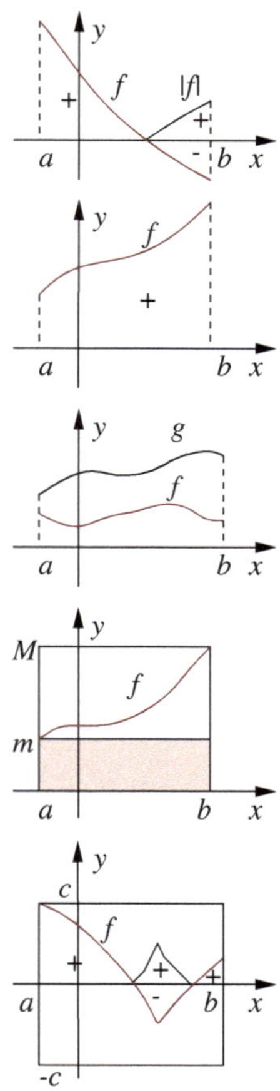

Bild 7.9 Ungleichungen für Integrale

Satz 7.5

Mittelwertsatz der Integralrechnung

Sei f eine auf dem Intervall $[a, b]$ stetige Funktion. Dann gibt es eine reelle Zahl $\xi \in [a, b]$ so, dass gilt

$$\int_a^b f(x)\,\mathrm{d}x = f(\xi)(b-a). \tag{7.13}$$

Beweis: Wenn f eine auf dem Intervall $[a, b]$ stetige Funktion ist, so ist sie dort beschränkt (siehe Eigenschaften stetiger Funktionen, **Abschnitt 5.4**), d. h., es existieren reelle Zahlen m und M mit $m \leq f(x) \leq M$ für alle $x \in [a, b]$. Daher gilt Ungleichung (7.12). Nach Division durch $b - a$ folgt

$$m \leq \frac{1}{b-a}\int_a^b f(x)\,\mathrm{d}x \leq M.$$

Da f stetig ist, wird jeder Wert zwischen m und M von ihr auf dem Intervall $[a, b]$ angenommen (**Satz 5.47 von Bolzano**, siehe **Abschnitt 5.4**), also auch der Wert

$$z = \frac{1}{b-a} \int_a^b f(x)\, \mathrm{d}x.$$

Das bedeutet, es existiert eine Stelle $\xi \in [a, b]$ mit

$$f(\xi) = z = \frac{1}{b-a} \int_a^b f(x)\, \mathrm{d}x \; .$$ ∎

Für Funktionen mit $f(x) \geq 0$ für alle $x \in [a, b]$ hat der Mittelwertsatz folgende Interpretation: Es existiert eine Stelle $\xi \in [a, b]$ so, dass der Inhalt des Flächenstücks zwischen dem Graph der Funktion f, der x-Achse und den Geraden $x = a$, $x = b$ gleich dem Flächeninhalt des Rechtecks mit den Seiten $b - a$ (Intervalllänge) und $f(\xi)$ ist.

7.5 Die Stammfunktion

Die Stammfunktion zu einer gegebenen Funktion wird als ihr bestimmtes Integral mit veränderlicher oberer Grenze erklärt. Es wird gezeigt, dass die Ableitung der Stammfunktion gleich der ursprünglichen Funktion ist. Damit ist die Verbindung zwischen der Differenzial- und der Integralrechnung hergestellt.

Sei f eine auf dem Intervall $[a, b]$ stetige Funktion und sei die Funktion F definiert durch die Gleichung

$$F(x) = \int_a^x f(t)\, \mathrm{d}t. \tag{7.14}$$

Das Argument der Funktion F ist hierbei die obere Integrationsgrenze des Integrals auf der rechten Seite von (7.14). Dann gilt der folgende

Satz 7.6 Die Funktion F aus (7.14) ist differenzierbar mit $F'(x) = f(x)$ für alle $x \in [a, b]$.

Eine andere Schreibweise dieser Gleichung lautet

$$\frac{\mathrm{d}}{\mathrm{d}x} \left(\int_a^x f(t)\, \mathrm{d}t \right) = f(x), \; x \in [a, b]. \tag{7.15}$$

Sie bedeutet, dass die Differenziation des Integrals auf der rechten Seite von (7.14) die Integration auf das Intervall $[a, x]$ wieder aufhebt.

Beweis: Nach **Definition 6.3** der Ableitung einer Funktion wird der Differenzenquotient von F an der Stelle x und sein Grenzwert gebildet. Falls dieser existiert, ist er die gesuchte Ableitung $F'(x)$.

Es ist

$$F(x+h) - F(x) = \int_a^{x+h} f(t)\, \mathrm{d}t - \int_a^x f(t)\, \mathrm{d}t = \int_x^{x+h} f(t)\, \mathrm{d}t.$$

Nach dem Mittelwertsatz der Integralrechnung (7.13) existiert eine reelle Zahl $\xi \in [x, x+h]$, sodass

$$\int_x^{x+h} f(t)\,\mathrm{d}t = h\, f(\xi)$$

gilt. Damit wird der Grenzwert des Differenzenquotienten für $h \to 0$

$$F'(x) = \lim_{h\to 0} \frac{F(x+h) - F(x)}{h} = \lim_{h\to 0} f(\xi) = f(x). \qquad \blacksquare$$

Wenn die obere Grenze des Integrals auf der rechten Seite von (7.14) eine *Funktion* g des Argumentes x darstellt, so ist seine Ableitung nach der Kettenregel der Differenziation zu bilden, und es folgt

$$\frac{\mathrm{d}}{\mathrm{d}x}\left(\int_a^{g(x)} f(t)\,\mathrm{d}t\right) = f(g(x)) \cdot g'(x). \tag{7.16}$$

Beispiel 7.7

Ableitung eines Integrals mit veränderlicher Grenze

Gesucht ist die Ableitung der Funktion $F(x) = \displaystyle\int_{\sin x}^{a} \frac{1}{1+\sin^2 t}\,\mathrm{d}t$.

Mit (7.9) und (7.16) ergibt sich

$$\frac{\mathrm{d}}{\mathrm{d}x}\left(\int_{\sin x}^{a} \frac{1}{1+\sin^2 t}\,\mathrm{d}t\right) = -\frac{\mathrm{d}}{\mathrm{d}x}\left(\int_a^{\sin x} \frac{1}{1+\sin^2 t}\,\mathrm{d}t\right) = -\frac{\cos x}{1+\sin^2(\sin x)}.$$

Die Funktion F aus der Definition (7.14) ist nicht die einzige Funktion, deren Ableitung die Funktion f ist, d. h., für die gilt $F'(x) = f(x)$. Mit Eigenschaft (7.9) ergibt sich z. B. für folgende Funktion G

$$G(x) = \int_c^x f(t)\,\mathrm{d}t = \int_a^x f(t)\,\mathrm{d}t + \int_c^a f(t)\,\mathrm{d}t \;=\; F(x) + C$$

und daher $G'(x) = F'(x) = f(x)$.

Definition 7.8

Sei f eine auf einem Intervall $[a, b]$ integrierbare Funktion. Eine beliebige auf $[a, b]$ differenzierbare Funktion F mit

$$F'(x) = f(x)$$

für alle $x \in [a, b]$ heißt **Stammfunktion** von f auf $[a, b]$.

Eigenschaften von Stammfunktionen

1. Ist F eine Stammfunktion der Funktion f auf $[a, b]$, so ist die Funktion $F + C$ für beliebiges $C \in \mathbb{R}$ ebenfalls Stammfunktion von f.
2. Je zwei Stammfunktionen F und G ein- und derselben integrierbaren Funktion f unterscheiden sich lediglich um eine additive Konstante, d. h., es existiert eine Zahl $C \in \mathbb{R}$ so, dass für alle $x \in [a, b]$ gilt $F(x) = G(x) + C$ (vergleiche **Satz 6.48** aus **Abschnitt 6.7**).

Stammfunktionen

Beispiel 7.9

Gesucht ist eine Stammfunktion von $f(x) = \sin 2x$. Nach Definition (7.14) ist $\int_a^x \sin 2t \; dt$ Stammfunktion, gesucht ist aber eine Darstellung ohne Integralzeichen.

Student A, der die Ableitungsregeln noch beherrscht, erinnert sich, dass $(-\cos x)' = \sin x$ ist. Jetzt probiert er $(-\cos 2x)' = 2\sin 2x$ und erhält schließlich $F(x) = (-\cos 2x)/2$ als Stammfunktion.

Student B, der ebenfalls ableiten kann und zudem noch ein Additionstheorem für Winkelfunktionen im Kopf hat, weiß sofort $(\sin^2 x)' = 2\sin x \cos x = \sin 2x$ und erhält eine andere Stammfunktion $G(x) = \sin^2 x$.

Nach Eigenschaft 2. von Stammfunktionen dürfen sich F und G lediglich um eine Integrationskonstante unterscheiden, worüber Student A und Student B in heftige Auseinandersetzung geraten. Student C, der mehrere Additionstheoreme für Winkelfunktionen auswendig kennt, wendet $\cos 2x = 1 - 2\sin^2 x$ an und zeigt damit

$$F(x) = -\frac{\cos 2x}{2} = -\frac{1}{2} + \sin^2 x = -\frac{1}{2} + G(x),$$

was bedeutet, dass sich F und G tatsächlich lediglich um die Integrationskonstante -0.5 unterscheiden.

7.6 Der Hauptsatz der Differenzial- und Integralrechnung

Der Hauptsatz der Differenzial- und Integralrechnung zeigt, wie ein bestimmtes Integral mit Kenntnis der Stammfunktion des Integranden berechnet werden kann.

Satz 7.10

Hauptsatz der Differenzial- und Integralrechnung

Sei f eine auf dem Intervall $[a, b]$ stetige Funktion und F eine beliebige Stammfunktion von f auf diesem Intervall. Dann ist

$$\int_a^b f(t) \, dt = F(b) - F(a). \tag{7.17}$$

Beweis: Sei G Stammfunktion von f so, dass

$$G(x) = \int_a^x f(t) \, dt \quad \text{und folglich} \quad G(b) = \int_a^b f(t) \, dt \tag{7.18}$$

ist. Es soll gezeigt werden, dass $G(b) = F(b) - F(a)$ für *jede beliebige* Stammfunktion F von f ist.
Sei F ebenfalls Stammfunktion von f. Dann unterscheiden sich F und G um eine Integrationskonstante C, sodass gilt

$$G(x) = F(x) + C. \tag{7.19}$$

Für $x = a$ ergibt sich $G(a) = F(a) + C$. Es ist aber $G(a) = 0$ (untere und obere Integrationsgrenze in (7.18) ist jeweils a) und folglich $C = -F(a)$.
Für $x = b$ ergibt sich damit aus (7.19) $G(b) = F(b) - F(a)$. ■

Gleichung (7.17) bedeutet, dass sich das bestimmte Integral einer stetigen Funktion mit Kenntnis einer beliebigen ihrer Stammfunktionen als Differenz der Funktionswerte der Stammfunktion an der oberen und unteren Grenze berechnen lässt.

Beispiel 7.11

Berechnung des bestimmten Integrals mit dem Hauptsatz

Berechnet werden soll das Integral $\int_a^b x^\alpha \, \mathrm{d}x$.

Die Anwendung von **Satz 7.10** erfordert die Kenntnis einer Stammfunktion. Für $\alpha \neq -1$ ergibt sich aus der Ableitungsregel $(x^{\alpha+1})' = (\alpha+1)x^\alpha$ (siehe **Abschnitt 6.2**)

$$\left(\frac{x^{\alpha+1}}{\alpha+1}\right)' = x^\alpha, \qquad \text{sodass} \qquad \int_a^b x^\alpha \, \mathrm{d}x = F(b) - F(a) = \frac{b^{\alpha+1} - a^{\alpha+1}}{\alpha+1}.$$

Für $\alpha = -1$ ergibt sich mit den Ableitungsregeln $(\ln x)' = 1/x$, $x > 0$ und $(\ln(-x))' = -1/x \cdot (-1)$, $x < 0$, d. h., $(\ln|x|)' = 1/x$, $x \neq 0$, und damit schließlich

$$\int_a^b \frac{1}{x} \, \mathrm{d}x = \ln|b| - \ln|a| = \ln\frac{b}{a}, \quad 0 \notin [a,b].$$

7.7 Das unbestimmte Integral

Der Begriff des unbestimmten Integrals wird mit der Stammfunktion erklärt. Eigenschaften des unbestimmten Integrals werden genannt und eine Tabelle oft benötigter unbestimmter Integrale angegeben. Beispiele zeigen u. a., wie die Eigenschaft der Linearität benutzt wird, um Stammfunktionen von Linearkombinationen von Funktionen aus den Stammfunktionen dieser Funktionen zu erhalten.

Definition 7.12

Sei f eine auf einem Intervall $[a,b]$ definierte und dort integrierbare Funktion. Mit dem Symbol

$$\int f(x) \, \mathrm{d}x$$

wird die Menge aller Stammfunktionen von f auf $[a,b]$ bezeichnet und **unbestimmtes Integral** von f genannt.

Eigenschaften des unbestimmten Integrals

1. Ist F eine Stammfunktion von f auf dem Intervall $[a,b]$, so gilt wegen der Eigenschaft 2. von Stammfunktionen (siehe **Abschnitt 7.5**)

$$\int f(x) \, \mathrm{d}x = F(x) + C, \; C \in \mathbb{R}. \tag{7.20}$$

2. Integration und Differenziation heben sich gegenseitig auf. Wegen (7.15) ist

$$\frac{\mathrm{d}}{\mathrm{d}x}\left(\int f(x) \, \mathrm{d}x\right) = f(x).$$

3. Auch in umgekehrter Reihenfolge heben sich Differentation und Integration (bis auf die Integrationskonstante C) auf:

$$\int \mathrm{d}F = F(x) + C. \tag{7.21}$$

Eigenschaft (7.21) ergibt sich unmittelbar aus (7.20) mit dem Differenzial $dF(x) = F'(x)\,\mathrm{d}x = f(x)\,\mathrm{d}x$.

4. Sind f und g auf dem Intervall $[a, b]$ integrierbare Funktionen und $\alpha, \beta \in \mathbb{R}$ beliebige reelle Zahlen. Dann gilt die Eigenschaft

$$\int (\alpha f(x) + \beta g(x))\,\mathrm{d}x = \alpha \int f(x)\,\mathrm{d}x + \beta \int g(x)\,\mathrm{d}x. \tag{7.22}$$

Die Berechnung bestimmter Integrale erfordert nach dem Hauptsatz der Differenzial- und Integralrechnung (7.17) die Kenntnis einer *beliebigen* Stammfunktion, d. h., des unbestimmten Integrals. Wie in den **Beispielen 7.9** und **7.11** bereits gezeigt, ergibt sich, ausgehend von der Tabelle der Ableitungen von Funktionen (siehe **Abschnitt 6.2**), daraus eine Tabelle der unbestimmten Integrale:

Tabelle 7.1 Tabelle der unbestimmten Integrale

$\int f(x)\,\mathrm{d}x$	=	$F(x) + C$	$\int f(x)\,\mathrm{d}x$	=	$F(x) + C$
$\int 0 \cdot \mathrm{d}x$	=	C	$\int \mathrm{d}x$	=	$x + C$
$\int x^\alpha\,\mathrm{d}x$	=	$\frac{x^{\alpha+1}}{\alpha+1} + C,\ \alpha \neq -1$	$\int \frac{1}{x}\,\mathrm{d}x$	=	$\ln\lvert x\rvert + C,\ x \neq 0$
$\int \mathrm{e}^x\,\mathrm{d}x$	=	$\mathrm{e}^x + C$	$\int a^x\,\mathrm{d}x$	=	$\frac{a^x}{\ln a} + C,\ a > 0,\ a \neq 1$
$\int \sin x\,\mathrm{d}x$	=	$-\cos x + C$	$\int \cos x\,\mathrm{d}x$	=	$\sin x + C$
$\int \tan x\,\mathrm{d}x$	=	$-\ln\lvert\cos x\rvert + C$	$\int \cot x\,\mathrm{d}x$	=	$\ln\lvert\sin x\rvert + C$
$\int \frac{1}{\cos^2 x}\,\mathrm{d}x$	=	$\tan x + C,\ x \neq \pi/2 + k\pi$	$\int \frac{1}{\sin^2 x}\,\mathrm{d}x$	=	$-\cot x + C,\ x \neq k\pi$
$\int \frac{1}{1+x^2}\,\mathrm{d}x$	=	$\arctan x + C$	$\int \frac{1}{\sqrt{1-x^2}}\,\mathrm{d}x$	=	$\arcsin x + C$
	=	$-\operatorname{arccot} x + C$		=	$-\arccos x + C,\ -1 < x < 1$

Beispiel 7.13

Bestimmte Integrale mit Hauptsatz und Tabelle

Mit dem Hauptsatz (7.17), der Tabelle der unbestimmten Integrale und der Linearitätseigenschaft (7.22) ergibt sich:

1. $\int_0^3 x \, dx = \frac{1}{2}x^2 \Big|_0^3 = \frac{9}{2}.$
2. $\int_3^1 \frac{1}{x} \, dx = \ln|x| \Big|_3^1 = \ln 1 - \ln 3 = -\ln 3$
3. $\int_2^7 \sqrt{x} \, dx = \frac{2}{3}x^{\frac{3}{2}} \Big|_2^7 = \frac{2}{3}\left(7^{\frac{3}{2}} - 2^{\frac{3}{2}}\right)$
4. $\int_1^4 \frac{5}{\sqrt[4]{x}} \, dx = 5 \cdot \frac{4}{3}\, x^{\frac{3}{4}} \Big|_1^4 = \frac{20}{3}\left(4^{\frac{3}{4}} - 1^{\frac{3}{4}}\right) = \frac{20}{3}\left(2\sqrt[4]{4} - 1\right)$
5. $\int_{-\pi/2}^{\pi/2} (3\sin x - \cos x) \, dx = (-3\cos x - \sin x) \Big|_{-\frac{\pi}{2}}^{\frac{\pi}{2}} = -1 - (-(-1)) = -2$

7.8 Integrationsmethoden

Die Tabelle der unbestimmten Integrale aus **Abschnitt 7.7** enthält nur einige grundlegende Integrale. Sind die Integranden Funktionen, die sich nicht mithilfe der Linearitätseigenschaft (7.22) darauf zurückführen lassen, kann das mithilfe von Integrationsmethoden versucht werden. Allerdings existiert nicht für jede integrierbare Funktion ein unbestimmtes Integral als Term ohne Integralzeichen! Es gibt ausführliche Tabellenbücher mit unbestimmten (und bestimmten) Integralen. Sie liegen Computeralgebrasystemen zugrunde, die bei vielen praktischen Aufgaben die benötigten Integrale liefern. Einige Integrationsmethoden haben besondere Bedeutung für das Umformen von Integralen und das Zurückführen auf bekannte oder tabellierte Integrale.

7.8.1 Integranden der Form f'/f

Sei f eine auf dem Intervall $[a, b]$ stetig differenzierbare Funktion mit $f(x) \neq 0$ für alle $x \in [a, b]$. Dann ist

$$\int \frac{f'(x)}{f(x)} \, dx = \ln|f(x)| + C. \tag{7.23}$$

Beweis: Es ergibt sich mit der Kettenregel der Differenziation für

$$f(x) > 0: (\ln f(x))' = \frac{f'(x)}{f(x)}$$

$$f(x) < 0: (\ln(-f(x)))' = \frac{1}{-f(x)} \cdot (-f'(x)) = \frac{f'(x)}{f(x)}.$$

■

Logarithmisches Integrieren

Beispiel 7.14

Gesucht ist das unbestimmte Integral der Funktion $f(x) = \tan x$. Mit $f(x) = \cos x$ und $f'(x) = -\sin x$ ergibt sich aus (7.23)

$$\int \tan x \, \mathrm{d}x = -\int \frac{-\sin x}{\cos x} \, \mathrm{d}x = -\ln|\cos x| + C = \ln\left|\frac{1}{\cos x}\right| + C.$$

7.8.2 Partielle Integration

Die Produktregel der Differenziation (siehe **Abschnitt 6.2**) lautet für zwei auf einem Intervall $[a, b]$ differenzierbare Funktionen $u(x)$ und $v(x)$

$(u(x)v(x))' = u'(x)v(x) + u(x)v'(x)$,

Mit der Eigenschaft 3. des unbestimmten Integrals (siehe **Abschnitt 7.7**) ergibt sich daraus

$u(x)v(x) = \int (u'(x)v(x) + u(x)v'(x)) \, \mathrm{d}x$ bzw.

$$\int u'(x)v(x) \, \mathrm{d}x = u(x)v(x) - \int u(x)v'(x) \, \mathrm{d}x. \qquad (7.24)$$

Partielles Integrieren

Beispiel 7.15

Mit der Integrationsregel (7.24) findet man unmittelbar

1. $\int x\mathrm{e}^x \, \mathrm{d}x = \begin{bmatrix} v &= x, & u' &= \mathrm{e}^x, \\ v' &= 1, & u &= \mathrm{e}^x, \end{bmatrix} = x\mathrm{e}^x - \int \mathrm{e}^x \cdot 1 \, \mathrm{d}x = x\mathrm{e}^x - \mathrm{e}^x + C.$
2. $\int \ln x \, \mathrm{d}x = \begin{bmatrix} v &= \ln x, & u' &= 1, \\ v' &= 1/x, & u &= x, \end{bmatrix} = x \ln x - \int 1 \, \mathrm{d}x = x\ln x - x + C.$
3. Für das unbestimmte Integral $\int \sin^2 x \, \mathrm{d}x$ ergibt sich zunächst mit der Integrationsregel (7.24)

$$\int \sin^2 x \, \mathrm{d}x = \begin{bmatrix} v &= \sin x, & u' &= \sin x, \\ v' &= \cos x, & u &= -\cos x, \end{bmatrix} = -\sin x \cos x - \int (-\cos^2 x) \, \mathrm{d}x$$

$$= [\cos^2 x = 1 - \sin^2 x] \qquad = -\sin x \cos x + \int (1 - \sin^2 x) \, \mathrm{d}x$$

und weiter mit Umstellen nach $\int \sin^2 x \, \mathrm{d}x$

$$2\int \sin^2 x \, \mathrm{d}x = -\sin x \cos x + x + C, \text{ d. h.,} \quad \int \sin^2 x \, \mathrm{d}x = -\frac{1}{4}\sin 2x + \frac{x}{2} + C.$$

Bemerkung 7.16 Für das bestimmte Integral gilt

$$\int_a^b u'(x)v(x) \, \mathrm{d}x = u(x)v(x)\Big|_a^b - \int_a^b u(x)v'(x) \, \mathrm{d}x.$$

7.8.3 Substitutionsregel

Die Kettenregel der Differenziation (siehe **Abschnitt 6.2**) lautet für die Funktion $H(x) = F(g(x)) + C$

$H'(x) = F'(g(x))\, g'(x)$.

Ist F Stammfunktion von f, d. h., gilt $F'(g) = f(g)$, so ist H Stammfunktion von $f(g) \cdot g'$:

$$H'(x) = f(g(x))\, g'(x) \quad \text{bzw.} \quad H(x) = \int f(g(x))g'(x)\,\mathrm{d}x = F(g(x)) + C.$$

Bei der Berechnung des Integrals $\int f(g(x))g'(x)\,\mathrm{d}x$ ergibt die Substitution $y = g(x)$, $y' = g'(x)$ bzw. $\mathrm{d}y = g'(x)\mathrm{d}x$

$$\int f(g(x))g'(x)\,\mathrm{d}x = \int f(y)\,\mathrm{d}y = F(g(x)) + C.$$

Die erfolgreiche Anwendung der Substitutionsregel besteht darin, das gesuchte Integral durch geeignete Substitution(en) auf bekannte Integrale zurückzuführen.

Beispiel 7.17

Integrieren mit der Substitutionsregel

1. $$\int x^2 \sin x^3\,\mathrm{d}x = \begin{bmatrix} y = x^3 \\ \mathrm{d}y = 3x^2\,\mathrm{d}x \end{bmatrix} = \frac{1}{3}\int \sin y\,\mathrm{d}y = -\frac{1}{3}\cos y + C = -\frac{1}{3}\cos x^3 + C.$$

2. $$\int f(ax+b)\,\mathrm{d}x = \begin{bmatrix} y = ax+b \\ \mathrm{d}y = a\,\mathrm{d}x \end{bmatrix} = \frac{1}{a}\int f(y)\,\mathrm{d}y$$

3. $$\int (3x-21)^{22}\,\mathrm{d}x = \begin{bmatrix} y = 3x-21 \\ \mathrm{d}y = 3\,\mathrm{d}x \end{bmatrix} = \frac{1}{3}\int y^{22}\,\mathrm{d}y = \frac{1}{3\cdot 23}y^{23} + C = \frac{1}{69}(3x-21)^{23} + C.$$

Beispiel 7.18

Normieren der Integrationsvariable

Bei der Berechnung der Koordinaten von Punkten (x_i, y_i) der Klothoide mit der Krümmung $k(s) = s/a^2$ (siehe **Abschnitt 6.10.5**) ist die Auswertung der Integrale

$$x_i = \int_0^{l_i} \cos\frac{s^2}{2a^2}\,\mathrm{d}s, \qquad y_i = \int_0^{l_i} \sin\frac{s^2}{2a^2}\,\mathrm{d}s \tag{7.25}$$

erforderlich, wobei s die Bogenlänge, l_i die Entfernung des Punktes entlang der Klothoide vom ihrem Anfangspunkt und $a > 0$ der Klothoidenparameter ist. Die analytische Auswertung dieser Integrale ist für $l_i > 0$ nicht möglich. Die Integrale (7.25) werden durch die Substitution

$$t = \frac{s}{a}, \quad \mathrm{d}t = \frac{\mathrm{d}s}{a}, \quad t_i = \frac{l_i}{a}$$

zurückgeführt auf die Bestimmung von den Koordinaten (x_{ei}, y_{ei}) der *Einheitsklothoide* mit dem Klothoidenparameter $a = 1$. Es ergibt sich

$$x_i = a \int_0^{t_i} \cos \frac{t^2}{2} \, \mathrm{d}t = a\, x_{ei}, \qquad y_i = a \int_0^{t_i} \sin \frac{t^2}{2} \, \mathrm{d}t = a\, y_{ei}.$$

Sind die Integrale der Einheitsklothoide (x_{ei}, y_{ei}) tabelliert, so können auf diese Weise die Koordinaten von Punkten einer Klothoide mit dem Parameter $a > 0$ aus den Tabellenwerten gewonnen werden.

Normieren des Integrationsintervalls

Beispiel 7.19

Mitunter ist es erforderlich, ein bestimmtes Integral mit dem Integrationsintervall $[x_u, x_o] = [a, b]$ zu *transformieren* auf das Integrationsintervall $[-1, 1]$. Mit der Substitution

$$\begin{aligned} x &= \frac{b-a}{2} t + \frac{a+b}{2}, \quad \mathrm{d}x = \frac{b-a}{2} \mathrm{d}t, \\ t_u &= \left(x_u - \frac{a+b}{2} \right) \frac{2}{b-a} = \left(a - \frac{a+b}{2} \right) \frac{2}{b-a} = -1, \\ t_o &= \left(x_o - \frac{a+b}{2} \right) \frac{2}{b-a} = \left(b - \frac{a+b}{2} \right) \frac{2}{b-a} = 1 \end{aligned}$$

ergibt sich für das Integral

$$\int_a^b f(x) \, \mathrm{d}x = \frac{b-a}{2} \int_{-1}^1 f\left(\frac{b-a}{2} t + \frac{a+b}{2} \right) \mathrm{d}t.$$

7.9 Anwendungen der Integralrechnung

Viele physikalische Größen lassen sich durch Summen von Teilgrößen nähern. So ist z. B. die Länge eines gekrümmten Seils gleich der Summe der Längen seiner Abschnitte, wenn die Seilkurve durch beliebige Teilpunkte unterteilt wird. Näherungsweise kann sie durch die Summe der Längen der Verbindungsstrecken zwischen den Teilpunkten berechnet werden. Je feiner die Unterteilung, desto bessere Näherungen werden erzielt. Nach der Grenzwertbildung ergibt sich die gesuchte Länge als bestimmtes Integral. Diese Vorgehensweise bei der Berechnung physikalischer Größen mit bestimmten Integralen von Funktionen einer Veränderlichen wird bei der Ermittlung von Bogenlängen, Flächen, Volumina und Oberflächen von Rotationskörpern, statischen Momenten und Trägheitsmomenten von Flächen und Kurven, von Schwerpunkten, Schnittgrößen und des Abflusses bei Überfällen in der Hydromechanik angegeben.

7.9.1 Berechnung der Bogenlänge

Ausgangssituation

Berechnet werden soll die Bogenlänge einer Kurve zwischen zwei ihrer Punkte P_A und P_B.

Lösungsweg

Da eine Kurve oft keinen Funktionsgraphen darstellt (z. B. Kreis, Ellipse, Spirale), wird ihre **Parameterform**

$$x = \varphi(t),\ y = \psi(t),\ t \in [t_A, t_B] \qquad (7.26)$$

betrachtet. Dabei ergeben sich die Koordinaten (x, y) eines Punktes der Kurve aus den Gleichungen (7.26) durch Einsetzen eines gewählten Parameters t. Insbesondere ergeben sich die Koordinaten von Anfangs- und Endpunkt des Bogenstücks $P_A P_B$ durch Einsetzen der beschränkenden Parameter t_A und t_B : $P_A(\varphi(t_A), \psi(t_A))$, $P_B(\varphi(t_B), \psi(t_B))$.

Parameterform

Zur Berechnung der Bogenlänge wird das Parameterintervall $[t_A, t_B]$ durch Teilpunkte $t_i,\ i = 0, 1, 2, ..., n$, mit

$$t_A = t_0 < t_1 < t_2 < ... < t_n = t_B$$

in n Teilintervalle der Länge $\Delta t_i = t_i - t_{i-1}$ unterteilt. Dem Teilpunkt t_i entspricht der Kurvenpunkt $P_i(\varphi_i, \psi_i)$ $\varphi_i = \varphi(t_i)$, $\psi_i = \psi(t_i)$, (siehe **Bild 7.10**). Näherungsweise ist dann die gesuchte Bogenlänge l gleich der Länge des Streckenzuges $P_0 P_1 ... P_n$, und mit dem Satz des Pythagoras ergibt sich

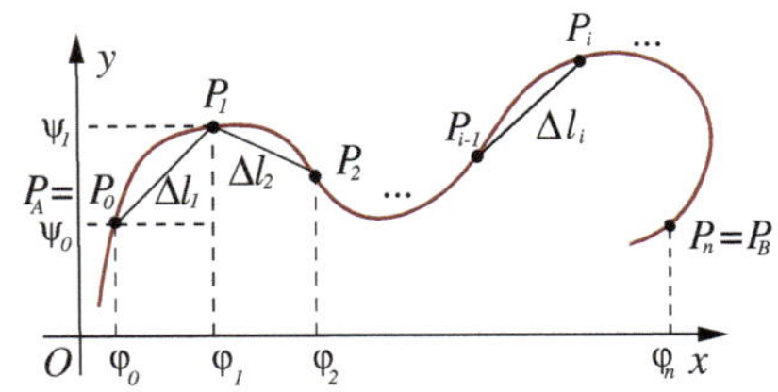

Bild 7.10 Approximation der Bogenlänge

$$l \approx \sum_{i=1}^{n} \Delta l_i = \sum_{i=1}^{n} \sqrt{(\varphi(t_i) - \varphi(t_{i-1}))^2 + (\psi(t_i) - \psi(t_{i-1}))^2}.$$

Dabei bedeutet $\Delta l_i = \overline{P_{i-1}P_i}$. Sind die Funktionen $\varphi(t)$ und $\psi(t)$ differenzierbar auf dem Intervall $[t_A, t_B]$, so ist mit dem Mittelwertsatz der Differenzialrechnung (siehe **Abschnitt 6.7**)

$$\varphi(t_i) - \varphi(t_{i-1}) = \varphi'(\tau_i)\Delta t_i,\quad \psi(t_i) - \psi(t_{i-1}) = \psi'(\tau_i^\star)\Delta t_i \quad \text{und}$$

$$\Delta l_i = \sqrt{(\varphi'(\tau_i))^2 + (\psi'(\tau_i^\star))^2}\Delta t_i, \qquad \tau_i, \tau_i^\star \in [t_{i-1}, t_i].$$

Der Grenzübergang $n \to \infty$, $\Delta t_i \to 0$ (siehe **Abschnitt 7.3**) führt auf die Formel zur Berechnung der Bogenlänge l:

Ergebnis

$$l = \int_{t_A}^{t_B} \sqrt{(\varphi'(t))^2 + (\psi'(t))^2}\ \mathrm{d}t. \qquad (7.27)$$

Beispiel 7.20

Länge eines Kreisbogens

Berechnet werden soll die Länge des Kreisbogens $P_A P_B$ eines Kreises mit dem Radius r (siehe **Bild 7.11**).

Die Parametrisierung des Kreisbogens

$$x = \varphi(t) = r\cos t,\ y = \psi(t) = r\sin t,\ t \in [t_A, t_B] \subseteq [0, 2\pi]$$

liefert die Ableitungen $\varphi'(t) = -r\sin t$, $\psi'(t) = r\cos t$. Mit Gleichung (7.27) folgt die gesuchte Länge l des Kreisbogens $P_A P_B$

$$l = \int_{t_A}^{t_B} \sqrt{r^2\sin^2 t + r^2\cos^2 t}\ \mathrm{d}t = r\int_{t_A}^{t_B} \mathrm{d}t = r(t_B - t_A).$$

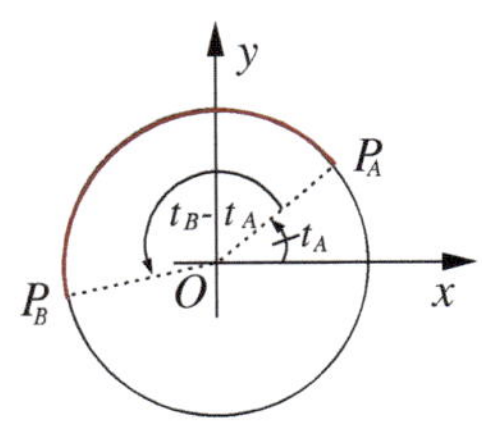

Bild 7.11 Länge eines Kreisbogens

Der Parameter t bedeutet bei der verwendeten Parametrisierung den Winkel, den der Strahl vom Mittelpunkt O des Kreises durch den Punkt $P = (\varphi(t), \psi(t))$ des Kreises mit der positiven Richtung der x-Achse einschließt. Die Differenz $t_B - t_A$ ist demnach der dem Kreissegment entsprechende Winkel $\angle P_A O P_B$.

Polarkoordinatenform

Archimedes von Syrakus (* um 287 v. Chr. vermutl. Syrakus auf Sizilien, † 212 v. Chr. vermutl. Syrakus auf Sizilien)

antiker griechischer Mathematiker, Physiker und Ingenieur

Einer der bedeutendsten Mathematiker der Antike, Erfinder eines stellenwertbasierten Zahlensystems, Studium großer Zahlen, Beweis, dass das Verhältnis von Umfang eines Kreises zum Durchmesser gleich dem Verhältnis von der Fläche eines Kreises zu dem eines Quadrates ist, Flächen- und Volumenberechnung, Ideen zur Integralrechnung, Entdecker des Hebelgesetzes und des Prinzips kommunizierender Gefäße, Bestimmung des spezifischen Gewichtes von Gegenständen, Beteiligung an der Verteidigung von Syrakus gegen die römische Belagerung im zweiten punischen Krieg

hier: Spirale von Archimedes

Mitunter ist die Kurve in ihrer Polarkoordinatenform mit der Gleichung $r = r(\varphi)$ gegeben, wobei r der Abstand des Kurvenpunktes P vom Koordinatenursprung O und φ der Winkel des Strahls $\overrightarrow{OP}$ gegenüber der positiven Richtung der x-Achse ist. Die kartesischen Koordinaten des Punktes P ergeben sich aus den Polarkoordinaten durch die Gleichungen

$$x = r(\varphi)\cos\varphi, \qquad y = r(\varphi)\sin\varphi, \qquad \varphi \in [\varphi_A, \varphi_B].$$

x und y sind jeweils Funktionen des Parameters φ. Mit den Ableitungen

$$x' = r'\cos\varphi - r\sin\varphi, \qquad y' = r'\sin\varphi + r\cos\varphi$$

ergibt sich aus Gleichung (7.27)

$$l = \int_{\varphi_A}^{\varphi_B} \sqrt{(r'(\varphi))^2 + (r(\varphi))^2}\,\mathrm{d}\varphi. \qquad (7.28)$$

Beispiel 7.21

Zu berechnen ist die Bogenlänge eines Bogens der **Spirale von Archimedes** (siehe **Bild 7.12**) mit der Polarkoordinatenform $r = a\varphi$, $(a > 0,\ 0 \le \varphi < 2\pi)$.

Mit Gleichung (7.28) und der Ableitung $r'(\varphi) = a$ ergibt sich

$$\begin{aligned} l &= \int_0^{2\pi} \sqrt{a^2 + a^2\varphi^2}\,\mathrm{d}\varphi = a\int_0^{2\pi} \sqrt{1+\varphi^2}\,\mathrm{d}\varphi \\ &= \frac{a}{2}\left[\varphi\sqrt{1+\varphi^2} + \ln\left(\varphi + \sqrt{1+\varphi^2}\right)\right]_0^{2\pi} \\ &= \frac{a}{2}\left(2\pi\sqrt{1+4\pi^2} + \ln\left(2\pi + \sqrt{1+4\pi^2}\right)\right). \end{aligned}$$

Graph einer Funktion

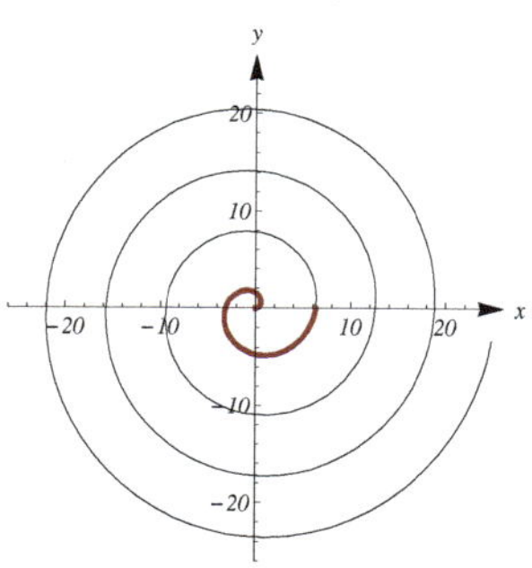

Bild 7.12 Spirale von Archimedes $r = a\varphi,\ a = 1, \varphi \in [0, 8\pi]$

Ist die Kurve der Graph einer Funktion $y = f(x)$, $x \in [x_A, x_B]$, so lautet eine mögliche Parameterform mit dem Parameter x

$$\varphi(x) = x, \qquad \psi(x) = f(x), \qquad x \in [x_A, x_B].$$

Mit den Ableitungen $\varphi'(x) = 1$ und $\psi'(x) = f'(x)$ sowie den Integrationsgrenzen x_A und x_B ergibt sich in diesem speziellen Fall aus Gleichung (7.27)

$$l = \int_{x_A}^{x_B} \sqrt{1 + (f'(x))^2}\,\mathrm{d}x. \qquad (7.29)$$

7.9.2 Flächenberechnung

Inhalt der Fläche unter dem Graph einer Funktion

Ausgangssituation

Berechnet werden soll der Inhalt F des vom Graph einer Funktion f, der x-Achse und zwei Geraden $x = a$, $x = b$ eingeschlossenen Flächenstücks.

Lösungsweg

Aus der Definition des bestimmten Integrals (siehe **Abschnitt 7.3**) ergibt sich unmittelbar die Folgerung:

Ist f eine auf dem Intervall $[a, b]$ stetige Funktion und gilt $f(x) \geq 0$ für alle $x \in [a, b]$, so ist der Inhalt F des vom Graph von f, der x-Achse und den Geraden $x = a$, $x = b$ eingeschlossenen Flächenstücks

Ergebnis

$$F = \int_a^b |f(x)| \, \mathrm{d}x = \int_a^b f(x) \, \mathrm{d}x. \qquad (7.30)$$

Ist eine Funktion f auf einem Intervall $[c, d]$ stetig und gilt $f(x) \leq 0$ für alle $x \in [c, d]$, so ist

$$F = \int_c^d |f(x)| \, \mathrm{d}x = -\int_c^d f(x) \, \mathrm{d}x.$$

Soll z. B. der Inhalt der Fläche, die eine Funktion f mit der x-Achse einschließt, berechnet werden, so sind demzufolge vorher die Intervalle zu ermitteln, auf denen die Funktion f nicht negativ bzw. nicht positiv ist. Da eine stetige Funktion ihr Vorzeichen höchstens an den Nullstellen wechselt, ist dazu die Ermittlung der Nullstellen notwendig.

Inhalt der Fläche zwischen Graph und x-Achse

Beispiel 7.22

Berechnet werden soll der Inhalt der Fläche F, der vom Graph der Funktion $f(x) = 4x^3 - 4x^2 - x + 1$ und der x-Achse begrenzt wird (siehe **Bild 7.13**).

Die Nullstellen der Funktion $f(x) = 4x^3 - 4x^2 - x + 1$ sind -0.5, 0.5 und 1. Auf dem Intervall $[-0.5, 0.5]$ ist $f(x) \geq 0$, auf dem Intervall $[0.5, 1]$ ist $f(x) \leq 0$. Als gesuchter Flächeninhalt ergibt sich damit

$$\begin{aligned} F &= \int_{-0.5}^{1} |f(x)| \, \mathrm{d}x = \int_{-0.5}^{0.5} f(x) \, \mathrm{d}x + \int_{0.5}^{1} (-f(x)) \, \mathrm{d}x \\ &= \left[x^4 - \frac{4}{3}x^3 - \frac{1}{2}x^2 + x\right]_{-0.5}^{0.5} - \left[x^4 - \frac{4}{3}x^3 - \frac{1}{2}x^2 + x\right]_{0.5}^{1} \\ &= \left(\frac{13}{48} - \frac{-19}{48}\right) - \left(\frac{1}{6} - \frac{13}{48}\right) = \frac{37}{48}. \end{aligned}$$

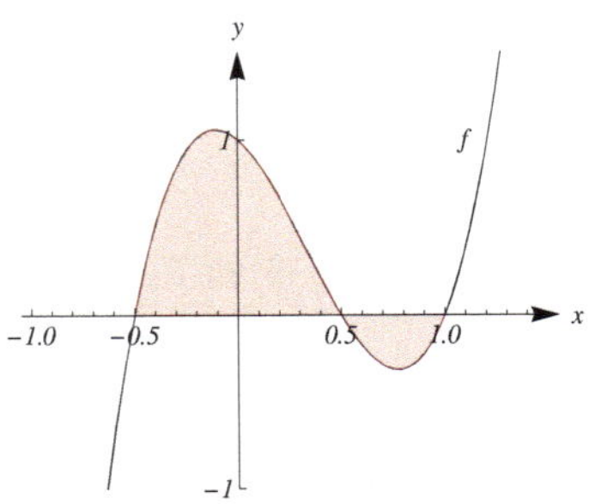

Bild 7.13 Fläche zwischen dem Graph von f und der x-Achse

Inhalt der Fläche eines krummlinigen Sektors

Ausgangssituation

Ermittelt werden soll der Inhalt der Fläche eines krummlinigen Sektors, d. h., des Flächenstücks, das von einer Kurve und zwei Strahlen $\overrightarrow{OP_A}$, $\overrightarrow{OP_B}$ begrenzt wird (siehe **Bild 7.14, 7.15**).

Lösungsweg

Entscheidend für die Berechnung des Inhaltes der Fläche des Sektors ist die Art der Vorgabe der Kurve.

Polarkoordinatenform

Ist die Kurve in Polarkoordinatenform $r = r(\varphi), \varphi \in [\varphi_A, \varphi_B]$, gegeben (siehe **Bild 7.14**), so ist der Flächeninhalt des Teilsektors mit dem Winkel $\Delta\varphi$ annähernd gleich dem Flächeninhalt ΔF des Kreissektors vom Kreis mit dem Radius $r(\varphi)$ und dem Winkel $\Delta\varphi$

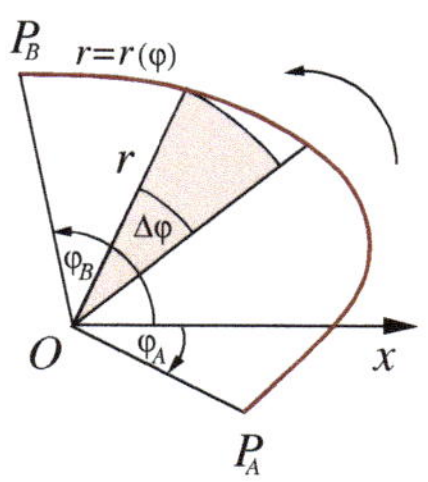

Bild 7.14 Fläche eines Sektors Polarkoordinatenform

$$\Delta F = \frac{1}{2}(r(\varphi))^2 \Delta\varphi.$$

Der gesuchte Flächeninhalt F ist nach dem Grenzprozess $\Delta\varphi \to 0$:

$$F = \frac{1}{2}\int_{\varphi_A}^{\varphi_B} (r(\varphi))^2 \,\mathrm{d}\varphi. \tag{7.31}$$

Parameterform

Ist die Kurve in Parameterform $x = \varphi(t)$, $y = \psi(t)$, $t \in [t_A, t_B]$, gegeben (siehe **Bild 7.15**), so berechnet sich der Flächeninhalt des Teilsektors, der von der Kurve und den Strahlen $\overrightarrow{OP_t}$, $\overrightarrow{OP_{t+\Delta t}}$ begrenzt wird, annähernd als der Flächeninhalt ΔF des Dreiecks $\triangle OP_{t+\Delta t}P_t$:

$$\Delta F = \frac{1}{2}\left|\det\begin{pmatrix}\varphi(t) & \varphi(t+\Delta t)\\ \psi(t) & \psi(t+\Delta t)\end{pmatrix}\right| = \frac{1}{2}\left|\varphi(t)\psi(t+\Delta t) - \psi(t)\varphi(t+\Delta t)\right|$$
$$= \frac{1}{2}\left|(\psi(t+\Delta t) - \psi(t))\varphi(t) - (\varphi(t+\Delta t) - \varphi(t))\psi(t)\right|,$$

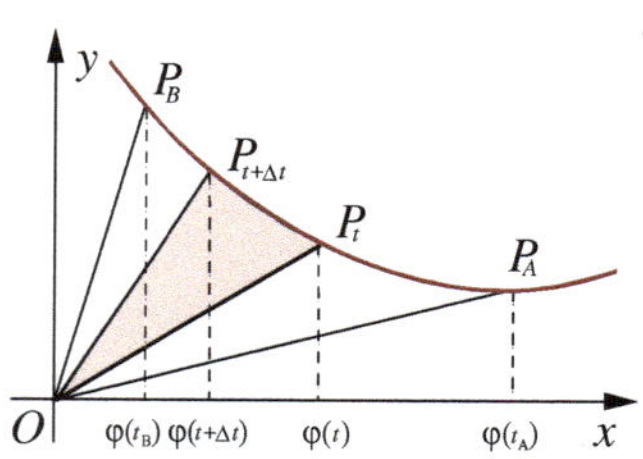

Bild 7.15 Fläche eines Sektors Parameterform

sodass sich analog zur Herleitung des Integrals (7.27) in **Abschnitt 7.9.1** nach Anwendung des Mittelwertsatzes der Differenzialrechnung und dem Grenzprozess $\Delta t \to 0$ der gesuchte Flächeninhalt F ergibt:

$$F = \frac{1}{2}\left|\int_{t_A}^{t_B} (\varphi(t)\psi'(t) - \varphi'(t)\psi(t))\,\mathrm{d}t\right|. \tag{7.32}$$

Graph einer Funktion

Ist die Kurve der Graph einer Funktion $f(x)$, $x \in [x_A, x_B]$, so liefert Gleichung (7.32) mit dem Parameter $x \in [x_A, x_B]$ und der Parameterform $\varphi(x) = x$, $\psi(x) = f(x)$

$$F = \frac{1}{2}\left|\int_{x_A}^{x_B} (x\,f'(x) - f(x))\,\mathrm{d}x\right|. \tag{7.33}$$

Die Formeln (7.32) und (7.33) heißen **Sektorformeln von Leibniz**.

Beispiel 7.23

Flächeninhalte von Sektoren

1. Berechnet werden soll der Flächeninhalt des krummlinigen Sektors der Spiralenlinie $r = a \cdot e^{k\varphi}$, $a, k > 0$ mit $r_A = a, \varphi_B = \pi/2$ (siehe **Bild 7.16**).
   Die Spiralenlinie ist in Polarkoordinatenform gegeben. Als untere Integrationsgrenze ergibt sich aus ihrer Gleichung mit $r_A = a$ nach Umstellen $\varphi_A = 0$. Wird Gleichung (7.31) angewendet, so folgt für den gesuchten Flächeninhalt F
   $$F = \frac{1}{2}\int_0^{\pi/2} a^2 e^{2k\varphi}\,d\varphi = \frac{1}{2}a^2\int_0^{\pi/2} e^{2k\varphi}\,d\varphi = \frac{1}{2}a^2\frac{1}{2k}\left[e^{2k\varphi}\right]_0^{\pi/2} = \frac{1}{4k}a^2(e^{k\pi}-1).$$
2. Berechnet werden soll der Flächeninhalt eines Ellipsensektors mit der Parameterform $x = a\cos t$, $y = b\sin t$, $t \in [t_A, t_B]$ (siehe **Bild 7.17**).
   Mit den Ableitungen $x' = -a\sin t$ und $y' = b\cos t$ folgt aus Gleichung (7.32)
   $$F = \frac{1}{2}\int_{t_A}^{t_B} (ab\cos^2 t + ab\sin^2 t)\,dt = \frac{1}{2}ab(t_B - t_A).$$

Gottfried Wilhelm Leibniz (* 1. Juli 1646 in Leipzig, † 14. November 1716 in Hannover)

deutscher Philosoph, Mathematiker, Physiker, Historiker, Diplomat, Theologe, Bibliothekar, Gründer und erster Präsident der Akademie der Wissenschaften in Berlin, Mitglied der Royal Society

Gilt als der universale Geist des 17. Jahrhunderts, Frühaufklärer, Entwicklung des Dualzahlensystems als Voraussetzung für die moderne Computertechnik, Formulierung der Infinitesimalrechnung (unabhängig von Isaac Newton), Notation des Ableitungssymbols und des Integralzeichens, bedeutende Erfindungen (u. a. eine Rechenmaschine, Pläne für Unterseeboot, Verbesserung der Technik von Türschlössern, Gerät zur Bestimmung der Windgeschwindigkeit, Nutzung des Windes bei der Grubenentwässerung im Bergbau), Beiträge zur Metaphysik (Theorie der Monaden)

hier: Sektorformel von Leibniz

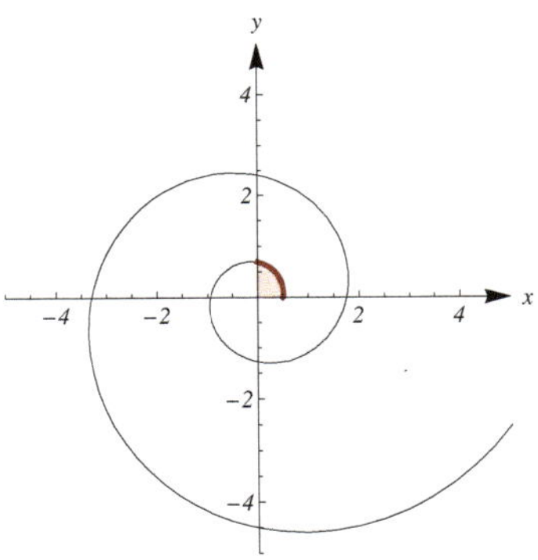

Bild 7.16 Spiralenlinie $r = a \cdot e^{k\varphi}$, $a=0.5$, $k=0.2$, $\varphi \in [0, 4\pi]$

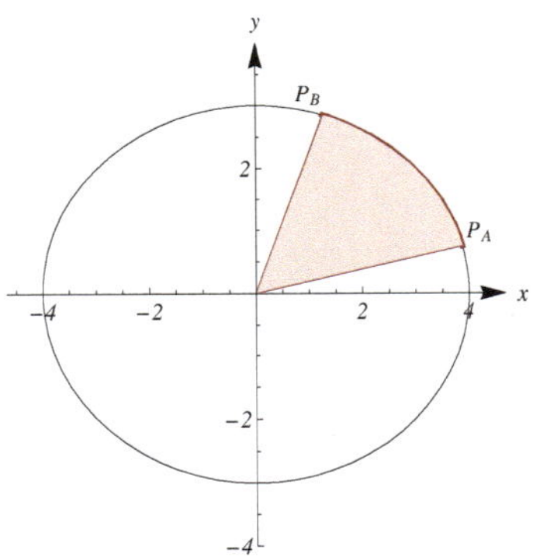

Bild 7.17 Ellipsensektor $t_A = 0.25$, $t_B = 1.25$

7.9.3 Volumina und Mantelflächen von Rotationskörpern

Volumen von Rotationskörpern

Ausgangssituation

Gegeben sei eine auf dem Intervall $[x_A, x_B]$ stetige Funktion f. Der Körper, der bei der Rotation des Graphen von f um die x-Achse entsteht, heißt **Rotationskörper**. Ermittelt werden soll sein Volumen V_x.

Lösungsweg

Der Beitrag ΔV zum Gesamtvolumen V_x des Rotationskörpers, den eine „Scheibe" der Breite Δx an der Stelle x liefert, berechnet sich näherungsweise als das Volumen eines Zylinders mit dem Grundkreisradius $f(x)$ und der Höhe Δx (siehe **Bild 7.18**):

$\Delta V = \pi(f(x))^2\Delta x.$

Ergebnis Für das Gesamtvolumen V_x ergibt sich

$$V_x = \pi \int_{x_A}^{x_B} (f(x))^2 \,\mathrm{d}x. \tag{7.34}$$

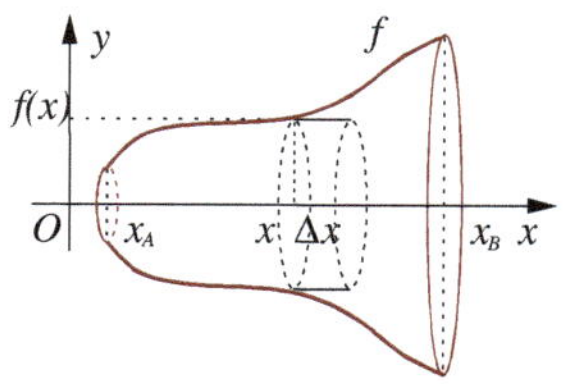

Bild 7.18 Volumen eines Rotationskörpers

Entsprechend ergibt sich das Volumen V_y des Körpers, der bei der Rotation des Graphen der Funktion f um die y-Achse entsteht (siehe **Bild 7.19**),

$$V_y = \pi \int_{y_A}^{y_B} (g(y))^2 \,\mathrm{d}y,$$

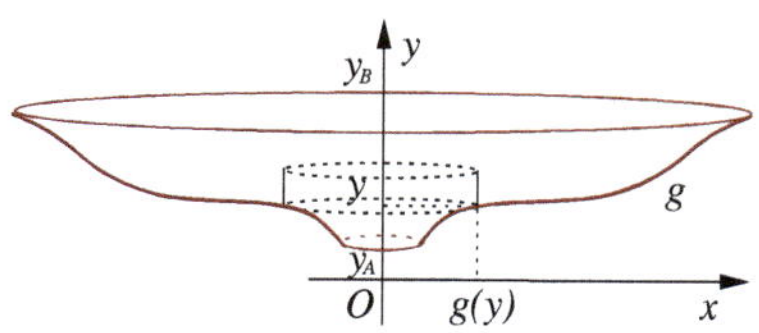

Bild 7.19 Rotation des Graphen der Umkehrfunktion

wobei $g(y) = f^{-1}(y)$ die Umkehrfunktion von f ist und $y_A = f(x_A)$ bzw. $y_B = f(x_B)$ die Integrationsgrenzen sind.

Beispiel 7.24

Der Graph der Funktion $f(x) = \sin x$, $x \in [0, \pi]$, rotiert um die x-Achse. Zu berechnen ist das Volumen des dabei entstehenden Rotationskörpers (siehe **Bild 7.21**).

Mit Gleichung (7.34) ergibt sich

$$V_x = \pi \int_0^{\pi} \sin^2 x \,\mathrm{d}x = \pi \int_0^{\pi} \frac{1-\cos 2x}{2} \,\mathrm{d}x = \pi \left[\frac{1}{2}x - \frac{1}{4}\sin 2x\right]_0^{\pi} = \frac{\pi^2}{2}.$$

Mantelfläche von Rotationskörpern

Ausgangssituation Ermittelt werden soll die Mantelfläche des Rotationskörpers bei der Rotation des Graphen der auf dem Intervall $[x_A, x_B]$ stetigen Funktion f.

Lösungsweg Bei der Berechnung der Mantelfläche O_x wird der Beitrag der „Scheibe" der Breite Δx an der Stelle x zur Gesamtmantelfläche durch die Mantelfläche ΔO des Kegelstumpfes mit den Grundkreisradien $|f(x)|$ und $|f(x+\Delta x)|$ und der Höhe Δx genähert (siehe **Bild 7.20**).

Graph einer Funktion Die Mantelfläche ΔO des Kegelstumpfes berechnet sich wie folgt:

$$\Delta O = \pi\, \Delta s\, (|f(x)| + |f(x+\Delta x)|) \qquad \text{mit} \qquad \Delta s = \sqrt{(\Delta x)^2 + (\Delta y)^2}.$$

Bei dem Grenzübergang $\Delta x \to 0$ ergibt sich für das Bogendifferenzial

$$\begin{aligned} \lim_{\Delta x \to 0} \Delta s &= \lim_{\Delta x \to 0} \sqrt{(\Delta x)^2 + (\Delta y)^2} \\ &= \lim_{\Delta x \to 0} \sqrt{1 + \left(\frac{\Delta y}{\Delta x}\right)^2}\, \Delta x \;=\; \sqrt{1 + (f'(x))^2}\,\mathrm{d}x. \end{aligned} \tag{7.35}$$

Damit ergibt sich analog zur Herleitung des Integrals (7.27) in **Abschnitt 7.9.1**

Ergebnis

$$O_x = 2\pi \int_{x_A}^{x_B} |f(x)| \sqrt{1 + (f'(x))^2}\, \mathrm{d}x. \tag{7.36}$$

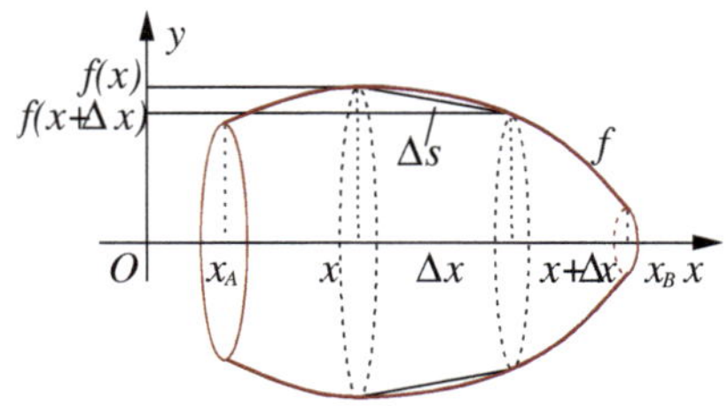

Bild 7.20 Mantelfläche eines Rotationskörpers

Für die Mantelfläche O_y des Rotationskörpers, der bei der Rotation derselben Kurve um die y-Achse entsteht, folgt nach analogen Überlegungen

$$O_y = 2\pi \int_{y_A}^{y_B} |g(y)| \sqrt{1 + (g'(y))^2}\, \mathrm{d}y, \tag{7.37}$$

wobei $g(y)$ die Umkehrfunktion von f ist und $y_A = f(x_A)$, $y_B = f(x_B)$ die Integrationsgrenzen sind.

Parameterform

Ist die Parameterform $x = \varphi(t)$, $y = \psi(t)$, $t \in [t_A, t_B]$, einer um die x-Achse rotierenden Kurve gegeben, so ergibt sich wie in **Abschnitt 7.9.1** für das Bogendifferenzial

$$\lim_{\Delta x \to 0} \Delta s = \sqrt{(\varphi'(t))^2 + (\psi'(t))^2}\, \mathrm{d}t.$$

Die Mantelfläche O_x ist in diesem Fall

$$O_x = 2\pi \int_{t_A}^{t_B} |\psi(t)| \sqrt{(\varphi'(t))^2 + (\psi'(t))^2}\, \mathrm{d}t,$$

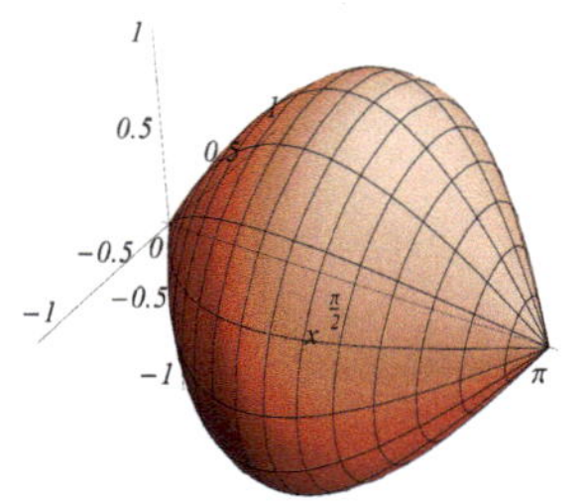

Bild 7.21 Rotationskörper, $f(x) = \sin x$

und die Mantelfläche O_y

$$O_y = 2\pi \int_{t_A}^{t_B} |\varphi(t)| \sqrt{(\varphi'(t))^2 + (\psi'(t))^2}\, \mathrm{d}t.$$

Beispiel 7.25

1. Die Mantelfläche des Rotationskörpers, der bei der Rotation des Graphen der Funktion $f(x) = \sin x$, $x \in [0, \pi]$, um die x-Achse entsteht (siehe **Beispiel 7.24** und **Bild 7.21**), ist

$$\begin{aligned} O_x &= 2\pi \int_0^{\pi} \sin x \sqrt{1+\cos^2 x}\, \mathrm{d}x \\ &= -\pi \left[\cos x \sqrt{1+\cos^2 x} + \ln\left(\cos x + \sqrt{1+\cos^2 x}\right)\right]_0^{\pi} \\ &= \pi\left(2\sqrt{2} + \ln(\sqrt{2}+1) - \ln(\sqrt{2}-1)\right) \approx 14.4236. \end{aligned}$$

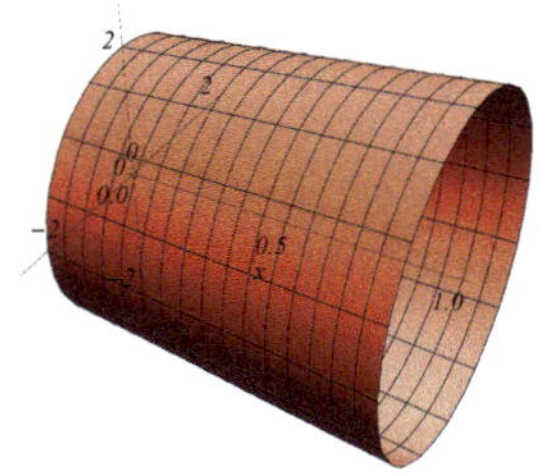

Bild 7.22 Mantelfläche bei Rotation von $f(x) = 0.5x + 2$

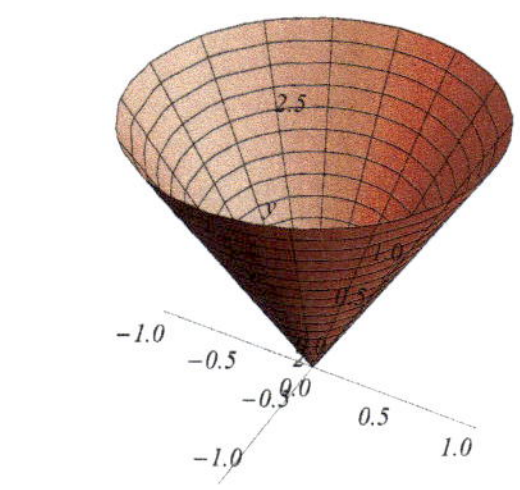

Bild 7.23 Mantelfläche bei Rotation von $g(y) = 2(y-2)$

2. Gesucht sind die Mantelflächen des Kegelstumpfes bzw. Kegels, die bei der Rotation des Graphen der linearen Funktion $f(x) = 0.5x + 2,\ x \in [0,1]$ um die x-Achse bzw. um die y-Achse entstehen (siehe **Bild 7.22, 7.23**).
Mit Gleichung (7.36) ergibt sich

$$O_x = \sqrt{5}\pi \int_0^1 (0.5x+2)\ \mathrm{d}x = \sqrt{5}\pi \left[0.25x^2 + 2x\right]_0^1 = 2.25\sqrt{5}\pi.$$

Die Umkehrfunktion der Funktion $y = f(x) = 0.5x + 2,\ x \in [0,1]$ ist $g(y) = 2(y-2),\ y \in [2, 2.5]$. Damit ergibt sich aus (7.37)

$$O_y = 2\sqrt{5}\pi \int_2^{2.5} 2(y-2)\ \mathrm{d}y = 4\sqrt{5}\pi \left[0.5y^2 - 2y\right]_2^{2.5} = 0.5\sqrt{5}\pi.$$

7.9.4 Momente und Schwerpunkte

Masse, Schwerpunkt und Gesamtkraft eines Balkens

Masse Berechnet werden soll die Masse eines Balkens mit inhomogener linearer Masseverteilung.

Lösungsweg Ein Koordinatensystem wird so gewählt, dass der Balken auf seiner x-Achse im Intervall $[x_A, x_B]$ liegt. Seine lineare Masseverteilung ist durch die Funktion $\rho(x)$ gegeben. Der Beitrag ΔM, den das Segment Δx an der Stelle x zur Gesamtmasse M des Balkens liefert, beträgt

$$\Delta M = \rho(x)\Delta x,$$

sodass sich seine Gesamtmasse wie folgt ergibt:

Ergebnis

$$M = \int_{x_A}^{x_B} \rho(x)\ \mathrm{d}x. \tag{7.38}$$

Schwerpunkt Berechnet werden soll der Schwerpunkt eines Balkens mit inhomogener linearer Masseverteilung.

Lösungsweg Der Schwerpunkt x_S eines Punkt-Masse-Systems von n Massen m_i, die sich an den Stellen $x_i,\ i = 1, 2, ..., n$, befinden, berechnet sich nach der Gleichung

$$x_s = \sum_{i=1}^{n} m_i x_i \Big/ \sum_{i=1}^{n} m_i\ . \tag{7.39}$$

Wird der Balken durch Teilpunkte $x_i, i = 0, 1, 2..., n$, in n Teilstücke der Breite $\Delta x_i = x_{i+1} - x_i, i = 1, 2, ..., n$, unterteilt, so beträgt die Masse m_i jedes dieser Teilstücke nach Gleichung (7.38)

$$m_i = \int_{x_i}^{x_{i+1}} \rho(x)\ \mathrm{d}x = \rho(\xi_i)\ \Delta x_i,\ \ \xi_i \in [x_i, x_{i+1}],$$

wenn noch den Mittelwertsatz der Integralrechnung (siehe **Satz 7.5** in **Abschnitt 7.4**) berücksichtigt wird. Damit ergibt sich

$$\sum_{i=1}^{n} m_i x_i = \sum_{i=1}^{n} x_i \rho(\xi_i)\, \Delta x_i$$

und nach dem Grenzprozess $\Delta x_i \to 0$ in Gleichung (7.39) für den Schwerpunkt x_s

$$x_s = \int_{x_A}^{x_B} x\rho(x)\,\mathrm{d}x \Big/ \int_{x_A}^{x_B} \rho(x)\,\mathrm{d}x\,.$$

Ergebnis

Gesamtkraft

Ist für einen Balken (s. o.) eine lineare Lastverteilung $q(x)$ (Elementlast bzw. Streckenlast) gegeben, so errechnet sich die Gesamtlast Q, die auf den Balken einwirkt, als

$$Q = \int_{x_A}^{x_B} q(x)\,\mathrm{d}x.$$

Ergebnis

Statische Momente

Flächenmomente 1. Grades

Berechnet werden sollen die Flächenmomentes 1. Grades M_y bzw. M_x einer Fläche mit der konstanten Dichte $\rho = 1$ bezüglich der y-Achse bzw. der x-Achse, die vom Graph einer Funktion f, der x-Achse und den Geraden $x = x_A$, $x = x_B$ begrenzt wird.

Lösungsweg

Der Beitrag ΔM_y, den das Flächenstück der Breite Δx an der Stelle x zum Flächenmoment 1. Grades M_y liefert, wird näherungsweise als Produkt seiner Masse $|f(x)|\Delta x$ und seines Hebelarms x von der Bezugsachse berechnet (siehe **Bild 7.24**):

$$\Delta M_y = x|f(x)|\,\Delta x.$$

Damit ergibt sich für das Gesamtmoment M_y

$$M_y = \int_{x_A}^{x_B} x|f(x)|\,\mathrm{d}x. \qquad (7.40)$$

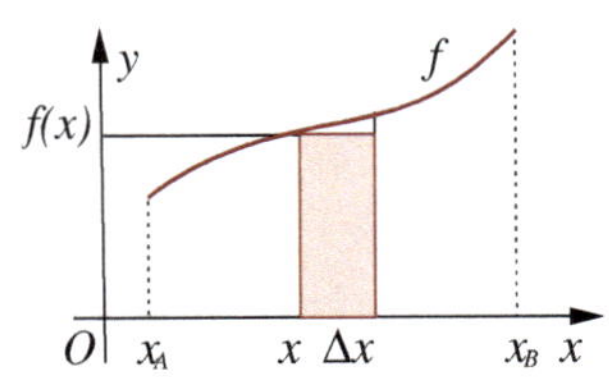

Bild 7.24 Flächenmoment 1. Grades bezüglich der y-Achse

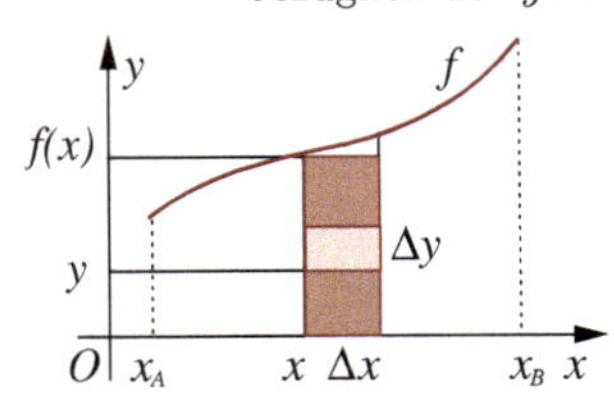

Bild 7.25 Flächenmoment 1. Grades bezüglich der x-Achse

Der Beitrag ΔM_x, den das Flächenstück der Breite Δx an der Stelle x zum Flächenmoment 1. Grades M_x liefert, wird näherungsweise wie folgt ermittelt. Der Anteil des Flächenstücks der Höhe Δy mit dem Hebelarm y von der Bezugsachse am Beitrag ΔM_x beträgt $y\Delta y\Delta x$ (siehe **Bild 7.25**). Das Aufsummieren (Integrieren) in den Grenzen von 0 bis $f(x)$ für $f(x) \geq 0$ bzw. von $f(x)$ bis 0 für $f(x) < 0$ liefert

$$\Delta M_x = \left(\int_0^{f(x)} y \,\mathrm{d}y\right) \Delta x,\ f(x) \geq 0,\quad \Delta M_x = \left(\int_{f(x)}^{0} y \,\mathrm{d}y\right) \Delta x,\ f(x) < 0.$$

Damit ergibt sich für das Gesamtmoment M_x

Ergebnis

$$M_x = \frac{1}{2} \int_{x_A}^{x_B} (f(x))^2 \mathrm{sgn} f(x) \,\mathrm{d}x. \tag{7.41}$$

Flächenmomente 1. Grades

Beispiel 7.26

Gesucht sind die Flächenmomente 1. Grades bezüglich der x-Achse und der y-Achse der Fläche, die der Graph der Funktion $f(x) = \sin x$, $x \in [0, \pi]$, mit der x-Achse einschließt (siehe **Bild 7.26**).

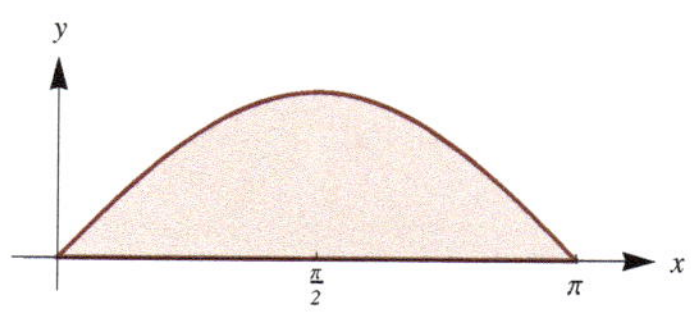

Bild 7.26 Fläche unter dem Graph von $f(x) = \sin x$, $x \in [0, \pi]$

Mit Gleichung (7.41) ist $M_x = \frac{1}{2} \int_0^{\pi} (\sin x)^2 \,\mathrm{d}x = \frac{1}{2}\left[\frac{1}{2}x - \frac{1}{4}\sin 2x\right]_0^{\pi} = \frac{\pi}{4}$.

Mit Gleichung (7.40) ist $M_y = \int_0^{\pi} x \sin x \,\mathrm{d}x = [-x\cos x + \sin x]_0^{\pi} = \pi$.

Das unbestimmte Integral $\int x \sin x \,\mathrm{d}x$ kann mit der partiellen Integration ermittelt werden.

Statische Momente einer Kurve

Betrachtet wird eine Kurve, mit der konstanten Dichte $\rho = 1$, die durch den Graph der Funktion $y = f(x)$, $x \in [x_A, x_B]$ beschrieben ist. Bei der Berechnung des statischen Moments bezüglich der x-Achse wird wieder zunächst der Beitrag ΔM_x, den das Kurvenstück Δx an der Stelle x zum Gesamtmoment M_x liefert, ermittelt. Sein Hebelarm zur Bezugsachse beträgt näherungsweise $f(x)$ und seine Masse $\Delta s = \sqrt{(\Delta x)^2 + (\Delta y)^2}$. Damit wird

$$\Delta M_x = f(x)\,\Delta s$$

und mit dem Grenzübergang $\Delta x \longrightarrow 0$ (siehe auch (7.35))

Ergebnis

$$M_x = \int_{x_A}^{x_B} f(x)\sqrt{1 + (f'(x))^2} \,\mathrm{d}x. \tag{7.42}$$

Auf analoge Weise ergibt sich das statische Moment der Kurve bezüglich der y-Achse:

$$M_y = \int_{x_A}^{x_B} x\sqrt{1 + (f'(x))^2}\, \mathrm{d}x. \tag{7.43}$$

Ergebnis

Statisches Moment eines Rotationskörpers

Das statische Moment eines Rotationskörpers bezüglich der y-Achse, der bei der Rotation des Graphen einer stetigen Funktion $y = f(x)$ auf dem Intervall $[x_A, x_B]$ um die x-Achse entsteht, berechnet sich als

$$M_y = \pi \int_{x_A}^{x_B} x(f(x))^2\, \mathrm{d}x. \tag{7.44}$$

Ergebnis

Beispiel 7.27

Statische Momente einer Kurve und eines Rotationskörpers

1. Gesucht sind die statischen Momente bezüglich der x- und y-Achse der Kurve, die der Graph der Funktion $f(x) = \sin x,\ x \in [0, \pi]$, beschreibt (siehe **Bild 7.27**).
   Mit Gleichung (7.42) ist (Berechnung des Integrals wie in **Beispiel 7.25**, 1.)
   $$M_x = \int_0^{\pi} \sin x\sqrt{1+\cos^2 x}\, \mathrm{d}x = 0.5\left(2\sqrt{2}+\ln(\sqrt{2}+1)-\ln(\sqrt{2}-1)\right) \approx 2.296.$$
   Mit Gleichung (7.42) und numerischer Berechnung des Integrals (siehe [20]) ist
   $$M_y = \int_0^{\pi} x\sqrt{1+\cos^2 x}\, \mathrm{d}x \approx 6.001.$$
2. Gesucht ist das statische Moment des Körpers bezüglich der y-Achse, der bei der Rotation des Graphen der Funktion $f(x) = \sin x,\ x \in [0, \pi]$ um die x-Achse entsteht (siehe **Bild 7.21**).
   Mit Gleichung (7.44) ist (die Berechnung des Integrals erfolgt mit partieller Integration)
   $$M_y = \pi \int_0^{\pi} x \sin^2 x\, \mathrm{d}x = 0.25\pi \left[x^2 - x\sin(2x) - 0.5\cos(2x)\right]_0^{\pi} = 0.25\pi^3 \approx 7.752.$$

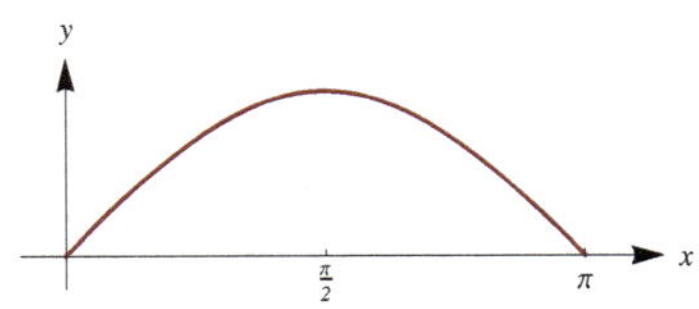

Bild 7.27 Kurve $f(x) = \sin x,\ x \in [0, \pi]$

Schwerpunkte

Nach der Definition des Schwerpunktes eines Massensystems ist das statische Moment einer verteilten Masse gleich dem statischen Moment der im Schwerpunkt konzentrierten Gesamtmasse, bezogen auf dieselbe Achse. Der Schwerpunkt eines Massensystems wird daher auch als Massenmittelpunkt bezeichnet.

Schwerpunkt einer Fläche

Damit ergeben sich für die Koordinaten des Schwerpunktes $S(x_S, y_S)$ einer Fläche, die vom Graph einer Funktion f, der x-Achse und den Geraden $x = x_A$, $x = x_B$ begrenzt wird,

$$x_S = \frac{M_y}{F} \quad \text{und} \quad y_S = \frac{M_x}{F}, \tag{7.45}$$

Ergebnis

wobei M_y und M_x die statischen Momente der Fläche bezüglich der y- bzw. x-Achse aus den Gleichungen (7.41), (7.41) sind und F der Inhalt dieser Fläche aus der Gleichung (7.30) ist.

Schwerpunkt einer Kurve

Die Koordinaten des Schwerpunktes $S(x_S, y_S)$ einer Kurve $y = f(x)$, $x \in [x_A, x_B]$, sind analog

Ergebnis

$$x_S = \frac{M_y}{l} \qquad \text{und} \qquad y_S = \frac{M_x}{l}, \tag{7.46}$$

wobei M_y und M_x die statischen Momente der Kurve bezüglich der y- bzw. x-Achse aus den Gleichungen (7.42), (7.43) sind und l die Länge der Kurve aus der Gleichung (7.29) ist.

Schwerpunkt eines Rotationskörpers

Die Koordinate x_S des Schwerpunktes $S(x_S, y_S, z_S)$ eines Rotationskörpers, der bei der Rotation des Graphen einer stetigen Funktion $y = f(x)$ auf dem Intervall $[x_A, x_B]$ um die x-Achse entsteht, ist

Ergebnis

$$x_S = \frac{M_y}{V_x}, \tag{7.47}$$

wobei M_y sein statisches Moment bezüglich der y-Achse aus der Gleichung (7.44) und V_x sein Volumen aus der Gleichung (7.34) ist. Die Koordinaten y_S und z_S des Schwerpunktes S sind aus Symmetriegründen gleich null.

Schwerpunkte

Beispiel 7.28

1. Gesucht sind die Koordinaten des Schwerpunktes der Fläche, die vom Graph der Funktion $f(x) = \sin x$, der x-Achse und den Geraden $x = 0$, $x = \pi$ begrenzt wird.

   Mit den Gleichungen (7.45), den Flächenmomenten 1. Grades M_y und M_x aus **Beispiel 7.26** sowie dem Inhalt der Fläche F gemäß Gleichung (7.30)

   $F = \int_0^{\pi} \sin x \, dx = -[\cos x]_0^{\pi} = 2$

   ergibt sich (siehe Bild 7.28)

   $x_S = M_y/F = \pi/2 \approx 1.571$ und $y_S = M_x/F = \pi/8 \approx 0.393$.

2. Gesucht sind die Koordinaten des Schwerpunktes der Kurve, die der Graph der Funktion $f(x) = \sin x$, $x \in [0, \pi]$, beschreibt (siehe **Bild 7.29**).

   Mit den Gleichungen (7.46), den statischen Momenten der Kurve M_y und M_x aus **Beispiel 7.27, 1.**, sowie der Länge l der Kurve gemäß Gleichung (7.27)

   $l = \int_0^{\pi} \sqrt{1 + \cos^2 x} \, dx \approx 3.82$ (numerische Berechnung)

   ergibt sich (siehe Bild 7.29)

   $x_S = M_y/l \approx 1.571$ und $y_S = M_x/l \approx 0.601$.

3. Gesucht sind die Koordinaten des Schwerpunktes des Körpers, der bei der Rotation des Graphen der Funktion $f(x) = \sin x$, $x \in [0, \pi]$, um die x-Achse entsteht (siehe **Bild 7.21**).

   Die Koordinaten y_S und z_S sind aus Symmetriegründen gleich null. Mit Gleichung (7.47), dem statischen Moment M_y aus **Beispiel 7.27, 2.**, sowie dem Volumen V_x aus **Beispiel 7.24** ergibt sich

   $x_S = M_y/V_x = 0.5\pi$.

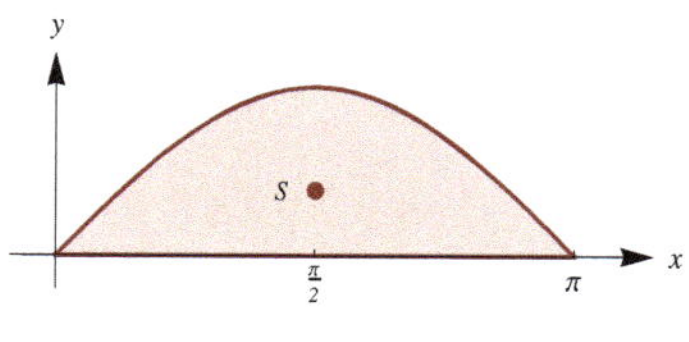

Bild 7.28 Fläche unter $f(x) = \sin x$ und Schwerpunkt S

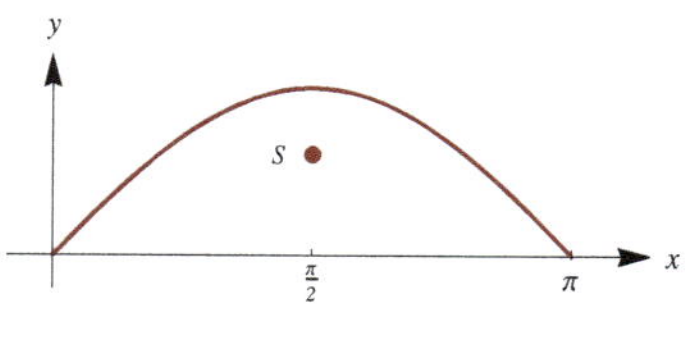

Bild 7.29 Kurve $f(x) = \sin x, x \in [0, \pi]$, und Schwerpunkt S

Die Regeln von Guldin

Paul Guldin (* 12. Juni 1577 in St. Gallen, † 3. November 1643 in Graz)

Mathematiker, Astronom, Professor für Mathematik in Graz und Wien

Baryzentrische (heute Guldin-) Regeln zur Berechnung von Volumen und Oberfläche eines Rotationskörpers (Wiederentdeckung von Pappos von Alexandria 300 n. Chr.)

hier: Regeln von Guldin

Wird Gleichung (7.36) zur Ermittlung der Mantelfläche O_x eines Rotationskörpers, der bei der Rotation des Graphen einer stetigen Funktion $y = f(x) \geq 0$ auf dem Intervall $[x_A, x_B]$ um die x-Achse entsteht, nach dem Integral umgestellt, so ergibt sich

$$\int_{x_A}^{x_B} f(x)\sqrt{1+(f'(x))^2}\,\mathrm{d}x = \frac{O_x}{2\pi}.$$

Umstellen von Gleichung (7.46) zur Berechnung des Schwerpunktes der erzeugenden Kurve nach M_x liefert unter Beachtung der Gleichung (7.42) zur Berechnung von M_x

$$\int_{x_A}^{x_B} f(x)\sqrt{1+(f'(x))^2}\,\mathrm{d}x = y_S\,l.$$

Daraus folgt der Satz

Satz 7.29

Erste Regel von Guldin

Die Mantelfläche eines Rotationskörpers ist gleich dem Produkt aus der Länge der erzeugenden Kurve und dem Weg ihres Schwerpunktes, den dieser bei der Rotation zurücklegt:

$$O_x = 2\pi y_S\,l. \tag{7.48}$$

Wird Gleichung (7.34) zur Ermittlung des Volumens V_x eines Rotationskörpers, der bei der Rotation der Fläche unter dem Graph einer stetigen Funktion $y = f(x) \geq 0$ auf dem Intervall $[x_A, x_B]$ um die x-Achse entsteht, nach dem Integral umgestellt, so ergibt sich

$$\int_{x_A}^{x_B} (f(x))^2\,\mathrm{d}x = \frac{V_x}{\pi}.$$

Umstellen von Gleichung (7.45) zur Berechnung des Schwerpunktes der Fläche unter Beachtung von Gleichung (7.41) liefert

$$\int_{x_A}^{x_B} (f(x))^2\,\mathrm{d}x = 2y_S\,F.$$

Daraus folgt der Satz

Satz 7.30

Zweite Regel von Guldin

Das Volumen eines Rotationskörpers ist gleich dem Produkt aus dem Inhalt der erzeugenden Fläche und dem Weg ihres Schwerpunktes, den dieser bei der Rotation zurücklegt:

$$V_x = 2\pi y_S\,F. \tag{7.49}$$

Regel von Guldin und Schwerpunkte

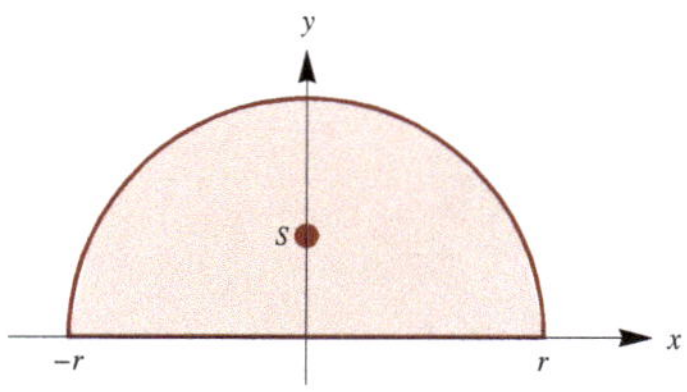

Bild 7.30 Schwerpunkt S einer Halbkreisfläche

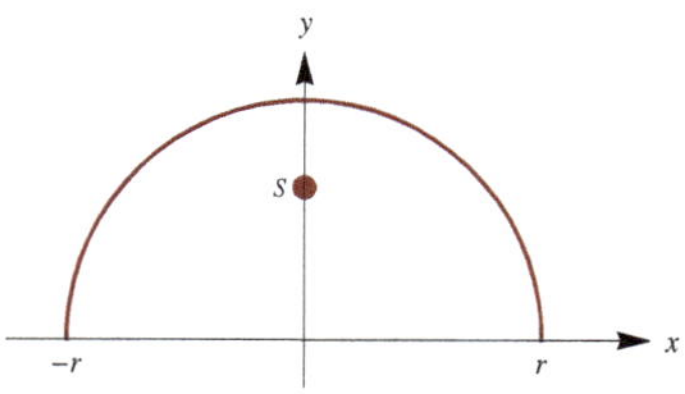

Bild 7.31 Schwerpunkt S eines Halbkreisbogens

Beispiel 7.31

1. Gesucht ist der Schwerpunkt einer Halbkreisfläche mit dem Radius r (siehe **Bild 7.30**).
   Wird ein kartesisches Koordinatensystem so gewählt, dass sein Ursprung mit dem Kreismittelpunkt zusammenfällt und die y-Achse Symmetrieachse der Halbkreisfläche ist, so erzeugt die Halbkreisfläche bei der Rotation um die x-Achse eine Kugel, deren Volumen $V_x = 4\pi r^3/3$ beträgt. Der Inhalt der Halbkreisfläche ist $F = \pi r^2/2$. Wird die zweite Regel von Guldin in Gestalt von Gleichung (7.49) angewendet, so ergibt sich
   $$\frac{4}{3}\pi r^3 = 2\pi y_S \frac{1}{2}\pi r^2, \quad \text{d. h.,} \quad y_S = \frac{4r}{3\pi}.$$
   Die Koordinate x_S des Schwerpunktes ist aus Symmetriegründen gleich null.
2. Gesucht ist der Schwerpunkt des Halbkreisbogens mit dem Radius r (siehe **Bild 7.31**).
   Der Halbkreisbogen erzeugt bei der Rotation um die x-Achse (Koordinatensystem wie oben) eine Kugel mit der Mantelfläche $O_x = 4\pi r^2$. Er hat die Länge $l = \pi r$, das ist der halbe Kreisumfang. Wendet man die erste Regel von Guldin in Gestalt von Gleichung (7.48) an, ergibt sich
   $$4\pi r^2 = 2\pi y_S \pi r, \quad \text{d. h.,} \quad y_S = \frac{2r}{\pi}.$$
   Die Koordinate x_S des Schwerpunktes ist aus Symmetriegründen gleich null.

Trägheitsmomente

Das Trägheitsmoment ΔI einer Punktmasse Δm bezüglich einer festgelegten Achse berechnet sich als Produkt aus dem Quadrat ihres Abstandes r von der Achse und der Masse selbst:

$$\Delta I = r^2\,\Delta m.$$

Trägheitsmomente sind (wie z. B. die statischen Momente) additiv, d. h., das Trägheitsmoment eines Massensystems ist gleich der Summe der Trägheitsmomente der Einzelmassen. Daher sind die Ideen zur Berechnung von statischen Momenten einer Fläche unter einer Kurve bzw. eines Kurvenstücks auch auf die Berechnung der Trägheitsmomente übertragbar.

Flächenmomente 2. Grades

Das Trägheitsmoment ΔI_x des Streifens Δx der Fläche mit konstanter Dichte $\rho = 1$, die vom Graph einer Funktion f, der x-Achse und den Geraden $x = x_A$, $x = x_B$ mit $x_A < x_B$ begrenzt wird, bezüglich der x-Achse (siehe **Bild 7.25**) ist

$$\Delta I_x = \left(\int_0^{|f(x)|} y^2\,\mathrm{d}y\right)\Delta x = \frac{1}{3}|f(x)|^3\,\Delta x.$$

Damit ist das Flächenmoment 2. Grades I_x dieser Fläche bezüglich der x-Achse

Ergebnis

$$I_x = \frac{1}{3}\int_{x_A}^{x_B} |f(x)|^3\,\mathrm{d}x. \tag{7.50}$$

Für das Flächenmoment 2. Grades I_y dieser Fläche bezüglich der y-Achse folgt analog (siehe **Bild 7.24**)

Ergebnis

$$I_y = \int_{x_A}^{x_B} x^2 |f(x)| \, dx. \tag{7.51}$$

Trägheitsmomente einer Kurve

Für die Trägheitsmomente I_x und I_y einer Kurve $y=f(x)$, $x\in[x_A, x_B]$, bezüglich der x- bzw. y-Achse ergibt sich unmittelbar

Ergebnis

$$I_x=\int_{x_A}^{x_B} (f(x))^2 \sqrt{1+(f'(x))^2} \, dx, \quad I_y=\int_{x_A}^{x_B} x^2 \sqrt{1+(f'(x))^2} \, dx. \tag{7.52}$$

Trägheitsmomente eines Rotationkörpers

Das Trägheitsmoment eines Rotationskörpers, der bei der Rotation des Graphen einer stetigen Funktion $y = f(x)$ auf dem Intervall $[x_A, x_B]$ um die x-Achse entsteht, bezüglich seiner Rotationsachse ist

Ergebnis

$$I_x = \frac{\pi}{2} \int_{x_A}^{x_B} (f(x))^4 \, dx. \tag{7.53}$$

Beispiel 7.32

Trägheitsmomente

1. Zu berechnen sind die Flächenmomente 2. Grades I_x und I_y der Fläche eines Rechtecks, dessen Symmetrieachsen x- und y-Achse sind und deren Breite und Höhe a und b sind (siehe **Bild 7.32**).

   In diesem Falle ist $f(x) = b/2$ die konstante Funktion. Das Integrationsintervall ist $[-a/2, a/2]$. Die x-Achse unterteilt die Rechtecksfläche in zwei zu ihr symmetrische Teilrechtecke, sodass sich das Gesamtträgheitsmoment als Summe der beiden gleichen Teilträgheitsmomente ergibt. Mit den Gleichungen (7.50) und (7.51) folgt

   $$I_x = 2 \cdot \frac{1}{3} \int_{-a/2}^{a/2} \left(\frac{b}{2}\right)^3 dx = \frac{2}{3}\frac{b^3}{8} \cdot [x]_{-a/2}^{a/2} = \frac{ab^3}{12},$$
   $$I_y = 2 \cdot \int_{-a/2}^{a/2} x^2 \cdot \frac{b}{2} \, dx = b \cdot \left[\frac{1}{3}x^3\right]_{-a/2}^{a/2} = \frac{a^3 b}{12}.$$

   Bemerkung: Das **polare Trägheitsmoment** ist die Summe der Trägheitsmomente I_x und I_y. Es beträgt

   $$I_p = I_x + I_y = (a^3 b + b^3 a)/12.$$

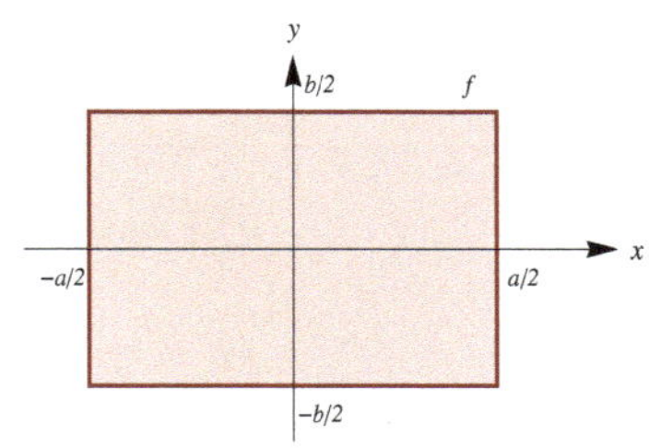

Bild 7.32 Fläche des Rechtecks

2. Zu berechnen sind die Flächenmomente 2. Grades I_x und I_y der Fläche eines Kreises mit dem Radius r, dessen Mittelpunkt im Koordinatenursprung liegt (siehe **Bild 7.33**).

   Die begrenzende Funktion ist $f(x) = \sqrt{r^2 - x^2}$, das Integrationsintervall $[-r, r]$. Auch hier unterteilt die x-Achse als Symmetrieachse die Kreisfläche in zwei Halbkreisflächen mit jeweils gleichen Trägheitsmomenten. Mit den Gleichungen (7.50) und (7.51) folgt

   $$I_x = \frac{2}{3} \int_{-r}^{r} \left(\sqrt{r^2-x^2}\right)^3 dx = \frac{\pi r^4}{4}, \quad I_y = 2 \int_{-r}^{r} x^2 \sqrt{r^2-x^2} \, dx = \frac{\pi r^4}{4}.$$

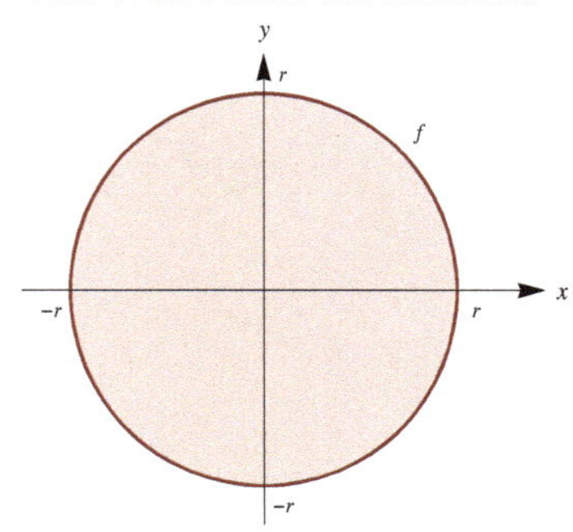

Bild 7.33 Fläche des Kreises

Bemerkung: Aus Symmetriegründen sind die Trägheitsmomente I_x und I_y gleich, so dass die Berechnung eines von beiden genügt.

Das polare Trägheitsmoment beträgt $I_p = I_x + I_y = \pi r^4/2$.

3. Zu berechnen ist das Trägheitsmoment eines Halbkreisbogens mit dem Radius r und dem Mittelpunkt im Koordinatenursprung z. B. bezüglich der x-Achse.
   Die Gleichung der Kurve ist $f(x) = \sqrt{r^2 - x^2}$, $x \in [-r, r]$. Mit Gleichung (7.52) ergibt sich
   $$I_x = \int_{-r}^{r} (r^2 - x^2)\sqrt{1 + \frac{x^2}{r^2 - x^2}}\, dx = 2r \int_0^r \sqrt{r^2 - x^2}\, dx = \frac{\pi r^3}{2}.$$
4. Zu berechnen ist das Trägheitsmoment einer Kugel mit dem Radius r und dem Mittelpunkt im Koordinatenursprung z. B. bezüglich der x-Achse.
   Die Kugel entsteht durch Rotation des Graphen der Funktion $f(x) = \sqrt{r^2 - x^2}$ (Halbkreisbogen) über dem Intervall $x \in [-r, r]$. um die x-Achse. Mit der Gleichung (7.53) ergibt sich
   $$I_x = \frac{\pi}{2} \int_{-r}^{r} (r^2 - x^2)^2\, dx = 2 \int_0^r (r^2 - x^2)^2\, dx = \pi \left[r^4 x - \frac{2}{3} r^2 x^3 + \frac{1}{5} x^5 \right]_0^r = \frac{8}{15} \pi r^5.$$

7.9.5 Berechnung von Schnittkräften am Balken

Ausgangssituation

Die Integralrechnung für Funktionen einer Veränderlichen findet ebenfalls Anwendung bei der Ermittlung von Auflagerreaktionen und Schnittkräften am Balken. Die entsprechenden Gleichungen sind dabei abhängig von der Lagerung des Balkens. Stellvertretend wird ein an seinen Enden A und B gelenkig gelagerter Balken der Länge l betrachtet, dabei ist das Lager in A fest und das in B verschieblich. Der Balken ist mit einer Streckenlast q belastet, deren Funktionsverlauf im Koordinatensystem mit der x-Achse in Balkenrichtung dargestellt ist. Berechnet werden sollen die Auflagerreaktionen F_A und F_B sowie die Querkraft $V(x)$ und das Biegemoment $M(x)$ an einer beliebigen Stelle $x \in [0, l]$ des Balkens (siehe **Bild 7.34**).

Lösungsweg

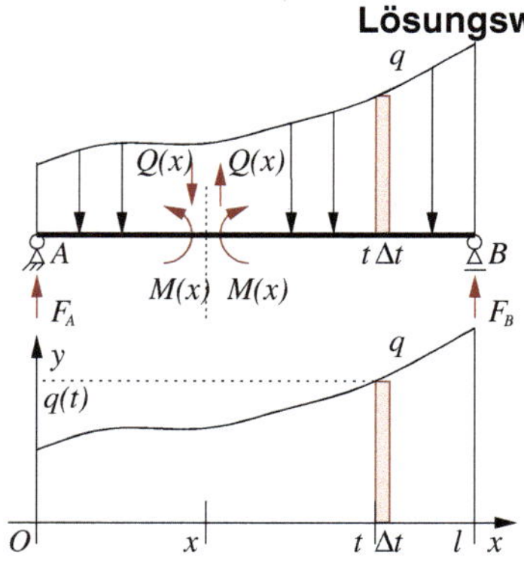

Bild 7.34 Schnittkräfte am Balken

Dazu wird der Balken an der Stelle x „aufgeschnitten". Sowohl das linke Balkenteil als auch das rechte befinden sich im Zustand der Ruhe, sodass Kräfte- und Momentengleichgewicht gelten. Für die Auflagerreaktion F_A ergibt sich nach dem Momentensatz für den gesamten Balken bezüglich des Punktes B

$$F_A l - \int_0^l (l - t) q(t)\, dt = 0, \quad \text{d. h.,} \quad F_A = \frac{1}{l} \int_0^l (l - t) q(t)\, dt, \quad (7.54)$$

und für die Auflagerreaktion F_B folgt mit dem Momentensatz für den gesamten Balken bezüglich des Punktes A

$$F_B l - \int_0^l t q(t)\,\mathrm{d}t = 0, \quad \text{d. h.,} \quad F_B = \frac{1}{l}\int_0^l t q(t)\,\mathrm{d}t. \tag{7.55}$$

Wird der Kräftesatz auf das linke Balkenteil angewendet, so ergibt sich für die Querkraft $V(x)$

$$V(x) - F_A + \int_0^x q(t)\,\mathrm{d}t = 0, \quad \text{d. h.,} \quad V(x) = F_A - \int_0^x q(t)\,\mathrm{d}t. \tag{7.56}$$

Der Momentensatz, angewendet auf das linke Balkenteil bezüglich der Stelle x, liefert für das Biegemoment $M(x)$

$$M(x) - F_A x + \int_0^x (x-t)q(t)\,\mathrm{d}t = 0, \quad \text{d. h.,} \quad M(x) = F_A x - \int_0^x (x-t)q(t)\,\mathrm{d}t. \tag{7.57}$$

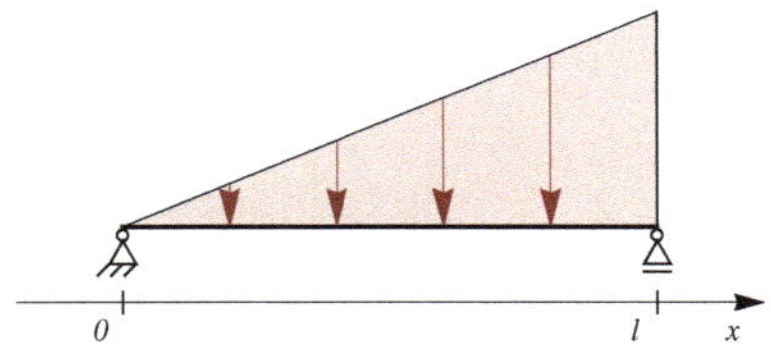

Bild 7.35 Dreieckslast q, $q_0 = 4$, $l = 10$

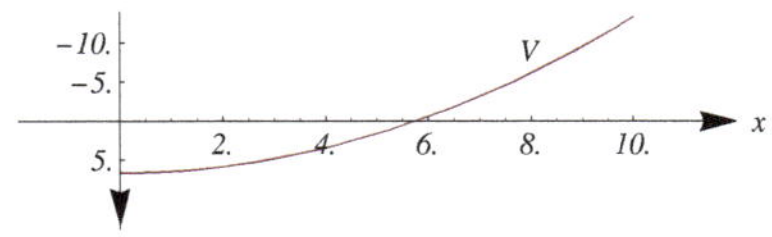

Bild 7.36 Querkraft V

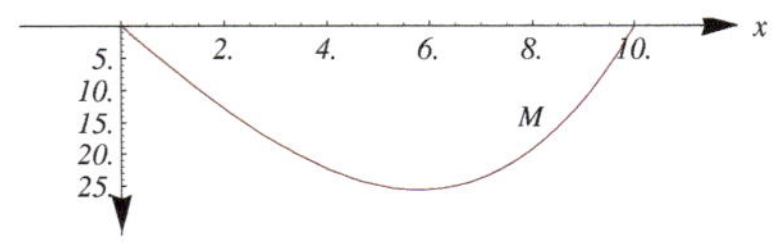

Bild 7.37 Biegemoment M

Schnittkräfte am Balken für Dreiecks- und Sinuslast

Beispiel 7.33

1. Für eine Dreieckslast $q(x) = q_0 x/l$, $x \in [0, l]$, wie in **Bild 7.35** ergibt sich mit den Gleichungen (7.54) bis (7.57) (siehe **Bild 7.36, 7.37**)

$$\begin{aligned}
F_A &= \frac{1}{l}\int_0^l (l-t)\frac{q_0}{l}t\,\mathrm{d}t = \frac{1}{l}\frac{q_0}{l}\left[l\frac{t^2}{2} - \frac{1}{3}t^3\right]_0^l = \frac{q_0 l}{6},\\
F_B &= \frac{1}{l}\int_0^l t\frac{q_0}{l}t\,\mathrm{d}t = \frac{1}{l}\frac{q_0}{l}\left[\frac{1}{3}t^3\right]_0^l = \frac{q_0 l}{3},\\
V(x) &= F_A - \int_0^x \frac{q_0}{l}t\,\mathrm{d}t = \frac{q_0 l}{6} - \frac{q_0}{l}\left[\frac{1}{2}t^2\right]_0^x = \frac{q_0}{2}\left(\frac{l}{3} - \frac{x^2}{l}\right),\\
M(x) &= F_A x - \int_0^x (x-t)\frac{q_0}{l}t\,\mathrm{d}t = \frac{q_0 l}{6}x - \frac{q_0}{l}\left[x\frac{t^2}{2} - \frac{1}{3}t^3\right]_0^x = \frac{q_0}{6}\left(lx - \frac{x^3}{l}\right).
\end{aligned}$$

2. Für eine Sinuslast $q(x) = \sin(\pi x/l)$, $x \in [0, l]$, wie in **Bild 7.38** ergibt sich mit den Gleichungen (7.54) bis (7.57) (siehe **Bild 7.39, 7.40**)

$$\begin{aligned}
F_A &= \frac{1}{l}\int_0^l (l-t)\sin\frac{\pi t}{l}\,\mathrm{d}t = \frac{1}{l}\left(l\int_0^l \sin\frac{\pi t}{l}\,\mathrm{d}t - \int_0^l t\sin\frac{\pi t}{l}\,\mathrm{d}t\right)\\
&= \frac{1}{l}\left(-\frac{l^2}{\pi}\left[\cos\frac{\pi t}{l}\right]_0^l - \frac{l^2}{\pi^2}\left[-\frac{\pi t}{l}\cos\frac{\pi t}{l} + \sin\frac{\pi t}{l}\right]_0^l\right) = \frac{1}{l}\left(\frac{2l^2}{\pi} - \frac{l^2}{\pi}\right) = \frac{l}{\pi},\\
F_B &= \int_0^l \sin\frac{\pi t}{l}\,\mathrm{d}t - F_A = \frac{2l}{\pi} - \frac{l}{\pi} = \frac{l}{\pi},\\
V(x) &= F_A - \int_0^x \sin\frac{\pi t}{l}\,\mathrm{d}t = \frac{l}{\pi} + \frac{l}{\pi}\left[\cos\frac{\pi t}{l}\right]_0^x = \frac{l}{\pi}\cos\frac{\pi x}{l},\\
M(x) &= F_A x - \int_0^x (x-t)\sin\frac{\pi t}{l}\,\mathrm{d}t = \frac{l}{\pi}x - x\int_0^x \sin\frac{\pi t}{l}\,\mathrm{d}t + \int_0^x t\sin\frac{\pi t}{l}\,\mathrm{d}t\\
&= \frac{l}{\pi}x + \frac{xl}{\pi}\left[\cos\frac{\pi t}{l}\right]_0^x + \frac{l^2}{\pi^2}\left[-\frac{\pi t}{l}\cos\frac{\pi t}{l} + \sin\frac{\pi t}{l}\right]_0^x = \frac{l^2}{\pi^2}\sin\frac{\pi x}{l}.
\end{aligned}$$

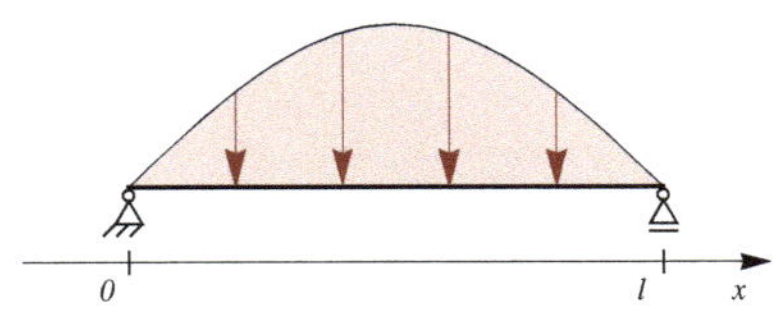

Bild 7.38 Sinuslast q, $l = 10$

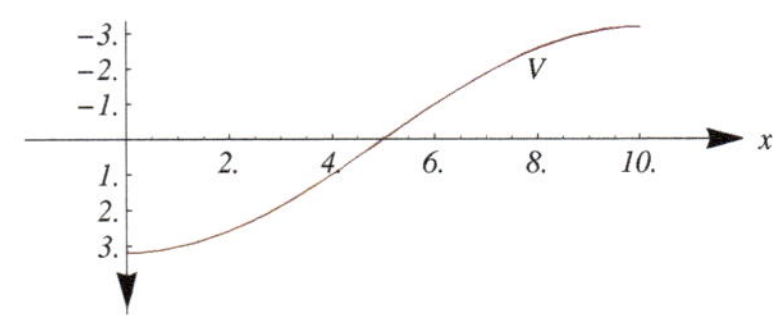

Bild 7.39 Querkraft V

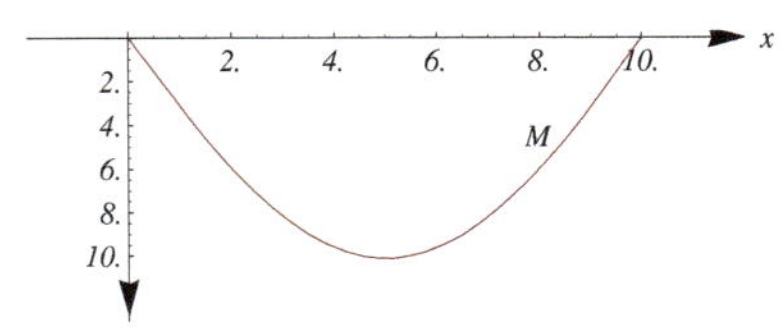

Bild 7.40 Biegemoment M

7.9.6 Überfälle im Wasserbau

Ausgangssituation

Der Abflussvorgang „Überfall“ liegt dann vor, wenn Wasser über die Oberkante eines Staubauwerkes (z. B. eines Wehres) läuft. Dabei wird die potenzielle Energie des in der Höhe h über der Krone des Bauwerkes angestauten Wassers (unbeeinflusster Wasserspiegel des Oberwassers) zum großen Teil in Bewegungsenergie umgesetzt. Das Wasser erreicht dann über dem Staubauwerk nur noch eine Höhe von ph, die gemessen werden kann, sodass der Faktor p, $0 < p < 1$, bekannt ist (siehe **Bild 7.41**). Ermittelt werden soll der Abfluss Q des Wassers über dem Staubauwerk, wenn die Breite b des rechteckigen Fließquerschnittes als konstant vorausgesetzt ist.

Lösungsweg

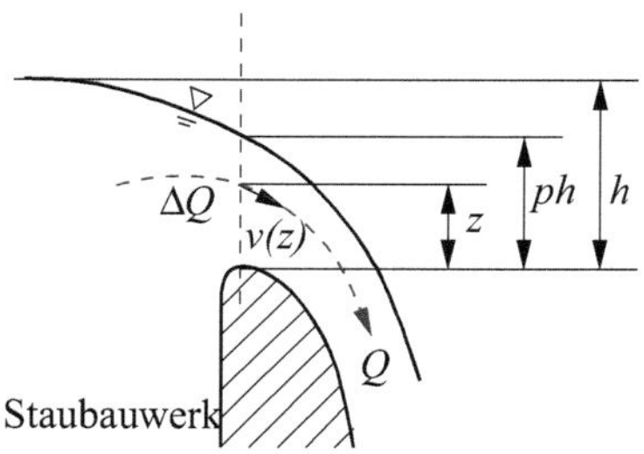

Bild 7.41 Überfall

Ist g die Erdbeschleunigung und v_0 die Geschwindigkeit des zuströmenden Wassers der Masse m, so ist seine Energie die Summe der potenziellen mgh und der kinetischen $mv_0^2/2$. In der Höhe z über der Krone des Staubauwerkes hat das dort schneller fließende Wasser die Geschwindigkeit $v(z)$. Seine Energie ist damit jetzt die Summe der potenziellen mgz und der kinetischen $mv^2(z)/2$. Aus dem Energieerhaltungssatz folgt zunächst

$$mgh + \frac{mv_0^2}{2} = mgz + \frac{mv^2(z)}{2}$$

und für die Fließgeschwindigkeit $v(z)$ nach Umstellen dieser Gleichung

$$v(z) = \sqrt{2g\left(h + \frac{mv_0^2}{2} - z\right)}. \tag{7.58}$$

Der Abfluss ΔQ durch den Teil $b\,\Delta z$ des rechteckigen Fließquerschnittes in der Höhe z über der Krone des Staubauwerkes errechnet sich als Produkt aus Fließgeschwindigkeit (7.58) und dieser Fläche:

$$\Delta Q = \sqrt{2g\left(h + \frac{mv_0^2}{2} - z\right)}\; b\,\Delta z.$$

Giovanni Poleni (* 23. August 1683 in Venice, † 15. November 1761 in Padua)
italienischer Mathematiker, Astronom und Physiker, Professor für Astronomie und Physik an der Universität Padua
Untersuchungen zur Hydraulik, astronomische und meteorologische Untersuchungen, Berechnung von Schifffahrtsrouten, Schiffsanker
hier: Überfallformel von Poleni

Der gesamte Abfluss Q über dem Staubauwerk ergibt sich durch Integration (d. h., durch Aufsummieren und anschließenden Grenzübergang $\Delta z \longrightarrow 0$) im gesamten Höhenbereich $z \in [0, ph]$:

$$Q = \int_0^{ph} \sqrt{2g\left(h + \frac{mv_0^2}{2} - z\right)}\; b\,\mathrm{d}z. \tag{7.59}$$

Das bestimmte Integral auf der rechten Seite von (7.59) ist jetzt zu berechnen. b und $\sqrt{2g}$ sind konstante Faktoren, die aufgrund der Linearitätseigenschaft (7.10) (siehe **Abschnitt 7.4**) vor das Integral gezogen werden können. Weiter folgt mit der Substitution

$$t = h + \frac{mv_0^2}{2} - z, \ \mathrm{d}t = -\mathrm{d}z$$

für das unbestimmte Integral

$$\int \sqrt{h+\frac{mv_0^2}{2}-z}\,\mathrm{d}z = -\int \sqrt{t}\,\mathrm{d}t = -\frac{2}{3}\,t^{3/2} = -\frac{2}{3}\left(h+\frac{mv_0^2}{2}-z\right)^{3/2}.$$

Nach dem Hauptsatz der Differenzial- und Integralrechnung (7.17) (siehe **Abschnitt 7.6**) ergibt sich der gesuchte Abfluss Q durch Einsetzen der Integrationsgrenzen schließlich zu

$$Q = -\frac{2}{3}\,b\,\sqrt{2g}\left(\left((1-p)h+\frac{mv_0^2}{2}\right)^{3/2} - \left(h+\frac{mv_0^2}{2}\right)^{3/2}\right). \tag{7.60}$$

Ergebnis

Oft ist die Fließgeschwindigkeit v_0 des zuströmenden Wassers so gering, dass näherungsweise $v_0 \approx 0$ gesetzt wird. In diesem Falle vereinfacht sich (7.60) zur **Überfallformel von Poleni**

$$Q = \frac{2}{3}\,b\,\sqrt{2g}\,\mu\,h^{3/2}, \quad \mu = 1-(1-p)^{3/2}.$$

Überfallformel von Poleni

Literaturverzeichnis

[1] **Cramer, E., Neslehová, J:** Vorkurs Mathematik. Arbeitsbuch zum Studienbeginn in Bachelor-Studiengängen, 7., überarb. u. erg. Aufl., Springer Spektrum, Wiesbaden 2018

[2] **Schirotzek, W., Scholz, S.:** Starthilfe Mathematik. Für Studienanfänger der Ingenieur-, Natur- und Wirtschaftswissenschaften, 5., durchges. Aufl., Springer Fachmedien, Wiesbaden Copyright 2005

[3] **Poguntke, W.:** Keine Angst vor Mathe. Hochschulmathematik für Einsteiger, 4., aktual. Aufl., Vieweg+Teubner Verlag, Wiesbaden Copyright 2010

[4] **Knorrenschild, M.:** Vorkurs Mathematik. Ein Übungsbuch für Fachhochschulen, 6., aktual. Ed., Carl Hanser Verlag GmbH & Co. KG, 2023

[5] **Hofmann, G.:** Ingenieurmathematik für Studienanfänger, 2., überarb. u. erw. Aufl., Vieweg+Teubner Verlag, Wiesbaden 2011

[6] **Knorrenschild, M.:** Mathematik für Ingenieure 1. Grundlagen im Bachelorstudium, 2., aktual. Aufl., Carl Hanser Verlag, München 2021

[7] **Knorrenschild, M.:** Mathematik für Ingenieure 2. Angewandte Analysis im Bachelorstudium, 2., aktual. Aufl., Carl Hanser Verlag, München 2022

[8] **Ruschitzka, M., Reckfort, W.:** Ingenieurmathematik: Vektor- und Infinitesimalrechnung für Bachelors, Carl Hanser Verlag, München 2009

[9] **Rjasanowa, K.:** Mathematik für Bauingenieure, Fachbuchverlag Leipzig im Carl Hanser Verlag, Leipzig 2006

[10] **Rjasanowa, K.:** Mathematik für Bauingenieure 1. Grundlagen für das Bachelor-Studium, Fachbuchverlag Leipzig im Carl Hanser Verlag, München 2016

[11] **Dobner, H.-J., Engelmann, B.:** Analysis 1. Grundlagen und Differenzialrechnung, 2., aktual. Aufl., Carl Hanser Verlag, München 2007

[12] **Dobner, H.-J., Engelmann, B.:** Analysis 2. Integralrechnung und mehrdimensionale Analysis, 2., aktual. Aufl., Carl Hanser Verlag, München 2013

[13] **Fichtenholz, G. M.:** Differenzial- und Integralrechnung Bd. 1 bis 3, 12., ber. Aufl., Verlag Harri Deutsch GmbH, Frankfurt am Main 2011

[14] **Meyberg, K., Vachenauer, P.:** Höhere Mathematik 1, 2, 6., korr. Aufl., 4., korr. Aufl., Springer Verlag, Berlin, Heidelberg, New York 2003-2005

[15] **Neunzert, H., Eschmann, W. et. al.:** Analysis 1, 3. unveränd. Aufl., Springer Verlag, Heidelberg 2008

[16] **Burg, K., Haf, H., Wille, F.:** Höhere Mathematik für Ingenieure, Bd. I bis III, 9., überarb. Aufl., 7., überarb. u. erw. Aufl., 6. aktual. Aufl., Vieweg+Teubner Verlag, Stuttgart 2011- 2013

[17] **Nipp, K., Stoffer, D.:** Lineare Algebra, 5. Aufl., vdf Hochschulverlag AG an der ETH Zürich 2002

[18] **Gramlich, G.:** Lineare Algebra, 5., überarb. Aufl., Carl Hanser Verlag, München 2021

[19] **Mehlhorn, G. (Hrsg.):** Der Ingenieurbau: Grundwissen, Bd. 1 Mathematik/ Technische Mechanik, Verlag Ernst & Sohn, Berlin 1999

[20] **Rjasanowa, K.:** Mathematische Modelle im Bauingenieurwesen, 2., aktual. und erw. Aufl., Fachbuchverlag Leipzig im Carl Hanser Verlag, Leipzig 2015

[21] **Rjasanowa, K.:** Mathematik für Bauingenieure. Aufgaben und Lösungswege, Carl Hanser Verlag, München 2018

[22] **Minorski, V. P.:** Aufgabensammlung der höheren Mathematik, 15., aktual. Aufl., Fachbuchverlag Leipzig im Carl Hanser Verlag, Leipzig 2008

[23] **Glaeser, G.:** Der mathematische Werkzeugkasten, 3. Aufl., Elsevier Spectrum Akademischer Verlag, München 2008

[24] **Bronstein, I. N.:** Taschenbuch der Mathematik (Bronstein), 11. Ed., Verlag Europa-Lehrmittel, 2020

[25] **Göhler, W.:** Formelsammlung Höhere Mathematik, 17. Ed., Verlag Europa-Lehrmittel, 2011

[26] **Bartsch, H.-J.:** Taschenbuch mathematischer Formeln, 24., überarb. Aufl., Carl Hanser Verlag, München 2018

[27] **Dallmann, R.:** Baustatik 1. Berechnung statisch bestimmter Tragwerke, 6., aktual. Aufl., Carl Hanser Verlag, München 2020

[28] **Dallmann, R.:** Baustatik 2. Berechnung statisch unbestimmter Tragwerke, 5., aktual. Aufl., Carl Hanser Verlag, München 2022

[29] **Mayr, M.:** Technische Mechanik, 9. Aufl., Carl Hanser Verlag, München, 2021

[30] **Baar, S.:** Lohmeyer Baustatik 1. Grundlagen und Einwirkungen, 13., akt. Aufl., Springer Vieweg, Wiesbaden 2021

[31] **Baar, S.:** Lohmeyer Baustatik 2. Bemessung und Sicherheitsnachweise, 13., akt. Aufl., Springer Vieweg, Wiesbaden 2022

[32] **Freimann, R.:**, Hydraulik in der Wasserwirtschaft. Grundlagen und Anwendungen, 4., aktual. u. erw. Aufl., Carl Hanser Verlag, München 2022

[33] **Bollrich, G.:** Technische Hydromechanik 1. Grundlagen, 7. Aufl., Beuth Verlag, Berlin 2019

[34] **Witte, B., Sparla, P., Blankenbach, J.:** Vermessungskunde für das Bauwesen mit Grundlagen des Building Information Modeling (BIM) und der Statistik, 9., neu bearb. u. erw. Aufl., Wichmann Verlag, Karlsruhe 2020

[35] **Becker, M., Hehl, K.:** Geodäsie (Geowissenschaften kompakt), WBG (Wissenschaftliche Buchgesellschaft) 2012

[36] **Weise, G., Durth, W. u. a.:** Straßenbau, Beuth-Verlag, Berlin 2005

[37] **Natzschka, H.:** Staßenbaü. Entwurf und Bautechnik, 3. Ed., Vieweg+Teubner Verlag | Springer Fachmedien, Wiesbaden 2011

[38] **Axmann, R.:** Produktmanagement im Bauwesen, Carl-Hanser Verlag, München 2023

[39] **Däumler, K.:** Grundlagen der Investitions- und Wirtschaftlichkeitsrechnung, 13., vollst. überarb. Aufl., Verlag Neue Wirtschafts-Briefe, Herne, Berlin 2014

[40] **Albert, A. (Hrsg.):** Schneider - Bautabellen für Ingenieure: mit Berechnungshinweisen und Beispielen, 25., überarb. Ed., Reguvis Fachmedien Verlag, Köln 2022

[41] **Wendehorst, R.:** Bautechnische Zahlentafeln, 36. Aufl., Verlag Springer Vieweg, Wiesbaden 2017

[42] **Fouad, N. A., Zapke, W.:** Bauwesen Taschenbuch, Fachbuchverlag Leipzig im Carl Hanser Verlag, Leipzig 2013

Sachwortverzeichnis

Abbildung, 23, 164
  bijektive, 27
Ableitung, 187, 189, 205, 209, 212, 214, 216, 217, 219, 221, 230, 231, 239, 240, 243
  dritte, 192
  erste, 200–202
  höhere, 192, 193, 206
  vierte, 192
  zweite, 192, 202, 204
Abstand, 22, 57, 70, 118, 120, 121, 124, 125, 128, 130–132, 134–139, 142, 143, 150–152, 159, 161, 169, 170, 211, 217, 240, 252
Absteckung, 161
Addition, 11, 13–15, 21, 35, 59, 60, 67, 72, 73, 78, 82, 87
Additionstheorem, 45, 46, 56, 122, 161, 232
Adjunkte, 80, 83
Annuität, 52, 54, 55
Antisymmetrie, 112
Arbeit, 110
Arcuscosinus, 47
Arcussinus, 46
Arcustangens, 47
Argument, 24, 27, 28, 36, 42, 46, 47
Assoziativgesetz, 11, 12, 60, 72, 73
Axiom, 59
  von Newton, 31
Axiome, 11–14, 20
  der Addition, 11, 12
  der Multiplikation, 12, 13

Basis, 16, 42, 43, 58, 69, 90, 109, 190
  kanonische, 69, 104, 109, 111, 112
  Orthogonal-, 109
  Orthonormal-, 109, 154
  -vektoren, 69, 153, 154
  -wechsel, 153, 154
beschränkt, 26, 27, 29, 30, 45, 166, 167, 169–172, 180, 225, 226, 229
  nach oben, 26, 34, 166, 224
  nach unten, 26, 32–34, 42, 166, 224
Beschränktheit, 23, 25, 26, 165, 180, 221
Betrag, 104–106, 108–111, 113–115, 120, 134, 135, 142, 143, 149, 159, 162
Biegelinie, 193, 199, 214
Biegemoment, 36, 52, 188, 192, 214, 254, 255
Binomialkoeffizienten, 17, 18
binomische(r)
  Formeln, 17, 20
  Lehrsatz, 17, 18
Bogenlänge, 213, 238, 239
  -differenzial, 211
Bogenmaß, 44
Brennpunkt, 125, 128, 130, 132
Bruch, 13, 15, 16, 20
Brüche
  gleichnamige, 15
  ungleichnamige, 16

Definitionsbereich, 24, 28–30, 33, 41, 43, 178, 180, 187, 189, 200, 202
Determinante, 79–84, 100, 102, 115, 119, 123, 137, 142, 160, 162
Diagonalisierung, 95
Differenz, 12, 38, 41, 61, 62, 114, 122, 128, 147, 171, 176, 179
Differenzenquotient, 187, 188, 190, 230
Differenzial, 194, 234
  Bogen-, 212, 213, 244, 245
Dimension, 58, 69, 70, 72, 73, 75, 76, 87, 90, 92
Diskriminante, 36
Distributivgesetz, 13–15, 17, 60, 67, 73, 75, 107, 112, 114
Divergenz, 169, 175, 196
  bestimmte, 175, 179
  unbestimmte, 175
Division, 12, 14, 24, 25, 39, 119
  Polynom-, 37, 39
Dreiecksungleichung, 32, 105, 108
Durchbiegung, 52, 193, 214

Ebene, 116, 140–142, 144–150, 154
  allgemeine Form, 140–143
  Hesse-Normalform, 140, 142, 143
  Lagebeziehungen, 145–148
  Parameterform, 142
Eigenfrequenz, 103
Eigenschwingung, 103
Eigenvektor, 94–96, 103
Eigenwert, 94–96, 103
eindeutig, 23, 65, 66, 69, 75, 84, 85, 88, 90–92, 117, 140, 145, 160, 164, 165
Einheitsvektor, 104, 105, 111, 119, 149–152, 154–156, 210
  zugehöriger, 105, 106, 136, 151
Eins, 12, 18, 78
Element, 22–24, 59–61, 67, 69–71, 74, 75, 78, 82, 83, 138
  Hauptdiagonal-, 75, 78, 81, 82
  inverses, 11–13, 60, 61, 72
  neutrales, 11–13, 60
  Nichtnull-, 78, 79
  Null-, 61, 68, 72
Ellipse, 125–127, 213, 239
  Normalform, 125–127
  Parameterform, 126

-sektor, 243
Tangente, 126, 127
Entwicklungssatz von Laplace, 81
Erweitern, 15, 16
Erzeugendensystem, 67–69
Euler-Zahl, 42, 173
Exponent, 16, 18, 20, 33, 43, 58
Exzentrizität
lineare, 125, 128

Fahrbahnverziehung, 215
Faktor, 12–16, 66, 101
Fakultät, 14
Fehler
absoluter, 193, 195, 207
relativer, 193, 195
Flächeninhalt, 50, 51, 112–114, 124, 162, 163, 195, 223, 230, 241, 242
Folge, 164, 169, 171–175, 182, 183, 224–226
Element der -, 165
Glieder der -, 165, 169, 170, 172
konvergente, 172, 225
Fredholm-Alternative, 91
Freiheitsgrad, 86–88, 99
Fundamentalsystem, 90, 91
Funktion, 23, 24, 26, 28, 35, 126, 129, 177, 178, 189, 199, 205, 223, 230, 240–242, 247, 249
äußere, 28
Betrags-, 31
differenzierbare, 187, 189, 192, 199, 200, 202–204, 230, 231, 235, 236, 239
divergente, 175
Exponential-, 41
gerade, 45
-gleichung, 24, 27, 29–31, 33–37, 40–42, 45–47, 52
Graph, 24, 25, 27
innere, 28
integrierbare, 226–228, 231, 233
konkave, 202
konstante, 29, 253
konvexe, 201, 202
Kosinus-, 45
Kotangens-, 46
lineare, 30, 31, 35
linksseitig differenzierbar, 188, 189
Logarithmus-, 42
Potenz-, 33
rationale, 40, 41
rechtsseitig differenzierbar, 188, 189
reelle, 24
Reziprok-, 34
Signum-, 29
Sinus-, 27, 45
stetige, 177, 179–181, 186, 189, 225, 229, 249
streng konkave, 202
streng konvexe, 202
Tangens-, 46
trigonometrische, 44
Umkehr-, 27, 28, 30, 33, 34, 42, 46, 47, 49
ungerade, 45
Verkettung, 28, 38, 41
-wert, 24, 38
Wurzel-, 33

Gauß-Algorithmus, 70, 78, 82, 84, 86, 87, 90, 91, 93, 97, 144, 145
Gerade, 113, 116–124, 126, 129, 131–135, 138–141, 145–148, 157, 159, 186, 201, 217, 219, 223, 226
Achsenabschnittsform, 118, 120
allgemeine Gleichung, 119, 122, 124, 126, 131
Hesse-Normalform, 119–121, 124
Lagebeziehungen, 122, 123, 139, 147, 148
Momentenform, 133
Normalform, 118, 120, 122
Parameterform, 117, 124, 145, 158, 160
Punktrichtungsform, 117, 118, 133, 134
windschief, 135
Zweipunkteform, 118, 120, 133
Gesetz
von Hooke, 31
Gleichheit, 12, 13, 35, 59, 63, 64, 71, 73
Gleichung, 24, 31, 35, 39, 43, 44, 49, 74, 87–89, 100
algebraische, 38
lineare, 30
quadratische, 36, 37
Gleichungssystem
lineares, 70, 85, 88, 90, 93, 97, 102, 104, 136–138, 144, 145, 160, 192, 220
Gradmaß, 44
Grenzwert, 187, 230, 238
einseitiger, 188
linksseitiger, 174, 177, 179
rechtsseitiger, 174, 177, 179
von Funktionen, 174, 175, 177, 195–197
von Zahlenfolgen, 170–173, 182, 224, 227

Hauptachse, 125, 128
Hauptscheitelpunkt, 125, 128
Hauptträgheitsachse, 96
Hauptträgheitsmoment, 96
Höhe, 48–51, 115, 124, 134, 157, 162
homogen, 85, 89–91, 102
Horner-Schema, 38, 39, 205
fortlaufendes, 39
vollständiges, 40
Hyperbel, 128
Asymptoten, 129
Normalform, 128
Parameterform, 129
Tangente, 129, 130
Hypotenuse, 47, 108

Identität von Lagrange, 137
Infimum, 26, 166, 167, 169, 180, 224, 225
inhomogen, 85, 91
Inkreisradius, 51

Integral
bestimmtes, 226, 230, 232, 238
unbestimmtes, 233–236
Integrationsgrenze, 228, 240, 244, 245, 257
obere, 226, 230, 232
untere, 226, 232
Integrationsvariable, 226, 237
Integrieren, 237
logarithmisches, 236
partielles, 236
Invarianz, 60, 73, 76
invertierbar, 79, 83, 92

Kathete, 47, 108
Kleinpunkte, 157
Klothoide, 213, 220, 237, 238
Einheits-, 238
Koeffizienten, 35, 36, 39, 60, 62, 64–66, 69, 70, 85, 119, 180, 192, 206, 214, 216, 219
-vergleich, 37, 39
kollinear, 66
kommutativ, 73, 75
kommutative Gruppe, 11, 13
Kommutativgesetz, 11, 12, 60, 72, 75, 107
komplanar, 66
Konvergenz, 169, 173, 175, 225
Koordinaten, 104, 112, 116, 120, 125, 126, 128, 131, 132, 143, 144, 149, 157, 159, 162, 212
kartesische, 150, 151
Kugel-, 149, 152
Polar-, 149, 150, 212
Zylinder-, 149, 151
Koordinatensystem, 104, 111, 124, 127, 131, 132, 149, 154–156
ebenes, 150
gedrehtes, 155
kartesisches, 124, 125, 128, 149, 154, 155, 157, 159, 161
räumliches, 151
verschobenes, 155
Koordinatentransformation, 149, 153–155, 206
Körper, 14
Kosinus, 44, 45, 47, 48
Richtungs-, 111, 119
-satz, 48–50, 55
Kosinus hyperbolicus, 129
Kotangens, 45
Kraft, 31, 101, 104, 107, 110, 114, 115, 134, 203
resultierende, 62
-vektor, 65, 66
Kreis, 127, 161, 164, 208, 213, 239, 253
-bogen, 219, 220, 239
Parameterform, 127
Tangente, 161
Krümmung, 210–213
-kreis, 211, 217, 218
-radius, 210–212
-verhalten, 202, 203

Kuppen- und Wannenausrundung, 217
Kurve, 126, 149, 186–188, 210–213, 238–240, 242, 245, 248–252, 254
-zweiter Ordnung, 116, 124
Kürzen, 15

linear abhängig, 63–65, 68, 116
linear unabhängig, 63–66, 68, 69, 77, 78, 90, 109, 141
Linearfaktor, 37, 39, 41
Linearität, 105, 107, 112, 235, 256
Linearkombination, 58, 62–66, 68, 69, 90, 91, 142, 227, 228, 233
Lösung, 128, 130, 138, 149
Gleichungssystem, 84–86, 90–92, 99, 102, 122, 145, 160
Lotfußpunkt, 120, 121, 130, 131, 135, 136, 138, 142, 143, 159, 161
Lücke, 41, 178, 226

Majorantenkriterium, 171, 172
Mantelfläche, 244, 245, 251
Matrix, 70–75, 77–79, 81, 87, 92, 153, 154
Diagonal-, 76, 78, 79
Dreiecks-, 82, 83
Einheits-, 76, 77, 84, 93
erweiterte Koeffizienten-, 86, 90, 92, 99, 144, 145
Hesse-, 119
inverse, 70, 79, 83, 84, 92, 93, 153
Koeffizienten-, 58, 70, 79, 86–93, 97, 102, 137, 144, 145, 160
Null-, 72, 75, 77
obere Dreiecks-, 82, 93
quadratische, 70, 72, 75, 79, 80, 93
-schreibweise, 85, 90, 97, 100–102
symmetrische, 72
Transformations-, 154
transponierte, 71, 72, 76, 77, 82, 83
untere Dreiecks-, 82
Vielfaches, 70, 72
Maximum
globales, 199
lokales, 199, 201, 202, 214
Mengenermittlung, 162
Minimum
globales, 199
lokales, 199, 201, 202
Mittelpunkt, 125, 127, 128, 130, 161
Mittelwertsatz
der Differenzialrechnung, 204, 239, 242
der Integralrechnung, 229, 231, 247
Moment, 107, 114, 134, 193, 201, 246
Achs-, 114, 115
Flächen-, 247, 252
Punkt-, 114
statisches, 247–249
monoton, 167, 173, 200, 202
fallend, 25, 28, 29, 52, 167, 170, 200, 224, 225
steigend, 25, 29, 52, 167, 170, 200, 224, 225

Monotonie, 21, 23, 25, 28, 165, 200
Multiplikation, 11–14, 18, 21, 28, 35, 59, 60, 67, 73, 74, 78, 87, 93, 106
- Matrix-, 75, 76
- skalare, 111
- Vektor-, 76

Näherung
- lineare, 194

Nebenachse, 125, 128
Nebenscheitelpunkt, 125, 128
Nenner, 13, 65
Null, 11, 13, 24, 26, 52, 64–66, 78, 89, 92, 102, 108, 137
Nullfolge, 171, 172, 175
Nullstelle, 24, 25, 29, 30, 33, 36, 37, 39–41, 43, 45, 46, 52, 181, 188, 204, 214, 215, 241

Obersumme, 225, 226
Ordnungsrelation, 21
orthogonal, 95, 96, 108, 109, 126

Parabel, 130, 132, 215, 217
- Achse, 130
- Leitlinie, 130
- Normalform, 131
- Parameterform, 131
- Tangente, 131, 132

parallel, 61, 66, 113, 117, 118, 122, 124, 127, 128, 130, 132, 135–137, 139–141, 145, 147, 148, 159, 204
Parameterform, 213, 239, 240, 242, 243, 245
Periode, 45, 46
Polstelle, 40, 41, 46, 179
Polygonzug, 56
Polynom, 35–40, 51, 52, 60, 61, 180, 192, 193, 205, 206, 214, 219, 221
- Taylor-, 205, 207–209, 221, 222
- Vielfaches, 61

Positive Definitheit, 105, 107, 112
Potenz, 16–20, 39, 40, 43, 58
- -gesetze, 16, 42
- -gleichungen, 20

Potenzieren, 14, 16, 19
Produkt, 12–14, 16, 20, 32, 34, 37, 38, 41, 43, 48, 50, 70, 73–76, 81–84, 105, 106, 110, 134, 163, 171, 179, 180, 197, 247, 251, 252, 256
Projektion, 106, 107, 110, 114, 115
proportional, 30, 31
Proportionalitätsfaktor, 30, 31

Querkraft, 36, 52, 188, 192, 254, 255
Quotient, 13, 16, 20, 32, 41, 43, 45, 47, 172, 176, 180, 186, 195, 197

Radiant, 44
Radizieren, 19, 20
Rang, 70, 78, 79, 86, 88, 90, 92, 144, 145
- -kriterium, 84, 86
- Spalten-, 77, 78
- Zeilen-, 77, 78

Regel
- Ableitung-, 189, 190, 232
- Grenzwert-, 172, 175
- Substitutions-, 237
- von Cramer, 84, 92, 97, 100, 122, 137, 146, 160, 220
- von Guldin, 251, 252
- von l'Hospital, 195–197

Reihe
- harmonische, 185
- Taylor-, 209

Restglied, 207, 209
Restschuld, 52–54
Rotation, 154, 155
- -matrix, 155

Rotationskörper, 243, 244, 249–251, 253
Rückwärtseinschneiden, 55

Satz
- des Pythagoras, 108, 125, 129, 131
- des Thales, 108
- von Bolzano, 181
- von Rolle, 204
- von Weierstraß, 180

Scheitelpunkt, 130, 132, 216, 217
Schnittgerade, 145
Schnittkraft, 36, 51
Schnittpunkt, 122, 123, 139, 144, 157, 159, 188
Schranke, 207
- obere, 26, 166, 169, 170
- untere, 26, 166, 169, 170

Schwerpunkt, 101, 183, 185, 203, 246, 249, 251
- einer Fläche, 249
- einer Kurve, 250
- eines Rotationskörpers, 250

Schwingungssystem, 102
Seitenhalbierende, 50
Sektorformel von Leibniz, 243
Sinus, 44, 45, 47, 50
- -satz, 48, 49, 55, 56

Sinus hyperbolicus, 129
Skalarprodukt, 107–112, 135, 137
- Koordinatendarstellung, 109

Spatprodukt, 115, 116, 136, 141, 162
- Koordinatendarstellung, 115

Sprungstelle, 179
Stammfunktion, 231–233, 237
Steigung, 117, 118, 122, 157, 186, 187, 212, 218
Stelle
- kritische, 200–204, 215

stetig, 177, 178
- linksseitig, 177
- rechtsseitig, 177

streng monoton
- fallend, 25, 28, 30, 32–34, 41, 43, 45–47
- steigend, 25, 28, 30, 32, 33, 41, 43, 45–47

Subtraktion, 11, 14, 15, 53, 98
Summand, 11, 14, 15, 18, 35
Summe, 11, 12, 14, 17, 18, 35, 37, 38, 41, 48, 50, 51, 53, 58, 59, 61, 62, 66, 67, 70, 72, 74, 77, 91, 110, 125, 157, 158, 162, 171, 176, 179
Supremum, 26, 166, 180, 224, 225

Tangens, 45, 47
Tangente, 186, 187, 194, 204, 205, 210, 211, 213
    -schnittpunkt, 157, 217
Tilgung, 52, 54
    -zeitraum, 54
Trägheitsmoment, 252, 253
    polares, 254
Trägheitstensor, 96
Trapezform, 87, 88, 93

Übergangsbogen, 219
Überhöhungsrampe, 219
Umkreisradius, 50
unbeschränkt, 23, 26, 30, 33, 34, 43, 46, 172, 175, 180
    nach oben, 26, 32–34, 42, 167
    nach unten, 26, 34
Unendlichkeitsstelle, 179, 180
Unstetigkeitsstelle, 177, 178, 181
    hebbare, 178
Unterraum, 67–69, 90, 109
Untersumme, 225

Vektor, 58–70, 73, 77, 85, 92, 93, 104–108, 111, 112, 114, 119, 131, 136, 141, 142, 153, 159
    Hauptnormalen-, 210
    Hauptnormaleneinheits-, 210, 211
    kanonischer, 69, 76, 77, 92, 111
    Normalen-, 119–123, 126, 128, 131, 140–145, 147–149, 159, 212, 213
    Null-, 123
    Orts-, 61, 66, 102, 213
    Richtungs-, 114, 115, 117, 120, 121, 124, 126, 131–139, 141, 145, 147, 148, 158, 159, 210
    -schreibweise, 85
    Spalten-, 71, 73, 74, 76–78, 92
    Tangenten-, 210, 212, 213
    Tangenteneinheits-, 210, 211
    Vielfaches, 58, 59, 61, 62, 66
    Zeilen-, 71, 77
Vektorprodukt, 112, 113, 115, 123, 134, 136, 149
    Koordinatendarstellung, 112, 134
Vektorraum
    linearer, 58, 60, 61, 63, 73
Vergleichskriterium, 172, 224, 225
Volumen, 115, 116, 162, 243, 250, 251
Vorwärtseinschneiden, 55

Wendepunkt, 203
Wertebereich, 24, 28, 49
Winkel, 111, 121, 138, 144, 147, 149–152, 154, 161, 164, 203, 240, 242
    Richtungs-, 111
Winkelhalbierende, 27, 50, 51
Wurzel, 18–20, 32
    gesetze, 20
    Quadrat-, 18, 19
    -satz von Vieta, 37

Zahl, 58–60, 67, 77, 82, 86, 87, 89, 99
    entgegengesetzte, 11, 12, 14
    natürliche, 14, 16, 19
    reelle, 11–14, 16, 18–20, 22, 29, 30
    reziproke, 12, 13
Zahlenfolge, 164–169, 171, 173, 175, 183
    divergente, 170, 172
    konvergente, 170
Zahlengerade, 21, 22
Zähler, 13
Zerlegungsstelle, 206–209
Zwischenpunkte, 157
Zwischensumme, 225–227